U0381279

兴化水利志·续志

（1999—2015）

《兴化水利志·续志（1999—2015）》
编纂委员会　编

河海大学出版社
HOHAI UNIVERSITY PRESS
·南京·

图书在版编目(CIP)数据

兴化水利志. 续志 : 1999—2015 / 《兴化水利志·续志(1999—2015)》编纂委员会编. -- 南京 : 河海大学出版社, 2022. 12

ISBN 978-7-5630-7882-0

Ⅰ. ①兴… Ⅱ. ①兴… Ⅲ. ①水利史-兴化-1999-2015 Ⅳ. ①TV-092

中国版本图书馆 CIP 数据核字(2022)第 245051 号

书　　名	兴化水利志·续志(1999—2015) XINGHUA SHULI ZHI · XUZHI(1999—2015)
书　　号	ISBN 978-7-5630-7882-0
责任编辑	张　媛
特约校对	任宇初
封面设计	徐娟娟
出版发行	河海大学出版社
地　　址	南京市西康路 1 号(邮编:210098)
电　　话	(025)83737852(总编室) (025)83722833(营销部)
经　　销	江苏省新华发行集团有限公司
排　　版	南京布克文化发展有限公司
印　　刷	南京新世纪联盟印务有限公司
开　　本	880 毫米×1230 毫米　1/16
印　　张	27. 25
字　　数	725 千字
版　　次	2022 年 12 月第 1 版
印　　次	2022 年 12 月第 1 次印刷
定　　价	247. 00 元

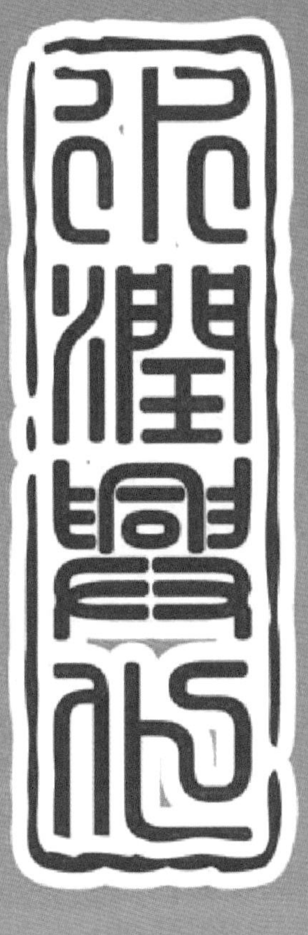

泽国

古城（航空摄影，1986）

湿地

水网（航空摄影，1986）

河流

湖荡

垛田

农耕

桑林

水产

2008 年 11 月 9 日，兴化市水务局局长包振琪（右一）向水利部副部长矫勇（左一）汇报兴化水利建设情况

2014 年 12 月 3 日，江苏省人民政府省长李学勇（左四）来兴化调研得胜湖退渔还湖工作

2008 年 6 月，江苏省委常委、副省长黄莉新（右二）视察兴化城市防洪工程

2012 年 10 月 22 日，江苏省水利厅厅长吕振霖（中）视察泰东河兴化段工程

2015 年 7 月 29 日，江苏省水利厅厅长李亚平（左三）视察川东港（车路河段）工程

2020 年 4 月 23 日，江苏省水利厅副厅长叶健（左）检查兴化防汛工作

2019 年，泰州市人民政府副市长张育林（右二）视察陈堡草荡退圩还湖工作

2020 年 5 月 16 日，兴化市水利局局长李华（右）向兴化市委书记叶冬华（中）汇报样板河道打造情况

2020 年 5 月 20 日，兴化市委副书记、市长方捷在陈堡草荡退圩还湖拆坝放水仪式上讲话

2012 年 5 月，兴化市各级领导视察水利工作

2017 年 10 月，兴化市水务局局长赵桂银检查农村水利工作

2010 年 11 月 25 日，江苏省南水北调里下河水源调整工程建设动员会议召开

2006 年 8 月 26 日，兴化市委、市政府举行兴化市城市防洪重点工程施工启动仪式

2008 年 6 月 20 日，兴化市委、市政府在合陈镇桂山村举行兴东水厂奠基暨开工典礼

注：各级领导视察兴化水利及有关水利活动图片，部分由兴化日报社和兴化水利信息中心提供

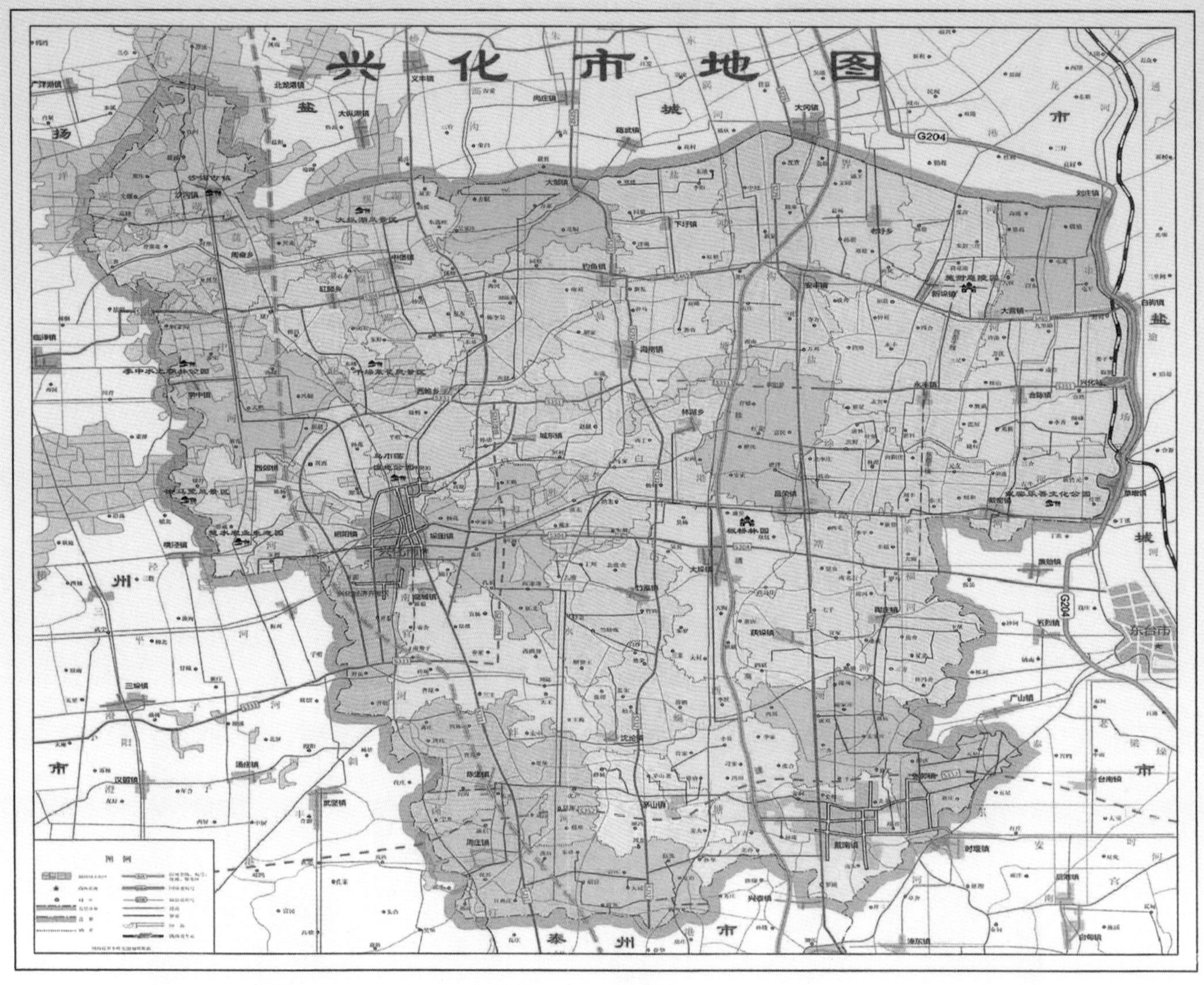

兴化市规划局编制　　　　审图号：苏S（2014）056号　　　　资料截止日期: 2014年

兴化老城水系道路桥梁分布图
乌巾荡
上官河
北窑河
白涂河
九顷
东门泊
北上河边
海子池
北东营
小市大街
东河街
西门外大街
船厂
校场
稻行咀
南门大街
南上河边
东门外大街
东门后街
向家垛
龙香湾大大
图例
水系
荒滩
街道
城墙
桥梁
水关
根据1945年兴化县志万分之一地图绘制
绘图：朱春雷
校正：葛诗德　张从义　孙庆和

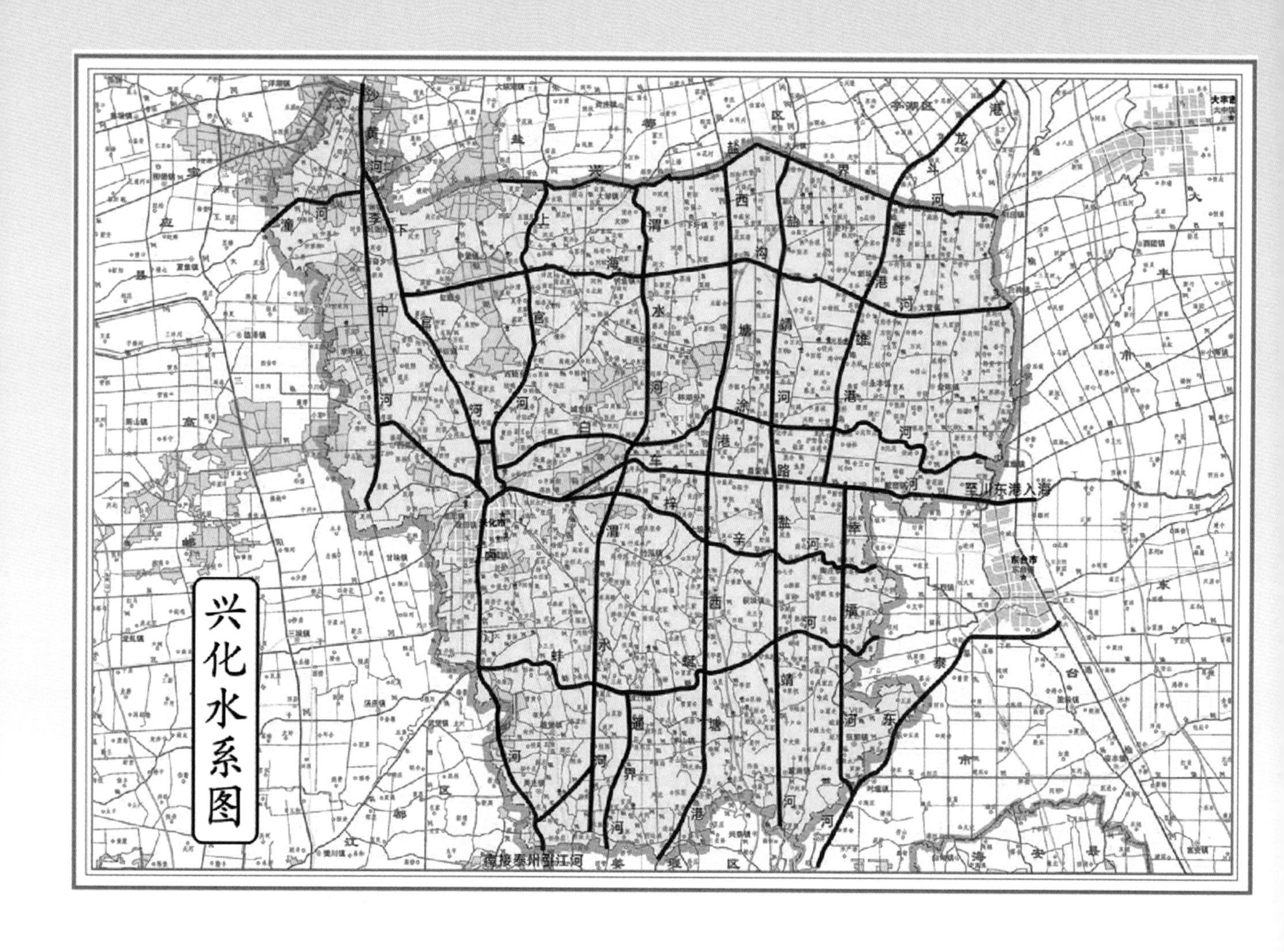

兴化水系图
至川东港入海
南接泰州引江河

骨干河道整治

兴化市境内有三级河网万里河道，组成河网化水库润泽水乡。其中 24 条市级骨干河道“七纵六横”全长 677.2 千米，担负着交通航运、排涝泄洪、引水灌溉、调配水源的任务，是全市水系中的生命线。“十二五”以来，全市抓住国家重点工程上马的机遇，整治了卤汀河、泰东河、川东港（车路河段）、幸福河、渭水河，疏通了引排大动脉，形成碧水畅流、通江达海的新局面。

卤汀河、泰东河、川东港、幸福河、渭水河整治情况一览表

河名	起止	长度（千米）	河底设计标准	闸站数量	桥梁数量	施工土石方（万立方米）	过水流量（米^3/秒）	航道级别	投资总额（万元）	整治时间
卤汀河	周庄至鹅尚河	30.46	河底高程 −5.5 米，河底宽 40 米		5	648.63		3 级	17 343.51（征迁）	2010.11—2014.12
泰东河	本市泰东河在张郭镇境内	3.10	河底高程 −4.0 米，河底宽 45 米	闸 3 座	1	88.40	100	3 级	7 800	2011.12—2014.5
川东港（车路河段）	西起雄港河，东至串场河	12.59	河底高程 −3.0 米，河底宽 40 米	闸 1 座	3	100.00	300	4 级	39 588	2014.5
幸福河	张郭泰东河起向北至车路河	24.80	河底高程 −2.5 米，河底宽 25 米	闸 55 座 站 10 座	26	299.00	20	规划 6 级	11 000	2014.9—2015.12
渭水河	南起买水河，北至车路河	53.40	河底高程 −5.5 米，河底宽 15 米		16	79.21			2 975	2012.9—2014.5

卤汀河、泰东河、川东港、幸福河、渭水河

工程位置图

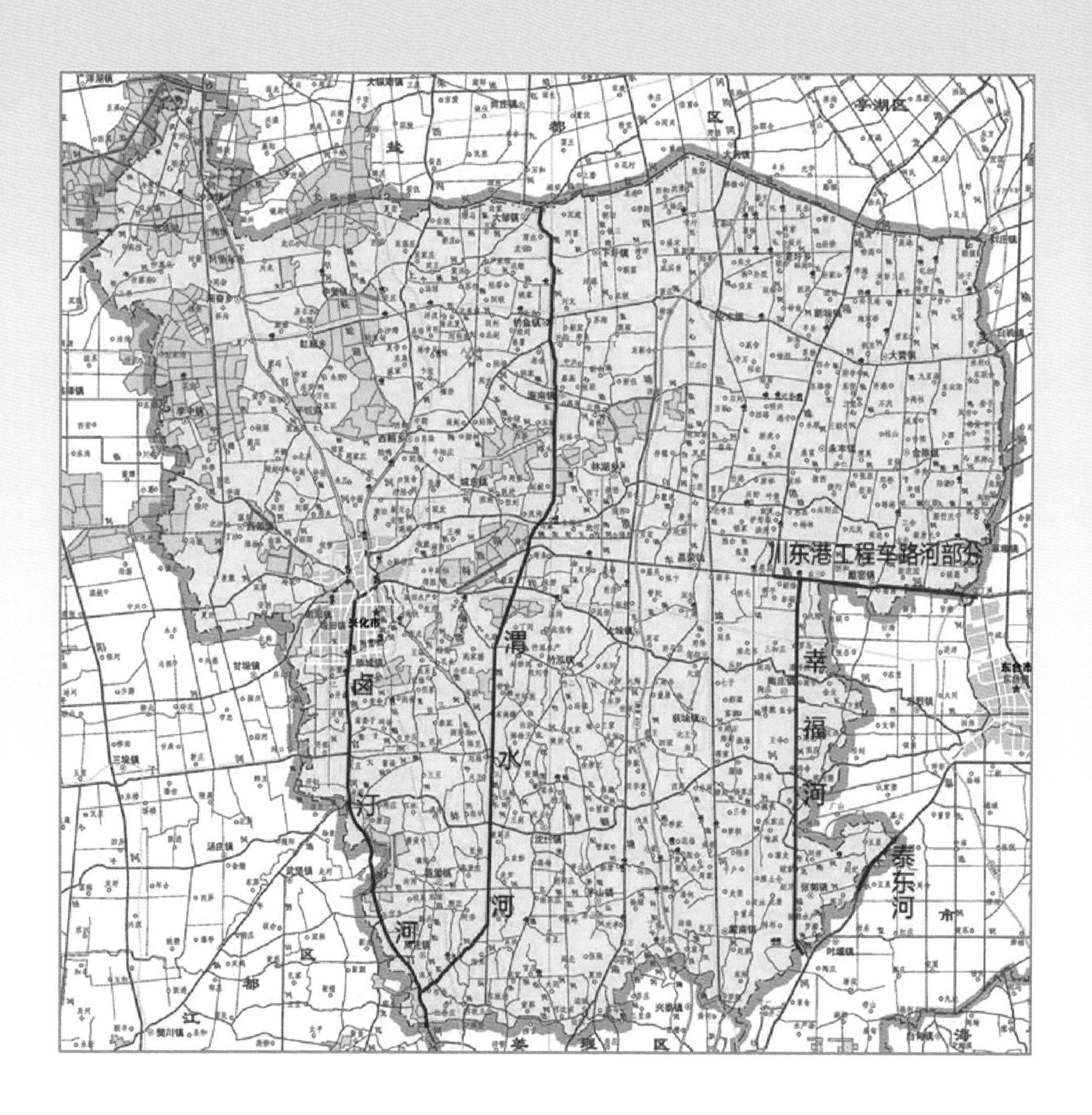

卤汀河

原貌

机挖水下方出泥口

机械化施工

卤汀河

整治后的卤汀河

葛家闸

老阁大桥

南官河大桥

泰东河

河道

河堤

张郭大桥

川东港

川东港工程兴化车路河段

河道整治

驳岸施工

桥梁建设

川东港

川东港闸

川东港河道

川东港闸下游

幸福河

闸站施工

驳岸工程

幸福河

河道

桥梁

驳岸

1975 年施工现场

渭水河

现状

桥梁

旧貌

防洪除涝工程

兴化市地处里下河腹部，地势低洼，防洪除涝是保护人民群众生命财产安全、确保全市经济建设和社会事业发展的头等大事。21 世纪以来，全市不断巩固无坝市工程建设成果，农村建成高标准联圩 335 个，圩堤总长 3 429 千米，圩口闸总数达 4 042 座，排涝站 1 078 座，排涝能力 2 536 米^3/秒，使全市农村 186 万亩耕地和村庄集镇都得到有效的保护。

防洪圩堤（河、路、田、林结合）

圩口闸、排涝站

圩路结合

圩口闸

排涝站

圩口闸

城市防洪

1999 年以来，兴化市注重城市水利建设，编制了“以河划块，分区设防”的城市防洪规划，及时启动了城市防洪工程建设。在经历了 2003 年、2006 年、2007 年三次较大的洪涝灾害后，兴化市委、市政府加大投入，加快实施城市防洪工程建设，新建防洪堤（墙）47.43 千米，防洪闸站 54 座，建成防洪区（圩）8 个，使得兴化 110 平方千米的新老城区得到了有效保护。

这里是里下河最低洼的地方，古老的兴化城四面环水，无堤无防，汛期雨涝，水位上涨，房屋受淹……

（航空摄影，1986）

中心河南闸站

九顷防洪堤

森林公园沿河堤防

王家塘防洪堤

城市防洪，号角吹响；八大区域，筑堤造墙；
堤顶真高，三点六米；防洪闸站，固若金汤；
大水之年，闸门下降；堤内安居，堤外茫茫；
社会稳定，户户安康。

城市堤防

板桥竹石园防洪墙

关门闸站

直港河南闸站

海池河东闸站

五岳村南闸站

十里亭东闸站

沧浪河西闸站

海池河西闸站

沧浪河东闸站

防洪堤　排涝站

沧浪河南闸

城区内部排水河道

高标准农田建设

条田方整，节水灌溉；
河路沟渠，四网配套；
推进农村水利现代化。

高标准农田

高标准农田

电灌站

机耕道路

防渗渠道

标准化农田

田间道路

电灌站

灌溉模式

雾灌

喷灌

灌溉模式

渠灌

乡镇饮水安全

2001 年组建兴化市水务局，推行城乡水务管理一体化。

在 2007 年开始的农村饮水安全工程建设中，拆除原有镇村水厂 146 座，新建四大水厂，实行分片供水。

兴化市乡镇分片供水示意图

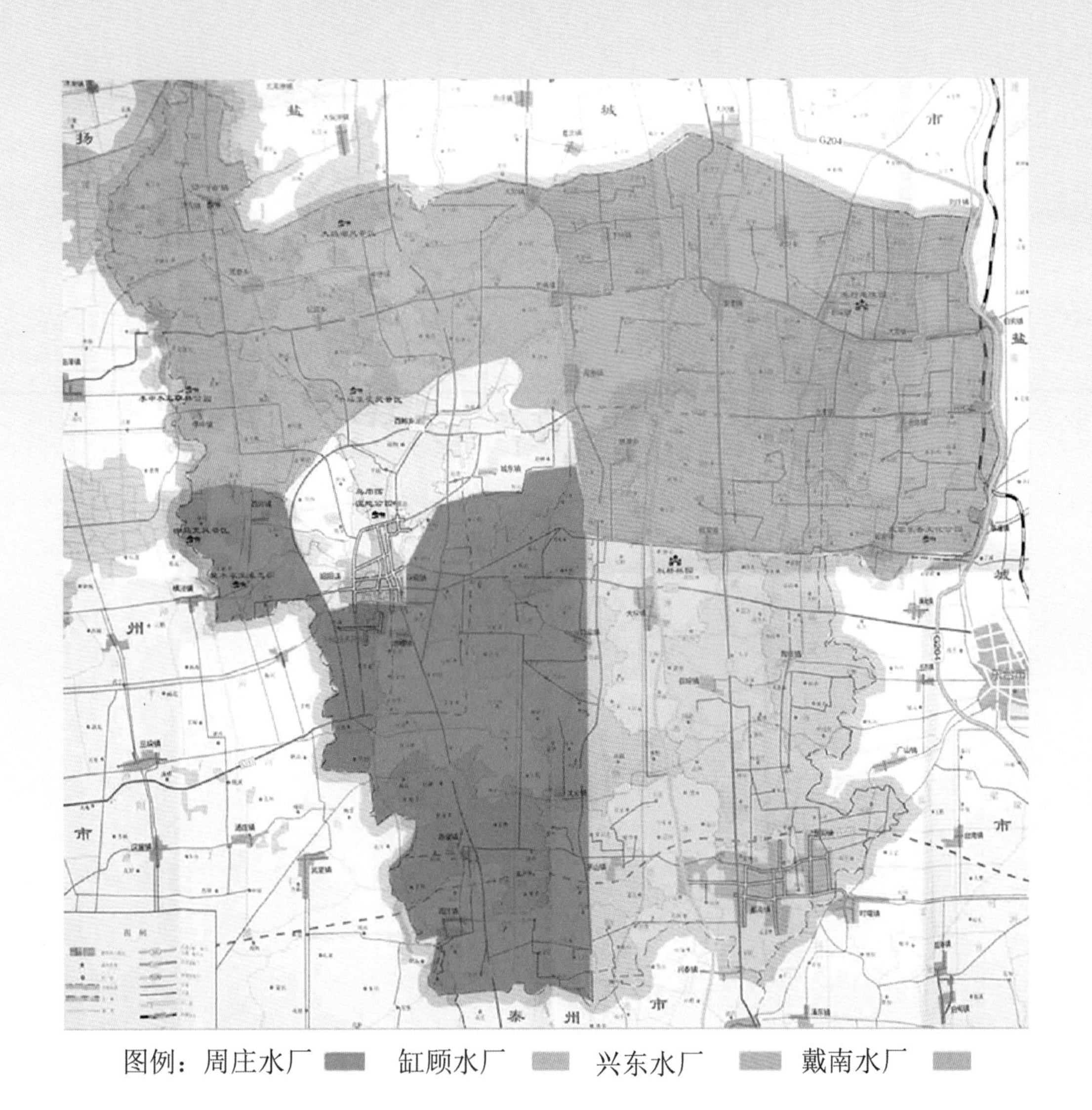

图例：周庄水厂　缸顾水厂　兴东水厂　戴南水厂

兴化各水厂供水情况

水厂名称	日产水量（万吨）	供水乡镇	受益人口（万人）
周庄水厂	10	周庄、陈堡、临城、竹泓、垛田、西郊、开发区、海南、林湖、大垛	70
缸顾水厂	3	沙沟、周奋、缸顾、中堡、李中、大邹、钓鱼、下圩	24.5
兴东水厂	5	合陈、大营、戴窑、新垛、永丰、老圩、安丰、昌荣	36.4
戴南水厂	4	戴南、茅山、沈坨、陶庄、荻垛	30

兴化市自来水厂（又称周庄水厂）

兴化市缸顾自来水有限公司（简称缸顾水厂）

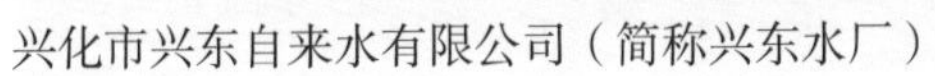
兴化市兴东自来水有限公司（简称兴东水厂）

兴化市戴南自来水厂（简称戴南水厂）

农村水环境整治

水环境整治，统一行动；落实责任，明确河长；
坚持不懈，长效管理；岸绿水清，永驻水乡。

清除水面杂草

打捞水上垃圾

生产河清淤

整洁的水环境

陈堡蒋庄

戴南镇中心河

垛田镇何垛村

兴东镇塔头村

退渔还湖

退渔还湖，力度加强。
先退三湖，恢复原样。
调蓄洪涝，滞水阻涨。
生态美景，落户水乡。

大纵湖

退渔还湖前旧貌

大纵湖

2011 年退渔还湖时拆除坝埂

规范养殖

大纵湖

整治后的大纵湖

得胜湖

退渔还湖前旧貌

得胜湖

湖上风光

平旺湖

退渔还湖前旧貌

平旺湖

2014 年退渔还湖后湖上风光

污水处理

污水处理，以乡建厂；集中净化，达标排放。

全市已建成污水处理厂 30 个

兴化市城南污水处理厂

污水处理

污水处理

达标排放

水利机构

兴化市水利（务）局是全市水利建设的水行政主管部门，负责兴化水利建设规划设计、水利工程建设、施工管理、水政水资源执法等各项任务。水务局内设有防汛抗旱指挥系统，做好汛期值班和上情下达、测报水情雨情和水情调度工作，为市委、市政府指挥抗御各种自然灾害当好决策参谋。

中国水利

美丽富饶的兴化

水利建设给兴化带来了无限生机；

水利建设铸就了兴化的美丽富饶、灿烂辉煌……

满城尽披黄金甲

五彩云霞当空舞，
万幢高楼平地拔，
波光潋滟河湖美，
满城尽披黄金甲。

春回大地，
遍野芬芳，
微风拂面，
油菜花开万里香。

风车轻轻把歌唱，
细流潺潺润禾苗，
生机盎然田园美，
水乡三月好风光。

春满人间

阳春三月，
菜花怒放，
方方垛田像块块金锭镶嵌在明净如镜的碧水中，水乡大地披上了春的盛装。
油菜花给人们带来无尽的美丽，
油菜花给人们带来扑鼻的芳香，
油菜花给人们带来了大自然的温馨，带来了赏心悦目的千岛菜花黄。

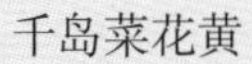
千岛菜花黄

梦里水乡

夏日，
雨后复斜阳，
蓝天白云，
林深气爽，
绿树墨影，
轻舟踏波满载丽人行。

轻轻的风，
静静的水，
心潮随着碧波向密林深处流淌，
使人陶醉，
令人神往，
我在梦里，我在水乡……

水乡渔歌

车路河上好风光，
七色祥云裹夕阳。
碧水清清涟漪美，
渔歌阵阵绕水乡。

机械收割

沉甸甸的金稻穗，“谷神”收割显神威。
连年丰收年年乐，笑声伴着彩云飞。

打棉包

白棉如雪，
红巾似锦。
棉包垒垒，
财源滚滚。

水产养殖

鱼米乡，河成网，
鱼池网格一方方。
科学养殖精管理，
虾蟹鱼鳖网中藏。
优质水产誉天下，
金山银山落水乡。

红太阳照耀海光楼

水乡天空蔚蓝清朗，
古老楼台秀丽端庄。
夕阳泛射红光浸透，
海子池畔明珠闪亮。
一曲悦耳动听的“梦水乡”仿佛又在我的耳边回响……
拱极金辉，美昭阳。

湖上小桥长

日照紫烟起，
天在水中央。
庭园环境美，
湖上小桥长。

森林童话

阳光穿透茂密的森林，
神秘的小屋金光闪闪，
绿树倒影，
美丽宁静，
嬉闹的孩子让我重温快乐的童年，
浮想联翩……

《兴化水利志·续志(1999—2015)》

编纂委员会

2015 年 12 月—2017 年 8 月

主　任： 包振琪

副主任： 陈学明　张小明　杨旭东　陈凯祥　单　祥　余志国

成　员： 蔡云鹏　朱宝文　魏　华　王帮琳　赵永继　管小祥　王龙寿　周金泉　成永平　张洪民

顾　问： 刘文凤　王树生　朱春雷

《兴化水利志·续志(1999—2015)》

编纂委员会

2017年11月—2019年2月

主　任: 赵桂银

副主任: 王　敏　华　实　张玉凡　张小明
杨旭东　陈凯祥　单　祥　余志国
朱宝文

成　员: 蔡云鹏　王龙寿　钱友同　夏红卫
薛根林　赵永继　朱荣慧　魏安华
成永平　费卫东　刘书建　乐海霞
黄天乐　赵加明　张洪民

《兴化水利志·续志(1999—2015)》

编纂委员会

2019 年 2 月—2021 年 6 月

《兴化水利志·续志(1999—2015)》

审稿人员

江苏省水利厅：季　平

泰州市水利局：董文虎　蔡　浩　龚荣山　刘辰骏

兴化市史志档案办公室：陈　辉

兴化市财政局：李富根

兴化市农业农村局：袁萍莉

兴化市水利局：石小平　石锦坤　黄余友

《兴化水利志·续志(1999—2015)》

评审意见

2020年10月30日上午,兴化市水利局召开《兴化水利志·续志(1999—2015)》评审会。江苏省水利信息中心、泰州市水利局、兴化市农业农村局、兴化市财政局、兴化市史志档案办、兴化市水利局等部门单位老领导、专家学者参加了会议,会议听取了编纂委员会关于编纂情况的汇报。经深入讨论,形成评审意见。

与会人员对《兴化水利志·续志(1999—2015)》编纂质量予以充分肯定,认为本志观点鲜明,体例规范,分类合理;内容全面,重点突出,记述完整;资料收集全面,能客观、真实、系统地体现兴化水利的时代特征、地方特色和行业特点。

评审专家建议:进一步按照志书体例要求,规范用词表述;进一步完善工程建设史实内容的叙述,以便更好地反映出兴化水利事业沿革和发展脉络;适当增加图片、表格,做到文表数据一致。

评审专家一致认为,《兴化水利志·续志(1999—2015)》达到了地方志书编写要求,通过初审。

评审专家签名:

2020年10月30日

《兴化水利志·续志(1999—2015)》

编纂工作人员

主　　编（以任职先后为序）：

包振琪　赵桂银　李　华

执行主编（以姓氏笔画为序）：

王树生　刘文凤

提供资料、撰稿、采编人员（以志书内容为序）：

朱宝文　徐雨竹　夏红卫　朱建海

朱荣慧　魏　华　管小祥　翟春辰

余志国　李　亚　乐海霞　赵永继

周金泉　成永平　葛　峰　魏安华

刘　俊　王龙寿　柏　宁　郭　兴

赵凤勤　刘书建　徐克银　殷　祥

顾开华　张洪民　薛根林

摄　　影： 朱春雷

文稿打印： 兴化彩蝶图文工作室

文字校核： 王树生　张洪民

序一

《兴化水利志·续志(1999—2015)》编纂完成,即将出版发行,这是兴化水利发展史上的一件大事。盛世修志,铭记历史、激励后人,对促进兴化水利事业更快、更好地发展具有十分重要的意义。

兴化地处里下河腹部,地势低洼,河道纵横。一直以来,水利部门把防洪水、排涝水、保供水作为首要任务,结合兴化实际,致力兴水利、除水害,为促进地方经济社会可持续发展提供了重要的水利支撑。21世纪以来,特别是2011年中央一号文件《中共中央　国务院关于加快水利改革发展的决定》发布以来,水利部门紧紧抓住从中央到地方逐级加大水利投入的历史机遇,组织编制了《兴化市水利现代化建设规划》,建设了一大批水利重点工程,为保护水资源、修复水生态、保障水安全做了大量工作,在与水斗争中求生存、谋发展,走出了一条从与水斗争到与水共生之路。在河道整治方面,先后实施了卤汀河、泰东河、川东港等重点骨干工程和白涂河、渭水河、幸福河等中小河流治理工程,与此同时,加快实施县、乡、村三级河道清淤疏浚,提高河道功能,改善引排条件,形成了通江达海、碧水畅流的新格局;在农村防洪工程建设方面,通过加强闸站配套、提高圩堤建设标准、实施圩口闸电启闭改造等工程措施,进一步完善农村防洪工程体系,提高防御洪涝灾害能力,基本做到洪水来袭,能排能挡;在城市防洪工程建设方面,按照"以河划块、分区设防"的方针,通过新建防洪闸站和防洪墙(堤)进行全面交圈、分框排涝,改变了过去城区不设防、每逢强降雨就受淹的状况;在农田水利建设方面,通过新建小型电灌站、硬质灌溉渠,改善引水灌溉条件,提高农田灌溉效率,基本达到了能灌能降、亩产吨粮的要求;在水环境整治方面,针对地势低洼、四水投塘的局面,逐年加大人力、财力、物力投入,集中力量打好水花生、水葫芦等水上漂浮物歼灭战,实现了"水清、流畅、岸绿、景美"的愿景,群体满意度逐年提高;在安全饮水方面,撤并乡镇小水厂146家,完成了34个乡镇的农村饮水安全工程,实现了城乡供水一体化,解决了农村141.27万人饮水不安全问题,如期兑现了市委、市政府向全市人民作出的承诺。

纵观兴化水利发展史,就是一部全市人民在党和政府的带领下与水斗争的治水史。通过修志立传的方式,将治水经历记述下来,让"为政之要在治水"的优良传统和兴化人民艰苦奋斗的治水精神代代相传非常有必要。

我坚信,在党的十九大精神和习近平新时代中国特色社会主义思想的指引下,在兴化市委、市政府的坚强领导和全市人民的大力支持下,有全体水利人的不懈努力和奋力拼搏,兴化水利一定能够再创新的辉煌、再续绚丽的篇章!

兴化市水利局原局长
兴化市政协经委主任

2022年12月

序二

《兴化水利志·续志(1999—2015)》经过编纂人员的艰苦努力和辛勤劳动,即将正式出版,这是兴化水利建设史上的一件大事,在“存史、资政、教化”等方面体现出积极的现实意义和历史意义!

历朝历代都有盛世修志的传统。当今中国正处在快速发展的时期,在建设社会主义现代化的伟大征程中,水利事业和其他各行各业一样,也取得了一个又一个辉煌的成绩。

2000年以后,随着中央和地方对水利建设的投入不断加大,兴化的水利事业搭上了飞速发展的快车道。水利部门的各级领导和广大干部职工按照上级水行政主管部门的统一部署,在兴化市委、市政府的领导下,发扬“忠诚、干净、担当、科学、求实、创新”的新时期水利精神,秉持以人为本、人水和谐和城乡统筹的理念,抓住机遇,励精图治,埋头苦干,谱写了水利建设事业的新篇章。

《兴化水利志·续志(1999—2015)》以丰富和翔实的史料忠实地记述了这一时期兴化水利建设所取得的成就。南水北调东线里下河水源调整项目卤汀河拓浚工程,世行贷款淮河流域重点平原洼地治理项目泰东河整治工程,淮河流域重点平原洼地治理工程里下河川东港工程等一批重点骨干工程的实施,对于提高区域防洪排涝能力、改善通航条件和投资环境都发挥了重要作用;城乡防洪体系建设对于提高防灾、抗灾、减灾能力,保障粮食生产和人民生命财产安全意义深远;农田水利基础设施建设稳步推进,提高了配套标准,建成了一大批高标准农田,为改善生产条件、促进高产稳产创造了条件;农村饮水安全工程和水生态环境建设对于改善农村居民生存环境,提高居民健康水平和幸福指数功不可没;水行政执法能力进一步增强,全社会对依法治水、依法管水基本形成共识,法制观念得到进一步提升,对保护各类水利工程设施安全完好,充分发挥已建水利工程设施的综合效益,发挥了不可替代的作用;等等。这些都是这一时期全市水利建设的新亮点,都将激励我们在今后的水利建设中更加奋发有为,百尺竿头,再创佳绩。我们将围绕农业现代化的目标,继续加强农村防洪体系建设,努力推进联圩排涝能力达标建设、圩堤硬质化治理,努力建成农村防洪的铜墙铁壁,以稳步落实河长制为抓手,使水生态环境的优化为全市人民造福,为保障全市经济持续发展和社会进步作出更大的贡献!

兴化市水利局局长

2022年12月

凡例

一、本志以马克思列宁主义、毛泽东思想、邓小平理论和“三个代表”重要思想、科学发展观、习近平新时代中国特色社会主义思想为指导，采用辩证唯物主义和历史唯物主义的观点、立场和方法，本着求实存真的原则，记述兴化水利事业发展的过程和现状。

二、本志记述范围以兴化市政区为界，涉及毗邻市、县的作简要记述。

三、本志上限为 1999 年，下限为 2015 年。《兴化水利志》（2001 年 12 月版）大事记已记述到 2000 年，故本志大事记从 2001 年开始至 2018 年。

四、本志采用纲目体，横排门类，纵述史实，述而不论。以概述、大事记为卷首，附录结尾。主体部分突出时代特点和地方特色，按照“事以类聚”的原则设 16 章 69 节，节下设目、子目。

五、体裁以志为主，述、记、传、录、图、照片、表格诸体并用，采用语体文，重要水利活动照片集中置于正文前面。

六、本志采用公元纪年，涉及历史纪年的均括注相应的公元纪年，农历月日以汉字书写。

七、地名、时代、机构、党派、职衔等均用当时名称，首次出现时用全称，其后酌用简称。文中所记市（县）委，除冠名的以外，均指中共兴化市（县）委员会，市（县）政府指兴化市（县）人民政府。

八、本志将历史上对兴化水利建设有突出贡献的地方官和市（县）领导，设专章予以记述。

九、计量单位采用国务院发布的法定计量单位，耕地沿用亩为单位。执行《标点符号用法》（GB/T 15834—2011）、《出版物上数字用法》（GB/T 15835—2011）等规定。

十、地面高程以废黄河零点为基准。

十一、本志材料来自档案、史料、地方志、口碑资料等，入志前已作考证，不再注明出处。各种数据主要来自统计部门和水利（务）等相关部门。

目录

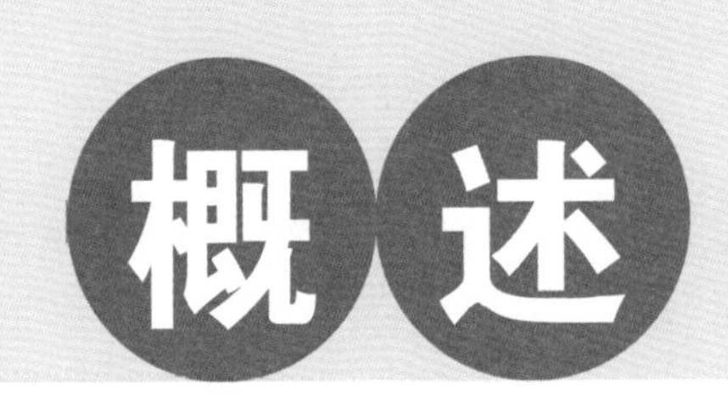
概
述

兴化市地处江淮之间的里下河腹部地区，东邻大丰、东台，南接姜堰、江都，西与高邮、宝应毗邻，北与盐城隔界河相望，位于北纬32°40′～33°13′，东经119°43′～120°16′之间。政区东西、南北间距各约55千米。地势低洼平坦，起伏小，为周高中低的碟形洼地，地面高程在1.4～3.2米之间。境内湖荡棋布，河道纵横，属淮河流域。总面积2 393.35平方千米，其中陆地面积1 949.65平方千米，占81.46%；水域（含水面和滩地）面积443.7平方千米，占18.54%。土壤肥沃，以水稻土、潮土、沼泽土为主。兴化属北亚热带湿润季风气候区且处里下河暖区中心，具有四季分明、光照充足、雨量充沛、霜期不长、夏无酷暑、冬无严寒等特点，但灾害性天气较多。至2015年末，全市总人口1 581 620人，平均每平方千米660.84人。辖29个建制镇、5个乡、1个省级经济开发区。居民委员会70个（其中城区居委会16个，集镇居委会54个），村民委员会613个。市人民政府驻地昭阳镇*，即兴化城。

兴化古称昭阳，又名楚水，历史悠久。南荡遗址文物证明，在4 000多年前的新石器时代兴化就有人类活动。春秋战国时期为吴楚之地。相传周慎靓王时，为楚令尹昭阳食邑。秦为九江郡地，汉至隋唐先后隶属临淮、广陵、江都。五代杨吴武义二年（920）设兴化县。自宋至清，先后隶属泰州、承州、高邮（军、路、府、州）及扬州府。民国初年废府制直属江苏省。1941年2月，在戴窑成立的兴化县抗日民主政府，先后隶属苏北临时行政委员会、苏中行政委员会、苏中第二行政区。解放战争时期，兴化解放区隶属苏皖边区第二行政区。为适应革命斗争需要，1944年5月以后，在兴化、东台、泰县（今姜堰）交界地区先后建立兴东县、溱潼县，在西北部设立沙沟市（县）。至1949年5月，溱潼、沙沟两县相继撤销，所辖地域大部分划归兴化县，其余分别划属邻近的东台、泰县等地。其时，兴化县属苏北扬州专区。1950年1月改属泰州专区。1953年1月泰州专区撤销，兴化隶属江苏省扬州专区（地区）。1983年3月，扬州地区撤销，江苏省实行市管县体制，兴化隶属扬州市。1987年12月，经国务院批准，兴化撤县建市，计划单列，由扬州市代管。1996年8月，兴化市划属新组建的地级泰州市。

兴化地势低洼，历史上洪涝旱卤交替为灾，尤以洪涝灾害最烈。一旦淮洪暴发，江淮并涨，往往造成洪泽湖、高邮湖、里运河决堤，或开启归海诸坝，里下河地区便成为淮河洪水入海走廊，兴化顿成泽国。据志书记载，自北宋徽宗政和六年（1116）至民国三十五年（1946）的830年间，兴化发生较大的水旱自然灾害223次，其中清宣宗道光二十年（1840）至民国二十九年（1940）的一百年间，共发生过水灾30次，旱灾18次，卤灾9次。“大涝时，洪水从四面八方铺天盖地而来，可乘舟入市，城外庐舍人畜漂没无存”，“大旱时，河湖干涸，河水断流，车在河底往来无阻”，“稻不抽穗，豆不结荚，人畜饮水无望”。大灾之年往往伴有大疫流行，淹死、饿死、病死者动辄以万人计。为避水灾，大片农田只种一熟旱稻，其余时间积水浸沤，农业产量低而不稳。为了生存，历代兴化人民与水旱灾害进行了长期不懈的斗争。早在唐代宗大历二年（767），淮南道黜陟使李承就在县境东部修筑捍海堰（史称常丰堰），北宋仁宗天圣二年（1024），兴化知县范仲淹督修捍海堰（后人称范公堤），使堤西泻卤之地成为良田。此后，该堤屡废屡修，成为县东的御卤屏障。南宋高宗建炎年间（1127—1130），在县境西部修筑挡水泄洪的“南北塘”圩，并在圩上建闸坝多处，史称绍兴堰，后屡有兴废。明嘉靖《兴化县志》中，即有兴化有“车路、海沟、白涂、梓新（辛）、蚌沿（蜓）等东西向河道以承西来之水”的记述。清高宗乾隆二十年（1755），开始在东部地区筑堤挡水“以卫田庐”，昔年坝水下注，东部圩里地区往往“恃以有秋”“屡获偏收”。在兴化主持兴修水利，或力保运堤、延缓开坝的地方官有黄万顷、詹士龙、刘廷瓒、胡顺华、凌登瀛、欧阳东凤以及徐林春、魏源等。那些热心公益、投身地方水利建设的先辈们被载入史册，受到了后辈的景仰。然而，旧时黄淮屡屡泛滥，统治者虽有治水之举，但大多治标不治本，且常议而不决，决而难行。清末、民国年间，政治腐败，财政拮据，加之外敌入侵，水利设施年久失修，有的毁于战争，

* 昭阳镇现已撤销。其他已撤销的乡镇还有张郭镇、城东镇、周奋乡、缸顾乡、西鲍乡等。后不再一一赘述。

水旱灾害大增，人民流离失所，四处逃难，生活苦不堪言。过去广泛流传在兴化的民谣“无水先旱，有水先淹，先旱后淹，夹棍讨饭”，就是旧社会苦难生活的真实写照。

中华人民共和国成立以后，在中国共产党和各级人民政府领导下，深受水旱灾害苦难折磨的兴化人民踊跃投入治水斗争。在毛泽东主席“一定要把淮河修好”的伟大号召指引下，从1950年至1985年，兴化共动员民工80.45万人次，先后45次参加大型治淮工程施工，共做工日5 170.32万个，完成土石方6 457.93万立方米。从长江北岸至徐淮平原，从黄海之滨到洪泽湖畔，兴化民工为建造三河闸、修筑苏北灌溉总渠、加固运河大堤和洪泽湖大堤、开辟入江水道、整治入海港口、开挖新通扬运河、建设江都水利枢纽等治淮骨干工程作出了重大贡献，为里下河地区筑起了一道牢固的防洪屏障，从根本上解除了淮河洪水对里下河地区的威胁和卤水倒灌的危害。

与此同时，全(县)市人民发扬自力更生、艰苦奋斗的精神，在境内开展了面广量大的农田水利基本建设，并在建设过程中不断探索和总结，逐步形成和明确主攻涝渍，洪、涝、旱、碱、渍综合治理，河沟田林路统一安排的治理目标，初步建成具备防洪、排涝、灌溉、降渍、航运等综合功能的水利工程体系，发挥了较为重要的经济效益和社会效益。

从1949年到1999年的五十年间，兴化的水利建设大体上经历了三个高潮过程。中华人民共和国成立之初，在恢复经济的过程中，兴化人民加固破败的老大圩和小子圩，同时在圩外地区建立大联圩。在抗御1954年大涝期间，李健区当年建成的李健大圩发挥了重要作用，各地学习李健区的经验，掀起了联圩并圩的热潮。1962年大水和1965年大水进一步激发了各地联圩并圩、加固圩堤的热情。1984年，针对各地修筑的圩堤高度和宽度标准不一的情况，县委、县政府按照防御中华人民共和国成立后历史最高水位(1954年3.06米)的要求，确定圩堤建设的设计标准为“四三”式，即圩堤高程4米，顶宽3米。1997年，市委根据1991年大涝后周边县市水情、工情的变化，把兴化的圩堤标准定为“四点五·四”式，即堤顶高程4.5米，顶宽4米。此外，在1970年前后，东部有关公社为解决老大圩围护面积过大、内部水系不配套而产生的引排矛盾，在群众自愿、社队自办的原则下，实施了开河分圩，破老大圩建中小型联圩，以畅通水系，加快排涝速度，促进了林盐洗碱，改善了水源水质。至1998年末，全市共建成基本定型联圩335个，圩堤总长3 256千米。

在联圩并圩和开河分圩过程中，圩堤上保留了相当一部分口门，这些口门方便了居民引水和生产生活交通，但也给防汛排涝增加了压力。每年汛前要打坝堵口，汛后又要拆除坝埂，不但耗工费时，投入大量的人力物力，挖废一定的土地，而且一旦堵闭不及时，极易造成破圩沉田。为解决这一问题，水利部门的工程技术人员认真开展了圩口闸的设计和建设工作，并且不断改进，逐步完善。在结构型式上，先后经历了重力式、“丁”字式，定型为梯形断面式。闸门的形式也经历了钢丝网水泥一字门、拼木混凝土叠梁方、混凝土空心叠梁方、钢丝网水泥人字门、钢筋混凝土人字门，最后定型为钢筋混凝土悬搁门。

为了提高排灌效益，全县在抓好传统提水工具(风车、脚车)配套的同时，一方面以铁代木改造风车，另一方面购置柴油机、混流泵、抽水机船，试办推广电网船工程。此后，通过改泵建站，试制并建成适合兴化特点的低扬程大流量的圬工泵站和排灌两用站，提高了排涝效率和灌溉水平。至1998年末，全市实有排灌站991座，连同流动抽水机船，排灌总动力11.38万千瓦，提排能力达1 883米^3/秒。

1970年前后，按照上级的有关要求，兴化县制定农田水利基本建设“五五”规划，提出“六五”设想，针对境内河道“有网无纲”和“弯、浅、窄”状况，提出“改造老河网，建立新水系，重新安排河田”的治水方略，从而掀起了整治各级河道的热潮。从1969年起，先后对雌港、雄港、东塘港、渭水河、盐靖河等南北向河道进行了开挖和整治，从而使境内水系由原来的东西走向调整为南北走向，形成了排涝南抽北泄、抗旱南引北流的新格局。1983年，动员全县26.4万人次，横穿东西全境42.5千米，完成土方 800.5 万立方米的车路河整治工程，由此车路河成为兴化境内腹部地区的调度河道。至此，兴化能引、能排、能调度的水系基本建成。

随着南北向骨干河道的开挖和拓浚，有关区、社也新开了一些南北向河道和部分东西向的内部调度河道，通过河道定线，促进了联圩定型、闸站定位。在此基础上，各有关公社按照"两田一方，能灌能降，河沟路林，四网配套"的要求，采取群众运动短期突击和专业队伍常年施工的办法，实施了圩内河网配套和以路沟渠配套为主要内容的条田方整，抓好标准圩建设，先后建成舍陈幸福圩、大垛东风圩、中圩中心圩、老圩王好圩、钓鱼钓鱼圩、李健李南圩、竹泓振南圩、林潭捷行圩、周庄中心东圩、荻垛中心圩、戴南红旗双丰圩等标准圩，对全县（市）圩内田间工程配套发挥了重要的引领和辐射作用。

1997 年 1 月，市委八届二次全体（扩大）会议作出《加强水利工作，努力实现三年圩堤达标，建成无坝市的决定》，掀起了无坝市建设的热潮。市委、市政府成立建设无坝市领导小组，与各乡镇签订建设无坝乡（镇）的责任状，市水利局认真制定无坝市建设规划。三年时间内，市政府每年筹集资金 1 000 万元，乡镇每年自筹资金 2 000 万元。在坚持不搞"一平二调"和群众自愿的基础上，在劳动积累中，按每个劳力每年 5 个工日（每工日 6~10 元）实行以资代劳。市委、市政府把建闸任务完成情况纳入目标管理，作为年度考核依据，年终综合评比实行一票否决。市纪委主动介入，实施全程效能监察。在抓好业务技术指导和分工序、分段验收的基础上，严格实行竣工验收，由纪委、监察局、农工部、财政局、水利局等部门联合验收，并评定等级格次。三年时间累计建成圩口闸 1 688 座，合格率达 100%，其中优良工程达 70%。

1998 年 11 月 20 日，兴化市委、市政府在大邹镇召开圩堤达标建设工作会议，动员部署全市水利建设突击旬活动。会后，全市迅速掀起加修圩堤的热潮，做到"乡乡有工程，村村有任务，户户有土方"，最高上工人数达 20 万人，当年完成圩堤加修土方 1 600 万立方米。1999 年 2 月 8 日，市委、市政府在钓鱼镇召开新闻发布会，宣布全市圩堤达标的目标基本实现。1999 年 9 月 30 日，兴化市委、市政府在友好会馆召开庆祝无坝市建成总结表彰会议。

水利建设的发展，增强了抗灾能力，改善了生产条件，促进了耕作制度的改革。兴化 151 万多亩老沤田至 1971 年底基本改制成二熟乃至三熟田。同时，其也为圩里地区的盐碱地、圩南地区的塘心田、圩外地区的冷浸田等低产田改造创造了条件，为提高单位粮食产量作出了贡献。至 1998 年，全市建成高产稳产农田 120 万亩。

2000 年以后，随着中央和地方对水利建设投入的不断加大，兴化的水利事业搭上了飞速发展的快车道。水务部门按照以人为本、人水和谐和城乡统筹的理念，抢抓机遇，励精图治，谱写了水利建设事业的新篇章，取得了一个又一个的新成就，为保障全市经济发展和社会进步作出了积极的贡献。

重点骨干工程相继建成收效。卤汀河拓浚工程被列为国家南水北调东线里下河水源调整项目，2010 年 11 月开工，2014 年 12 月完工，总投资 7.5 亿元。泰东河工程被列为世行贷款淮河流域重点平原洼地治理工程，2011 年 11 月开工，2014 年 5 月完工验收，总投资 19.2 亿元。川东港是淮河流域重点平原洼地治理工程中新增的里下河腹部排水入海通道。2014 年 5 月 4 日，兴化境内青龙桥建设工程下发开工令，标志着川东港兴化境内工程建设正式启动，预计建设工期为三年，工程概算投资 39 588 万元。2012 年 9 月，渭水河被列为全国重点地区中小河流治理项目，南起卖水河，北至车路河，工长 24.67 千米，工程概算投资 2 975 万元，2014 年 1 月完工。白涂河临城段 5.2 千米被列为中小河流治理项目并于 2011 年 4 月开工，河道疏浚于当年底完工，北岸防洪堤 0.62 千米于 2014 年 4 月完工。幸福河中部仲家至欧家实心段，工长 7.2 千米（属东台市），被列为泰东河整治影响工程实施了平地开河，2014 年 9 月开工，2015 年底基本完工，从而保证了幸福河南起泰东河、北至车路河全线贯通。

城乡防洪体系建设成效显著。2009—2015 年,全市农村累计完成圩堤加修土方 801.488 万立方米,加修圩堤工长达 1 106.7 千米。1999—2015 年累计新建、改建、维修圩口闸 2 147 座,市财政及灌区改造、专项工程、重点县工程等项目累计投资 16 654 万元。1999—2015 年,累计新建排涝站 590 座,配套各类水泵 772 台,新增排涝动力 53 491.5 千瓦,新增流量 1 479.85 米^3/秒,市财政补助资金 7 712.984 万元,受益联圩 335 个。2000 年初启动了城市防洪工程建设,至 2015 年底,累计实现投资 8.6 亿元(其中拆迁补偿款 5 亿元),共建成防洪墙(堤)47.43 千米、防洪闸 21 座、排涝站 33 座,安装水泵 75 台,装机容量 5 588 千瓦,排涝流量 105.77 米^3/秒,城市防洪设施保护范围近 110 平方千米。

农村饮水安全工程全面完成。兴化市农村饮水安全工程建设从 2007 年启动,经过 2008 年至 2012 年连续五年的努力,成功完成了全市所有 34 个农村乡镇(含省级经济开发区)的饮水安全工程,解决了省级核定的 88.05 万人饮水不安全问题,实际解决饮水不安全人口 141.27 万人。共完成投资 41 065 万元,其中中央资金 9 903 万元,省级资金 17 153 万元,县级配套资金 14 009 万元。新建区域性水厂 4 座,日供水能力 26 万吨,新建增压泵站 31 座,安装各类输水管道 1 911 千米。

农田水利基础设施建设稳步推进。在继续抓好标准圩建设的同时,按照上级的部署和要求,先后组织实施了中央财政新增农资项目、中央财政土地出让金小农水项目、小型农田水利专项工程、中央财政小型农田水利高标准农田示范重点县工程,先后建成高效节水灌溉示范区 3 650 亩*,高标准农田示范区 10.87 万亩,完成投资 26 898 万元,其中中央财政 7 900 万元,省级财政 8 000 万元,县级配套 10 998 万元。

水生态环境建设取得新的进展。一是继续抓好河道清淤疏浚。清除淤泥垃圾,扩大过水断面,加快引排速度,增强水体自净能力。除卤汀河、泰东河、川东港等流域性河道外,整治了渭水河、白涂河、塘港河、兴姜河等市级骨干河道 14 条 315.21 千米,完成土方 1 029.15 万立方米。据不完全统计,投入资金 7 762.203 3 万元。整治其他市级河道 28 条,工长 234.21 千米,完成土方 945.55 万立方米,投入资金(不完全统计)3 755.939 万元。2003—2015 年整治乡级河道 510 条,工长 3 380.51 千米,完成土方 3 051.65 万立方米,投入资金 21 096 万元。从 2006 年起至 2013 年,整治村庄河道总长 4 791.94 千米,完成土方 3 849 万立方米。2014—2015 年完成生产河疏浚土方 660 万立方米。二是开展水环境整治。切实加强对水环境治理的组织领导。2008—2015 年,市委、市政府每年都成立全市水环境整治工作领导小组,明确组长、副组长和成员单位,并明确各乡镇党委、政府为水环境整治第一责任单位,各地"一把手"为第一责任人。市委、市政府每年都制定《关于组织开展水环境突击整治活动的实施意见》,并在整治活动开展前召开专门会议进行宣传发动和工作部署。三是开展专项突击。每年冬春利用水生植物枯萎的有利时机,对水花生等水面漂浮物组织两次专项突击和清理打捞。明确突击整治的工作目标、整治范围、标准和要求、责任分工、时间安排。四是设卡拦污。为减少上游地区水花生等水面漂浮物随水流入兴化境内造成新的危害,在河道通往上游邻县市的入口处设置拦污卡口 54 处,总长度 2 749.5 米,并落实专人管理和及时打捞。五是抓好督查和考核验收。每年由有关部门分片组成督查组,明确督查内容,并明确验收程序、验收方法、验收内容、验收标准,根据验收考核得分多少计发以奖代补资金。落实长效管理,巩固专项整治成果。制定相应的补助标准,对验收合格的乡镇、市级河道、乡级河道和村庄河道及拦污卡口,实行以奖代补,为水环境整治提供资金保障。六是启动退渔还湖工程。为保护湖荡的生态资源,恢复湖荡原有的生态环境和调蓄功能,进而为发展旅游、观光、度假创造条件,兴化市委、市政府决定对湖荡实施退圩、退渔还湖工作。2011 年启动了大纵湖退渔还湖工作,2014 年 3 月决定对得胜湖实施退渔、退圩还湖,2014 年 11 月决定对平旺湖

---

* 为保持志书的延续性和统一性,本书沿用一些非法定计量单位,如亩、丈、尺等。1 亩≈666.67 平方米。

实施退渔还湖，相关规划和项目建设在实施之中。

水资源管理迈上了信息化管理新台阶。水资源是人类赖以生存和发展的必不可少的自然资源，也是国民经济和社会发展的基础资源和战略资源。根据上级水行政主管部门对水资源必须实行最严格的管理和考核的要求，在水资源管理方面，兴化认真组织实施了取水许可管理、地下水开发监管、计划用水管理、节水型社会建设、饮用水源地保护等项目，并根据上级要求和部署，建成了江苏省水资源管理信息系统一期工程兴化分中心，建立了与省中心进行信息共享、实时传输的网络平台和水资源管理会商平台，使水资源管理的各项业务功能纳入信息化管理的范围。

水行政执法能力进一步增强。认真学习和宣传水法律法规，在一年一度的世界水日和水法宣传周期间，围绕宣传主题，突出宣传重点，采取多种形式，努力扩大宣传覆盖面和宣传效果。严格水行政审批，对依法向社会公示的行政项目，包括行政审批事项、行政核准事项、行政审核事项、行政备案事项，都在市政府行政管理中心专门设置的窗口直接受理，提高了办事效率，方便了有关单位和个人办理相关业务。对依法依规实施的执法项目，采取多种形式公布执法人员、执法依据、执法程序等。水行政执法主要采取执法巡查和群众举报相结合的办法。巡查则采取正常巡查和重点检查相结合的办法。巡查时，人员分工到组，以组包片，明确巡查内容和巡查要求，发现问题及时处理。1999—2015年累计完成巡查2 900个（车）航次，查处水事违法案件75起，处理水事纠纷84起，制止围垦河道湖荡62起。

为提高执法能力和执法水平，除了加强执法监督机制建设，发挥社会监督和舆论监督的作用外，更重要的是抓好执法队伍的自身建设。抓好人员配备和培训；组织参加行政法律法规知识培训学习和考试；邀请律师、法官等司法界人士通过以案释法的形式讲授行政执法方面的专业知识；组团参加泰州市水利局组织的水利系统执法技能竞赛，并取得了好的成绩。同时，强化内部管理，制定岗位责任制、人员考核和奖惩办法等内部管理规定，从而使行政执法人员始终保持良好的执法形象、公正的执法行为和严格的执法程序，做到阳光执法、文明执法，为保证水利工程设施的安全完好和河道湖荡水域不受侵占作出积极的贡献。

通过多年的水利建设和发展，各类水利工程设施除害兴利能力显著增强。至2015年底，全市共建成农业联圩337个，圩堤总长3 361千米，基本达到防御4.0米水位的要求；建成圩口闸4 042座、排涝站1 020座/1 409台，装机容量85 965千瓦，排涝能力达2 392.35米^3/秒；新建小型电灌站1 724座，现状有效灌溉面积178万亩；建成旱涝保收农田170万亩，占总面积的97.2%；城区防洪除涝达标率达91.04%。

水利建设为促进全市经济社会又好又快发展和改善民生提供了重要的基础保障，发挥了较好的经济效益、社会效益和生态效益。一是促进了农业生产的稳步发展。水利基础设施建设极大地改善了农业生产条件，推动了新形势下种植业结构的调整。通过高标准农田建设，尤其是通过项目整合，投入5 000万元建设1万亩兴化钓鱼粮食核心示范园，形成“九横四纵”田间硬质干道，配套小型电灌站和混凝土防渗渠道，完善过路涵洞、节制闸、跨渠机耕桥等配套设施，实现示范园内农田标准化、作业机械化、科技集成化、管理智能化、品种纯良化、种植规模化、农民职业化、服务专业化、经营产业化、环境生态化。2015年，全市粮食播种面积278.69万亩，平均单产515公斤，总产142.53万吨，比1998年高出28.53万吨，创历史最高水平，实现十二年连续增产，兴化蝉联“全国粮食生产标兵（先进）县（市）”，实现农业增加值93.62亿元。全市农村人均可支配收入15 527元，是1998年3 000元的5.17倍。二是改善了水陆交通条件，促进了物资流动和经济繁荣。通过对各级河道清淤疏浚，在扩大引排效益的同时，也改善了通航条件，促进了航运事业的发展。全市现有内河航道53条，总里程959.99千米。其中：三级航道2条，65.34千米；四级航道1条，40.86千米；五级航道1条，31.42千米；六级航道 2 条，87. 34 千米；七级航道 6 条，246. 21 千米；等外级航道 41 条，488. 8 千米。2015 年，水路货运量 5 102. 44 万吨。1980 年末，兴化公路通车里程只有 49. 2 千米。随着时代的发展，各地结合水利建设，浚河取土、修筑公路，实施圩路结合，对加快公路建设步伐发挥了一定的作用。在其后组织实施的通达工程和通村公路提档升级工程以及“十二五”期间的“通江达海”的大手笔中，公路建设实现了新的飞跃。至 2015 年底，全市公路通车总里程 2 835. 18 千米，比 1998 年末的 663. 1 千米增加了 2 172. 08 千米，其中圩堤公路结合长度达 882. 94 千米。在总里程中，省道 372. 656 千米，县道 470. 275 千米，村道 839. 967 千米。公路客运量 1 310 万人次，公路货运量 395. 56 万吨。三是促进了水土资源的综合开发利用。在修圩筑路过程中，除采取浚河取土的方式提供土源外，不足的部分则在就近开挖荒地浅滩或部分土地，并将开挖区整理成规格化鱼池，为发展水产养殖创造条件，力争做到挖而不废，效益不减。目前，全市水产养殖共有河沟、湖荡、池塘及生态共作（包括稻鸭共作、稻蟹共作、水稻龙虾共作）四大类型，水产养殖面积 82. 5 万亩，是全省河蟹、青虾、银鲫主要产区。2015 年水产品总量 29. 3 万吨，连续 25 年位居全省内陆渔业县级之首，被评为“中国生态河蟹养殖第一市（县）”和“中国河蟹第一市场”。四是推进了生态环境修复工程建设。通过常态化开展村庄环境、水环境保洁管护工作，提升了村庄环境整治成果，水环境整治取得了明显成效。千垛菜花被评为省级水利风景区，创建成兴化里下河李中省级湿地公园。得胜湖、平旺湖退渔还湖工程基本完成。14 个村建成省级“美丽乡村”，缸顾乡东罗村荣获“江苏最美乡村”称号。

展望未来，任重道远。今后我们将紧紧围绕建设社会主义现代化强国的宏伟目标，坚持全面深化水利改革，持续推进水利现代化建设，努力提高水利管理、水利服务和保障能力，为全市经济又好又快发展提供支撑，为建设经济强、百姓富、环境美、社会文明程度高的新兴化作出积极的贡献。

大事记

2001 年

4 月 26 日，兴化市政府以兴政人〔2001〕17 号文件决定撤销兴化市水利局、兴化市农业机械管理局，建立兴化市水利农机局。

10 月，中共兴化市委、市人民政府以兴政人〔2001〕41 号文件发出通知，明确兴化市水利农机局更名为兴化市水务局，为市政府工作部门，挂兴化市农业机械管理局牌子。

11 月 8 日，在兴化友好会馆举办兴化市水务局成立暨揭牌仪式，江苏省水利厅副厅长陶长生、泰州市人大常委会副主任常龙福、兴化市委副书记杨杰到会祝贺并讲话。

11 月 21 日，兴化市政府以兴政发〔2001〕286 号文件发布《兴化市水利工程管理实施细则》，分总则、管理机构、管理范围、工程管理等 6 章 19 条。

2002 年

2 月 1 日，兴化市机构编制委员会以兴编〔2002〕41 号文件批复，水务局内设办公室、人事科（增挂"纪检监察室"牌子）、财会审计科、农村水利科、基本建设科、水政水资源科（增挂"市节约用水办公室""市水政监察大队"牌子）、机电排灌科、农机管理科、农机市场监理科。

4 月 19 日，泰州市水利局召开全市水利管理暨改革流动现场会，参观兴化盐靖河荻垛、张郭两镇圩堤管理现场。

5 月，兴化市发展计划局和市水务局联合发出《关于进一步加强和规范河道管理范围内建设项目审批管理的通知》。

7 月 8 日，江苏省水利厅厅长黄莉新一行 5 人到兴化就里下河兴化地区河道引排问题进行调研，泰州市副市长吕振霖陪同，并参观考察城东镇闸站结合工程、张郭水务站和戴南钢帘线厂生产情况。

8 月 28 日，市政府相关领导主持，发展计划局、水务、公安、政府办、民政、环保、交通、昭阳镇、城投公司、工商、规划办、法院、财政、建设、国土等部门负责人参加，在水务局召开了兴化市新城区防洪规划论证会，原则同意了《兴化市新城区防洪规划》。

10 月 10 日，兴化市委、市政府召开幸福河整治工程协调会，决定幸福河南端与东台市时堰镇连接段的施工任务由张郭镇和戴南镇共同承担，按实有劳力数分配。

11 月 13 日，江苏省水利规划办公室在兴化召开里下河水利规划管理座谈会，规划办副主任陈振强，南京大学教授周美，泰州市水利局局长董文虎、总工程师储新泉参加。

12 月 20 日，江苏省水利厅在兴化板桥宾馆召开里下河片《江苏省湖泊管理条例》立法调研会议，省水利厅工管处处长陈履，水政处处长洪国增、副处长曹东平以及扬州市、泰州市、盐城市和下辖有关县市水利局的分管负责人出席会议。

2003 年

3 月 4 日，兴化市政府决定从 3 月 15 日至 4 月 15 日在全市范围内开展以疏浚河道、打捞"三水一萍"等水上漂浮物、清理沿河垃圾为重点的农村水环境整治工作，并于 4 月中旬组织农口各部门成立 6 个组，对水环境整治情况进行督查。

3 月 17 日，江苏省水利厅农水处副处长刘有勇一行 3 人，在泰州市水利局农水处处长吴刚陪同

下到兴化检查去冬今春农村水利建设情况。

5月12日，泰州市委副书记张文国、副市长丁士宏以及泰州市水利局局长王仁政到兴化检查防汛准备工作。兴化市委书记杨峰、副书记范学忠陪同。

5月30日，泰州军分区司令员陈以尧到兴化市检查防汛准备工作，市长吴跃陪同。

7月3日，泰州市委副书记张文国到兴化市检查指导防汛排涝工作。

7月4日，江苏省水利厅副厅长陶长生到兴化市检查指导防汛排涝工作。

7月5日，江苏省委副书记张连珍、副省长黄莉新一行到兴化检查指导防汛排涝工作。

7月5日，泰州市副市长丁士宏、泰州市水利局局长王仁政到兴化视察汛情，指挥抗灾。

7月6日，江苏省政府在兴化召开里下河地区防汛工作会议，部署里下河地区的防汛抗灾工作。江苏省水利厅厅长吕振霖及省农林厅、省气象局等部门的主要负责人，扬州、泰州、盐城、淮安四市分管市长及海安县、兴化市的主要领导出席会议，省委副书记张连珍和副省长黄莉新先后讲话。同日，兴化市委、市政府召开防汛抗灾紧急电话会议，分析形势，明确责任，落实措施，动员全市上下全力以赴投入防汛抗灾斗争。

7月7日，江苏省水利厅农水处副处长刘有勇、省水利勘测设计研究院总工程师钱志平、泰州市水利局副局长胡正平到兴化检查指导救灾工作。

7月9日，江苏省省长梁保华带领省水利厅、民政厅等相关部门负责人，在泰州市委书记朱龙生等陪同下，到兴化视察灾情。

7月11日，江苏省副省长何权、黄卫先后到兴化视察灾情，指导抗灾自救工作。

7月16日，水利部副部长陈雷一行在江苏省副省长黄莉新、省水利厅厅长吕振霖陪同下，到兴化检查防汛救灾工作。

7月18日，全省农业抗灾恢复生产现场会在兴化召开。泰州、扬州、宿迁、淮安、盐城及兴化市作了交流发言，副省长黄莉新讲话。

8月25日，泰州市水利局副局长胡正平、办公室主任蔡浩、农水处处长吴刚、工管处处长刘雪松、规计处副处长张剑一行到兴化，就灾后水利建设情况进行调研。

11月12日，江苏省水利建设局副局长陆泽群一行在泰州市水利局副局长胡正平陪同下，到兴化检查冬季水利建设情况。

12月9日，泰州市冬季水利建设现场会在兴化召开，相关人员参观了兴化市车路河临城束窄段疏浚和林湖乡滞涝圩建设现场。

2004年

1月31日，泰东河整治工程举行开工仪式。兴化市水利建筑安装工程总公司中标泰东河第二标段，兴化市水利疏浚工程处承建，工程造价近700万元，工程于11月竣工。

2月10日，江苏省水利工程建设局副局长陆泽群到兴化了解灾后重建工程项目落实情况。6月3日又到兴化检查灾后重建工程实施情况，并重点检查了城东镇与海南镇的施工现场。

3月14日，兴化市委、市政府专题召开全市绿色圩堤工程工作会议，部署圩堤植树造林工作。

3月16日，江苏省水利厅农水处副处长刘有勇及有关人员与省财政厅相关领导到兴化对2003年度河道疏浚工程进行验收。

4月6日，兴化市水务局与扬子监理公司签订灾后重建工程项目监理合同。

4月16日，泰州市水利局副局长胡正平与兴化市水务局签订灾后重建责任状。

4月29日，兴化市委、市政府召开灾后重建工程建设现场会，相关人员参观了林湖、垛田两乡镇施工现场，市委副书记范学忠到会讲话。

5月25日，江苏省水利厅纪检组监察室主任任晓明、副主任俞雪生，泰州市水利局副局长胡正平到兴化检查灾后重建工程情况。

5月30日，九顷小区的防洪工程项目全部竣工。共建成防洪墙3 110米，防洪闸4座（兴中、抗排站、储运站、野行），排涝站5台/3座（兴中、抗排站、储运站及2台冲污泵，排涝站流量2.5米^3/秒），对2条总长1 410米的排水沟进行清淤疏浚和护坡护底，总投入资金1 247万元。

6月16日，江苏省水利厅厅长吕振霖带领副厅长沈之毅、省水利工程建设局局长陆永泉及副局长陆泽群、省水利勘测设计院院长陆小伟到兴化对卤汀河穿城方案进行调研，并检查了灾后重建工程建设情况。

6月20日，兴化主城区的沧浪河东闸站开工建设，建设地点位于沧浪河东口门处，年底基本完成主体工程，2005年6月8日通过省市验收交付使用。

6月28日，江苏省政协副主席吴冬华到兴化就政协提案进行督办，把兴化城喝上长江水和卤汀河工程实施列为主席督办提案。

7月10日，泰州市水利局相关领导到兴化检查灾后重建工程效能监察实施情况。

7月14日，泰州市委副书记张文国、副市长丁士宏到兴化检查城市防洪与灾后重建工程建设情况。

7月19日，江苏省副省长黄莉新到兴化调研，实地察看了林湖乡得胜湖进退水闸和滚水坝等灾后重建工程。

10月11日，江苏省水利厅规划办主任叶健一行到兴化考察湖荡情况。

是年，兴化行政新区的防洪工程年底基本完成，共建成6米孔宽的防洪闸2座（直港河南、北闸）、6米^3/秒的排涝站2座（直港河南站、中心河南端紫荆河站）、小型防洪闸2座，砌筑防洪墙1 100米，按照“四点五·四”式标准加修圩堤4 650米，总投入资金1 300万元。

2005年

1月12日，兴化市委、市政府印发《兴化市政府机构改革实施意见》，撤销原在水务局挂牌的“市农业机械管理局”，将农机管理、农机推广和监理职能划归市农委，机电排灌职能仍保留在市水务局。

1月27日，江苏省水利工程建设局局长陆泽群及泰州市水利局副局长胡正平等一行8人到兴化进行沧浪河东闸站水下部分验收及11座水毁闸交付使用验收。沧浪河东闸站水下部分通过验收并被评为优良工程，11座水毁闸通过验收并被认定为合格工程。

3月17日，江苏省水利厅《江苏水利》编辑部潘杰、河海大学姜教授、农水处刘德怀到兴化就农村水利建设情况和经验进行调研。

4月27日，兴化市水务局主持召开“兴化市农村饮水安全调查报告”评审会，市发改委、市卫生局、市环保局等有关部门负责人参加。

6月8日，江苏省水利工程建设局局长陆泽群，泰州市水利局副局长胡正平、基建处处长周国翠等到兴化对沧浪河东闸站及滞涝圩进退水设施新建工程进行投入使用验收。滞涝圩79座进退水闸和64座滚水坝通过验收并被评为合格工程。

8月26日，兴化市政府办公室下达主城区南片防洪工程建设资金筹集任务：移动公司、联通公司、信用合作联社、金港房地产发展有限公司、国土局（城投公司）、建设局、振兴双语学校、第三人民医院、昭阳中学、房管处、长安农贸市场、龙津河农贸市场、国税局、地税局等 14 个单位负担指标共 198 万元。

9 月 6 日，垛田翟家大桥由市水利工程处负责修复并进入吊装阶段。为确保安全，车路河该河段从 9 月 2 日起实行交通管制，9 月 6 日起实行断航，9 月 28 日吊装结束，河道恢复通航。

9 月 12 日，江苏省水利厅、财政厅联合组织对兴化 2004 年度县乡河道疏浚工程进行检查验收。

9 月 26 日，泰州市水利局根据省水利厅苏水设计〔2005〕171 号文批复，同意实施兴化城区洼地挡排工程。工程内容为沧浪河南闸、沧浪河西闸站、海池河东闸站、海池河西闸站等 4 座控制建筑物，总投资 1 582 万元，其中省级以上补助 1 060 万元。

9 月 29 日，江苏省水利厅召开全省秋冬水利建设电视电话会议，兴化市水务局在会上作了《健全“五制”，强化对圩区治理工程的建设管理》的交流发言。

12 月 8 日，兴化市副市长顾国平主持召开南水北调里下河水源调整项目卤汀河工程移民安置规划确认会议，周庄、陈堡、临城、昭阳、垛田、开发区、西鲍等乡镇和水务、建设、交通、广电、供电、电信等部门负责人参加。

12 月 14 日，江苏省水利厅在泰州市召开泰东河 2003 年度兴化幸福河接口段工程投入使用验收会议。河道工程施工质量核定为优良，桥梁工程施工质量等级为合格。

12 月 27 日，兴化市委、市政府发布《关于在全市农村实施“清洁水源、清洁家园、清洁田园”工程的意见》。

2006 年

1 月 12 日，兴化市机构编制委员会以兴编〔2006〕1 号文件，对已批准转企改制的和未改制的事业单位予以撤销，市水务局下属的市抗旱排涝站、市水利工程处、市水利车船队、市水利物资储运站、市水利勘测设计室、市水利疏浚工程处共 6 个单位被撤销。

4 月 13 日，兴化市水务局党委召开全系统党员大会，对党委会和纪律检查委员会进行换届选举。党委书记张连洲作工作报告，纪委书记顾靖涛作纪检工作报告。会议选举产生了新一届党委会，由张连洲、顾靖涛、赵文韫、包振琪、华实、石小平、樊桂伏、刘建才、陈凯祥等 9 位同志组成。会议选举产生了新一届纪律检查委员会，由顾靖涛、吴永乐、王帮琳、单祥、肖向华等 5 位同志组成。会议选举张连洲为出席市党代会的代表。

4 月 27 日，江苏省水利厅工管处处长陈履、省财政厅相关处室负责人，泰州市水利局总工钱卫清、工管处处长吴刚到兴化就村庄河道疏浚进行抽样验收，兴化市委副书记金厚坤、副市长顾国平参加并汇报了兴化市村庄河道疏浚情况，经过对临城、西郊、李中三个乡镇的检查，同意通过验收。

6 月 10 日，江苏省委副书记张连珍、省水利厅厅长吕振霖到兴化检查防汛工作，实地察看了兴中闸站和沧浪河东闸站。

6 月 13 日，江苏省军区副司令员刘华健到兴化检查防汛准备工作情况，察看了兴中闸站、沧浪河东闸站、直港河南闸站。

7 月 2 日，由于连续降雨，兴化水位达 2.53 米，市委、市政府召开防汛排涝紧急电话会议，市政府相关领导对当前排涝抗灾工作作具体部署。

7 月 3 日，江苏省副省长黄莉新和省水利厅厅长吕振霖到兴化检查了解防汛抗灾情况。

7 月 4 日，泰州市委书记朱龙生带领泰州市水利、民政、财政、粮食、农委等部门负责人到兴化检查了解排涝抗灾情况。

8月1日，召开市委、市人大、市政府、市政协负责人联席会议，具体讨论城市防洪的有关问题，为减少工程投资，决定将防洪堤顶的高程（废黄河零点）从4.5米调整为3.65米，堤外防洪驳岸高程2.8米。

8月14日，兴化市政府召开专项会办会，根据市四套班子联席会议和常委、市长联席会议要求，决定组建市城市水利投资开发有限公司，负责筹集城市防洪工程建设资金。同时决定市水务局负责的农村公共供水工作调整由市建设局负责。

8月17日，泰州市水利局副局长龚荣山、农水处处长居敏、城市水利处处长刘雪松到兴化就2007年水利建设任务进行调研，实地察看了整治中的合陈镇村庄河道、陶庄幸福河、戴窑横泾河等，并邀请市人大、发改委、财政局的有关负责人和西郊、戴窑、合陈等乡镇的分管领导及李中、合陈镇水务站站长进行座谈。

8月26日，兴化市委、市政府举办沧浪河南闸开工仪式，市四套班子负责人和相关部门负责人参加。沧浪河南闸和沧浪河西闸站同时开工建设。南闸位于沧浪河与车路河交汇的沧浪河南口门处，结构型式为西高东低单坡5孔拱桥闸桥结合，于2007年10月19日通过水下工程验收。西闸站位于沧浪河西口门，为闸站桥结合工程，于2007年10月19日通过水下工程验收。

8月28日，兴化市副市长顾国平主持召开乡镇机电排灌职能及人员划转工作会办会，市政府办、市水务局、市农机局、市人事局、市劳动和社会保障局负责人参加。会议根据《兴化市政府机构改革实施意见》（兴发〔2005〕2号）及《关于政府机构改革中“三定”工作的指导意见》（兴编〔2005〕2号）文件精神，明确乡镇机电排灌职能一律划归乡镇水务站，合并乡镇从农机站在编人员中划转2名至水务站，并明确从2006年10月1日起执行。

11月17日，泰州市水利局在兴化安丰镇召开冬春水利建设现场会，相关人员参观了兴化老圩中心河、新垛反修河整治等现场，泰州市副市长丁士宏作工作报告，市委副书记王守法讲话。

11月28日，兴化市政府召开会议，专题研究城市防洪和农村闸站建设有关问题。会议明确，全市城市防洪和农村防洪工程要同步推进，建设资金安排大体相当。会议决定，从2007年起连续3~5年，市财政每年安排1 000万元左右的专项资金定向补助农村闸站建设。

12月13日，兴化市委、市政府召开城市防洪工程建设新闻发布会，通报城市防洪规划和建设情况。

12月28日，开工建设海池河东闸站和海池河西闸站。海池河东闸站位于海池河东端与上官河交汇处，工程由闸室、泵房和交通桥组成。西部北侧为防洪闸，南侧为泵房，东侧为交通桥。

海池河西闸站位于海池河西端与西荡河交汇处，是集防洪排涝、城市景观、文化休闲等功能于一体的建筑物。工程由闸室、泵房、交通桥三部分组成。中孔为防洪闸，南北两侧为泵房及附属用房，西侧为交通桥，东侧为曲形观光桥。

2007年

2月1日，兴化市机构编制委员会以兴编〔2007〕2号文件通知，决定将现由市建设局承担的“城市管网输水，用户用水”管理职能调整到市水务局，现兴化市自来水总公司人、财、物一并划归市水务局管理。

4月12日，泰州市水利局在兴化召开全市水政水资源工作会议，泰州市水利局水政水资源处处长丁煜成主持会议，泰州市水利局相关领导参加会议并讲话。

5月10日，兴化市委以兴委组〔2007〕75号文件通知，邓志方同志任中共兴化市水务局委员会书

记，免去张连洲同志中共兴化市水务局委员会书记职务。

6月2日，兴化市委以兴委组〔2007〕85号文件通知，包振琪同志任中共兴化市水务局委员会副书记。

6月14日，泰州市委常委、泰州市军分区司令员张本印到兴化检查防汛准备工作。

6月28日，兴化市人大常委会以兴人发〔2007〕21号文件通知，任命包振琪同志为兴化市水务局局长，免去张连洲同志兴化市水务局局长职务。

7月7日，兴化市委、市政府召开防汛排涝紧急电话会议，市委、市政府主要负责人对排涝抗灾工作作出部署。

7月10日，江苏省委副书记张连珍到兴化检查防汛排涝工作。

8月1日，兴化市委、市政府表彰市水务局为2005—2006年度文明机关，临城、戴窑、昭阳水务站为文明单位。

9月7日，泰州市水利局副局长胡正平在兴化主持召开水利规划调研座谈会，邀请市发改委、市人大农工委、农工办、财政局等单位相关负责人和新垛镇、老圩乡分管负责人、水务站站长及部分村支部书记参加。

10月19日，江苏省水利厅委托泰州市水利局对兴化城区洼地挡排工程沧浪河南闸、沧浪河西闸站、海池河东闸站进行水下工程验收。泰州市水利局副局长胡正平、总工程师钱卫清、基建处处长周国翠等参加。通过听取汇报、实地察看、查阅相关资料，同意通过验收。

11月6日，兴东水厂建设采用BOT方式，市水务局副局长胡建华代表城市水利投资开发有限公司与中国水务（北京）投资有限公司签订水厂建设特许经营合同。

11月28日，按照多水源供水的要求，市委、市政府决定新建兴化水厂，在基本完成水源地选址和专项论证后，在卤汀河周庄镇祁东村举行奠基仪式，市四套班子负责人参加。

12月15日，江苏省水利厅委托泰州市水利局对兴化城区洼地挡排工程海池河西闸站进行水下工程验收。泰州市水利局副局长胡正平、总工程师钱卫清、基建处处长周国翠等参加，同意通过验收。

2008年

1月4日，泰州市水利局局长唐勇兵一行到兴化调研冬春水利建设，察看了大营、老圩等乡镇河道疏浚情况。

2月2日，兴化市委、市政府以兴发〔2008〕8号文件，表彰兴化市水务局为“十佳人民满意机关”，市水务局水政监察大队为“十佳执法大队”。

4月16日，市编委以兴编〔2008〕12号文件批复，同意市水务局在基本建设科增挂“工程质量监督科”牌子。

5月22日，市编委办公室以兴编办〔2008〕8号文件批复，同意市水务局增设行政许可科，在水政水资源科挂牌，扎口管理水务行政许可项目。

5月29日，江苏省水利厅副厅长李亚平到兴化检查汛前准备工作，视察了农村水利和城市防洪下官河工程项目。

6月5日，泰州市人大常委会到兴化检查《防洪法》和《防洪条例》执行情况，并视察了城市防洪下官河项目。

6月7日，兴化市市长李伟主持召开城市防洪工程建设督查会议，明确要求防洪墙（堤）在6月15日前按标准完成并交圈，闸站在6月20日前完成设备安装调试。

江苏省委常委、省政府副省长黄莉新视察城市防洪下官河整治工程项目。

6月19日，江苏省水利厅决定建设江苏省水资源管理信息系统，确定兴化市为分中心，列为一期工程建立计算机网络。

8月19日，江苏省水利厅副厅长陶长生到兴化检查城市防洪下官河整治工程项目进展情况。

8月20日，泰州市水利局水资源处处长储有明一行到兴化重新划定饮用水源地保护区。

9月23日，泰州市水利局以泰政水复〔2008〕38号文件批复，同意组建兴化市农村饮水安全工程项目建设管理处，为项目法人单位。

11月5日，江苏省水利厅工管处副处长朱德伦、省泰州引江河工程管理处副主任钱福军、省水利勘测设计研究院高级工程师石建华，泰州市水利局副局长胡正平、工管处处长吴刚等到兴化就湖泊管理确权进行调研。

11月9日，水利部副部长矫勇一行在江苏省委常委、副省长黄莉新，省水利厅厅长吕振霖陪同下，到兴化就粮食生产安全进行调研，视察了城市防洪工程建设和西郊、李中、周奋等乡镇的部分水利设施，兴化市委、市政府对全市水利建设情况作了汇报。

11月18日，江苏省水利厅政策法规处副处长曹东平，苏北供水局副局长朱月新、科长乔莜，省水利厅财务处科长高锁平，泰州市水利局丁煜成、陶明、刘剑等到兴化，就兴化农业水费实行“两改一免”进行调研，要求进一步完善主体，规范管理。

11月29日，江苏省水利厅水资源处处长吴泽毅一行到兴化，督查水资源管理专项整治行动情况。

2009年

1月20日，由中央纪委驻科技部纪检组组长吴忠泽任组长的中央扩大内需赴江苏检查组来兴化检查贯彻落实中央扩大内需重大部署及项目组织实施情况，实地检查了戴南、永丰、合陈、戴窑等乡镇农村饮水安全工程建设并给予充分肯定。

3月24日，兴化市委常委、市长联席会议决定，兴东水厂工程由市水务局负责融资建设，总投资1.1亿元。

5月9日，江苏省水利厅厅长吕振霖到兴化调研水利工作，实地检查了城市防洪工程和农村饮水安全工程。

6月20日，泰州市委书记张雷到兴化察看关门片区防洪工程、森林公园闸站工程，市委、市政府主要负责人陪同。

6月30日，江苏省水利厅批复，同意成立江苏省水资源管理信息系统一期工程兴化分中心建设项目部。

8月27日，江苏省水利厅副厅长陆桂华一行到兴化督查饮用水源地保护工作。

9月7日，中央政治局委员、中央书记处书记、中央组织部部长李源潮在得知兴化城8个防洪片区防洪工程已全面完成后，作出“治水防洪，造福百姓，受益百年，干得好”的重要批示。

12月14日，江苏省水利厅副厅长张小马及农水处等相关处室负责人到兴化检查调研农村饮水安全工作。

2010年

3月26日，兴化市委召开常委、市长联席会议，研究决定将城市供水、城市污水处理、区域供水等

管理职能由水务部门调整至建设部门。

8月6日,江苏省水利厅厅长吕振霖、省南水北调办公室副主任张劲松、省里下河水源工程建设局局长刘军、省水利勘测设计研究院钱志平和张飞、泰州市副市长丁士宏、泰州市政府副秘书长毛正球、泰州市水利局局长唐勇兵及副局长胡正平等调研兴化卤汀河工程,兴化市委副书记金厚坤、副市长顾国平、水务局局长包振琪参加。

8月18日,泰州市副市长丁士宏调研兴化卤汀河工程,泰州市水利局副局长胡正平、基建处处长周国翠,兴化水务局局长包振琪、副局长张明、局长助理陈凯祥陪同。

9月14日,国务院发展研究中心就“完善农田水利建设和管理体制”到兴化进行调研,兴化市副市长顾国平向调研组汇报了兴化市农田水利工作情况。

9月26日,泰州市副市长丁士宏到兴化周庄、陈堡两乡镇检查了解卤汀河工程排泥场细化情况,兴化市副市长顾国平等陪同。

10月26日,江苏省水利厅机关党委书记罗明秀、机关党委副主任科员尚峰,泰州市水利局纪检组组长陆铁宏、人事处处长印华健对兴化市水资源管理办公室创建文明单位进行检查验收,通过了创建省级文明单位初审。

11月6日,江苏省水利建设工程质量检测站对兴化上官河三标堤防工程进行工程质量检测。

11月24日,江苏省水利厅厅长吕振霖调研兴化卤汀河拓浚工程进展情况,察看了卤汀河拓浚工程动员大会场址,泰州市副市长丁士宏以及泰州市水利局局长唐勇兵、副局长胡正平陪同。

11月25日,江苏省南水北调办公室在兴化城南卤汀河东侧永久性征地处召开南水北调里下河水源调整卤汀河拓浚工程动员大会。会议由省水利厅厅长吕振霖主持,省水源公司董事长、总经理邓东升,泰州、扬州、淮安、兴化市相关负责人,兴化卤汀河沿线乡镇负责人,建设管理单位和部分施工单位负责人以及兴化水务系统职工等参加。国家南水北调办公室主任、水利部副部长鄂竟平,江苏省副省长黄莉新先后发表讲话。

2011年

1月7日,江苏省水利厅副厅长张小马率农村河道整治工程验收组到兴化,对2003—2010年农村河道整治工程进行整体验收。兴化市副市长顾国平、市人大常委会副主任李如亮、市政协副主席谢东洪陪同,市委组织部、农工办、财政局、水务局等部门负责人参加。工程顺利通过整体验收。

2月24日,兴化市委、市政府召开全市河道综合整治暨春季林业绿化工作会议,市政府与各乡镇签订河道综合整治工作目标责任书。副市长顾国平对河道综合整治工作作具体部署,市长徐克俭作重要讲话。

3月1日,兴化市委副书记、卤汀河拓浚工程领导小组常务副组长金厚坤主持召开卤汀河拓浚工程推进会,周庄镇、陈堡镇、临城镇、开发区主要负责人和分管负责人及水务站站长参加。

3月11日,泰州市副市长丁士宏到陈堡镇、周庄镇,就卤汀河拓浚工程征地拆迁工作进行调研。泰州市政府副秘书长毛正球、泰州市水利局副局长胡正平、泰州市卤汀河拓浚工程建设处副主任周国翠参加。兴化市水务局局长包振琪、副局长张明陪同。

3月25日,由市委宣传部主办、市水务局承办的第22期《昭阳讲坛》,邀请泰州市水利局原局长董文虎对2011年中央1号文件进行解读。

4月3日,兴化市委、市政府举办大纵湖环境综合整治启动仪式,市四套班子负责人出席,市长徐克俭主持启动仪式,市委相关领导讲话,市水务局、水产局和中堡镇政府负责人作了发言。

4月7日，江苏省泰州引江河工程管理处副主任钱福军带领由泰州市水利局、水文局有关负责人和相关业务科室负责人组成的工作组到兴化市水务局检查指导全国第一次水利普查工作。

4月9日，全国人大财经委副主任委员、水利部原部长汪恕诚到兴化调研城市防洪工程。江苏省水利厅厅长吕振霖、泰州市副市长丁士宏以及兴化市委、市政府相关领导陪同。

4月20日，白涂河城区段整治工程开工。工程总投资1 650万元，分两个标段进行施工。一标段4千米河道疏浚，复堤4千米。二标段工程范围为白涂河大桥至轧花厂东闸1.2千米河道疏浚，新建防洪堤1.1千米、闸站1座，复堤1.4千米，铺设污水管道1.2千米。一标段于2011年4月开始组织施工，10月底河道疏浚全部结束。圩堤加修于2011年11月底全部完工。二标段轧花厂闸站也于2011年底完工。

5月3日，兴化市委召开专题办公会，就农村饮水安全工程进展情况等进行研究讨论。会议提出了明确的时间表和路线图、接受群众监督、加强监管等方面的具体要求。市领导徐克俭、范学忠、金厚坤、顾跃进、张育林、卞正祥、顾国平等参加会议。

6月3日，泰州市人大常委会副主任戈丽和带领泰州市人大常委会执法检查组到兴化，就贯彻实施《江苏省水利工程管理条例》情况进行检查。市领导徐克俭、卞正祥、李如亮、顾国平陪同。

10月11日，江苏省水利厅组织相关部门负责人和专家对沿运灌区工程进行竣工验收。

10月14日，兴化市水务局召开《兴化市水利现代化规划及分年实施方案》征求意见座谈会，扬州大学教授王业明，扬州勘测设计研究院有限公司主任沈兴年，泰州市水利局原局长董文虎，泰州市水利局副局长胡正平、总工程师钱卫清、农水处处长居敏、工管处处长吴刚、规计处处长祁海松以及兴化市发改委、农工办、财政局、农业局等相关负责人参加。

10月17日，江苏省委常委、副省长黄莉新到兴化督查卤汀河整治工程八标，省水利厅厅长吕振霖、省南水北调办公室副主任张劲松、省水源公司总经理邓东升、泰州市水利局副局长胡正平陪同。市长徐克俭、市委副书记张育林、市水务局局长包振琪及副局长张明等接待。

11月18日，泰州市水利局在兴化市水务局召开水利普查工作推进会，四市三区水利普查办公室主任、常务副主任及技术骨干参加会议，泰州市水利普查办公室主任钱卫清就如何做好下一阶段工作提出要求。

12月19日，兴化市委、市政府印发《关于加快水利改革发展，推进水利现代化建设的实施意见》，明确水利改革发展的指导思想、目标任务以及工作要求。

12月22日，驻兴化的部分江苏省、泰州市人大代表和兴化市部分人大代表在市人大常委会代主任卞正祥带领下，先后对李中镇舜生河和沙沟镇宝应河疏浚、周奋乡子北圩圩堤加修和白涂河轧花厂闸站等水利基础设施建设情况进行视察。市领导翟云峰、邹祥龙、王小跃、薛宏金、李如亮、陈浩等陪同视察。

12月23日，兴化市委、市政府召开全市水利工作会议，进一步贯彻落实中央2011年1号文件精神，部署"十二五"期间水利现代化建设的目标任务和2012年度水利工作。市四套班子全体负责人、有关部门负责人、各乡镇党政主要负责人和分管农业、农村工作的负责人及水务局全体机关工作人员、水务站站长参加会议。会议由市长徐克俭主持，市委副书记张育林作工作报告，市委书记陆晓声到会并作重要讲话。

2012年

2月28日，兴化市委副书记张育林主持召开水利建设现场推进会。与会人员参观了竹泓镇、大

垛镇、昌荣镇、合陈镇的水利工程建设现场。

3月15日，兴化市市长徐克俭带领相关部门负责人深入部分乡镇督查农村饮水安全工作，要求2013年6月底前必须实现分片区域供水。

4月10日，兴化市委书记陆晓声带领相关部门负责人到部分乡镇督查水利建设工作，先后来到城东、钓鱼、林湖等乡镇实地察看了河道疏浚整治、节水灌溉项目和闸站建设等水利工程。

兴化市副市长刘文荣到市水务局调研，要求水务部门加强水利现代化建设规划的研究。

5月14日，泰州市水利局正式批复，同意成立兴化市渭水河整治工程建设处，标志着工程实施正式启动。

5月17日，兴化市委常委、纪委书记马雅斐到市水务局调研党风廉政建设和重点水利工程建设情况。

6月7日，泰州市委常委、军分区政委孙庆祥，泰州军分区司令员李国强等对兴化部分险工患段的防洪准备和抢险方案落实情况进行了检查。

6月26日，兴化市委常委、常务副市长徐立华带领住建局、水务局、城管局、开发区、昭阳镇等相关部门负责人，实地察看了在建的城市防洪工程和影响防洪安全的隐患。

7月17日，兴化市政协老干部联谊会邀请部分四套班子老领导视察水利工作，先后察看了兴化城市防洪在建工程南官河东岸防洪堤、葛家闸站、经一路西闸站等工程建设施工现场。

8月24日，兴化市召开渭水河工程推进会，在市水务局汇报工程各项准备工作情况和国土、交通、财政等部门表态发言的基础上，市渭水河整治工程指挥部副指挥、副市长刘文荣就渭水河工程建设工作提出具体要求。

10月22日，江苏省水利厅厅长吕振霖带领参加全省重点水利工程建设推进会的部分代表，在泰州市委副书记杨峰、副市长王斌、水利局局长胡正平等陪同下，视察了兴化张郭世行贷款项目泰东河工程。

10月30日，泰州市水利局局长胡正平一行来兴化调研当前水利工作，先后视察了陈堡、戴南、张郭等乡镇在建水利工程，并进行了现场指导。

11月8日，江苏省水利厅督查组一行5人在水利厅规计处处长毛桂囡带领下，来兴化督查秋冬农田水利建设情况。督查组先后实地察看了大邹镇农村安全饮水工程、钓鱼镇高标准农田示范区建设和沙沟镇农村河道疏浚等施工现场，并在沙沟镇政府听取了泰州市水利局和兴化市水务局冬春农村水利建设工作情况汇报。

11月30日，兴化市水务局邀请泰州市十八大精神宣讲团成员、泰州市水利局原局长董文虎作十八大精神宣讲报告。董文虎全面阐述了十八大精神的新思想、新论断、新要求和新指向，使全体参会人员深受启发。

12月6日，兴化市委副书记吉天鹏到水务局调研。

2013年

3月1日，江苏省水利厅副厅长陶长生视察兴化市城市防洪工程，先后察看了海池河西闸站和城市防洪工程设施维护保养情况，要求认真做好各项防洪工程设备检查工作，及早排除安全隐患，确保安全度汛。泰州市水利局副局长龚荣山陪同视察。

3月11—15日，江苏省水利厅"三解三促"工作组到兴化开展走访调研活动。省水利厅工管处副处长郭宁、刘劲松带领"三解三促"工作组在安丰镇开展驻村调研活动，访民心、办实事、解难题、促发展，听取当地政府关于农民负担、农民保险等民生方面的介绍，调查了河道、闸站等水利工程管理情况，慰问了东郊村白血病患者钟红香和黄庄村尿毒症患者刘风年。

4月16—17日，江苏省水利厅副厅长张小马带领省水政监察总队、农水处等部门负责人到兴化开展“三解三促”驻点调研活动。张小马一行走访了2012年度小型农田水利重点县项目施工现场，察看了陈堡镇唐庄村村庄环境整治情况和村容村貌，于17日召开座谈会，听取各方面对兴化水利建设的意见和建议，并对兴化市加快水利现代化建设提出指导意见。

5月14日，兴化市委、市政府召开“三夏”“双禁”暨防汛防旱工作会议，全面部署当年“三夏”“双禁”和防汛防旱工作。市委副书记吉天鹏在会上就当前工作作了动员部署，市水务局等有关单位作了交流发言。各乡镇党委书记和农口各部门中层以上干部以及基层站所负责人参加会议。

5月17日，泰州市委副书记杨峰到兴化检查防汛工作。杨峰先后检查了渭水河整治工程、陈堡镇排涝站新建工程和临城镇萌卉现代农业排涝工程。兴化市领导陆晓声、徐克俭、吉天鹏、刘文荣陪同检查。

5月24日，兴化市通过“十一五”农村饮水安全工程总体验收。江苏省水利厅副厅长张小马率领验收委员会到兴化开展验收工作。验收组对兴化市工程项目进行了实地检查，并召开了泰州市“十一五”农村饮水安全工程项目整体验收工作会议。会上，对兴化市农村饮水安全工程予以充分肯定，一致同意通过“十一五”农村饮水安全工程整体验收。

5月27日，兴化市副市长徐立华带领相关部门负责人，对部分城区防洪工程进行检查。检查组一行先后察看了九顷小区、温泉公寓、富康小区、华丰小区、肉联厂二期等防洪工程设施。

6月14—15日，江苏省水利厅建管局局长黄良勇、泰东河工程建设局局长何勇一行来到张郭镇开展“三解三促”活动。先后到水务站了解基层水务站的建设发展情况，到幸福河疏浚工程现场了解征地拆迁进展情况，到农户家中倾听群众心声，了解群众生产生活情况。兴化市委副书记吉天鹏、副市长刘文荣、水务局局长包振琪、张郭镇党委书记黄满盛等陪同。

6月26日，兴化市委书记陆晓声到市水务局调研，市委副书记吉天鹏、副市长刘文荣陪同调研。

7月29日，由水利部、淮河水利委员会及全国节水办有关领导和专家组成的验收组，对泰州市节水型社会建设试点工作进行终期评估验收。兴化市戴南兴达钢帘线股份有限公司、戴南污水处理厂作为泰州市节水企业典型，接受了终期评估验收。

8月14日，江苏省水利厅水资源处处长季红飞带领党支部成员一行6人来到兴化市水务局，与水资源管理办公室党支部开展结对共建活动。

8月28日，兴化市人大常委会副主任刘云山带领财政、住建、国土、城管等相关部门负责人到水务局调研《江苏省水利工程管理条例》贯彻落实情况。

9月13日，泰州市水利局局长胡正平带领相关部门负责人来兴化调研，先后检查了幸福河工程沿线拆迁工作进展情况、川东港工程准备工作情况和戴窑车路河有关桥梁状况。

11月21日，江苏省水利厅党组成员、省水利工程建设局局长朱海生带领江苏省沿海地区水利工程建设管理局、省工程勘测设计研究院、泰州市水利局等单位部门负责人，视察了正在施工中的幸福河整治工程和即将开工的川东港工程。

12月17日，江苏省水利厅厅长李亚平到兴化察看了卤汀河拓浚工程兴化段建设情况。泰州市副市长陈明冠，兴化市领导陆晓声、吉天鹏、周钧陪同。

2014年

2月11日，兴化市委书记陆晓声等市领导督查部分乡镇水利建设和林业绿化工作。

4月11日，兴化市千垛菜花水利风景区通过省级考评验收。

4月15—16日，江苏省水利厅领导深入兴化开展“三解三促”走访调研活动。

4月22日，江苏省水利厅科技处领导到兴化召开“三解三促”座谈会。

4月28日，淮河流域重点平原洼地治理工程里下河川东港工程兴化境内工程正式开工。

5月15日，兴化市市长李卫国检查水利工程建设情况。

5月18日，兴化市渭水河整治工程通过上级竣工验收。

7月11日，兴化市缸顾乡千垛菜花景区被省水利厅批准为省级水利风景区。

8月14日，兴化市委书记陆晓声到市防汛指挥部了解雨情、水情，指导防汛排涝工作，并就当前防汛工作提出三点要求。

8月19日，兴化市召开动员会议，启动得胜湖退圩还湖工程。

9月10—11日，江苏省水利厅副厅长陆桂华到兴化市调研通榆河供水安全情况。

9月18日，兴化市戴窑水务站站长季锦奇、钓鱼水务站副站长周玉君荣获泰州市文明办“最美泰州水利人”荣誉称号。

10月10日，兴化市政协主席金厚坤一行走访市水务局了解全市水利建设情况。

12月3日，江苏省省长李学勇到兴化市调研得胜湖退圩还湖工程情况。

2015年

1月9日，兴化市委、市政府召开平旺湖退圩还湖督查推进会，市政府副市长戴荣军主持会议。李中镇、缸顾乡及有关部门负责人参加。市委副书记吉天鹏就做好下一步工作提出具体要求。

2月12日，江苏省水利厅副厅长叶健一行视察兴化川东港工程，对兴化川东港青龙桥工程的质量和进度表示充分肯定。

4月21日，兴化市委书记陆晓声带领相关分管负责人调研水利工程建设情况，先后察看了得胜湖退圩还湖、幸福河整治、农村圩堤加修、渭水河整治、水环境整治、生产河疏浚、小农水项目、城市防洪等八项工程建设现场，并就当前防汛准备工作提出相关要求。

5月19日，以泰州市水利局原局长董文虎为首的泰州市水利局老同志一行到兴化市调研城市水利工程及南水北调卤汀河拓浚工程建设情况。

5月20日，江苏省人大常委会常务副主任蒋宏坤率领省人大调研组到兴化调研农田水利建设情况。泰州市领导史立军、高纪明，兴化市领导陆晓声、卞正祥、吉天鹏、刘云山陪同。

5月28日，江苏省军区参谋长戴滨辉到兴化检查防汛工作。戴滨辉一行实地察看了农业园区节制闸建设现场、城区防洪工程建设现场、得胜湖退圩还湖施工现场和海池河西闸站建设情况。

6月9日，兴化市防汛防旱指挥部召开成员扩大会议，研究部署汛期相关工作。会前，市防汛防旱指挥部成员通过气象信息平台就当年汛情与省气象台专家进行视频会商。市长李卫国要求各乡镇和部门立足防大汛、抗大灾，保持高度戒备不松懈，从早、从严、从细、从实抓好各项防汛措施，确保万无一失。

6月15—16日，江苏省委常委、副省长徐鸣一行到兴化调研“三夏”工作。在兴化期间，主持召开通榆河及沿线河道水面漂浮物清理打捞工作协调会。通过察看现场，听取泰州、盐城、南通、扬州以及兴化和大丰等地区的情况汇报后，提出了具体要求。

6月18日，泰州市水利局副局长田波到兴化调研水生态文明城市试点工作进展情况。在实地察看重点示范项目缸顾千垛菜花生态园、西郊徐马荒生态湿地现场后，听取相关工程进展情况和水生态文明城市试点工作贯彻落实情况的汇报。

6月30日，兴化市委书记陆晓声、市长李卫国分别带领相关部门负责人到城区和部分乡镇，实地检查防汛排涝工作。

7月1日，江苏省水利厅副厅长叶健到兴化检查防汛工作。叶健一行先后来到白涂河南贺闸站、葛家闸站，听取了兴化防汛排涝工作情况汇报。泰州市水利局副局长龚荣山、兴化市委副书记吉天鹏以及市水务局负责同志陪同。

7月29日，江苏省水利厅厅长李亚平一行到兴化检查川东港水利工程建设情况。

10月16日，江苏省水利厅水资源处副处长张建华到兴化实地调研横泾河兴化二水厂、兴姜河戴南水厂水源地达标建设情况。

10月24日，泰州市委书记蓝绍敏带领部分人大代表到兴化开展“回选区访选民”活动，并察看了开发区葛家东河河道整治工程。

10月29日，兴化市委书记陆晓声调研水利、绿化、交通等工作，分别听取了水务、林牧、交通等部门负责人关于2015年工作完成情况和2016年工作打算的汇报。市领导吉天鹏、刘文荣等参加调研。

11月13日，兴化市水生态文明建设领导小组办公室邀请南京赛诺格顿景观工程有限公司博士张增记、高级工程师吴立伟两位专家到西郊镇徐马荒生态湿地进行实地考察，并就规划设计工作进行洽谈。

11月25日，兴化市市长李卫国带领市水务局、住建局、环保局相关部门负责人，先后来到兴姜河、横泾河饮用水源地，督查集中式饮用水源地达标建设情况，并现场督办相关重点问题。

2016年

1月10—11日，江苏省水利厅副厅长张劲松到兴化现场督查界河水面漂浮物集聚区突击清理打捞工作情况，并召集有关方面人员进行座谈。

2月17日，江苏省河道管理局在兴化市水务局召开界河分工区域座谈会，进一步明确兴盐界河、串场河水面漂浮物打捞责任分工，保证河道水面清洁通畅。

5月17日，泰州市水利局副局长田波带领相关处室负责人到兴化调研水资源管理工作，重点调研最严格水资源管理制度落实情况、饮用水源地达标建设整改情况、节水型社会示范区建设准备工作和水生态文明建设示范工程及重点工程实施进度。

6月7日，江苏省军区副参谋长金川、江苏省防汛防旱指挥部办公室副主任盛家宝、泰州军分区副司令员陈从久、泰州防汛防旱指挥部办公室副主任戚根华等一行到兴化检查防汛工作。兴化市委常委、人武部部长王吕忠，副市长刘汉梅陪同检查。

6月25日，川东港工程兴化市青龙桥圆满通过交工验收。

12月23日，兴化市水务局湖泊管理处被江苏省里下河湖区管理工作考核小组表彰为2016年度湖泊管理工作先进集体。

12月27日，由泰州市水利局、发改委、环保局、农委等部门组成的泰州市水生态文明建设试点工作和实行最严格水资源管理制度考核组，对兴化市2016年度水生态文明城市建设试点工作和实行最严格水资源管理制度落实情况进行年终考核。

12月28日，兴化市水上森林公园被江苏省水利厅批准为省级水利风景区。

2017年

1月8日,南水北调卤汀河拓浚工程泰州建设处对南水北调卤汀河拓浚工程征迁安置项目兴化段进行了完工自验,初评本次完工自验为合格等级。

2月7日,江苏省水利厅农发中心副主任王滇红、农水处科长杨逸辉等一行人到兴化,对兴化市2016年农村水利项目建设情况进行专项检查。

3月7日,江苏省水政监察总队副总队长沈建良一行到兴化调研水政监察工作。泰州市水政支队支队长徐元忠陪同调研。

3月23日,江苏省水利厅副厅长朱海生到兴化视察川东港工程。

4月11日,江苏省淮河下游联防指挥部指挥、省水利厅副厅长叶健到兴化检查防汛准备工作,实地检查了兴化城市防洪工程中心河河道疏浚、关门闸站工程建设情况,听取了有关防汛准备工作情况汇报,对前阶段防汛准备工作给予了充分肯定。

6月4日,长江水利委员会与太湖流域管理局联合检查组对兴化市重点入河排污口进行现场核查,对排污口口门坐标、排放方式、排入河道进行逐一核对。对各个排污口的基本信息、设置单位基本情况、监测情况等相关资料进行核实登记,并要求业主将排污口采集的相关数据汇总上报。

7月3日,泰州军分区司令员韩涛大校一行到兴化检查防汛工作,实地逐一察看了城区河道现状及河道沿线的城市防洪工程。兴化市委常委、市人武部政委张海林及市防汛防旱指挥部副指挥、水务局局长赵桂银等有关领导陪同检查。

7月28日,江苏省城镇供水安全保障中心副主任林国峰带领省农委、省环保厅、省水利厅相关人员组成联合督查组,对兴化市城镇集中式饮用水源地开展专项督查,重点督查中央环保督查组反馈问题的整改落实情况、巩固整改成果的具体措施、饮用水源地环保专项执法行动排查问题的清理整治情况。对县级饮用水源地,重点检查法律法规落实情况、安全风险隐患消除情况和整改措施落实情况。兴化市副市长花再鹏、泰州市环保局和兴化市环保、水务、住建等相关部门负责人陪同督查。

9月13日,泰州市水利局局长胡正平一行先后走访了陈堡唐庄村、新垛施家桥村、大垛管阮村、海南刘泽村和缸顾东罗村五个村,实地调研兴化市特色田园乡村水利项目规划建设情况。

2018年

8月13日,江苏省水利厅水资源处副处长张建华一行到兴化调研水源地工作,兴化市副市长刘汉梅陪同并汇报了兴化市水源地达标建设情况。

8月30日,中国水科院部分专家、领导在兴化市水务局召开申报世界灌溉遗产座谈会。

9月12日,兴化市下官河缸顾水厂水源地通过泰州市水利局、环保局和住建局的联合验收。

10月29日,泰州市水利局局长胡正平一行5人到兴化调研指导水利工作。

11月8日,水利部规划计划司副巡视员张世伟一行6人到兴化专题调研得胜湖退圩还湖试点工作,江苏省发改委农经处处长金乐君、省水利厅副厅长潘军陪同调研。

11月21日,兴化市卤汀河周庄兴化水厂水源地通过泰州市水利局、环保局和住建局的联合验收。

11月21日,水利部水利风景区建设与管理领导小组会议在北京举行。会议审议并表决通过了第十八批国家水利风景区。此次公示的国家水利风景区共46家,公示时间为2018年11月26日—

12 月 2 日，兴化千垛水利风景区上榜。

11 月 30 日—12 月 1 日，江苏省水利厅、省发展改革委在兴化组织开展兴化市创建省级节水型社会示范区技术评估和考核验收。

第一章

自然概况

兴化市地处苏北里下河腹部地区，属里下河浅洼平原区。地势东部、南部稍高，西部、西北部略低，总体低洼平坦，为周高中低的碟形洼地，素有“锅底洼”之称。

全市总面积 2 393. 35 平方千米，其中陆地面积 1 949. 35 平方千米。在陆地面积中，有耕地 1 947 577. 2 亩。

兴化境内河网密布，有县（市）级骨干河道 24 条，总长 677. 2 千米。湖荡众多，面积较大的为五湖八荡。河、湖荡（含滩地）等水域面积占兴化总面积的 18. 54%。

兴化属北亚热带湿润季风气候区，雨量充沛，水源丰富，土壤肥沃，适宜多种植物生长和水产养殖业的发展，但灾害性天气较多，降水年际间差异大，年内分布不均，且多集中在每年 6—9 月江淮汛期，水旱灾害对经济社会发展和人民生产生活有不利影响。

第一节　地理位置

兴化位于北纬 32°40′~33°13′，东经 119°43′~120°16′。东以串场河与大丰相隔，南邻姜堰，东南接东台，西南、西部及西北部分别与江都、高邮、宝应接壤，北以大纵湖中心线和兴盐界河与盐都区隔河相望。政区东西、南北间最大距离各约 55 千米。

苏北洼地——兴化

兴化境域明朝以前资料不详，明朝以后几经变迁。据明嘉靖三十八年(1559)时任兴化知县胡顺华纂修的《兴化县志》(该志为现存最早的兴化县志)记述：广一百六十里，袤九十五里，东至丁溪场一百二十里，西至高邮州河口四十五里，南至泰州蚌沿河三十五里，北至盐城县界首铺六十里。东至草堰场一百二十里，西到高邮州一百二十里，南到泰州一百一十五里，北到盐城县一百二十里。东南到泰州西溪镇一百二十里，西南到泰州樊汉镇八十里，东北到白驹场一百二十里，西北到盐城县沙沟镇六十里，西南到扬州二百四十里。明清两代所存其他县志，对其境域的记述基本一致，不同之处是四至有所差异。有志称：东至丁溪场一百零三里，西至高邮东潭沟十三里，南三十六里以蚌蜒河与泰州分界，北四十五里以大纵湖心与盐城分界，东南四十五里以陶家舍外与东台分界，西南三十五里以河口镇丰乐桥与高邮分界，东北至白驹一百一十里，至刘庄一百三十里，西北至沙沟镇五十四里。

清乾隆三十二年(1767)，东台建县前，丁溪、草堰、西团、小海、沈灶、刘庄、白驹等场的学籍、捐纳、议叙、人员及旌表等均属兴化。

民国《续修兴化县志》记载，兴化地域据测图直线计算：广二百一十里，袤一百里，以县城为起点，东至海二百里，西至东潭沟十里与高邮分界，南至蚌蜒河二十六里与泰县、东台分界，北至大纵湖心四十五里与盐城分界，东南至蚌蜒河尾七十里与东台分界，西南至河口镇丰乐桥二十五里与高邮分界，东北至斗龙港海口二百里，西北至沙沟四十五里，至时堡四十里与盐城、高邮分界。刘庄、白驹、丁溪、小海、草堰、沈灶、西团等列在县境之内。但民国以来，丁溪、小海、草堰、沈灶、西团五场镇不在兴化实际管辖范围内。

1931年初，江苏省民政厅就兴化与东台丁溪、草堰划界问题，派员会同两县县长实地会勘，确定丁溪以庆丰桥西镇市以外之河中心为界，分别归兴化、东台管辖，草堰以永宁桥下至运河中心点为界，东岸镇市归东台，西岸归兴化。1932年9月18日，又派员会同两县县长至丁溪、草堰在兴化、东台分界处树立界标。

中华人民共和国成立后，为便于农业生产、水利建设和行政管理，对境域有过几次局部调整，至1963年4月最后一次调整后境域基本稳定。

第二节　行政区划

对明清时期兴化的行政区划，本志不作记述。本志所记始于民国初年。

1912年，兴化县实行市乡制，全县划分为兴化、西鲍、戴窑、安丰、刘庄5市，魏庄、芦洲、竹泓、大垛、荻垛、邹庄、中堡、缸顾、唐子、合塔、老圩、白驹12乡，辖1 553个庄舍和27个总里。

1924年，重新划分全县自治10区，分别为：兴化市、魏庄乡、西鲍市、大垛乡、大邹镇、安丰乡、唐子乡、戴窑乡、合塔乡、刘庄乡。1929年并为6区，下设乡镇、闾邻。

美丽的水乡

1934 年废闾邻制，改保甲制。全县 6 个区共 165 个乡镇，每乡镇辖 5~20 保，计 1 309 保，12 010 甲。

抗日战争、解放战争时期，兴化的行政区划并无改变。为适应对敌斗争的需要，中共在兴化革命根据地和解放区对其行政区划设置曾作过数次较大变动，相关机构或成立，或划归，或更名，或撤销，或重建，变动频繁，先后成立过堤东区、老圩办事处、堤西办事处、兴东行署、兴东县、沙沟市（沙沟区、沙沟县）、兴南办事处、溱潼县等，具体时间不一一记述。1941 年 5 月，兴化县抗日民主政府实行新乡制，至 1949 年 9 月，全县共辖永丰、合塔、老圩、唐港、海河、海南、草冯、沙沟、中堡、黄邳（后改称李健）、临城、平旺、大垛、梓辛、茅山、戴南、周庄、花顺 18 个区，下辖 237 个乡及东皋、新义、朝阳、景范、兴阳、安丰 6 个县属镇。

区乡 1950 年增设城区，辖原县属东皋、新义、朝阳、兴阳、景范 5 镇。是年，全县共 19 个区，242 个乡镇（见表 1-1）。

表 1-1 1950 年兴化全县区、乡镇名录

区	乡镇
老圩	中兴 王家 营东 新联 新韩 幸福 新风 屯沟 联镇 大营 雎港 新徐 联合 新海 吉祥 黎明 金城 屯军 新元 屯东 营西(21)
合塔	丰乐 新建 广福 塔港 津河 青龙 川港 新成 新圣 高桂 成章 万寿 建北 凤存 横津 锦贤 舍陈 桂山 戴窑镇(19)
永丰	三垛 联胜 古子 林东 林西 舍王 西营 巡港 刘建 东营 建新 如意 苏皮 焦勇 白港 双华 捷行 徐扬(18)
梓辛	新生 新合 大顾 邦华 延良 西镇 中心 季平 界中 郑周 民主 新民 铁堡 罗马 海潘 梓里(16)
海河	三北 丁北 春景 双吉 海北 胜传 洋汉 长银 新邹 新吉 渭水 复兴 姚陆 钓鱼 三沟 大邹镇(16)
草冯	三港 西丁 湖东 刘桶 安仁 景明 堡宏 天吴 野泉 存德 胜利 苍朱 林湖镇 昌荣镇 东林镇(15)
海南	万明 朱龙 新中 张文 新合 直港 许唐 海南 蔡高 新胡 明理 北蒋 团结 九锋镇(14)
茅山	伍张 德崇 纪荀 刁冯 孙堡 姜太 花泊 徐唐 越先 薛陈 裴马 边城镇 茅山镇(13)
戴南	董雁 祁皮 张郭 杨港 双周 罗蒋 陆章 戴徐 剑心 桥堡 朱戚 东罗 戴南镇(13)
周庄	四美 黄界 宦庄 浒垛 陆蔡 里堡 袁彭 陈沟 周颜 板坽 校宁 冯唐 周薛镇(13)
唐港	杨盛 中北 三河 刘文 双马 同盟 中南 新陆 青洋 圩中 安丰镇(11)
临城	魏宦 余冰 山子 临城 新沙 吴甸 鳖裙 陈亭 齐心 任陆 芦州镇(11)
平旺	新北 启秀 新南 湖西 王横 平旺 沈沟 周韩 湖北 东鲍镇 西鲍镇(11)
花顺	花顺 志芳 曹垛 镇南 白高 三王 西浒 新左 刘陆(9)
李健	严家 兴西 顾赵 烈士 舜生 河北 黄邳 蒋鹅(8)
大垛	李默 梓辛 前进 唐港 樊唐 崇禄 双烈 安冒 大垛镇 沈坨镇 薛鹏镇 竹泓镇(12)
中堡	冯潭 平湖 官河 双峰 长安 陆甸 崔垛镇 戚家镇 缸顾镇 中堡镇(10)

（续表）

区	乡镇
沙沟	光耀　谭李　仲寨　桂高　王官　沙沟镇　周奋镇(7)
城区	东皋镇　新义镇　朝阳镇　兴阳镇　景范镇(5)

1952年10月20日，兴化县人民政府批准，将城区5镇划为南沧、兴阳、景范、文峰、东皋、新义、朝阳、昭阳8镇。1954年4月，沙沟区新增北极、茭荡、启东3乡。其间，老圩区王家、幸福、屯沟、金城、屯军、新元、营西7乡划归永丰区。至1955年底，全县辖19个区，248个乡镇。

1956年春，对区、乡、镇调整、撤并后，全县辖10个区101个乡、4个垛田工作组、3个县属镇（见表1-2）。

表1-2　1956年全县区、乡镇名录

区	乡镇
老圩	中北　中南　九峰　三新　中兴　幸福　大营　屯北　屯南　联合(10)
永合	西营　东营　联胜　捷行　双华　焦勇　林潭　高桂　凤存　桂山　陈福　锦贤　边城　丰元　戴窑镇(15)
大垛	景明　延良　季平　三烈　双烈　新生　铁堡　邦华　郑周　大垛镇(10)
海河	长银　钓鱼　春景　胜传　同盟　刘文　海南　大邹镇(8)
草冯	东鲍　明理　北蒋　新中　存德　昌荣　林湖　湖北　湖东(9)
戴南	刁徐　德崇　剑心　陆堡　葛华　赵北　董罗　裴马　张郭　戴南镇(10)
周庄	冯唐　陈沟　里堡　赵先　茅山　官庄　陆蔡　板坨　边城镇　周庄镇(10)
临城	陈亭　老阁　花顺　镇南　崇禄　刘陆　志芳　竹泓镇　沈坨镇(9)
李健	鳖裙　山子　启东　严家　蒋鹅　舜生　烈士　新南　西鲍镇(9)
中沙	光耀　高李　周奋　崔垛　缸顾　陆甸　中堡镇(7)
垛田工作组	湖西　临城　得胜　余冰(4)
县属镇	昭阳　安丰　沙沟(3)

大乡　1958年2月，撤销原区级建制，建立大乡制。全县辖合塔、戴窑、林潭、永丰、大营、老圩、唐港、安丰、昌荣、魏庄（后改称林湖）、海南、海河、大邹、沙沟、周奋、中堡、西鲍、李健、兴西、兴南、老阁（后改称刘陆）、竹泓、沈坨、大垛、梓辛、大顾、蚌蜓、周庄、茅山、德崇（后改称顾庄）、戴南、张郭、唐刘、垛田、水上（渔民）35个乡和1个县属镇——昭阳镇。

人民公社　1958年9月，农村人民公社实行“政社合一”体制，在“人民公社”前分别冠以专名。全县计有戴南、周庄、茅山、沈坨、竹泓、梓辛、安丰、大营、戴窑、海河、沙沟、西鲍、李健、兴南、垛田、林湖16个公社。不久撤去大营公社，增设老圩、永丰、海南、水上4个公社。年底，全县计有19个公社，共辖497个生产大队，4 559个生产队和1个县属镇——昭阳镇。

1959年，对人民公社规模作了调整，并将全县农村划分为7个片，各片所辖公社如下：

海河片：安丰、中圩、下圩、海南、海河、大邹6个公社；

唐刘片：戴南、张郭、唐刘、顾庄、刁冯、西毛、荻垛、大顾、陶庄9个公社；

崔垛片:沙沟、周奋、崔垛、中堡4个公社;

大垛片:竹泓、大垛、昌荣、林湖4个公社;

李健片:李健、西鲍、兴西、兴南、临城、垛田、刘陆7个公社;

沈垞片:沈垞、茅山、边城、官庄、周庄、陈堡、里堡7个公社;

大营片:戴窑、合塔、舍陈、永丰、林潭、大营、老圩7个公社。

1959年底,全县计辖45个公社(包括1个水上公社),1 269个生产大队,6 623个生产队和1个县属镇。

1960年3月,昭阳镇与兴南、临城2个公社合并为昭阳公社(1961年4月,农村部分划出)。林潭公社并入永丰公社,舍陈公社并入合塔公社,中圩、下圩2个公社合并为双圩公社,崔垛公社并入周奋公社,大顾公社并入陶庄公社,西毛公社并入荻垛公社,刁冯公社并入顾庄公社,官庄公社并入边城公社,里堡公社并入陈堡公社。年底,全县计辖35个公社,942个生产大队,4 706个生产队。

1963年除县属昭阳镇外,重建11个区,将原属35个公社划分为48个公社。

1965年5月,根据中共中央、国务院《关于调整市镇建制、缩小城市郊区的指示》,增设安丰、沙沟、戴窑3个县属镇。8月,撤销草冯区,所属林湖、昌荣2个公社分别划属平旺、大垛区。10月,建舍陈公社,撤销赵河公社。年底,全县计辖10个区,48个公社,1 381个生产大队,8 914个生产队和昭阳、安丰、沙沟、戴窑4个县属镇。

1966年9月,昭阳镇改名新兴镇。

1969年11月,必存、城南2个公社合并为红星公社,山子、东潭2个公社合并为向阳公社,姜戴、荡朱2个公社合并为跃进公社,蒋鹅、舜生2个公社合并为舜生公社,黄邳、顾赵2个公社合并为李健公社,严家、孙家2个公社合并为严家公社。

1973年,戴窑、安丰、沙沟3个县属镇分别并入所在地人民公社。是年,全县辖10个区,42个公社,1 380个生产大队,8 537个生产队和新兴镇。

1979年3月,撤销各区、社镇革命委员会、革命领导小组,建立永合、老圩、海河、沙沟、临城、竹泓、大垛、周庄、戴南9个区公所。至此,全县辖9个区,42个公社,1 407个生产大队,7 938个生产队和1个县属镇。

1980年5月,新兴镇复名昭阳镇。

1981年,临城区增设东鲍公社,老圩区增设新垛公社,永合区增设徐扬公社。

乡镇　1983年,以各公社所辖范围分别建乡,设乡人民政府,专名不变。同时改公社管理委员会为公社经济联合委员会(1986年1月撤销)。

1999年9月,昭阳镇及昭阳镇周边的9个村和东潭乡合并组建成新的昭阳镇。

2000年2月,实施区划调整。戴窑镇与林潭乡合并组建戴窑镇,舍陈镇与合塔乡合并组建合陈镇,永丰乡与徐扬乡合并组建永丰镇,安丰镇与中圩乡合并组建安丰镇,钓鱼乡与海河乡合并组建钓鱼镇,舜生镇与李健乡合并组建李中镇,荡朱乡与北郊乡合并组建西郊镇,临城乡与刘陆乡合并组建临城镇,周庄镇与边城镇合并组建周庄镇,戴南镇与顾庄乡合并组建戴南镇,张郭镇与唐刘乡合并组建张郭镇,红星乡并入经济开发区。新垛、海南、垛田、沈垞、荻垛、陶庄、陈堡等相继撤乡建镇。

2001年,撤销9个区公所。大营、下圩2乡撤乡建镇。对各乡镇的村民委员会进行区划调整,村民委员会由1 411个调整为614个。2013年,村民委员会调整为613个。

2015年底,全市共辖29个建制镇,5个乡,1个经济开发区,分别为:戴窑镇、合陈镇、永丰镇、大营镇、新垛镇、安丰镇、大垛镇、陶庄镇、昌荣镇、荻垛镇、钓鱼镇、海南镇、下圩镇、大邹镇、沙沟镇、中堡镇、李中镇、西郊镇、城东镇、垛田镇、竹泓镇、沈垞镇、临城镇、陈堡镇、周庄镇、茅山镇、戴南镇、张郭

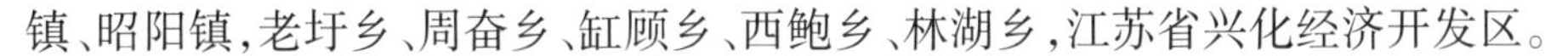

镇、昭阳镇，老圩乡、周奋乡、缸顾乡、西鲍乡、林湖乡，江苏省兴化经济开发区。

在区划调整过程中，行政村撤销、合并、调整的幅度较大，有必要进行记载。

2015 年末，各乡镇和经济开发区所辖社区、居委会、行政村情况如下：

昭阳镇辖 16 个社区居委会，10 个行政村，1 个城堡合作社。社区居委会包括：水关、迎丰、长安、文峰、景范、五岳、儒学、沧浪、文林、南沧、新阳、西霞、牌楼、新义、海池、英武。行政村包括：五岳村、沙甸村、南阳村、阳山村、安洲村、双潭村、冷家村、严家村、城北村、新城村。

戴南镇辖 33 个行政村，5 个社区居委会。包括：中迎村、戴泽村、永丰村、南朱村、雁伦村、北姜村、陈祁村、东陈村、罗顾村、裴马村、张万村、赵家村、双沐村、董北村、史堡村、徐顾村、光孝村、顾庄村、姜何村、帅垛村、张合村、黄夏村、花杨村、季家村、孙堡村、石万村、北孙村、丁吉村、小良村、刁家村、冯田村、管家村、徐唐村，人民社区居委会、护国社区居委会、兴达社区居委会、顾中社区居委会、顾庄水产社区居委会。

张郭镇辖 24 个行政村，3 个社区居委会。包括：蒋庄村、罗磨村、赵万村、顾家村、同济村、葛尤村、刘纪村、五星村、周家村、南桥村、草积村、千户村、陆姜村、吁成村、华庄村、朱家村、港南村、藕杭村、杨家村、薄场村、唐刘村、三舍村、东周村、西周村，水产社区居委会、赵万社区居委会、裕民社区居委会。

大垛镇辖 23 个行政村，1 个社区居委会。包括：大何村、三家村、娄庄村、兴芦村、东刘村、朱罗村、大陶村、世联村、保宽村、从六村、安民村、双石村、许马村、丁家村、阮中村、管阮村、双包村、陈卞村、盛吴村、肖庄村、吴杨村、天河村、吴岔村，板桥社区居委会。

荻垛镇辖 21 个行政村，1 个社区居委会。包括：塾墩村、郑周村、蒋家村、富家村、南王村、四联村、董唐村、周吾村、荻垛村、北王村、周石村、郝家村、从刘村、南北石村、廷良村、西毛村、大袁村、征王村、七子村、野陈村、新丰村，荻垛社区居委会。

戴窑镇辖 32 个行政村，3 个社区居委会。包括：韩窑村、元友村、荣进村、古牛村、三合村、新唐元村、新竹元村、乾元村、灯塔村、联葛村、新花园村、青凤村、窑东村、窑南村、恒和村、锯家村、北李村、胜合村、果园村、焦勇村、袁夏村、永杰村、洪亮村、刘丰村、东三村、舍王村、向阳庄村、杨林村、叶堡村、兴野村、唐林村、白港村，一清社区居委会、加定社区居委会、护驾垛社区居委会。

合陈镇辖 27 个行政村，1 个社区居委会。包括：胜利村、东向阳村、东联合村、锦贤村、界牌村、娄子村、凤存林、朱甜村、朱陈村、陆谦村、红旗村、卜寨村、李秀村、九里港村、高桂村、许港村、万沈村、桂山村、樊奚村、成章村、舍陈村、张居村、征孙村、塔港村、邓桥村、幸福村、甘杨村，民建社区居委会。

昌荣镇辖 13 个行政村，1 个社区居委会。包括：安西村、安仁村、瞿沈村、宝宏村、欣荣村、唐子村、唐泽村、红花村、富民村、双星村、盐北村、朝阳新村、存德村，集镇社区居委会。

陶庄镇辖 20 个行政村，1 个社区居委会。包括：南柯村、焦庄村、夏北村、王寺村、钟冯舍村、卞堡村、袁庄村、金戈村、潘洋汊村、罗马村、陶庄村、焦舍村、潘戴村、裴舍村、大顾村、幸福庄村、新徐村、季平村、三和庄村、周冯村，梓辛社区居委会。

海南镇辖 18 个行政村，1 个社区居委会。包括：金储村、西荡村、东荡村、胡家村、老舍村、刘泽村、南蒋村、北蒋村、新伍村、新合村、中兴村、张联村、唐良村、蔡高村、许马村、新发村、苏海村、莫顾村，蔡高社区居委会。

大邹镇辖 13 个行政村，1 个社区居委会。包括：双溪村、渭水村、友谊村、万家村、北良村、芦家坝村、复兴村、沈五村、吉耿村、新庄村、吴家村、顾马林、向家村，虹桥社区居委会。

永丰镇辖 26 个行政村，1 个社区居委会。包括：徐扬村、桑富村、沙仁村、三联村、三星村、东倪村、府李舍村、永联村、东棒徐村、四合村、捷行村、捷西村、新科村、永兴村、新虎村、蔡星村、港中村、刘葛村、四塔村、明兴村、苏扬村、钟祁村、如意村、迎新村、戚舍村、祁吉村,朱严社区居委会。

安丰镇辖21个行政村,7个社区居委会。包括:万耿村、万刘村、三庄村、西南村、寺万村、东郊村、九丰村、新北郊村、东联合村、塘港村、五庄村、黄庄村、新夏村、成其甫村、盛宋村、陆宴村、中圩村、大杨庄村、沈曹村、四和村、张阳村,程关东社区居委会、程关西社区居委会、西园社区居委会、太平社区居委会、青龙社区居委会、虹桥社区居委会、永安社区居委会。

老圩乡辖15个行政村,1个社区居委会。包括:肖家村、民康村、联合村、韩周村、双徐村、西凤村、钟南村、安东村、孙联桩、朱文村、葛杨村、双葛村、文邱村、郭徐村、潘王村,振兴社区居委会。

新垛镇辖13个行政村,1个社区居委会。包括:丰乐村、新城庄村、团结村、孙家村、庙徐村、曹吉村、新东村、荷花港村、施家桥村、朱彭三庄村、徐高村、李施村、张高村,新港社区居委会。

钓鱼镇辖24个行政村,2个社区居委会。包括:钓鱼村、同联村、姚家村、陆胥村、北芙村、苏任村、洋汉村、汤顾村、春景村、南刘村、北赵村、同利村、南北夏村、刘陆南村、南旺村、圣传村、八尺沟村、陈李吴村、双吉村、陆杨村、檀孙村、卞张村、南赵村、中朝村,钓鱼社区居委会、芙蓉社区居委会。

大营镇辖11个行政村,1个社区居委会。包括:大营村、营东村、屯南村、营丰村、屯军村、洋子村、联镇村、屯北村、高港村、阵营村、营中村,兴营社区居委会。

下圩镇辖12个行政村,1个社区居委会。包括:东港村、李阳村、朝阳村、双建村、同盟村、镇二村、洋港村、刘文村、双联村、联富村、清洋村、镇一村,玉带社区居委会。

沙沟镇辖10个行政村,4个社区居委会。包括:兴龙村、严舍村、官河村、联溪村、水金村、董庄村、光耀村、高桂村、石梁村、沙北村,团结社区居委会、民主社区居委会、繁荣社区居委会、兴隆社区居委会。

李中镇辖15个行政村,1个社区居委会。包括:顾赵村、李南村、刘沟村、苏宋村、许季村、草东村、草西村、黄花村、翟家村、黑高村、铁陈村、天鹅村、黄邳村、陆家村、兴健村,草王集镇社区居委会。

西郊镇辖17个行政村,1个社区居委会。包括:陈杨村、金焦村、丁沙村、荡朱村、北沙村、徐圩村、马港村、姜戴村、夏许村、侯管村、郑朱村、刘联村、北兴村、西郊村、华南村、孙张村、兴西村,西郊社区居委会。

周奋乡辖10个行政村,1个社区居委会。包括:崔一村、崔二村、崔三村、崔四村、斜沟村、付堡村、时堡村、仲南村、仲北村、三界村,周奋社区居委会。

中堡镇辖13个行政村,1个社区居委会。包括:戚家村、东皋村、朱野村、夏李村、陆家甸村、沙湾村、长安庄村、西孤村、东荡庄村、夏宏村、中堡村、龙江村、水产村,中堡社区居委会。

缸顾乡辖8个行政村,1个社区居委会。包括:缸顾村、房石水村、瞿冯村、夏广村、东罗村、仲家村、东旺村、万旺村,康盛社区居委会。

西鲍乡辖17个行政村,1个社区居委会。包括:牛陆村、肖垛村、胡扬村、西鲍村、张舍村、沙陆村、窦泊村、新王村、新民村、北贺村、高垛村、平旺村、陆鸭村、周家村、韩家村、朱家村、巾荡村,西鲍社区居委会。

城东镇辖16个行政村,2个社区居委会。包括:东北村、东鲍南村、东鲍西村、腊树村、跃进村、西湖村、恒刘村、周蛮村、沈沟村、赵献村、塔头村、灶陈村、联发村、孙唐村、新南村、钱戴村,官河社区居委会、东鲍社区居委会。

临城镇辖27个行政村,1个社区居委会。包括:三赵村、王梅村、朱中村、刘陆村、大王村、陈里村、西浒垛村、秦家村、三王村、花沈村、老阁村、瓦庄村、曹垛村、砖场村、南娄子村、袁舍村、新银村、陆横村、任家村、古庄村、宣扬村、临东村、十里村、八里村、姜家村、陈口村、郭家村,城南社区居委会。

陈堡镇辖17个行政村,1个社区居委会。包括:东南村、镇郊村、向沟村、校果村、宁乡村、唐庄

村、蒋庄村、曹黄村、武泽村、四林村、蔡堡村、陆陈村、沈芦村、东彭村、袁家庄村、里堡村、高里庄村，新城社区居委会。

周庄镇辖24个行政村，2个社区居委会。包括：周郊村、薛庄村、郐牛村、农兴村、边一村、边二村、西边城村、腾马村、黄界村、大同村、伍张村、周北村、夏泊村、官庄村、胡官村、东浒村、西浒村、东坂埨村、西坂埨村、江孙庄、祁沟村、颜吕村、殷庄村、周泽村，周庄社区居委会、边城社区居委会。

垛田镇辖22个行政村，1个社区居委会。包括：芦洲村、南园村、征北村、孔长村、杨荡村、高家荡村、王垛村、张庄村、旗杆荡村、张皮村、南仇村、新联合村、解楼村、凌翟村、城东村、杨花村、新徐庄村、三羊村、得胜村、申家佃村、王横村、湖西口村，金岛社区居委会。

竹泓镇辖17个行政村，2个社区居委会。包括：竹一村、竹二村、竹三村、竹四村、冯家村、西刘村、赵徐沈村、志芳村、九港村、北张村、尖沟村、丁刘村、舒余村、白沙村、竺陆张村、解徐王村、东高魏村，水产社区居委会、永宁社区居委会。

茅山镇辖10个行政村，1个社区居委会。包括：茅山东村、茅山西村、姜太村、纪荀村、茅山北村、朝阳庄村、薛杨村、孙王村、顾冯村、南朱庄村，集镇社区居委会。

林湖乡辖12个行政村，1个社区居委会。包括：魏东村、魏西村、铁陆村、西丁村、强胜村、朱陈庄村、马家村、姚富村、湾朱村、朱胖村、湖东村、戴家村，振兴社区居委会。

沈埨镇辖13个行政村，1个社区居委会。包括：关华复村、李默村、薛鹏村、金唐纪村、樊荣村、沈家村、柏九村、姜朱村、张谭村、沈南村、沈北村、安塘村、冒家村，集镇社区居委会。

江苏省兴化经济开发区辖9个行政村。包括：开创村、开拓村、开明村、开泰村、开富村、开放村、开源村、开发村、向阳村。

第三节　地质地貌

兴化市境所处苏北盆地，为苏北—南黄海盆地的陆上部分，是在印支—燕山期褶皱基础上发展起来的中新生代陆相沉积盆地，其基底是以碳酸盐为主的古生代地层。在地质构造上，处于自建湖隆起以南的东台坳陷带内，自北向南，跨越小柘垛低凸起、高邮—白驹凹陷、吴堡—博镇低凸起和溱潼凹陷，为两隆两凹格局。

境内均为第四系全新统湖积层和河流泛滥物所覆盖。据石油普查勘探，除绝大部分钻井揭示了新生代地层外，在低凸起上还揭示了中生代和部分古生代地层。

兴化古地貌为大型湖盆洼地。洼地经由江、河、海合力堆积，经历了海湾—潟湖—水网平原的演化过程，形成湖荡、沼泽地貌特征。

在距今5 600年以前，当时的海岸线大致位于洪泽—六合一线以西，现今的高宝湖及其以外的里下河地区处于海湾之中。在距今2 000年以前，西侧低山丘陵缓慢隆升，长江北岸沙嘴、淮河南北岸沙嘴不断向海延伸，受海流搬运形成岸外浅滩。后海岸线东移至阜宁—盐城—东台—如东栟茶一线，其时兴化—东台成为泄水通道，兴化城一带已露出水面。以西以北地势低洼，由海湾变为潟湖。为了阻止海水西侵，唐代在境东修筑了常丰堰，宋代修筑了捍海堰(范公堤)。为挡西水，修筑了高邮至兴化的南塘(堤)和兴化至盐城的北塘(堤)，使兴化得以开发。在南宋建炎二年(1128)以后的600多年间，由于黄河夺淮改道南下，大量泥沙堆积在原来的海积、湖积层之上，填高了地面，使原来低洼的水面被分割成大大小小的湖泊沼泽，造成淤软土层埋深浅而厚度大，其压缩性较大，境内承载能力较低，工程地质条件不良。

境内地势低洼平坦，起伏小，为周围高、中间低的碟形洼地，是里下河腹部地区建湖、溱潼、兴化三大洼地中最低洼的地方，俗称“锅底洼”。地面高程在1.4~3.2米之间，平均地面高程1.80米。地形总趋势是东部南部稍高，西北部偏低，塘港河以东和蚌蜒河以南地势较高，它们分别是1 000~2 000年前出露的沙嘴和沙坝。塘港河以西、蚌蜒河以北地势较低。西北部湖荡星罗棋布，是当初潟湖沉积的残存湖泊。

据测算，全市耕地加权平均田面高程在1.5米以下的占2.73%，1.6~2.0米的占13.64%，2.1~2.5米的占45.47%，2.5米以上的占38.16%。根据地势高低，全市范围大致可分为4个区域，其中中部低洼区和湖荡区统称为圩外区。

圩南区　位于市境南部蚌蜒河以南，含戴南、张郭、茅山、陈堡、周庄、沈玱等乡镇。地面高程2.4~3.2米，地面平均高程2.66米，占全市土地总面积的19.12%。

圩里区　位于蚌蜒河以北、塘港河以东，市境东部偏北，含戴窑、合陈、永丰、大营、新垛、老圩、安丰、昌荣、荻垛、陶庄等乡镇及大垛镇部分。地面高程2.4~3.2米，地面平均高程2.66米，占全市土地总面积的28.10%。

中部低洼区　位于蚌蜒河以北、塘港河以西，市境中部，含下圩、大邹、钓鱼、海南、临城、东鲍、西鲍、竹泓、垛田、昭阳、开发区等乡镇及大垛镇部分。大部分是圩田，乌巾荡、得胜湖、癞子荡都在区内，具有适宜种植蔬菜和经济作物的垛岸，这也是中部低洼区特有的微地貌特征。地面高程1.8~2.3米，地面平均高程2.25米，占全市土地总面积的34.21%。

湖荡区　位于市境西北部，含中堡、沙沟、缸顾、周奋、李中、西郊等乡镇。地面高程1.4~2.8米，地面平均高程1.88米，占全市土地总面积的18.57%。本区湖荡多，市内面积较大的五湖八荡中，本区即占四湖六荡。

第四节　气候

兴化属北亚热带湿润季风气候区，兼受大陆与海洋性气候影响，具有寒暑变化明显，冬夏长、春秋短，四季分明，雨热同季，光照充足，雨量充沛，霜期不长等特点。据1955—1990年气象资料分析，兴化春季自4月3日至6月12日，历时71天。气温回升较慢，冷暖变幅较大，阴湿多雨，易出现倒春寒、连阴雨及霜冻等灾害性天气。季内多偏东大风。夏季自6月13日至9月16日，历时96天。季内盛行东南风，多晴热天气，局部有雷阵雨。温度高，日照多，蒸发量大，是一年中最热的天气。高温炎热期在7月中旬至8月中旬。9月17日至11月30日为秋季，历时75天。天高气爽，多晴朗天气，雨日、雨量减少，气候凉爽宜人。季内多东北风。冬季自12月1日至次年4月2日，历时123天。冬季是全年气温最低和降水最少的季节。1月份是冬季最冷的月份，平均气温1.6℃左右。本季多干燥、晴冷天气，盛行北到西北风。对境内影响较大的灾害性天气主要为暴雨、连阴雨、台风、冰雹等，而以暴雨和台风造成的灾害最为严重。

一、气温

据1999—2015年统计，此间常年平均气温在15.7℃。最高气温38.8℃（2003年8月2日），历史上极端最高气温为39.2℃（1953年8月24日）。最低气温-9.2℃（2008年12月22日），历史上极端最低气温为-14.9℃（1969年2月6日）。春季平均气温10~22℃，夏季平均气温>22℃，≥35℃的高温日年平均8.8天。秋季气温在10~22℃之间，冬季每年≤-5℃的低温日平均7.0天。

二、日照

1999—2015年，年平均日照数为2 120小时，年日照百分率47.8%，各月日照时数以8月份最多，平均每天8小时以上，占可照时数的61%。4月份日照时数最少，平均每天4~5小时，占可照时数的42.8%。日照年际间变化较大，日照时数最多的年份是2004年，为2 454.0小时，日照百分率55.3%（历史最多年份是1978年，为2 610小时，日照百分率59%）；日照最少的年份是2015年，为1 896.4小时，日照百分率42.8%（历史最少年份是1972年，为1 991小时，日照百分率45%）。年日照时数按季度分，夏季最高，春季、秋季次之，冬季最少。

三、降水

1999—2015年，年平均雨日100.9天，年降雨日最多的是2003年134天，年降雨日最少的是2004年77天。年平均降水量1 035.9毫米。年降水量最多的是2015年1 485.2毫米（历史极值1991年，2 080.8毫米）；年降水量最少的是2004年604.7毫米（历史极值1978年，393.6毫米）。年降水量分配很不均匀，春、秋两季各占约20%，冬季占10%，其余的50%集中在夏季，而"梅雨"又对夏季降水起主要作用。6—9月为汛期，全年约60%的降水集中在这一时段，其中又以7月份最多，降水量约占季（6—8月）降水量的39%~54%。降水量最少的月份是1月、2月、12月，这三个月的降水量占全年降水量的5%~8%。1日最大降水量169.0毫米，发生在2015年8月10日（历史极值306.5毫米，发生在1953年9月2日）；3日最大降水量237.6毫米，发生在2015年8月9—11日（历史极值456.1毫米，发生在1991年7月8—10日）；7日最大降水量339.6毫米，发生在2007年7月3—9日（历史极值343.0毫米，发生在1969年7月11—17日）。

梅雨　梅雨是境内比较明显的气候特征，是初夏季节出现在江淮流域的一种连续阴雨。时值江南梅子成熟季节，故称梅雨。因气温较高，相对湿度大，衣物极易生霉，又叫霉雨。每年初夏，西太平洋副热带高压北进，与来自北方的冷空气交汇于江淮之间，地面上形成静止峰（一般位置在东经120°附近、北纬20°~25°），由此进入梅雨季节。据1999—2015年气象资料统计分析，梅雨期平均22.5天，最多的2011年37天，最少的2005年9天。入梅时间年际间差异较大，最早的1999年6月6日入梅，最迟的2005年7月3日入梅，时间相差28天。出梅时间最早的是2001年6月30日，最迟的是2007年7月25日。梅雨期间阴雨连绵，并常伴有雷电、暴雨、冰雹等灾害性天气。平均梅雨量246.1毫米。梅雨量最多的是2003年652.6毫米，是平均梅雨量的2.65倍（历史极值为1991年1 310.8毫米）。2003年、2006年、2007年都属梅雨成涝年份。梅雨量最少的2002年只有38.1毫米（见表1-3）。

表 1-3 1999—2015 年梅雨起止日期及梅雨量表

年份	梅雨起止日期(月.日—月.日)	梅雨期历时(天)	梅雨量(毫米)
1999	6.06—7.21	46	248.3
2000	6.20—7.04	15	121.9
2001	6.18—6.30	13	175.2
2002	6.19—7.05	17	39.2
2003	6.21—7.22	32	652.6
2004	6.14—7.15	32	180.4
2005	7.03—7.11	9	143.5
2006	6.21—7.12	22	331.8
2007	6.20—7.25	36	551.6
2008	6.14—7.04	21	210.8
2009	6.28—7.15	18	104.4
2010	6.17—7.18	32	87.9
2011	6.15—7.21	37	493.8
2012	6.26—7.18	23	394.3
2013	6.26—7.08	13	145.6
2014	6.25—7.18	24	130.0
2015	6.24—7.13	20	262.9

暴雨　暴雨是境内主要的灾害性天气。1999—2015 年，共出现暴雨（日雨量为 50～100 毫米）59 次，平均每年 3.5 次。出现大暴雨（日雨量为 100～200 毫米）13 次，平均每年 0.8 次。85%以上的暴雨和大暴雨出现在汛期的 7 月、8 月、9 月三个月，是发生雨涝灾害的重要因素。兴化发生雨涝灾害频率较高的是 7 月份，是由梅雨期暴雨造成的。1991 年、2003 年、2006 年、2007 年都属这一类型。9 月份出现雨涝灾害多由台风暴雨所引起。

连阴雨　连阴雨对农业生产的危害随时间长短、雨量大小、气温高低及出现的季节而有所不同。出现在春播时期（4 月 1 日—5 月 20 日）的连阴雨往往伴有低温，对棉花育苗和三麦后期生长造成危害。出现在夏收夏种时期（5 月 21 日—6 月 15 日）的连阴雨，会造成“烂麦场”。出现在秋季（9—11 月）的连阴雨，对秋熟作物后期生长和秋收秋种造成影响，往往导致烂作烂种。1999—2015 年基本上每年都会出现连阴雨，只是持续时间不等。持续时间最长的是 2003 年，连续阴雨 14 天，累积雨量 478.8 毫米，且发生在梅雨期间，导致当年出现大涝，水位达 3.24 米，仅次于 1991 年（3.35 米）。持续时间最短的是 2014 年，只有 3 天，但累积雨量也达到了 83.8 毫米。

四、蒸发

据气象部门 1999—2015 年统计资料分析，年平均蒸发量 1 339.56 毫米。蒸发量最大的是 2004

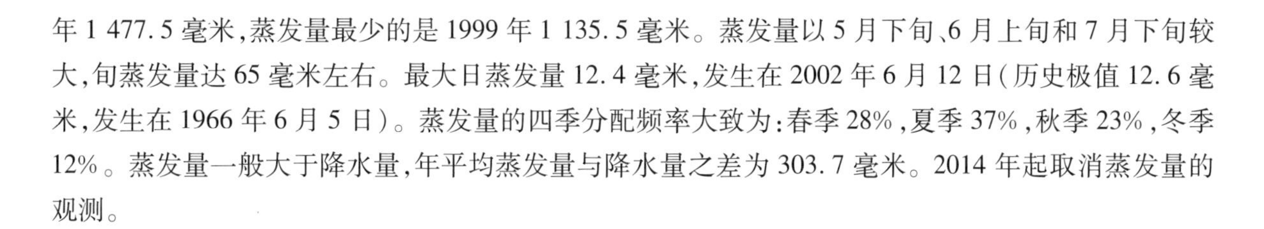

年 1 477.5 毫米，蒸发量最少的是 1999 年 1 135.5 毫米。蒸发量以 5 月下旬、6 月上旬和 7 月下旬较大，旬蒸发量达 65 毫米左右。最大日蒸发量 12.4 毫米，发生在 2002 年 6 月 12 日（历史极值 12.6 毫米，发生在 1966 年 6 月 5 日）。蒸发量的四季分配频率大致为：春季 28%，夏季 37%，秋季 23%，冬季 12%。蒸发量一般大于降水量，年平均蒸发量与降水量之差为 303.7 毫米。2014 年起取消蒸发量的观测。

五、霜

无霜期长是兴化的气候特点之一。据 1999—2015 年统计资料分析，随着全球气候变暖，无霜期平均为 234 天，比 1955—1990 年统计的数据增加了 7 天。此间，无霜期最长的是 2015 年 258 天，最短的是 2012 年 197 天。一般情况下，进入初霜期在 11 月份，最早的在 11 月 3 日（2014 年），最迟的在 11 月 28 日（1999 年、2001 年、2003 年、2005 年、2007 年、2009 年）。终霜期在 3 月份以后，最早的在 3 月 12 日（2015 年），最迟的在 4 月 8 日（2014 年）。有霜日最多的是 78 天（2010 年），最少的是 42 天（2000 年）。

六、风

兴化季风气候明显，常年风向以东南风最多，频率 26%；次之为东北风，频率 22%。以时序论，11 月起，以偏北风为主，3 月转东风，4—8 月以东南风为主，9 月转东北风。历年平均风速 3.6 米/秒左右。最大风速 28 米/秒（10 级）。一年中，4 月风速最大，为 4.1 米/秒，3 月次之，为 4.0 米/秒。1999—2015 年中，全年平均 8 级以上大风 2.9 天，最多的是 2000 年 8 天，最少的是 1999 年、2009 年、2014 年 0 天。

影响兴化的台风主要活动在 7—10 月，尤以 8 月、9 月为盛。1999—2015 年间，影响兴化的台风共 24 次，出现时间最早的是 2011 年 6 月 24—26 日的第 5 号台风，出现时间最晚的是 2013 年 10 月 6—8 日的第 23 号台风。

龙卷风　龙卷风是一种与强对流相伴出现的，具有垂直轴的小范围强烈涡旋，中间气压极低，一般发生在夏、秋季节。其具有范围小（往往是狭长带）、生命短、风力大、破坏力强等特点。龙卷风移动速度很快，旋转的风力一般在 15~17 米/秒，最大的可达 100~125 米/秒，超过强台风的风力。2007 年 7 月 13 日下午 3 时，兴化遭受历史罕见的龙卷风袭击，其行进路线为从高邮市入境，经兴化经济开发区、临城、垛田、竹泓、沈坨、荻垛、张郭、陶庄、安丰、新垛等乡镇，中心风力超 12 级，并伴有瞬时强降雨。全市因灾死亡 13 人，受伤 1 000 多人，房屋损坏 1 万多间，桥梁被毁 11 座，农作物受损近 5 000 亩，多处交通、通信、供电中断，直接经济损失达 1.2 亿元。

七、冰雹

冰雹是局部性灾害天气。1951 年以来的数据显示，兴化降雹的重点地区为沙沟、周奋、中堡、李中、老圩、安丰、新垛、大营、张郭、戴南、周庄、陈堡等地，一般分布在市境四周，中部地区遭遇甚少。降雹区往往是狭长地带，其路径有二：一条是从西北方向的沙沟、大邹一带向东南方向移动；另一条是从东北方向的新垛、大营一带向南方移动。凡冰雹经过的地方都有灾情发生，虽然冰雹出现的范围小、时间短，但来势猛，并伴有狂风，危害甚大。

1999—2015 年全市气象主要指标情况见表 1-4。

表 1-4　1999—2015 年全市气象主要指标情况表

年份	年降水量（毫米）	温度（摄氏度）			日照（小时）	霜日（天）	初终霜期		蒸发量（毫米）	八级以上大风（次）
		全年平均	最高	最低			初霜期（月.日）	终霜期（月.日）		
1999	934.1	15.4	34.5	-7.8	2 106.4	59	11.28	3.29	1 135.5	0
2000	944.0	15.7	35.4	-7.2	2 130.1	42	11.13	4.01	1 335.2	8
2001	856.1	15.9	37.2	-6.7	2 165.4	56	11.28	3.29	1 321.5	3
2002	807.8	16.1	37.6	-6.3	2 087.6	58	11.13	4.01	1 378.6	7
2003	1 365.6	15.3	38.8	-7.9	1 970.6	64	11.28	3.29	1 215.0	1
2004	604.7	16.2	37.3	-7.3	2 454.0	59	11.13	4.01	1 477.5	4
2005	1 103.5	15.6	36.2	-7.2	2 245.0	53	11.28	3.29	1 392.8	5
2006	1 028.2	16.2	36.8	-5.7	2 182.5	58	11.13	4.01	1 311.6	3
2007	1 316.7	16.4	37.1	-3.6	2 091.7	71	11.28	3.29	1 288.3	2
2008	1 088.1	15.7	35.9	-9.2	2 011.5	62	11.13	4.01	1 336.5	1
2009	1 072.3	15.8	36.0	-7.8	2 006.0	63	11.28	3.29	1 313.9	0
2010	966.5	15.6	37.5	-7.2	2 120.0	78	11.13	4.01	1 390.2	1
2011	1 271.7	15.4	36.4	-8.2	2 093.5	67	11.24	3.21	1 389.8	3
2012	977.8	15.1	36.6	-9.0	1 986.8	74	11.05	4.21	1 331.6	2
2013	722.1	15.7	38.1	-8.3	2 377.7	63	11.18	3.21	1 475.4	3
2014	1 066.6	15.5	36.1	-6.7	2 115.2	63	11.03	4.08	—	0
2015	1 485.2	15.4	36.7	-8.4	1 896.4	55	11.26	3.12	—	4

第五节　土地、土壤、植被

一、土地

根据市国土部门提供的土地利用更新数据，从 1997 年至 2007 年，兴化全市农用地增加 36 457.0 亩，主要反映在其他农用地增加 82 768.2 亩，而耕地却减少 16 439.2 亩；建设用地增加 27 167.9 亩，其中公路用地增加 13 705.3 亩；未利用地减少 63 624.9 亩。农用地增加数和建设用地增加数与未利用地减少数相当（见表 1-5）。

表 1-5　2007 年末兴化市土地利用更新数据　　单位:亩

农用地	耕地	小　计	1 947 577.2
		灌溉水田	1 842 952.4
		水 浇 地	4 489.2
		旱　地	72 758.8
		菜　地	27 376.8
	园地	小　计	16 674.0
		果　园	7 948.6
		桑　园	8 610.9
		其他园地	114.5
	林地	小　计	9 376.8
		有 林 地	8 935.2
		灌 木 林	
		疏 林 地	50.7
		未成林造林	41.1
		苗　圃	349.8
	其他农用地	小　计	353 055.8
		畜禽饲养	95.9
		农村道路	32 253.3
		坑塘水面	47 168.3
		养殖水面	106 442.7
		农田水利	128 346.1
		田　坎	14 074.8
		晒谷场等用地	24 674.7
建设用地	居民点及工矿	小　计	360 860.0
		城市用地	14 432.1
		建制镇用地	18 756.2
		农村居民点	242 505.1
		独立工矿	71 140.3
		特殊用地	14 026.3
	交通运输用地	小　计	39 934.7
		铁路用地	483.3
		公路用地	39 451.4
	水利设施用地	小　计	53 297.1
		水工建筑	53 297.1
未利用地	未利用地	小　计	7 625.5
		荒 草 地	7 088.5
		其他未利用地	537.0
	其他土地	小　计	802 112.4
		河流水面	629 740.1
		湖泊水面	74 036.6
		苇　地	86 106.8
		滩　涂	12 228.9
合计			3 590 513.5

注:表中数据由国土资源部门提供。

二、土壤

境内土壤母质为长江和黄、淮冲积物以及湖海相沉积物。地势低洼,易涝易渍。随着中华人民共和国成立后大规模水利建设事业的开展,农村水利条件发生了根本变化,抗灾能力大幅度提高,地下水位得到有效控制,土壤环境得到很大改善,物理性状得到改良,为农业丰产丰收打下了坚实的基础。因多年来未部署开展土壤普查,土壤相关指数仍参考以前的资料。根据 1979—1984 年第二次土壤普查成果,全市土壤分为潮土、水稻土、沼泽土 3 个土类。其中水稻土占耕地总面积的 90.5%,有脱潜型水稻土、潴育型水稻土、潜育型水稻土、渗育型水稻土 4 个亚类,16 个土属 42 个土种。潮土占耕地总面积的 2.1%,只有灰潮土 1 个亚类,1 个土属 5 个土种。沼泽土占耕地总面积的 7.4%,只有腐殖质沼泽土 1 个亚类,1 个土属 2 个土种。

三、植被

广大农田植被冬天以小麦、大麦、油菜为主，兼有部分蚕豌豆，夏季以水稻为主，辅以玉米、大豆等杂粮以及棉花，蔬菜则常年种植并发展为设施大棚蔬菜。

多年来，全市范围内大力实施“绿色通道、绿色圩堤、绿色湿地、绿色城镇”工程和“沿路、沿圩、沿河、沿庄”绿化工程，努力营造有路有树、有圩有树、有河有树、有村有树的生态环境，农田林网建设和“四旁”（宅旁、村旁、路旁、水旁）植树得到较快发展。2015 年底，全市林地面积 517 830 亩，其中：有林地面积 339 000 亩，特灌林地面积 17 415 亩，四旁植树折算面积 161 415 亩。2015 年底全市林木覆盖率为 19.01%，比 1998 年增长 16.03%。树种主要包括意大利杨、刺槐、水杉、池杉、楝、柳、桑、榆以及部分长绿风景树木。2015 年底全市活立木蓄积量达 86 万立方米。兴化市区绿化覆盖面积 27 225 亩，其中建成区 23 430 亩。绿化覆盖率为 40.28%，拥有绿地面积 25 290 亩，其中建成区 21 795 亩，建成区绿地率 37.94%。拥有公园 19 个，人均公园绿地面积 13.33 平方米。

第二章

水系

兴化市属淮河水系。从地理位置上分析，兴化市地处里下河腹部，又属淮河水系中的里下河腹部水系。旧时，兴化水源主要来自淮河。干旱时，上游地区层层拦蓄，以致低洼的兴化人畜饮水和农田灌溉水源紧缺。大涝时，兴化又成为淮河的洪水走廊。为了满足抗旱引水和行洪排涝的需要，境内河道多为东西走向，每条河在今东台、大丰境内都有相对应的入海港口。中华人民共和国成立后，经过长期不懈的水利建设和治理，兴化的水系逐步形成了抗旱南引（长江水）北流、排涝南抽（江都、高港水利枢纽抽排入江）北泄（利用入海港口自排入海）的新格局。

高港水利枢纽

第一节　水系变迁

旧时，兴化除自然降水外，水源主要来自淮河，上游来水以西南方向为主。南自江都孔家涵（旧时位置在仙女庙以东七里左右的通扬运河北岸），受通扬运河之水向东北流经斜丰港注入海陵溪；西自高邮琵琶、南关、车逻、火姚诸闸和八里铺涵洞及归海诸坝，来水经南、北澄子河汇入海陵溪。上游来水汇入海陵溪后经陵亭（今临城镇老阁村）入南官河（卤汀河城南段），进而辐射全境。泄水大势由西南而趋东北，通过各经河、纬河注入兴盐界河和串场河，分别泄入对应的归海港口。

旧时兴化水系可简略概括为：上有五坝，中有五河，下有五港。水的流向为自西向东或自西南向东北。

上有五坝，指里运河东堤上的五座归海坝。清初原为八座减水坝，即子婴沟、永平港、南关、八里铺、柏家墩、鳅鱼口、五里铺、车逻港，继而改为车逻、五里、南关、昭关（鳅鱼口）四座滚水坝。自清康熙四十一年(1702)起,上述四坝又逐步改为五座减水坝:南关坝,位于高邮城南,1720年由五里坝改建;新坝,位于南关坝南,清乾隆二十二年(1757)建;五里中坝,位于新坝南,原为八里铺坝旧址;车逻坝,位于高邮南十五里,原车逻滚水坝旧址;昭关坝,位于邵伯镇北,清乾隆二十二年(1757)改建,道光七年(1827)移址北首三元宫南。其中五里中坝、昭关坝废于清咸丰二年(1852)。五坝均用条石砌筑,其中南关坝长66丈,新坝长66丈,五里中坝长50丈,车逻坝长64丈,昭关坝长24丈,上加封土,常年封闭,泄洪时按河员与流域内各县议定的水志开坝,水退再堵。

中有五河,指兴化境内排水入海的五条东西向骨干河道,自南向北依次为梓辛河、车路河、白涂河、海沟河、兴盐界河。另有在南部的蚌蜒河,原为兴化与泰州(清乾隆年间改归东台)的界河,中华人民共和国成立后划归兴化。

下有五港,指兴化境内五条东西向河道的水流入串场河后,串场河以东都有相对应的入海港口,自南向北依次为:东台境内的川东港、竹港、王家港(原属东台,现在大丰境内)、斗龙港(原为兴化、东台分界之水,现在大丰境内)以及盐城境内的新洋港。

同时,串场河东岸的范公堤上,从丁溪至刘庄建有石闸12座29孔,旱则关闭以防卤水倒灌,涝则开启以泄洪水。

中华人民共和国成立后,在国家统一规划下,政府投入大量人力、物力、财力,力图根治淮河水患。通过加固洪泽湖和里运河大堤,开挖苏北灌溉总渠,开辟淮河入江水道等工程措施,从根本上解除了淮河洪水对里下河地区的威胁。同时,相继整治了大丰、盐城、射阳境内的斗龙港、新洋港、黄沙港、射阳河等四条入海港口,疏通了里下河地区的排水通道。随着江都水利枢纽、高港水利枢纽的建成并投入运行,兴化水系形成了"排涝南抽北泄,灌溉南引北流"的新态势。当里下河地区出现涝情时,一方面报请上级启动江都水利枢纽和高港水利枢纽抽排入江,或为北方补水;另一方面开启入海四港的挡潮闸,加大入海港口泄量。当里下河地区出现旱情时,则由江都水利枢纽和高港水利枢纽抽引长江水或利用长江低潮位实施自流引江,以补给水源。

引江灌溉补水和抽排涝水都是通过新通扬运河来进行的。新通扬运河既是里下河地区的南缘,又是长江和淮河的分水线。该河于1958年开挖,后经1960年、1964年、1968年、1979年多次拓浚,形成了西起江都芒稻河与长江连通,东至海安与串场河、通榆河相接的骨干河道。通扬运河北岸引排河道自西向东依次为三阳河、卤汀河、泰东河、串场河、通榆河。

为了适应"南抽北泄,南引北流"的新态势,从1958年开始,在兴化境内相继开挖和整治了雌港、雄港、西塘港、渭水河、盐靖河、东塘港(安丰至大冈段)、李中河、卤汀河(国家南水北调东线里下河水源调整项目)、泰东河(淮河流域平原洼地治理项目和江苏省江水东调北上的重点工程项目)等南北向的骨干引排河道。境内原有的东西向河道则相应成为内部调度河道,新的水系水流方向以南北方向为主。

第二节　排水入海港口

通榆河属淮河水系中的流域性河道,贯穿南通、盐城、连云港三个地区,位于串场河东侧,河线基本与串场河平行。1958年动工开挖通榆河,1963年、1966年、1978年分别对有关河段实施疏浚,至2000年,南起海安、北至赣榆的河道基本贯通。随着通榆河的挑浚,位于东台、大丰境内的川东港、竹港、王家港被辟为沿海垦区的引排河道，对兴化境内排涝不再发挥效益。为了扩大里下河地区自排入海泄量，从1958年起，先后对相关入海港口进行整治。2013年，川东港被列为里下河腹部新增的排水入海通道，从兴化的雄港向东进行全线整治，从而形成五条主要入海通道。

斗龙港　上游干流从草堰正闸至西团，又称西团河、五十里河。于大丰草堰接串场河，北流至西团汇三十里河，经新斗、三龙于下明闸入海。1965—1967年经过两期整治、开挖和扩建的东西向的新斗龙港，西起盐城孙同庄兴盐界河至斗龙港闸入海。兴化境内的蚌蜒河、梓辛河、车路河、白涂河、海沟河、兴盐界河等六条东西向干河向东汇入串场河，经草堰西团河、白驹三十里河、刘庄七灶河入斗龙港。境内南北向干河雄港、雌港由新垛镇境内的张家尖穿兴盐界河入盐城境内的新河，再穿串场河进陈家桑河入斗龙港。斗龙港对兴化排涝效益较为显著，排涝受益范围包括陶庄、荻垛、戴窑、合陈、永丰、大营、新垛等乡镇。

斗龙港闸

新洋港　古称洋河，原起盐城北门天妃闸，与串场河相接，东流至新淤尖入海。1957年建成新洋港闸。自1975年起，分三期对新洋港从盐城九里窑向东拓浚裁弯取直，经射阳新民河口再到新洋港闸入海。新洋港对兴化排涝效益比较显著。兴化境内排水入新洋港的河道有：东塘港（安丰至大冈段），南穿海沟河与盐靖河相通，北穿兴盐界河进入盐城境内冈沟河至龙冈汇入蟒蛇河；渭水河，自大邹镇向东北穿兴盐界河，经盐城郝荣庄、葛武镇汇入东涡河；上官河，自大邹镇西吴家庄北往朱沥沟，经盐城境内古殿堡、秦南镇入蟒蛇河；中庄河，南起西鲍土桥河，穿吴公湖，经鲤鱼河入大纵湖，一支东泄兴盐界河，一支北泄蟒蛇河；中引河，南起平旺湖东西罗庄，经万家舍、大丁沟、郯家河入大纵湖。上述各南北向河均汇入蟒蛇河接通新洋港入海。

新洋港闸

黄沙港　又名新冲港，位于盐城市建湖和射阳两县境内。原为垦区排水河道，属射阳河支流，西自建湖上冈，东流至中兴桥、射阳出黄沙港入射阳河。1972年整治，从建湖黄土沟利用西塘河南段拓浚，经建湖镇向东拓浚至黄沙港，在射阳河交汇处新建黄沙港闸。1978年又自黄土沟向南延伸至兴化沙沟，称沙黄河。兴化排水通过下官河经沙沟入沙黄河，经黄土沟达建湖，自建湖东经上冈镇、中兴桥至射阳河口入海，港道较为顺直。

黄沙港闸

射阳河　西起阜宁县永兴射阳湖荡，经阜宁、滨海、射阳等县至射阳河闸入海。兴化排水通过下官河由沙沟北经西塘河汇入射阳湖，北经蔷薇河入马家荡，再经戛粮河、潮河、杨集河，在益林东沟东北的裴桥汇合，经阜宁穿串场河曲折入海。尽管射阳河为里下河地区排水入海的最大干河，但由于路远流长、港道弯曲、下游顶托等因素，射阳河对兴化排涝效益并不明显。

川东港　历史上的川东港位于串场河以东的东台、大丰境内，为天然小港，在川家岸之东入海，故名川东港，曾为兴化排泄涝水入海发挥过一定的作用。随着通榆河的开挖，川东港被辟为沿海垦区内部河道，对兴化的排涝已不再发挥作用。

根据《淮河流域重点平原洼地除涝规划》，川东港被列为里下河腹部新增的排水入海主要通道，是提高里下河地区防洪排涝标准、保障区域安全的重要基础设施，也是江苏沿海开发的一条供水河道。该项工程涉及兴化、东台、大丰三地，由车路河、丁溪河、何垛河、老川东港、川东港新老闸之间等五个河段组成，西起车路河雄港，东至川东港新闸入海，对兴化的防洪安全、粮食安全、城乡饮用水安全和经济社会发展将发挥十分重要的支撑和保障作用。

2013 年 12 月，泰州市水利局根据江苏省水利厅文件精神，下达了工程建设任务。兴化境内工程项目为：拓浚河道 9.16 千米（雄港至串场河的车路河段）；修筑圩堤 3.05 千米；新建防洪墙 4.18 千米，新建墙式护岸 0.54 千米，新建 U 型预应力混凝土板桩护岸 0.18 千米；新建桥梁 1 座，拆建 3 座；新建影响工程圩口闸 1 座。工程概算投资 39 588 万元。工程完成后，当兴化水位 2.5 米时，排涝能力可达 200 米^3/秒，至 2015 年底，已完成工程总量的 60% 左右。

第三节　南北向骨干河道

泰东河　属淮河水系流域性河道。西南起自泰州新通扬运河，渐向东北至东台市与通榆河和串场河衔接，是江苏省“江水东引北调”的组成部分。兴化境内岸线长度 6.668 千米，都在张郭镇范围内，是张郭镇与东台时堰镇的界河。

沙黄河　属里下河区域性河道。位于市境西北角，原名东塘河，南起沙沟镇朱夏庄，向北经王庄、严舍、薛家舍、南荸野至盐城黄土沟，兴化境内长 7.5 千米，是西部地区主要排水口门。1979 年至 1980 年 1 月中旬，省水利部门决定实施沙黄河拓浚工程，并委托盐城地区行署主办。朱夏庄以北由东台、盐城两地组织人工开挖，朱夏庄以南至沙沟段采取机械疏浚，全部利用老河拓浚。

沙黄河

串场河

串场河　位于市境东部，与东台、大丰交界，始凿于南宋，后经明代疏浚、改造而成，以贯通淮南诸盐场而得名。南起海安连接新通扬运河，北经东台、白驹、刘庄、盐城、阜宁，同射阳河相接。兴化市境东部的宗东园、钱家园、界牌头、宗家墩、三里湾、王家滩、殷陆舍、北园等自然村落列其西岸，串场河是汇集兴化涝水入斗龙港、新洋港的主要调度河道。

雌港　属里下河区域性河道。位于市境东北部的新垛镇境内，南起海沟河葛垛营，北至兴盐界河张家尖，与盐城境内的斗龙港相接，全长 8.5 千米。该河原为老圩境内一条口宽 22 米的小河，经 1958 年、1962 年两次开挖，河线基本形成。1972 年底再次挖浚后，成为境内东北部排水能力最强、涝水入海最便捷的河道。

雄港　属里下河区域性河道。位于市境东北部的永丰镇境内，南起车路河，北至海沟河与雌港相接，全长 16.2 千米。原为永丰圩内南北向中心河道，南通白涂河，北与海沟河以坝头相隔，河道浅窄弯曲。1969 年冬，对白涂河与海沟河之间的河段进行整治，扒开北端坝头，使之与雌港相接。1977 年冬，又组织劳力将雄港由白涂河向南延伸至车路河，沟通了海沟、白涂、车路三条东西向干河，并承接团结河、幸福河部分来水泄入雌港、斗龙港。

东塘港　位于市境东部，雌港、雄港以西，南起蚌蜒河，北贯梓辛、车路、白涂、海沟诸河，通过安丰至大冈之间的河段入兴盐界河，与盐城境内的冈沟河相通。其中，安丰镇以北至兴盐界河为北塘港，安丰镇以南至车路河为南塘港。随着盐靖河的整治，海沟河至车路河之间的南塘港大部分河段已废为鱼池。车路河以南称塘港河，河面较宽但河道弯曲。现东塘港指海沟河安丰镇至兴盐界河大冈段，长 10.35 千米，1997 年冬进行了整治。

盐靖河　属里下河区域性河道。北起兴盐界河，南至戴南镇罗顾村，自南向北贯穿兴化全境，全长 55.5 千米。其中，自兴盐界河南岸至安丰镇海沟河北岸为利用东塘港老河，安丰镇以南河段于 1994 年结合宁盐公路路基填土开挖。2011 年 3—5 月，安丰镇对南起万联村、北至九丰唐港桥的 6.5 千米河段进行了清淤疏浚。

西塘港　属里下河区域性河道。位于市境中部偏东，东塘港、盐靖河以西，因地处东塘港以西而得名。南起姜堰俞垛宫家，北至安丰与下圩交界处入兴盐界河，贯穿市境南北。1970—1979 年先后 5 次开挖和整治而成，全长 55.3 千米。

渭水河　原南起钓鱼镇三里湾，北至兴盐界河，是大邹、下圩、钓鱼三镇的界河，泄海沟河水入兴盐界河。1958—1986 年先后 8 次挑浚、整治而成。自北向南穿过海南、城东、林湖、竹泓、临城、陈堡、周庄等 7 个乡镇，跨白涂、车路、梓辛、蚌蜒等河，至东坂坨，由兴姜界河、卖水河接通卤汀河，全长 53.4 千米。

上官河

上官河　属里下河区域性河道。南起市区东侧的东门泊，承车路河之水穿乌巾荡北流经平旺、西鲍，至文远铺分为两支：一支向北流经东皋庄、夏李庄、南秦庄、吴家庄，穿兴盐界河至古殿堡与朱沥沟相连，全长 26.7 千米；一支流向东北，经孙家窑、八尺沟、南芙蓉、北芙蓉、仇家墩、芦家坝至大邹镇汇入兴盐界河。1979 年，新海河开挖后，这一支河段就成为圩内河道或拦河筑坝成鱼池，不再发挥引排效益。

下官河

下官河　属里下河区域性河道。南起乌

巾荡与市区的西荡河相连，北至沙沟镇北的王家庄，全长 28.6 千米。河道在沙沟镇王庄村往北分为两支：一支至宝应射阳镇名西塘河；另一支至黄土沟名东塘河，现名沙黄河，是兴化境内通过下官河排水入黄沙港和射阳河的水道。

卤汀河　属里下河区域性河道。原南起泰州船闸，北抵兴化城区，新通扬运河开挖后，又成为该河南端起点，并穿过新通扬运河与泰州引江河相接。由周庄入境流经宁乡、老阁、必存、十里亭等村庄，境内总长 29.1 千米（其中老阁至兴化城段又称南官河，长 15 千米），是兴化城南和腹部地区枯水期引江灌溉和汛期抽排涝水入江的干道，又是南往泰州、西南去邵伯的主要航道。2010 年 11 月，卤汀河拓浚工程被列为国家南水北调东线里下河水源调整项目，全线实施河道拓浚工程，并于 2014 年 12 月完工。该河拓浚，对促进兴化城乡居民饮用水安全、增强防洪御涝能力、改善通航条件和投资环境都具有重要作用。

卤汀河

李中河　位于市境西部湖荡地区。南起原荡朱乡（现为千垛镇）北沙庄，北至沙沟镇，全长 21.1 千米。承穰草河、子婴河、潼河之水于沙沟与下官河合流入沙黄河。自 1976 年 11 月至 1978 年 4 月分两期人工开挖而成，因连接当时李健和中沙两区而得名。

李中河

中引河　位于市境西北，南起原缸顾乡东罗村，北至大纵湖，全长 10.5 千米，是连通平旺、吴公和大纵三湖的重要水道。原为中堡镇西部一条弯窄的荒田沟，口宽 12 米左右。为开拓吴公湖入大纵湖通道，加大排涝泄量，1958 年春，县人民委员会决定实施中引河拓浚工程，开挖了大溪河至大纵湖口段。1987 年底，县人民政府决定开办“三湖连通”工程，分开郏家圩，疏通郏家河，拓宽平旺湖与吴公湖之间的大丁沟万家段河道，使平旺、吴公、大纵三湖相互沟通、共同调蓄，加快西部地区涝水经大纵湖入蟒蛇河进新洋港的排水速度。

鲤鱼河　位于中堡镇境内，南起吴公湖，北出大纵湖，是兴化西北部排水经蟒蛇河入新洋港的主要通道之一，全长 3 千米。原有河道线管，且有两个直角弯道。为扩大新洋港入海泄量，减轻兴化排涝压力，1992 年经水利部淮河水利委员会批准立项，江苏省人民政府批准实施鲤鱼河整治工程，治理长度 3.69 千米。

鲤鱼河

通界河　位于市境南部，南起边城界沟，北至沈坨蚌蜒河，因其南端直通界沟而得名，全长 11.5 千米，是圩南地区主要引排河道之一。1975 年组织劳力在老河拓浚的同时新开 2 724 米，对部分河段实施裁弯取直。

兴姜河　又称姜堰河，因系兴化城区与姜堰间客运轮船航道而得名。境内北自城区车路河，渐向南或东南经何家垛、孔戴、南腰、刘陆、沈坨、顾庄、戴南、东陈庄至姜堰（其中帅垛向东至戴南段又称茅山河），全长48.8千米。

幸福河　位于市境东南部陶庄、张郭、戴南三镇境内，南起泰东河，北至车路河。1975年冬陶庄公社组织民工开挖从车路河徐舍至仲家庄12.65千米的北段，1977年1—3月张郭和戴南两公社动员民工开挖张郭欧家至戴南祁雁段4.2千米。仲家庄至欧家庄段因属东台未能开通。2014年9月，幸福河中段仲家庄至欧家庄7.2千米的实心段打通工程被列为泰东河整治影响工程，实施了平地开河，至2015年底实施了全线贯通。

第四节　东西向骨干河道

潼河　属里下河水系中的流域性河道。位于市境西北，西端在宝应境内。为解决兴化、高邮、宝应边界排水矛盾，1967年1月，由兴化、宝应两县组织劳力破五庄圩为武装圩和高桂圩，将该河从苏金垛向东北延伸至郭正湖，兴化境内河长3.5千米。

海沟河

兴盐界河　属里下河区域性河道。位于市境北部，以河中心线与盐都区分界，西起大纵湖，流经中堡、大邹、下圩、安丰、老圩、新垛、大营等乡镇，抵大丰刘庄与串场河相接，全长45.3千米。西受大纵湖水东流。南受诸经河北泄之水，一支东入串场河，一支北经朱沥沟、一字河、东涡河、冈沟河进蟒蛇河入新洋港，一支直泻斗龙港。

海沟河　位于兴盐界河之南，西起西鲍，向东横穿渭水河、西塘港、东塘港、雌港抵大丰白驹入串场河。两岸为西鲍、腊树、灶陈、南吉陈、北吉陈、棒徐、钓鱼、新发周、钟家、黄庄、莲花沟、安丰、章营、桂刘、大营等庄舍。为市内东西向河道中最大的河道，口宽70~100米，底宽40~60米，河底高程-1.5~-1.0米，全长47.1千米。

白涂河

白涂河　位于海沟河之南，西起市区东北角水乡大桥南侧，与上官河交汇，向东横穿渭水河、西塘港、盐靖河、南塘港、雄港、横泾河，至大丰草堰镇入串场河。沿线经高垛、曹家舍、刘家沟、沈沟、马家箭、喊陈、东丁、朱家庄、张家舍、袁家湾等村舍，全长47.9千米。

车路河

车路河　属里下河区域性河道。位于白涂河之南，原西起市区东侧野行北的乌羊舍，穿得胜湖,经湖东口、湾朱庄、新庄、盛家、唐子、西毛、焦家、戴窑等村镇,至大丰丁溪镇入串场河。1983年全线整治后,西起卤汀河(又称南官河),向东在垛田芦洲与梓辛河源头合而为一,辟开得胜湖,流经垛田、城东、林湖、大垛、昌荣、荻垛、陶庄、戴窑等乡镇至串场河,全长42.3千米,是兴化腹部地区一条重要的调度河道。

梓辛河　位于车路河之南,原西起城区东门泊,横穿渭水河、西塘港、南塘港、盐靖河,至东台市境。1983年车路河整治后,源头与车路河合而为一,从车路河芦洲入口,流经朱胖舍、吴岔河、大垛镇、征王、丛柏林、潘洋汉等村庄,在东台西2千米处注入串场河,全长30.4千米。

蚌蜒河

蚌蜒河　位于梓辛河之南,西起老阁,与卤汀河、盐邵河交汇,横穿渭水河、西塘港、南塘港、盐靖河,经蒋庄、武家泽、三赵、沈坨、安塘、复兴、西卜周、蒲场、塾墩、三夏等村镇,至陶庄南柯堡,在东台境内与梓辛河合流注入串场河,境内长38.5千米。

兴化市级骨干河道基本情况见表2-1。

表2-1　兴化市级骨干河道基本情况表

序号	河道名称	起讫地点		兴化境内长度(千米)	走向	流域面积(平方千米)	现状标准						
		起点	讫点				排涝能力(米^3/秒)	河底高程(米)	河底宽(米)	河坡	堤顶高程(米)	堤顶宽(米)	堤坡
1	卤汀河	周庄镇	兴化城	29.3	南北	127	51.5	-5.5	40	1:1	4.5	4	1:1.5
2	下官河	鹅尚河	沙沟镇	28.6	南北	77	61.4	-1.3	58	1:1	4.5	4	1:1.5
3	沙黄河	沙沟镇	兴宝县界	7.5	南北	32	93.0	-3.8	48	1:1	4.5	4	1:1.5
4	西塘港	边城	兴盐界河	55.3	南北	208	22.06	-1.3	21	1:1	4.5	4	1:1.5
5	盐靖河	罗顾庄	兴盐界河	45.1	南北	204	29.7	-2.4	12.5	1:2.5	4.5	4~12	1:1.5
6	车路河	兴化城	丁溪	42.3	东西	106	61.2	-3.0	38	1:1	4.5	4~10	1:1.5
7	潼河	兴宝县界	沙沟镇	3.5	东西	15	46.9	-1.3	51	1:1	4.5	4	1:1.5
8	上官河	车路河	兴盐界河	26.7	南北	142	49.2	-1.4	45	1:1	4.5	4	1:1.5
9	李中河	北沙庄	沙沟镇	21.1	南北	104	19.4	-1.4	17	1:1	4.5	4~8	1:1.5
10	渭水河	东坂坨	兴盐界河	53.4	南北	301	25.6	-1.2	25	1:1	4.5	4~10	1:1.5
11	雄港	车路河	海沟河	16.2	南北	20	27.9	-1.5	24	1:1	4.5	4	1:1.5
12	雌港	海沟河	兴盐界河	8.5	南北	45	72.4	-2.4	47	1:1	4.5	4~8	1:1.5
13	中引河	平旺湖	大纵湖	10.5	南北	30	35.8	-1.2	35	1:1	4.5	4	1:1.5
14	鲤鱼河	中堡镇	大纵湖	3.0	南北	11	34.5	-1.5	33	1:1	4.5	4	1:1.5
15	通界河	界河	沈坨	11.5	南北	35	17.3	-1.0	18	1:1	4.5	4	1:1.5

（续表）

序号	河道名称	起讫地点		兴化境内长度（千米）	走向	流域面积（平方千米）	现状标准						
		起点	讫点				排涝能力（$米^3$/秒）	河底高程（米）	河底宽（米）	河坡	堤顶高程（米）	堤顶宽（米）	堤坡
16	串场河	丁溪	刘庄	26.5	南北	80	21.4	−2.0	15	1∶1	4.5	4	1∶1.5
17	兴姜河	兴化城	戴南镇	48.8	南北	149	20.5	0.9	26	1∶1	4.5	4	1∶1.5
18	蚌蜒河	老阁	南柯	38.5	东西	159	23.7	−0.9	30	1∶1	4.5	4	1∶1.5
19	梓辛河	车路河	博镇	30.4	东西	115	32.2	−1.2	35	1∶1.5	4.5	4	1∶1.5
20	白涂河	上官河	草堰	47.9	东西	190	25.2	−0.7	35	1∶1	4.5	4	1∶1.5
21	海沟河	西鲍	白驹	47.1	东西	254	44.0	−1.8	40	1∶1	4.5	4	1∶1.5
22	兴盐界河	夏庄	刘庄	45.3	东西	137	23.4	−1.0	27	1∶1	4.5	4	1∶1.5
23	泰东河	张郭境内		5.4	南北		20.0	−4.0	45	1∶1.5	4.5	4	1∶1.5
24	幸福河（北）	车路河	蚌蜒河	12.7	南北	12		−2.0	13	1∶2		4	1∶1.5
	幸福河（南）	蚌蜒河	泰东河	12.1	南北	80		−2.5	25	1∶2		4	1∶1.5

注：数据来源于兴化市第一次全国水利普查资料。河底宽、河坡均为折算式。排涝能力对应水位3.0米。

第五节　湖荡

兴化古地貌为大型湖盆洼地，经江、河、海合力堆积，经历了海湾—潟湖—水网平原的演化过程，形成湖荡、沼泽地貌特征。据1981—1984年土地资源调查统计，兴化湖荡面积79 978亩，其中水面76 508亩，湖坎3 470亩。20世纪70年代，湖荡地区的部分生产大队、生产队围垦了一些荒地浅滩，后来按照“决不放松粮食生产，积极发展多种经营”的方针，有关乡镇利用湖荡发展水产养殖，得胜湖、郭正湖及吴公湖被逐步开发成精养鱼池，面积达55 736亩，约占湖荡总面积的70%。1989年，江苏省里下河地区开发会议在兴化召开后，在开发致富的思想指导下，湖荡被进一步开发，兴化市政府对湖荡进行规划，要求开发必须服从滞涝和保障行洪要求，做到“围而不死，活而不溜，水利水产，兼得其利”，但也出现了一些基层单位无序乱围乱垦的现象。1991年特大洪涝灾害后，根据江苏省政府1994年44号文件精神，湖荡被列为清障滞涝的范围。按照上级要求，部分鱼池兴建了网口闸、滚水坝，部分鱼池采取“四平一”（即四周池埂平毁一面，代之以拦网或竹箔）的措施，但湖荡被开发的面积并未减少。境内湖荡众多，有称五湖十八荡、莲花六十四荡，其中面积较大的为五湖八荡，包括得胜湖、郭正湖、吴公湖、大纵湖、平旺湖及沙沟南荡、乌巾荡、癞子荡、花粉荡、官庄荡、王庄荡、团头荡、广洋荡。

得胜湖　位于市区东部，与市区直线距离5千米。旧名“缩头湖”，又名“率头湖”。南宋绍兴元年（1131），武功大夫张荣与贾虎、孟威、郑握率山东义军大败金兵于此，故改名“得胜”。湖面略呈椭圆形，东北至西南长约5.7千米，宽约2.7千米，面积22 500亩。其中，水面18 666亩，滩地3 834亩。湖面分属城东、垛田、林湖三乡镇。水面积中属城东镇1 866亩，林湖乡10 827亩，垛田镇5 973亩，滩地都在垛田镇境内。湖底平坦，一般高程0.4~0.6米（废黄河零点，以下同），湖中央略高，为0.8~0.9米，西部较低，最低处0米。湖岸曲折，四周多为垛田。较大的出水河道有车路河、梓辛河。2014年3月，兴化市委、市政府决定对得胜湖实施退渔、退圩还湖，还湖后可恢复1.74万亩的湖荡水面，并可为发展旅游、观光、度假创造条件。2015年已完成拆迁工作。

郭真湖　又名郭正湖，位于市区西北部，与市区直线距离约23千米。湖东堤与西荡（花粉荡）相隔，湖面分属沙沟镇和周奋乡。自1950年以来，因围湖造田和筑堤兴建鱼池，湖面逐渐缩小，南北长约2.6千米，东西宽约2.5千米，面积6 348亩，其中沙沟镇3 079亩，周奋乡3 269亩。湖盆由北向南倾斜，南部为深水区。湖底高程平均为0.4米，最低处0.3米，最高处0.6米。湖西潼河为进水河道，出水经花粉荡、南荡排入沙黄河，但河道狭窄，排泄不畅，每逢暴雨或上游来水较猛时，湖水有陡涨缓落的特点。

郭真湖

蜈蚣湖

蜈蚣湖　原称吴公湖，因昔日有隐士吴高尚居此而得名。位于市境西北部中堡镇南，与市区直线距离约13千米，与大纵湖隔中堡镇南北相望，故又称“南湖”或“前湖”。湖面分属中堡、缸顾两乡镇。西北至东南长约5.6千米，宽约4.4千米，面积21 518亩，其中缸顾乡6 970亩，中堡镇14 548亩。湖泊略呈椭圆形，湖底高程平均0.2米，湖心最低处0米，最高处0.6米。水源来自上官河、中庄河、下官河，经中引河、鲤鱼河北泄大纵湖。2014年，中堡镇按照兴化市委、市政府决定对蜈蚣湖实施退渔还湖，拆除鱼池池埂、渔网，已退出水面2 170亩。

大纵湖　位于市境西北，与市区直线距离约19千米，以湖中心线与盐城分界。因在吴公湖之北，又称“北湖”或“后湖”。面积3.9万亩，兴化境内18 105亩，均属中堡镇。湖呈圆形，湖底高程平均0.2米，最低0米，最高处0.5米。湖盆浅平，由东北向西南微倾，深水区在湖的西南部。进水河道为西部的中引河、东部的鲤鱼河和南部的大溪河。泄水河道分为两支：一支东行注入兴盐界河；另一支北行排入盐城境内蟒蛇河。2011年，兴化市委、市政府决定对大纵湖实施退渔还湖，并由中堡镇负责实施，湖荡南缘规划建成旅游观光区，2015年已退出全部水面。

大纵湖

平旺湖　又名黑高荡。位于市区西北，与市区直线距离约10千米。湖面分属李中、缸顾两乡镇，面积5 049亩，其中水面5 013亩，滩地36亩属李中镇。湖面呈椭圆形，湖底高程最低0.2米，最高处0.5米。下官河位于湖荡西侧，贯穿南北，为进出水主要河道，南承乌巾荡来水，东北泄入蜈蚣湖，西北流经沙沟后北行泄入官庄荡入沙黄河。2014年11月，兴化市委、市政府决定对平旺湖实施退渔还湖，将湖荡水面列为千垛景区的组成部分统一规划，2015年已完成退渔征地拆迁工作。

沙沟南荡　位于沙沟镇南，与市区直线距离约 24 千米。与时堡东荡相连，名为两荡，实为一体，分属沙沟镇和周奋乡。南北长约 4.3 千米，东西宽约 3.6 千米，总面积 4 192 亩，其中沙沟 1 147 亩，周奋 3 045 亩。荡呈半圆形，荡底高程平均 0.5 米，最低 0.4 米，最高处 1.2 米，进出水河道为李中河、下官河、子婴河等，汛期荡水自沙沟向北排入沙黄河。

沙沟南荡

乌巾荡　位于市区以北。中华人民共和国成立初期，乌巾荡南起拱极台北城墙外，东为北窑及上官河，西为严家庄、西荡河，北至西鲍鹅尚河，官庄坐落于荡中心。南北长约 3.2 千米，东西宽约 1.6 千米，总面积 5.1 平方千米。荡底高程一般为 0 米，低处-0.3 米，东部为深水区-0.8 米。1954 年，建立兴化水产养殖场，在严家庄和北窑之间穿荡筑东西向圩堤一道，将堤南荡面辟为鱼池。1962 年，又在北部窑尾向西修筑一条穿荡大堤，北坡做块石工程，扩大了养殖场范围。1972 年 12 月兴建的兴化至盐城的公路穿过水产养殖场。同时，路基以南的部分鱼池被填平为体育场，仅存的一个鱼池于 1979 年 11 月整治海池河时利用河床出土被填平。至此，乌巾荡南部水面已不复存在。北部尚存面积 4 195 亩，其中北郊 328 亩，西鲍 3 867 亩。1992 年 11 月，过境公路通过乌巾荡中段，并从荡中横穿而过，修筑路基过程中将路基南部荡面填平，辟为风景、休闲区，路基北修筑一条至官庄的通村公路路基。至 1998 年底，乌巾荡水面实际面积为 3 189 亩。

乌巾荡

癞子荡　位于市境东部，与市区直线距离 6.5 千米。南起西浒垛河，北至梓辛河芦洲村，东起志芳圩及蒲塘河，西至东大圩。癞子荡，过去又叫“濑子荡”，得名于生活在荡中的一种“濑鱼”，后来又有人称之为“来子荡”“狗子荡”。实际上，癞子荡与旗杆荡（南宋建炎四年，即 1130 年，通泰镇抚使兼知泰州岳飞率部战逐金兵时驻扎于此而得名）、翟家荡、高家荡、杨家荡等连在一起，除癞子荡外，其余均为草滩，总面积 3 825 亩，其中癞子荡面积 2 943 亩，含水面 1 872 亩，滩地 1 071 亩。荡底高程一般 0.5 米，最低 0.1 米。其余柴草滩地高程 1.1~1.3 米。九里港、梓辛河为进出水河道。

花粉荡　又名时堡南荡，位于沙沟镇西，时堡村北，郭正湖东，金炉庄南，面积 541 亩，其中沙沟 441 亩，周奋 100 亩。

官庄荡　位于沙沟镇官庄东北，东到沙黄河，南至王庄，西至官庄小溪河，北至宝应广洋湖刘家村，因紧靠官庄而得名，面积 1 724 亩，属沙沟镇。

王庄荡　位于沙沟镇北，东邻盐城大纵湖镇朝阳、振兴、陈捷等村，南至沙沟，西与王庄相连，北接王家舍，因王庄而得名，面积 893 亩，属沙沟镇。

团头荡　面积 193 亩，属沙沟镇。

广洋荡　面积 480 亩，宝应广洋湖的一部分，兴化境内在沙沟镇范围内。

广洋荡

第六节　水位

旧时，兴化水情向以高邮御码头水志为据。正常年景水位高低不为人们注意，一旦发生较大的旱涝灾害，人们的记忆就较为深刻。1925年江北运河工程局在兴化设水位站后，兴化境内始有水位记录。

1925—1949年兴化最低水位为1929年5月的-0.10米，当时北澄子河、车路河、得胜湖干涸见底，行人往来无阻，最高水位为1931年8月的4.60米，当时多数村舍被水淹没，县城水深处达3米左右。

1950年，设兴化水文站，在南官河设有观测点，逐日记录水位。根据记录分析，1951年至2015年兴化境内最低水位出现在1953年6月29日，为0.31米；最高水位出现在1991年7月15日，为3.35米，据遥感卫星观测，境内农田85%被淹，城区大部分进水，可撑船入市。1999年至2015年间出现3.0米以上水位三次，分别是2003年、2006年和2007年，其中2003年7月11日水位最高达3.27米，为中华人民共和国成立后第二个高水位年份。最低水位出现在1999年5月10日，为0.65米。

2010年，在卤汀河（老阁至兴化段，又称南官河）拓浚工程被列为国家南水北调东线里下河水源调整项目实施后，兴化水文站作为拆赔工程实施了重建，其位置仍在卤汀河边。

1999—2015年各年平均水位、最高水位、最低水位记录见表2-2。

表2-2　1999—2015年各年平均水位、最高水位、最低水位记录

年份	平均水位（米）	最高水位（米）	发生日期（月.日）	最低水位（米）	发生日期（月.日）
1999	1.16	2.10	8.26	0.65	5.10
2000	1.23	1.75	6.04	0.72	4.12
2001	1.26	1.89	8.02	1.00	3.22
2002	1.19	1.90	8.17	0.90	2.13
2003	1.33	3.27	7.11	1.02	2.05
2004	1.11	1.49	6.20	0.85	3.05
2005	1.30	2.37	8.08	0.91	1.23
2006	1.27	3.04	7.05	1.04	3.18
2007	1.26	3.16	7.10	0.93	4.23
2008	1.24	2.13	8.02	0.95	3.25
2009	1.29	2.26	8.12	0.98	1.29
2010	1.30	1.96	7.15	1.05	1.28
2011	1.27	2.64	7.14	0.88	5.20
2012	1.29	2.35	7.15	1.08	6.25

（续表）

年份	平均水位(米)	最高水位(米)	发生日期(月.日)	最低水位(米)	发生日期(月.日)
2013	1.25	1.81	7.09	1.02	3.09
2014	1.33	2.41	8.15	0.99	4.10
2015	1.39	2.84	8.13	1.07	2.21

兴化水位高低变化的大致情况是：1949—1965年，兴化的年平均水位都在1.32米以上，最高的1952年达1.93米，而兴化的地面高程在1.4~3.2米之间，相当一部分地面低于河网水位，以致全县有150多万亩耕地一年只能种植一季旱稻，其余时间浸沤闲置。1963年以后，随着江都水利枢纽一站与二站相继建成和投入运行，兴化汛前河网水位高出1.4米时，即提请上级开机抽排，以降低兴化水位。同时，入海港口部分河段的拓宽浚深、裁弯取直，尤其是对兴化排水效益比较显著的斗龙港的整治，对加大入海泄置、加快排水速度发挥了重要作用，有效控制了兴化河网水位。1966年以后年平均水位基本控制在1.3米左右，河网水位的下降为沤改旱等耕作制度改革创造了条件。

影响兴化水位高低的一个重要因素是自然降水。兴化是一个周高中低的碟形洼地，一旦出现大范围、短历时强降水，很快就会出现四水投塘的局面，逼高河网水位，而兴化距入海四港路远流长，且易受海湖顶托、下游抢道排水等影响，加之江都四站开机一周后才会拉动兴化涝水，以致兴化水位呈现出一种暴涨缓落的趋势。另有近年来，公路建设事业的发展，尤其是面广量大的通村公路的建设也对河网水位造成了一定的影响。这些公路路面都是由混凝土和沥青摊铺而成，加之在新农村建设过程中，为了方便农村居民出行，村庄里的巷道全部浇筑成水泥路面，多种因素交织在一定程度上导致了“一块地顶不了一块天”，自然降水除了耕地入渗和封闭沟塘蓄积外，所产生的地面径流大部分排入河网水体，极易逼高河网水位。因此，“四水投塘涨得快，路远流长退水慢”是兴化汛期重要的水文特征，在很大程度上增加了防汛排涝的压力。

第七节　水资源

兴化河网稠密，无封闭疆界，属里下河水资源平衡区。可供利用的水资源主要包括地表水和地下水。水资源丰富，水质尚可。

地表水　主要包括自然降水、江都和高港水利枢纽补给的长江水及沿运自灌区的少量回归水。地表水资源的决定因素是降水产生的地表径流，年际变化较大。年内的6—9月是降水集中时段，地表水资源量较为充沛，往往因集中降水或降水强度较大而形成洪涝灾害。由于不具备拦蓄条件，又不受地面高程的制约，当河网水位达到1.8米警戒水位时，多余的水量即向下游入海港口排泄。同时，为减轻洪涝危害，启动江都或高港水利枢纽抽排入江，2012年里下河地区抽排入江涝水2.55亿立方米，以致对自然降水的利用水平较低。每年6月上、中旬，由于降水较少，加之农时季节适逢水稻播种和栽插用水集中期，是年内对农业生产造成一定影响的枯水时节。此时，就需要江都或高港水利枢纽翻引长江水以补充水源。2012年，高港枢纽跨流域调水进入淮河流域24.09亿立方米。

兴化市不同来水频率水资源总量见表2-3。

表 2-3 兴化市不同来水频率水资源总量表 单位:万立方米

频率	地表水	地下水	水资源总量
平水年 50%	64 341.0	22 596.5	84 677.8
中等干旱年 75%	50 947.7	17 819.6	66 985.4
特殊干旱年 95%	37 096.0	12 421.4	48 275.2
多年平均	61 124.4	21 466.7	80 444.0

注:摘自《兴化市农田水利规划》。水资源总量=地表水+地下水-重复计算量。

外来水资源量 主要包括两个方面:一是江都水利枢纽工程引江水量。江都水利枢纽工程利用长江高潮位自引长江水,或者在正常情况下翻引长江水。两者都通过芒稻河经江都西闸、江都东闸入新通扬运河,然后由新通扬运河北岸口门分散入里下河地区,经上游江都、泰州、姜堰入境。由于江都水利枢纽距离兴化较远,无论是抽排内涝还是翻引长江水,往往开机一星期后才对兴化发挥效益。二是高港水利枢纽工程引江水量。高港水利枢纽工程自引和翻引长江水都是通过泰州引江河实现的。长江水进入泰州引江河后,很快汇入新通扬运河,进而进入卤汀河、茅山河、泰东河到达里下河地区,对兴化效益比较显著。

兴化市不同频率来水外引水量见表 2-4。

表 2-4 兴化市不同频率来水外引水量表 单位:万立方米

年型	平水年 P=50%	中等干旱年 P=75%	特殊干旱年 P=95%
引水量	115 000	132 000	160 000

江都水利枢纽和高港水利枢纽补给的长江水资源除了基本解决人畜饮水和灌溉用水外,相当一部分为过境水。兴化可利用的水资源量,在正常年份和一般干旱年份(P=75%)可满足人民生活和工农业用水需求,特殊干旱年份(P=95%)虽然缺水,但由于有江都和高港水利枢纽工程及时补给长江水源,也不会对人民生活和工农业生产造成很大影响。

水资源可利用总量包括地表水资源可利用量、浅层地下水可开采量及过境水量(长江引水量)。

兴化市不同来水频率水资源可利用总量见表 2-5。

表 2-5 兴化市不同来水频率水资源可利用总量表 单位:万立方米

频率	地表水资源可利用量	地下水资源开采量	过境水量	水资源可利用总量
50%	45 683.2	488.0	115 000	161 171.2
75%	38 589.4	488.0	132 000	171 077.4
95%	26 754.3	488.0	160 000	187 242.3
多年平均	41 553.5	488.0	103 700	145 741.5

按照兴化农业灌溉、农业其他用水、工业用水、生活用水、生态与环境用水的需求,参照兴化当地水资源总量和外引水量,平水年(P=50%)不缺水并有 57 000 万立方米结余,中等干旱年(P=75%)也能做到不缺水且略有节余,特殊干旱年(P=95%)缺水较多,达 71 200 万立方米。根据现状分析,全市农业供水保证率达 85%,工业供水保证率达 95%,生活用水保证率达 95%以上。

地下水 兴化市地处里下河腹部地区,特有的气象、水文、地质、地貌条件,极有利于孔隙地下水的形成，在江苏省域范围内属地下水资源丰富地区，具有层次多、水质复杂等特点。

根据地下水含水层时代成因、埋藏条件、水力性质及化学特征，区域内孔隙地下水分为潜水、第Ⅰ承压水、第Ⅱ承压水、第Ⅲ承压水和第Ⅳ承压水5个含水层。

兴化区域松散岩类孔隙水文地质特征见表2-6。

表2-6　兴化区域松散岩类孔隙水文地质特征表

含水层	地层	岩性	顶板埋深（米）	厚度（米）	水位埋深（米）	单井漏水量（米^3/日）
潜水	全新统（Q_4）	亚黏土、亚砂土		10~30	0.3~3.5	<100
第Ⅰ承压水	上更新统（Q_3）	粉砂	30~50	10~20	1~2	30~200
第Ⅱ承压水	中更新统（Q_2）	粉细砂为主，局部含砾中砂	90~130	6~37	1~7	100~1 000
第Ⅲ承压水	下更新统（Q_1）	细砂，中粗砂	150~175	10~45	4~6	1 000~2 000
第Ⅳ承压水	上新统（N_2）	粗砂，含砾中粗砂	217~300	20~30	1~2	约2 300

地下水的补给表现在两个方面：一是大气降水入渗补给；二是来自上游地区的侧向径流补给。大气降水入渗补给主要发生在浅层地下水系统中，对潜水和第Ⅰ承压水影响较大，随着含水层埋藏深度加大，其间黏性土隔水层增厚，入渗补给在深度上明显趋向减弱。侧向径流补给主要表现在深层地下水系统中，补给方向主要是西部和南部含水层埋藏较浅、砂层厚度较大地区，凭借有利的径流条件，在一定的水力坡度作用和在开采条件下水头差驱使下，向东部海域方向流动补给。

一般情况下，浅层水以蒸发或就近排入地表水体为主要排泄途径，主要表现在垂向上，具有补给区与排泄区分布同地的基本规律，深层水的排泄主要是人为开采，开采区即为排泄区。

水质　2008年以来在全市范围内每年开展两次水环境专项治理，组织打捞水花生、水葫芦、水浮莲、绿萍等水上漂浮物，抓好污水处理和控污减排工作，委托江苏省水文水资源勘测局扬泰分局对重点水功能区进行每月一次的取样监测，全市地表水水质有了明显提高和改善。据市环境保护部门检测，2015年兴化境内总体水质较好，卤汀河、蚌蜒河、车路河、白涂河、横泾河、乌巾荡等主要河流总体水质符合《江苏省地表水（环境）功能区划》划定的水质标准。兴化自来水厂、自来水二厂饮用水源水质达标率保持100%。

地下水水质变化比较复杂，具有沿海平原地区水质分带性变化规律。在水平方向上，浅层地下水中西部以微咸水为主，往东渐变为半咸水或咸水。在垂直方向上，一般上层水矿化度较高，往深部存在变淡的趋势，深层水为淡水或微咸水，适用性较广，成为开采的主要对象。

地热　经对周庄、茅山、戴南、荻垛、戴窑等地的部分钻井进行固井测试，随着油层开采，大都有水产生。产层一般在2 000米以下，静温达80℃以上，井口水温也达50℃以上，可为地热资源，能应用于种植、养殖、取暖、生活等方面。地处主城区的地热资源，经化验分析，为含溴锶偏硅酸复合型矿泉水，味道独特，对人体健康十分有利。

水资源利用　水资源利用主要指农业、工业、生活和包括林业、牧业、渔业及环境卫生用水等其他用途。根据作物生长期内降水，不同阶段作物需求量计算出作物净灌溉定额。根据各作物净灌溉定额和种植面积可得灌溉用水过程和用水量。按照多年实践，在种植业结构方面，夏粮以小麦为主，辅以部分大麦、油菜、蚕豌豆等，秋季以水稻为主，辅以玉米、大豆等杂粮以及棉花、蔬菜。

主要农作物净灌溉定额成果统计见表2-7。

表 2-7　主要农作物净灌溉定额成果统计表　　单位：米^3/亩

年型	水稻	小麦、油菜	棉花	蔬菜	大豆及其他
P=50%	360.1	27.4	0.0	180.1	0.0
P=75%	433.5	76.7	104.0	233.4	20.0
P=95%	560.3	128.0	209.0	267.3	99.3

兴化境内地下水可开采量为3.12亿立方米。根据上级要求，兴化开展了饮水安全工程建设，原来用于解决生活用水的深井逐步采取了封填措施，全市封填深井25口。至2015年，全市已开凿仍在使用的深井110口，全部为工业生产服务，合计取用地下水总量303.33万立方米，控制在泰州市下达的用水指标范围内。

据2011年统计，全市农业灌溉用水116 183.552 5万立方米；居民生活用水4 306.31万立方米，其中城镇居民生活用水2 360.42万立方米，农村居民生活用水1 945.89万立方米；工业用水3 918.042 1万立方米，其中高耗水工业用水3 561.735 2万立方米；建筑业用水20.602万立方米；第三产业用水23.430 7万立方米；生态用水499万立方米；畜禽用水600.512 5万立方米。

水污染现状　水污染主要包括内源污染（底泥污染、水产养殖污染、航运污染）、面源污染（农村生活污染物入河、农业面源污染入河、畜禽养殖污染物入河、地表径流入河）和点源污染三种，其中点源污染最大，面源污染次之，内源污染最少。据泰州市水资源保护规划分析，兴化市面源污染物入河量最多，COD 14 419.31吨/年，氨氮2 708.76吨/年，分别占泰州市污染物总量的33.9%和33.7%。

第三章

河道治理

兴化属典型的水网圩区，境内各级河道纵横交错。河道对于加快引水排水、方便群众生产生活交通、促进水产养殖、发展水运事业等都发挥了重要的、不可替代的作用。农村经济体制改革后，农民群众的生产方式发生了变化，不再从事罱泥取渣等农活，另外长期雨水冲淋、风浪洗刷等导致的水土流失，使得各级河道普遍存在着程度不同的淤积，直接影响到引排航效益的发挥。兴化市水利部门和各乡镇抓住国家下达的中小河流治理、灌区改造、中央财政投资小农水项目、小型农田水利重点县工程等一批项目的机会，专门成立建设管理机构，按照属地管理的原则，招标组织施工单位相继对淤积比较严重的各级河道实施了清淤疏浚。

据不完全统计，1999—2015 年兴化全市共拓浚市级骨干河道 14 条，工长 315.21 千米，完成土方 1 029.15 万立方米；拓浚整治其他市级河道 28 条，工长 234.21 千米，完成土方 945.55 万立方米；疏浚乡级河道 510 条，工长 3 380.51 千米，完成土方 3 051.65 万立方米；疏浚圩内村庄河道 4 791.94 千米，完成土方 3 849 万立方米；按计划完成农村生产河疏浚任务，完成土方 660 万立方米。

第一节　市级河道治理

按照河道划定标准，跨两个以上乡镇的，或虽在一个乡镇范围内，但对引水排水全局有重要作用的河道为县（市）级河道。

一、市级及以上骨干河道治理

泰东河　西南起自泰州新通扬运河，向东北至东台市与通榆河和串场河相接，兴化境内岸线长度 6.668 千米，且都在张郭镇范围内，是张郭镇与东台市时堰镇的界河。

泰东河整治工程由 2010 年 7 月 1 日《省发展改革委关于世行贷款淮河流域重点平原洼地治理工程初步设计的批复》（苏发改农经发〔2010〕862 号）批准立项，包括主体工程和影响工程。主体工程设计标准为：河底高程-4.0 米，河底宽 45 米，边坡 1∶4，河口两边各留青坎 5 米，河道两侧圩堤按照“四点五·四”式标准加固到位。河道共开挖土方 88.4 万立方米，填筑青坎和圩堤 17.4 万立方米，新建挡墙 6.2 千米，新建跨河大桥 1 座，工程投资 7 746 万元。主体工程施工单位为江苏盐城水利建设有限公司，采用绞吸式挖泥船进行施工，于 2011 年 11 月开工，2014 年 5 月完工验收。

绞吸式挖泥船浚河

影响工程包括两个部分。一是幸福河中段仲家庄至欧家庄实心段打通，工程总长 7.2 千米。设计标准：河底高程-2.5 米，底宽 25 米，边坡 1∶3，两岸青坎宽度各 5 米，工程需开挖河道土方 140 万立方米，填筑圩堤 41.74 万立方米，新建圩口闸 17 座，排涝站 4 座，各类跨河、沿河桥梁 16 座，工程投资 9 100 万元。影响工程施工方法为平地开河，由江苏祥通建设有限公司负责施工，2014 年 9 月 1 日开工，2015 年底基本完工。二是盐靖河南端卡口拓浚。卡口主要在姜堰区范围内，因姜堰段征地手续未及时办理，以致姜堰境内只浚未拓，未达到原设计标准。

泰东河整治工程的项目法人为江苏省世行贷款泰东河工程建设局，泰州市世行贷款泰东河工程建设处为建设单位，兴化市世行贷款泰东河工程项目部为现场管理单位。

川东港　历史上的川东港位于串场河以东的东台、大丰境内，曾为兴化涝水入海发挥过一定的作用。随着通榆河的挑浚，川东港被辟为沿海垦区内部河道，对兴化的排涝已不再发挥作用。

根据《淮河流域重点平原洼地除涝规划》，川东港被列为里下河腹部新增的排水入海主要通道，是提高里下河地区防洪排涝标准、保障区域安全的重要基础设施，也是江苏沿海开发的一条供水河道。

川东港工程位于兴化、东台、大丰境内，由车路河、丁溪河、何垛河、老川东港、川东港新老闸之间等五个河段组成，西起车路河雄港，东至川东港新闸入海。

2013 年 12 月，泰州市水利局下发《省水利厅关于淮河流域重点平原洼地治理工程里下河川东港 2013 年度工程兴化市境内工程实施方案批复》（泰政水复〔2013〕70 号），明确 2013 年度兴化工程主要建设内容为：拆建端午桥、新建青龙桥各一座。2014 年 5 月 4 日，青龙桥工程下发开工令，川东港兴化境内工程建设正式启动。

2014 年 10 月，泰州市水利局下发《省水利厅关于淮河流域重点平原洼地治理工程里下河川东港工程兴化市境内工程初步设计的批复》（泰政水复〔2014〕57 号），明确兴化境内工程主要建设内容：一是河道工程。拓浚车路河西起雄港、东至串场河段，工长 9.16 千米。河道断面设计标准为：河底高程-3.0 米，底宽 40 米，边坡 1 : 3。二是堤防工程。沿线退建圩堤长度 3.05 千米，新建防洪墙长度 4.18 千米，新建墙式护岸长度 0.54 千米，U 型预应力混凝土板桩护岸长度 0.18 千米。三是桥梁工程。新建一座，拆建三座。桥梁设计荷载为公路Ⅱ级，主桥总宽 9.6 米，引桥总宽 8 米，主跨为钢桁架结构。四是影响工程。圩口闸一座以及沿线影响工程。五是征地拆迁和移民安置。工程涉及戴窑、陶庄 2 个乡镇 15 个村。永久征用土地 421.01 亩，其中集体土地 408.94 亩（耕地 156.87 亩），国有土地 12.07 亩。工程临时占地 723.29 亩，全为集体土地（耕地 429.20 亩）。征迁居民 397 户，人口 1 548 人，拆迁各类房屋约 4.19 万平方米。影响企事业单位 68 家，需拆除房屋及厂房约 2.58 万平方米。影响专项设施 10 千伏线路 5 千米，通信线路 32 千米。六是建设必要的管理房屋，实施水土保持和环境保护工程等。

川东港兴化境内工程是投资额度较大的水利工程，根据初步设计批复，工程概算投资 39 588 万元，其中省级以上投资 31 670 万元，市县配套 7 918 万元。

江苏省工程勘测研究院有限责任公司为川东港工程勘测单位，江苏省水利勘测设计研究院有限公司为设计单位，南京江宏监理咨询有限责任公司为川东港工程监理单位，江苏省水利建设工程质量检测站为川东港工程质量检测单位，江苏省水利工程质量监督中心站为川东港工程质量监督单位。

根据招投标结果，江苏三水建设工程有限公司承担川东港兴化境内工程青龙桥施工；灌南县水利建筑工程有限公司承担川东港兴化境内工程南苑桥、端午桥施工；江苏省水利建设工程有限公司承担川东港兴化境内工程河道 1 标工程施工；连云港市水利建筑安装工程有限公司承担川东港兴化境内工程河道 2 标工程施工，河道采用抓斗式和绞吸式挖泥船疏浚。江苏祥通建设工程有限公司中标承建川东港兴化境内道路连接工程施工。

为了切实加强对川东港兴化境内工程实施的组织领导，兴化市委办公室、市政府办公室以兴委办发〔2013〕132 号文件下发关于成立兴化市川东港工程领导小组的通知，领导小组以市委副书记为组长，市政府副市长为副组长，相关单位主要负责人为成员。戴窑、陶庄两镇也相应成立了领导小组，按照属地管理的原则，建立健全矛盾协调网络和快速处置机制，抓好各项协调工作。市水务局组建了兴化市川东港工程建设管理处，作为项目法人，下设工程科、征地拆迁科、安全科、财务科、综合科、监察室等，具体负责工程施工的现场管理等工作。

根据上级主管部门批复，川东港兴化境内工程项目建设工期为三年（2014 年 5 月—2017 年 5 月）。截至 2015 年底，川东港兴化境内工程项目已完成青龙桥架设任务，南苑桥、端午桥完成工程总量 40%，河道工程已进场施工。川东港工程全面完成后，当兴化达到 2.5 米水位时，腹部地区可增加外排流量 200 米^3/秒。

卤汀河　里下河腹部地区河网规划六条纵向河道之一，历史上南起泰州船闸，北抵兴化城区。1960 年新通扬运河开挖后，又成为卤汀河南端起点，并与 1999 年投入运行的泰州引江河工程衔接，是兴化乃至整个里下河腹部地区通过高港水利枢纽抗旱引水和抽排涝水入江最便捷的通道。

根据 2010 年 9 月 28 日国务院南水北调办公室《关于南水北调东线一期长江—骆马湖段其他工程里下河水源调整初步设计报告的批复》（国调办投计〔2010〕209 号），卤汀河拓浚工程被列为国家南水北调东线里下河水源调整项目，南接泰州引江河，北通里下河腹部河网。它的主要作用是调节和抬高里下河河网水位，保证宝应翻水站北调水源。该项工程对保障兴化市城乡居民饮水安全、提高防洪排涝能力、改善通航条件和投资环境、促进经济发展等发挥着重要作用。

卤汀河拓浚工程在兴化境内南自周庄镇、北至城区鹅尚河，涉及周庄、陈堡、临城、垛田、开发区、昭阳 6 个乡镇，25 个行政村。兴化境内河长 30.46 千米都在拓浚范围内。工程设计标准为：车路河河口以南 25.86 千米，按河底高程-5.5 米、河底宽 40 米拓浚，车路河河口以北段 4.6 千米，按河底高程-4.0 米、河底宽 40 米拓浚。

工程建设分为五个方面：一是骨干工程。包括河道疏浚 30.46 千米，跨河大桥 3 座（周庄公路桥、老阁生产桥、红星生产桥）。直立式挡墙 4.75 千米，合同价 15 061.9 万元。二是影响工程。主要建设内容为圩口闸 3 座，排涝站 1 座，桥梁 10 座，新开联络河 2 940 米，泥结石路 1 530 米，疏浚河道 880 米，工程合同价为 899 万元。三是委托建设工程。建设内容为宁乡生产桥、五里大桥和唐庄三河桥，合同总价 12 530 万元，委托建设资金约为 4 900 万元。四是拆赔工程。主要建设内容为 2 座桥梁、1 处码头、1 处水文站，合同价 65 万元。五是移民安置配套工程。包括圩口闸 13 座，排涝站 2 座，桥涵 3 座，挡墙 970 米，河道疏浚 2 800 米，圩堤加固 500 米，道路 3 600 米，合同价为 820.36 万元。

征地拆迁和移民安置方面，完成投资 17 683.63 万元。

在移民征迁安置方面，完成 122 户征迁安置工作，涉及人口 467 人，150 户搬迁工作，拆迁居民房屋面积 24 124 平方米。全部完成 18 家企事业单位搬迁工作，拆迁面积 9 737.16 平方米，完成了供电、广电、自来水等 10 家有杆线和管道的迁移工作；完成老阁村集中安置区的建设。

全部完成征地任务，工程共征用土地 5 318.496 5 亩。永久征用 1 153.407 亩，其中农村集体土地 948.95 亩，国有土地 204.457 亩；临时用地 4 040.7 亩，其中排泥场 3 870.7 亩，施工临时用地 170.0 亩；只补不征用地 137.379 5 亩。沿线共设置 22 个排泥场，其中 5 个永久性排泥场，17 个临时排泥场。工程竣工后，临时用地和临时排泥场已全部移交所属乡镇进行复垦。

根据招投标中标情况，施工单位分别为：山东省水利工程局负责施工 5 标施工；中国葛洲坝集团股份有限公司负责施工 6 标施工；淮河水利水电开发总公司负责施工 7 标施工；兴化市水利建筑安装工程总公司负责施工 8 标施工；监理由具备甲级资质的上海宏波工程咨询管理有限公司承担。

2010 年 11 月 25 日，江苏省南水北调办公室在兴化市临城镇卤汀河东侧永久性征地处召开南水北调里下河水源调整动员大会。会议由省水利厅厅长吕振霖主持，省水源公司董事长、总经理邓东升，泰州市委书记张雷以及扬州、淮安、兴化市相关负责人出席。兴化市卤汀河沿线乡镇负责人、建设管理单位和部分施工单位负责人以及兴化水务系统职工参加。国家南水北调办公室主任、水利部副部长鄂竟平，江苏省委常委、副省长黄莉新先后讲话并共同启动工程建设按钮，标志着工程建设启动，整个工程于2014年12月18日完工。

兴化市委、市政府对卤汀河拓浚工程高度重视，成立了以市委副书记、市长李伟为组长，市委副书记金厚坤为常务副组长，副市长、市农委主任为副组长，相关部门主要负责人为成员的工程建设领导小组，领导小组下设办公室，并要求沿线各乡镇成立相应的领导小组，按照属地管理的原则，建立健全矛盾协调网络和快速处置机制，努力营造良好的施工环境。

渭水河　位于市境腹部，南起周庄东坂坨，北至大邹镇野邹村入兴盐界河，纵贯全境，全长52.5千米。该河从1958年3月至1987年1月先后经过5次整治，实现全线畅通，成为境内重要的引排河道之一。但是，经过多年淤积，河道现状发生了改变，为了恢复河道功能，沿线有关乡镇按照属地管理的原则，分别进行了清淤疏浚。

2003年10月至2004年2月，下圩乡对境内渭水河段实施了整治。工程南起刘文村，北至兴盐界河，工长6千米。设计标准：底宽15米，底高-3.0米，内坡1∶3。由兴化市水利疏浚工程处采用绞吸式挖泥船进行施工，完成土方18万立方米，投入资金99万元。

2007年5月，陈堡镇针对河道淤浅的状况，对卖水河至蚌蜒河段6.75千米进行干河施工，采用泥浆泵疏浚。设计标准：底宽20米，底高-2.0米，边坡1∶2，共完成土方20万立方米。

2007年12月6日至2008年4月28日，竹泓镇对南起临城镇西浒北村、北至北刘村与林湖乡交界处的渭水河竹泓段7.56千米采用挖掘机进行干河施工。在维持原口宽47米的前提下，按河底高程-2.0米、底宽20米的标准实施，共完成土方49.5万立方米，投入资金222.75万元。

2012年9月至2014年5月，根据2012年1月省水利厅《关于兴化市渭水河整治工程初步设计及概算的批复》（苏水建〔2012〕9号），渭水河被列为全国重点地区中小河流治理项目实施整治。施工方法：采用干河施工，组织水力挖塘机组进行水力冲挖和挖掘机开挖。施工范围南起卖水河，北至车路河，涉及陈堡、临城、竹泓、林湖4个乡镇，工长24.67千米。整治工程设计标准：排涝按10年一遇标准，防洪按20年一遇标准进行整治，近期10年一遇兴化水位2.47米，20年一遇兴化水位2.90米。桥梁设计荷载为公路Ⅱ级，桥梁总宽为4米、5.1米两个规格。

整治工程项目包括：河道疏浚24.67千米，圩堤退建1.80千米，兴建驳岸4.084千米，拆建桥梁16座，拆除桥梁1座。共完成土方104.64万立方米。2014年5月通过竣工验收。

渭水河整治工程勘察工作由江苏建科岩土工程勘察设计有限公司承担，工程设计由扬州市勘测设计研究院有限公司承担，工程建设监理由南京江宏监理咨询有限责任公司承担。

工程施工单位：根据招投标结果，张家港市水利建设工程有限公司承担河道疏浚一标工程施工；镇江市长江建设开发公司承担河道疏浚二标工程施工；江苏东大建设有限公司承担桥梁拆迁建三标工程施工；盐城市隆嘉水利建设有限公司承担桥梁拆建四标工程施工。

根据初步设计及概算批复，此次渭水河整治工程总概算投资2 975万元，其中省级以上投资按50%计补助经费1 488万元，本市配套资金1 487万元。

兴化市委办公室、市政府办公室以兴委办发〔2012〕74号文件下发《关于成立兴化市渭水河整治工程指挥部的通知》，加强对该项目的组织领导。市水务局组建兴化市渭水河整治工程建设管理处，具体负责工程实施过程中的建设管理工作。

2013年7月至2014年1月，海南镇对境内渭水河段实施了疏浚，工程南起兴盐公路渭水河大桥、北至海沟河，工长6.2千米。设计标准：底宽17米，底高-2.5米。工程由淮安市淮河水利建设工程有限公司采用绞吸式挖泥船进行施工，江苏华诚项目管理有限公司为监理单位。工程完成土方11.49万立方米，投入资金129.38万元。

2014年6月至2015年1月，城东镇对境内渭水河段实施整治，工程南起林湖水产，北至兴盐公路渭水河大桥，工长4.0千米。设计标准：底宽20米，底高-2.5米。工程由江苏永宁建设工程有限公司采用绞吸式挖泥船进行施工，盐城利通工程咨询有限公司为监理单位。工程完成土方10.3万立方米，投入资金90.85万元。

2015年4月至7月，大邹镇对南起钓鱼镇陈木大桥、北至兴盐界河段的渭水河实施了整治，工长5.35千米。设计标准：底宽20米，底高-2.5米，边坡1∶3。施工单位为江苏河海工程技术有限公司，采用绞吸式挖泥船进行施工，盐城利通建设管理咨询有限公司为监理单位。工程完成疏浚土方12万立方米，投入资金123.50万元。

2015年12月至2016年4月，钓鱼镇对境内渭水河段实施了整治，工程南起渭水河钓鱼大桥，北至陈木大桥，工长2.0千米。设计标准：底宽20米，底高-2.5米。工程由江苏河海工程技术有限公司施工，江苏省工程勘测研究院有限责任公司监理，完成土方3.5万立方米，投入资金36.21万元。

2015年12月至2016年4月，林湖乡对境内渭水河段实施了整治，工程南起车路河，北至白涂河，工长1.75千米。设计标准：底宽20米，底高-2.5米。工程由江苏河海工程技术有限公司施工，江苏省工程勘测研究院有限责任公司负责监理。工程完成土方3.5万立方米，投入资金36.21万元。

白涂河　白涂河为历史上形成的自然河道，是兴化腹部地区东西向主要干河之一。西起城区东北角水乡大桥南侧的上官河，向东横穿渭水河、西塘港、盐靖河、南塘港、雄港、横泾河至大丰草堰镇入串场河，全长46.4千米。

白涂河临城段被列为中小河流治理项目，于2011年开始进行整治。工程初步设计由扬州市勘测设计研究院有限公司承担，施工图设计由兴化市兴水勘测设计院承担。监理单位为江苏省苏水工程建设监理有限公司。施工1标施工单位为镇江市水利建筑工程有限公司。施工2标施工单位为淮安市淮河水利建设工程有限公司。第三方检测单位为江苏省水利建设工程质量检测站。整个工程分两个标段实施：一标段工程范围为轧花厂东闸至跃进河北岸4千米，工程项目为河道疏浚4千米，修复圩堤4千米；二标段工程范围为九顷白涂河大桥至轧花厂东闸1.2千米，工程项目为河道疏浚1.2千米，新建防洪堤1.1千米、闸站1座，复堤1.4千米，埋设污水管1.2千米。河道疏浚采用绞吸式挖泥船进行施工，圩堤加修和防洪堤新建采用挖掘机取土。

一标段于2011年4月开始施工，10月底河道疏浚结束，共疏浚工长4.0千米，完成疏浚土方23万立方米，圩堤加修于2011年11月底完工。实际复堤长度只有2.02千米，比初步设计批复减少1.98千米。二标段轧花厂闸站已于2011年底完工，2012年汛期发挥效益。河道疏浚1.2千米，完成土方9.5万立方米，白涂河北岸防洪堤完成0.62千米，已于2014年4月4日完工，工程总投资1 650万元。

2013年8月至2014年3月，城东镇对境内白涂河段实施疏浚，工程西起跃进河口，东至渭水河沈沟村，工长6.2千米。设计标准：底宽20米，底高-2.5米。由兴化市水利建筑安装工程总公司中标实施，江苏华诚项目管理有限公司负责监理。工程完成土方19.06万立方米，投入资金214.43万元。

李中河　位于市境西部湖荡地区，南起西郊镇（原荡朱乡）北沙村，北至沙沟镇，于1976年冬和1977年冬两次组织人力开挖而成，全长20.75千米。

为解决河道淤浅的状况，2006年沙沟镇采用绞吸式挖泥船疏浚沙沟镇至周奋子婴河段，工长6.65千米。整治标准：河底宽12米，河底高程-1.5米，边坡1∶2。完成土方15万立方米。

2007年，李中镇采用同样的方法疏浚穰草河至齐河段，工长7.5千米。整治标准：河底宽16米，河底高程-1.5米，边坡1∶2。完成土方20万立方米，补助经费72万元。

兴姜河　又称姜堰河，因系兴化城区与姜堰间客运轮船航道而得名。境内自城区经何家垛、孔戴、南腰、刘陆、沈坨、顾庄、戴南、东陈庄至姜堰，其中顾庄帅垛向东至戴南镇段又称茅山河。

2003年11月至2004年2月,茅山镇对境内卞家至塘港河的兴姜河段进行了疏浚,工长6.5千米。设计标准:河底宽30米,底高-2.0米,坡比1∶3。由兴化市水利工程处负责施工,完成土方14.1万立方米,投入资金77万元。

2006年,戴南镇组织绞吸式挖泥船对张家至戴南集镇段的兴姜河进行疏浚,完成土方23万立方米,砌筑以南岸为主的块石驳岸6千米,既保护了红双西圩的北堤,又提高了河道的通航能力。

2009年9月20日至2010年4月,茅山镇政府对沈坨蚌蜒河至戴南界的河段进行疏浚,采用绞吸式挖泥船进行施工,疏浚工长15.5千米。实施标准:河底高程-2.0米,底宽20米。完成土方35.5万立方米,投资213万元。

2010年,市水务局将兴姜河茅山临镇段列为中小河流治理项目,对河岸保护范围内进行绿化护坡,穿越集镇及村庄的河段采用块石驳岸进行护坡,完成了一期工程200米的防洪驳岸建设任务。

2011年3月至5月,垛田镇对境内兴姜河进行疏浚,工程从张皮到征北,工长4 500米。设计标准:底宽15米,底高-2.0米,坡度1∶2。由个体经营户刘进海中标施工,完成土方7 000立方米,投入资金372 400元。

2011年12月至2012年6月,戴南镇对境内兴姜河实施疏浚,工程西起塘港河,东至盐靖河,工长10.1千米。设计标准:底宽25米,底高-2.0米,坡比1∶1.5。由滨海县水利建筑工程总公司采用绞吸式挖泥船进行施工,完成土方35万立方米,投入资金329万元。

塘港河　位于市境中部,北起兴盐界河,南至姜堰宫家坨,全长59.9千米,流经安丰、下圩、海南、昌荣、林湖、大垛、沈坨、茅山、戴南、周庄等乡镇。经1970年10月至1980年2月先后5次整治而成。

2003年12月至2004年3月,市水务局组织兴化市水利疏浚工程处的绞吸式挖泥船,对塘港河实施了整治。工程北起大垛镇阮中村,南至边城,途经大垛、沈坨、戴南、茅山、周庄等乡镇,全长28.50千米。设计标准:河底宽15米,底高-2.0米,坡比1∶2。完成土方40万立方米,投入资金232万元。

2006年11月至2007年9月,大垛镇采用水陆两栖挖掘机对车路河至前进河之间河段进行清淤疏浚,工长9千米。整治标准:河底宽17米,河底高程-2.0米,边坡1∶3,完成土方35.4万立方米。

2009年2月至5月26日,安丰镇采用机械绞吸的方法对塘港河北段大扬河口至兴盐界河包家庄的3.0千米河道进行清淤疏浚。整治标准:口宽40米,底宽15米,河底高程由现状的0.8米浚深至-2.5米,坡比1∶2。施工过程中,利用河道疏浚弃土整平大扬圩内沟槽13处,土地复垦填塘4处,完成土方4.8万立方米。

2013年10月,戴南镇对境内塘港河分两段进行整治。第一段北至沈坨界,南至唐家村,工长3.9千米。设计标准:河底宽20米,河底高-2.5米。采取干河施工的方法,由戴南镇政府发包,完成土方7.8万立方米。第二段北至唐家村,南至孙堡村南,工长6.7千米。设计标准同第一段。由兴化市县乡河道疏浚建设工程处发包,兴化市堑通路桥建设工程有限公司施工。完成土方7.75万立方米,投入资金81.84万元。

2014年5月至8月,大垛镇对境内塘港河段进行疏浚,工程北起大陶桥,南至姜庄小许村,工长4.65千米。设计标准:河底宽20米,底高-2.5米。工程由南京雄基建设工程有限公司中标施工,盐城利通工程咨询有限公司负责监理。完成土方11.2万立方米,投入资金100.44万元。

同时,大垛镇对本镇范围内北起梓辛河、南至大陶桥的塘港河段也进行了疏浚。设计标准:河底宽20米,底高-2.5米,工长3.1千米。工程由江苏世纪鑫源建设工程有限公司承包施工,盐城利通工程咨询有限公司为监理单位。完成土方8.16万立方米,投入资金82.51万元。

2014年5月至8月,沈坨镇对境内塘港河段实施整治,整治范围为北起大垛界,南至戴南界,工长

3.75 千米。设计标准:河底宽 20 米,底高-2.5 米。完成土方 10.1 万立方米。由盐城市丰盈水利工程有限责任公司施工,盐城市利通工程咨询有限公司监理。

盐靖河　位于市境东部,南起戴南镇罗顾村兴泰界河,北至海沟河与安丰至大冈的东塘港相接,盐靖河安丰以南河段于 1994 年结合宁盐公路路基填土开挖。北段东塘港于 1997 年冬实施了干河整治。

2011 年 3 月至 5 月,安丰镇对境内盐靖河段实施了整治,工程南起万联村,北至九丰唐港大桥,工长 6.5 千米。设计标准:河底宽 20 米,底高-2.5 米,坡比 1∶2。完成土方 18.2 万立方米,投入资金 72.8 万元。工程由个体经营户赵月军中标施工。

雄港河　位于市境东部,南起车路河,北至海沟河,于 1969 年和 1977 年两次整治而成,全长 15.2 千米。

2011 年 1 月至 6 月,戴窑镇对境内雄港河段实施了整治,工程南起车路河,北至永林河,工长 10.3 千米。设计标准:河底宽 26 米,底高-2.5 米。工程由兴化市水利建筑安装工程总公司采用转盘式强抓挖掘机船进行施工,共完成土方 42.7 万立方米,投入资金 213.07 万元。

雌港河　位于新垛镇境内,南起海沟河葛垛营,北至兴盐界河张家尖,与盐城斗龙港相接。经过 1958 年、1962 年、1972 年三次整治,该河成为市境东部主要排水入海干河。

2014 年 5 月至 2015 年 1 月,新垛镇对全长 8.5 千米的雌港河进行全线疏浚。设计标准:河底宽 40 米,底高-2.5 米。工程由淮安市淮河水利建设工程有限公司中标,采用绞吸式挖泥船进行施工,盐城利通工程咨询有限公司负责监理。完成土方 14.6 万立方米,投入资金 129.94 万元。

梓辛河　为境内历史遗留下来的自然河道,西与车路河合二为一,从垛田镇芦洲村微向东南延伸,至博镇进入东台境,流经朱胖舍、吴岔河、大垛、征王、从柏林、潘洋汉等村庄。

2011 年 1 月至 6 月,林湖乡对境内梓辛河段进行了整治,工程西起与垛田镇交界,东至与竹泓镇交界,工长 4.64 千米。设计标准:底宽 30 米,底高-1.0 米。完成土方 5 万立方米,投入资金 21.5 万元。

2015 年 10 月至 2016 年 3 月,大垛镇对境内梓辛河段进行了部分整治,工程西起吴岔村,东至安民排涝站,工长 1.0 千米。设计标准:河底宽 35 米,底高-2.5 米。由江苏伟宸建设工程有限公司中标,采用绞吸式挖泥船进行施工,江苏省工程勘测研究院有限责任公司监理。完成土方 3.8 万立方米,投入资金 36.26 万元。

幸福河　位于市境东南部陶庄、张郭、戴南 3 乡镇境内,南起泰东河,北至车路河,于 1975 年 11 月和 1977 年 1 月分别由陶庄和张郭、戴南 3 公社对北段和南段进行开挖,中间仲家庄至欧家庄段因处于东台市范围而未能开通,南北两段总长 16.9 千米。

2002 年,江苏省水利厅将幸福河列为泰东河整治影响工程项目。当年 10 月,兴化市政府决定对南端与泰东河接口段 1.2 千米进行整治。设计标准:河底宽 25 米,底高-2.5 米,坡度 1∶3,高程 3.0 米处口宽 58 米,两岸青坎各 12 米。市委召开幸福河整治工程协调会,明确土方工程由戴南、张郭两镇通过以资代劳筹集资金,市水务部门招标落实施工单位,实行机械施工。2004 年 8 月,兴化市水利疏浚工程处进场施工,完成土方 15 万立方米。同时,兴化市水利工程处负责拆建跨河桥梁 1 座,新桥设计标准:汽-20,挂-100,桥长 3×20 米,桥宽 7+2×0.5 米,梁底高程 6.5 米。工程于 2005 年底通过省水利厅验收,被评为优良工程。

2004 年 10 月,市水务局决定采用市水利疏浚工程处绞吸式挖泥船对幸福河中段 8.1 千米进行疏浚。设计标准:底宽 12 米,河底高程-2.0 米,坡度 1∶2。工程于 2005 年 4 月 29 日竣工,共挖土方 68 万立方米。施工中利用出土对河道两侧的圩槽和沟塘进行回填复垦,新增土地面积 84 亩。

2005 年 10 月，市水务局决定招标对幸福河北段进行整治，施工范围为北起车路河，南至蚌蜒河，全长 12.5 千米。设计标准：底宽 12 米，底高-2.0 米，坡度 1∶2，总土方量 37 万立方米。兴化市水利建筑安装工程总公司中标，由兴化市水利疏浚工程处负责实施。2005 年 11 月，该处先后组织 6 条绞吸式挖泥船进场施工。由于当地未能按要求提供排泥场地，河道出土使沿线部分生产河出现淤积，有关村民进行阻挠，给施工造成了一定的影响。只有梓辛河西汊村至蚌蜒河仲家村 6.3 千米达到设计要求，其余河段淤浅情况均有不同程度的改善，工程于 2006 年 5 月告一段落。

2014 年 9 月 1 日，幸福河中段仲家庄至欧家村 7.2 千米的实心段打通工程被列为泰东河整治工程影响工程，由江苏祥通建设有限公司负责实施平地开河。设计标准：河底高程-2.5 米，底宽 25 米，河肩口线宽 58 米，边坡 1∶3，两岸青坎各 5 米。完成河道土方 140 万立方米，填筑圩堤 41.74 万立方米，2015 年底基本完工。

海沟河　境内历史上形成的自然河道，传说为兴化经浅海淤积成陆后向东排水入海的一条小沟而形成的河道。西起西鲍村与上官河交汇，向东横穿渭水河、塘港河、东塘港、雌港，至大丰白驹镇与串场河相交，流经腊树、灶陈、吉陈、棒徐、钓鱼、黄庄、安丰、大营等村镇。

2013 年 7 月 20 日至 12 月 16 日，钓鱼镇对西起上官河、东至上峰水泥厂东的海沟河段实施了清淤疏浚，工长 6.2 千米。设计标准：河底宽 20 米，河底高-2.5 米。工程由江苏永宁建设工程有限公司实施，采用绞吸式挖泥船和液压式挖泥船相结合的方式进行施工，江苏华诚项目管理有限公司负责监理。完成土方 11.49 万立方米，工程审计价 61.65 万元。

2014 年 4 月 25 日至 12 月 5 日，钓鱼镇对上峰水泥厂东至腊树村蒋沟河口的海沟河段实施疏浚，工长 2.5 千米。设计标准：河底宽 40 米，河底高程-2.5 米。工程由南京力驰工程建设有限公司中标实施，采用绞吸式挖泥船和液压式挖泥船相结合的方式进行施工，江苏利通建设管理咨询有限公司负责监理。完成土方 11.133 万立方米，工程审计价 104.03 万元。

2015 年 11 月 20 日起，钓鱼镇对北吉村东北至海南老舍桥的海沟河一标段 3.5 千米实施了疏浚。设计标准：河底宽 40 米，河底高程-2.5 米。工程由泰州隆昌建设工程有限公司中标，中标价 152.135 6 万元，采用绞吸式挖泥船和液压式挖泥船相结合的方式进行施工，江苏利通建设管理咨询有限公司负责监理。完成土方 14.114 万立方米。

河道疏浚

同时，对海南老舍大桥向北至钓鱼大桥、向东至砂石场的海沟河二标段 3.6 千米进行疏浚。设计标准：河底宽 40 米，河底高程-2.5 米。由江苏建筑工程技术有限公司中标，中标价 168.457 7 万元，采用绞吸式挖泥船和液压式挖泥船相结合的方式进行施工，江苏利通建设管理咨询有限公司负责监理。完成土方 16.29 万立方米。

二、其他市级河道治理

中堡大溪河　位于市境西北部，西起周奋乡崔垛，东至中堡集镇，为东西向自然河道，全长 7.5 千米，是沟通下官河、中引河、鲤鱼河的主要河道。2000 年经江苏省水利厅批复，大溪河整治工程被列为水利地方基建项目。设计标准：下官河至中引河，工长 5.5 千米，河底高程-1.5 米，底宽 40 米，河坡 1∶3，高程 2.0 米处口宽 61 米；中引河以东至鲤鱼河，改变原河道流向，按西段方向向东延伸新开，破中堡镇中北圩，工长2千米，河底宽30米，河口宽51米，其他标准不变。沿河两岸堤外留青坎5~10米，圩堤修筑成“五五”（堤顶高程5米，顶宽5米）式标准。施工方法：从中引河向东至鲤鱼河由中堡镇于2000年冬组织民工开挖，从中引河向西至下官河采用绞吸式挖泥船进行施工。共完成河道土方80万立方米，其中人工开挖24.5万立方米，机械疏浚55.5万立方米。

西郊大溪河　位于西郊镇境内，西起圩岸村，东至昭阳镇陈楼村过境公路大桥，全长13.7千米。现状口宽50~100米，河底宽30米左右，河底高程-1.2米左右。

为改善沿线居民生产、生活及通航条件，西郊镇于2007年1月至4月对大溪河西段5千米的河段（圩岸村至金舍村）进行清淤疏浚。设计标准：河底宽20米，底高-2.0米，坡比1∶1。采用兴化市西郊农机服务合作社的绞吸式挖泥船进行施工。完成土方10万立方米，投入资金46万元。2008年10月至2009年3月，采用绞吸式挖泥船对该河其余河段进行了疏浚。疏浚标准为底宽40米，河底高程-2.5米，完成土方76.5万立方米，工程投资535.5万元。

东部横泾河　位于市境东部，南起车路河戴窑镇，北至海沟河大营镇，流经戴窑、合陈、永丰3镇，全长14.4千米。由于长期淤积，阻水严重，不能满足当地工农业生产和群众生活对水源的需求，2005年12月，戴窑镇投入8台泥浆泵，对车路河至白涂河4.5千米河段进行整治。整治标准：河底宽15米，底高-2.0米，坡度1∶2。2006年4月通过验收，完成土方16.5万立方米。

2011年12月至2012年6月，合陈镇对白涂河以北至大营集镇的横泾河段实施了清淤疏浚，工长10千米。设计标准：河底宽10米，底高-2.0米，由兴化市溢陈清淤有限公司施工，完成土方53万立方米，投入资金280.9万元。

西部横泾河　位于兴化城区以西，东西走向，东起城区西荡河，西至高邮三阳河，流经王阳、冷家、东潭、西潭、西夏、高邮横泾等村镇，境内长度11.12千米，是兴化第二自来水厂取水水源河道。

为改善第二自来水厂取水水源的水质，2008年9月18日，市政府召开横泾河疏浚工程专题会办会，明确该项工程采用绞吸式挖泥船进行施工，由市水务局组织实施。通过政府采购中心面向全省公开招标，优选有资质的单位参加，昭阳、西郊等沿线乡镇负责提供相应的排泥场并协调解决有关矛盾。

横泾河疏浚工程设计标准分为两段：第一段从市第二自来水厂至昭阳镇双潭村约5.72千米，按照河底高程-2.5米，底宽25米，坡比1∶0标准施工；第二段从双潭村至兴化、高邮交界处约5.4千米，按照河底高程-2.0米，底宽20米，坡比1∶0标准施工。工程于2009年2月12日开工，11月22日结工，完成总土方41.28万立方米，合同价371.52万元。

东朝阳河　位于市境南部沈坨、茅山、周庄3镇境内，南起西边城，北至蚌蜓河，全长15.3千米，于1976年新开。2007年11月至2008年2月，茅山镇对境内6.4千米（南起边城水产，北至沈坨界）河道进行干河泥浆泵施工。设计标准：河底宽16米，河底高-2.0米，坡比1∶2。完成土方29万立方米。

2007年11月至2008年4月，周庄镇对南起西边城、北至北蒋村的朝阳河周庄段采用干河泥浆泵施工的方法实施疏浚，工长5.24千米。实施标准：河底宽12米，河底高-1.5米，坡比1∶1.5。完成土方45万立方米。

西朝阳河　位于周庄镇境内，南起周祁村与卖水河相接，北至颜吕村与陈堡境内的校阳河接通，总长11.7千米。2009年11月26日至2010年2月26日，周庄镇对该河采取干河泥浆泵施工的方法实施疏浚。设计标准：河口宽22米，底宽10米，河底高程-1.0米。完成土方42.2万立方米，工程投资202.56万元。

校阳河　位于市境南部，陈堡、周庄、茅山3镇境内，1975年新开，西起卤汀河，东至通界河，全长11千米，是南部地区引排河道之一。2000年11月，陈堡镇组织1万多劳力对西段3.4千米（西起卤汀河，东至陈堡镇政府所在地南北夹河）进行拓浚。拓浚标准：河底高-2.0米，高程2.5米处口宽34米，底宽20米，坡比1∶1.5。完成土方24万立方米。

2004年11月至2005年5月，陈堡镇政府又对陈堡镇南北夹河以东的校阳河实行了整治，直至边界，工长6.6千米。设计标准：河底宽10米，河底高-2.0米，坡比1∶2。由兴化市双联疏浚工程公司施工，完成土方25万立方米，投入资金80万元。

老圩河　原名反修河，位于市境东北部老圩、新垛两乡镇境内，东起雌港，西至东塘港，全长8.9千米。该河经1975年11月至1976年2月和1976年10月至1977年2月两期人工开挖而成。由于该地区为沙性壤土，河道淤浅比较严重，老圩乡于2002年11月采用兴化市水利疏浚工程处绞吸式挖泥船对东塘港至老圩中心河4.25千米的河段进行疏浚。疏浚标准：河底宽10米，底高-1.5米，坡比1∶2.5。完成土方8.5万立方米，2003年3月通过验收。

2006年11月至2007年1月，新垛镇对该河与老圩乡交界至雌港段2.96千米，采取干河施工泥浆泵冲吸的方法进行整治疏浚。整治标准：河口宽32米，河底宽8米，坡度1∶2.5。完成土方7万立方米。

老圩中心河　位于老圩乡境内，南起海沟河，北至兴盐界河，全长8.7千米，于1980年11月开挖而成。2006年10月，老圩乡对南段海沟河至老圩河之间4.9千米的河段进行了疏浚，采取干河施工，挖掘机和泥浆泵相结合的方式。疏浚标准：河底宽8米，底高-2.0米，坡度1∶2.5。完成土方11万立方米。2007年2月完工。

北港河　位于张郭镇境内，东与泰东河相通，西出幸福河，总长5.8千米。为改善河道沿线群众生产、生活条件，张郭镇于2003年11月至2004年1月采取人工与机械相结合的施工方法，对该河进行裁弯取直、疏浚整治。设计标准：河口宽45米，底宽20米，河底高-2.0米，坡比1∶3。完成土方22万立方米，投入资金154万元。同时，利用河道出土加宽了裕民路和张广路，方便了陆上交通。

合塔中心河　位于合陈镇东部，是1970年形成的人工河，北起海沟河、南至戴窑镇境内的白涂河，合陈镇境内长10.7千米。为改善河道淤浅的状况，合陈镇于2006年10月10日至2007年5月10日对该河北段（海沟河至朝阳河）7.89千米河道进行了疏浚。施工标准：河底宽10米，底高-2.0米，坡度1∶1.5。采用绞吸式挖泥船和泥浆泵进行施工，部分村庄段采用船运泵吸二次倒运的方式进行施工。完成土方13万立方米。

洋子港　位于市境东部大营、新垛两镇境内，西出雌港，东与串场河相通，全长9.3千米。1972年对西段雌港至阵营港段实施拓浚，阵营港以东至串场河段新开，形成全线贯通。2004年1月至3月，大营乡采取干河施工的方法对阵营港至屯沟河2 321米的河段进行了清淤疏浚。设计标准：口宽36米，底高-2.0米，坡度1∶2，完成土方64 988立方米。2005年2月至5月继续对屯沟河至串场河3 140米的河道进行清淤疏浚。完成土方6.15万立方米。

2005年11月至2006年2月，新垛镇采取干河施工，泥浆泵和挖掘机相结合的方法，对西段雌港至阵营港段3 600米实施了清淤疏浚。设计标准：河口宽31米，河底宽7米，底高-2.0米，坡度1∶2.5。完成土方7.59万立方米。

屯沟河　位于大营镇境内，南起海沟河，北至兴盐界河，全长8.1千米，与东西向的洋子港交叉将全镇划分成4个联圩。2007年11月28日，大营镇对屯沟河按照底宽15米、底高-2.0米、边坡1∶2.5的标准进行干河施工。采取挖掘机整边坡标准，泥浆泵冲吸河床淤土，至2008年2月1日结工放水，完成土方22.9万立方米，投入资金141.2万元。全线利用河床出土回填废沟塘6处，新增耕地38.6亩。

四五河　原为老圩乡境内的分圩河，1981年增设新垛乡时成为新垛乡与老圩乡的界河，全长8.4

千米。第四个五年计划期间由老圩公社组织开挖，南端在西韩村与官河相接出海沟河，北穿老圩河至兴盐界河。2007年11月20日，新垛镇对北段老圩河至兴盐界河的3.5千米河段实施整治。设计标准：口宽22米，底宽4米，底高-1.5米，坡度1：2。采用挖掘机开挖边坡，抓斗式挖泥机船清理河床。2008年2月20日结工，共完成土方8万立方米，投入资金56万元。

2008年12月30日至2009年2月底，老圩乡采取干河施工的方法，对海沟河至老圩河4.9千米的河段实施疏浚。疏浚标准：河底宽6米，河底高-2.5米，坡比1：2。共完成土方31.2万立方米，投入资金110万元。

安丰（原中圩）四五河　南起海沟河，北至兴盐界河，中间穿越前进河和大杨河，于1970年至1972年分三期开挖而成。2004年12月至2005年4月，安丰镇对四五河前进河以北至兴盐界河的河段实施了整治，工长6.5千米。整治标准：河底宽16米，底高-2.0米。工程采用兴化市水利疏浚工程处的绞吸式挖泥船进行施工。完成土方9.6万立方米，投入资金48万元。

2005年12月至2006年4月，安丰镇继续对四五河前进河以南至海沟河的河段进行整治，工长3.8千米。整治标准：河底宽16米，底高-2.0米。工程仍由兴化市水利疏浚工程处实施。完成土方15.5万立方米，投入资金54.25万元。

老圩前进河　位于老圩乡西北部，是王好圩、杨林圩的分圩河，西起东塘港，东至老圩中心河，全长5 480米。为发挥河道引排航效益，老圩乡于2007年11月1日起对河道按照口宽30米、河底高程-2.0米、坡度1：2.5的标准实施了机械疏浚。2008年1月底竣工，共完成土方21万立方米。

下圩前进河　位于下圩镇境内，南起海沟河四合村，北至兴盐界河杨仕村，全长7.73千米，于1972年人工开挖而成。2010年12月至2011年3月，下圩镇对南起海沟河、北至跃进河的前进河进行整治，工长5.6千米。设计标准：河底宽7米，底高-1.5米，坡比1：2。工程由个体经营户朱善俊负责实施。完成土方20.5万立方米，投入资金205万元。

大寨河　位于临城镇境内，1970年前后利用部分老河加人工开挖而成，东起刘陆村与姜堰河相通，西至瓦庄与卤汀河相连，全长12.1千米。人工开挖段口宽32米，利用自然河道段口宽50米左右。为改善引排水效益，临城镇于2008年12月20日对该河采取干河施工的方法进行整治。整治标准：保持原口宽，底宽15米，河底高程-2.0米，坡比1：2。2009年4月30日竣工，共完成土方34.6万立方米。投入资金124.56万元，其中镇财政配套资金55.57万元，上级补助68.99万元。

黄舍河　位于陈堡镇北部，西起唐庄村，东至武泽村，全长4千米，是连接卤汀河与蚌蜒河的一条河道。疏浚前河道底宽3~5米，河底高程-0.5米左右，且有多处坝埂浅滩阻水。为畅通该镇北部水系，陈堡镇于2009年11月1日至2010年4月20日采取干河取土、挖掘机施工的方法对河道进行整治。整治标准：河底宽10米，河底高程-1.5米，坡比1：3。完成土方8万立方米，投入资金近80万元。

唐戴河　南北走向，南起戴南镇接兴姜河，北至车路河，其中车路河至蚌蜒河段为荻垛、陶庄两乡镇的界河，称团结河。蚌蜒河至戴南镇段称唐戴河（原唐刘乡至戴南镇）。唐戴河于1988年12月由唐刘、戴南两公社按团结河的走向向南延伸开挖而成。由于多年淤积，河底高程一般在0.5米左右，已基本不能通航。2009年12月，张郭镇（区划调整时张郭、唐刘合并而成）决定对蚌蜒河曹兴村至华唐河杭堡村的河段实施疏浚，工长3.1千米。规划河底宽10米，河底高程-1.5米。采取泥浆泵干河取土加挖掘机整坡的方式进行施工，2010年3月竣工。完成土方5.34万立方米，投入资金43.65万元。

2012年3月至5月，张郭镇对南起戴南镇界以北的唐戴河又进行了疏浚，疏浚工长8.4千米。设计标准：河底宽8米，河底高程-2.0米，坡比1：2。由兴化市水利建筑安装工程总公司费宗珊承包机械疏浚。完成土方25万立方米,投入资金250万元。

洋汉河　2010年12月中旬至2011年4月中旬,钓鱼镇对洋汉村至北芙村东西向的洋汉河进行了疏浚,工长3.22千米。设计标准:河底宽12米,河底高程-1.5米。采用水陆两用挖掘机、液压式挖泥机船进行施工船运。完成土方50 093立方米,投入资金28.214万元。

卖水河　位于周庄镇与陈堡镇范围内,1986年11月至1987年3月由周庄镇和陈堡镇联合组织施工,并对部分河段采用农田水利工程队和航道部门的挖泥机船进行施工。主要是为发挥渭水河的引江效益,西南自周庄农兴一队与卤汀河接通,东北部在陈堡镇的裤裆滩与渭水河相接,全长5.93千米。2005年4月至7月,周庄镇对该河进行整治,工长5.76千米。设计标准:河底宽14米,底高-2.0米。由兴化市水利建筑安装工程总公司进行施工。完成土方19.97万立方米,投入资金115.82万元。

西郊镇白涂河　2009年12月至2010年4月,西郊镇对境内白涂河进行整治,工程西起金焦村,东至郑朱村,工长4.49千米。疏浚标准:河底宽20米,底高-2.0米,坡比1∶2。由西郊水务劳动服务中心负责施工。完成土方8万立方米,投入资金47.8万元。

塔子河　位于市境东部戴窑、合陈镇境内,南承车路河,北通海沟河。2010年12月至2011年5月,合陈镇对北段14.25千米的河段实施了整治。整治标准:河底宽10米,底高-2.0米。由个体经营户于继科负责施工,完成土方23.82万立方米,投入资金195.7万元。

2012年2月至6月,戴窑镇对境内河段6.4千米也实施了整治。整治标准:河底宽16米,底高-2.0米。由兴化市水利建筑安装工程总公司负责施工。完成土方23万立方米,投入资金167.58万元。

永林河　位于永丰镇境内。2005年11月至2006年3月,永丰镇对该河进行了整治,工长11.9千米。整治标准:河底宽13.2米,底高-1.5米。由老圩水务站中标,采用扒土机进行施工。完成土方60万立方米,投入资金105.66万元。

穰草河　位于李中、周奋、缸顾三乡镇境内,西起刘家沟,东至夏广沟。2012年1月至5月,李中镇对本镇范围内的河道进行了疏浚,西起刘沟、东至夏广,工长6.5千米。设计标准:河底宽18米,底高-2.0米。由个体经营户蒋仁全负责施工。完成土方13万立方米,投入资金77.4万元。

舜生河　位于李中镇境内,2012年1月至5月,舜生镇对西起高邮界、东至黄邳的舜生河分1段(4千米)、2段(3.2千米)实施整治。整治标准:河口宽36米,底宽18米,底高-2.0米,坡比1∶2。由个体经营户蒋仁全负责施工。完成土方29万立方米,投入资金214.625万元。

双营河　位于永丰镇境内,东西走向,因东起东小营、西至西营而得名。2011年3月至6月,永丰镇对河道东段(东起横泾河南倪村,西至雄港河三合村)进行疏浚,工长4.29千米。设计标准:河底宽11.2米,底高-1.5米,坡比1∶2。由个体经营户钱建宽承包施工。完成土方4万立方米,投入资金20万元。

沙沟宝应河　位于沙沟镇境内,东南—西北走向,东南起自沙沟镇,往西北穿越武装圩与宝应境内的宝应河相接。2014年,沙沟镇对境内河段进行了整治,工长3.8千米。设计标准:河底宽10米,底高-1.5米。由兴化市堑通路桥建设工程有限公司施工,盐城利通工程咨询有限公司监理。完成土方6.3万立方米。

第二节　乡级河道治理

根据河道划定标准，属乡镇管理，跨两个以上村，汇水面积达到4平方千米的引排河道为乡级河道。对于乡级河道整治，多年来相关部门未下达硬性指标，对整治的数量也未作统计。2003年以后，江苏省水利厅对乡级河道整治提出要求，并列入补助范围，各地对乡级河道整治的力度逐步加大。

2003—2015年兴化市乡级河道疏浚工程情况汇总见表3-1。

表3-1　2003—2015年兴化市乡级河道疏浚工程情况汇总表

年度	条数（条）	工程量		总投资（万元）
		年度疏浚长度（千米）	疏浚土方量（万立方米）	
2003	29	79.22	201.80	2 116.00
2004	46	107.85	200.00	1 839.00
2005	33	101.20	220.00	2 312.00
2006	58	179.69	359.00	2 203.00
2007	49	178.00	302.00	1 622.50
2008	55	182.61	324.50	1 858.00
2009	47	160.88	288.00	1 440.00
2010	47	178.10	307.00	1 535.00
2011	63	193.86	366.00	2 548.00
2012	64	208.00	398.00	2 786.00
2013	7	29.10	33.25	332.50
2014	8	17.65	22.80	228.00
2015	4	17.00	29.30	276.00
合计	510	1 633.16	3 051.65	21 096.00

第三节　圩内河道治理（中心河、生产河、村庄河道）

1990年以后，全市各地一般不再新开生产河，而是对原有生产河实施清淤疏浚，由有关村组根据引水灌溉和生产交通的要求，采用人工或机械对淤浅的生产河分期分批组织疏浚。由于生产方式发生了变化，农民积肥、运稻麦把已不再用农船，取而代之的是板车和配备拖斗的电动车，部分村组对淤积比较严重且失去效能的生产河段采取了回填复垦的措施。

2005 年底,江苏省委要求全省各地结合农村保持共产党员先进性教育活动,全面开展以村庄河塘清淤疏浚为主要内容的“三清”工程。2005 年 12 月 27 日,兴化市委、市政府颁发《关于在全市农村实施“清洁水源、清洁家园、清洁田园”工程的意见》,明确农村村庄河道综合整治必须达到“四无两有”的标准,即所有经过综合整治的村庄河道必须达到河道无淤泥,河中无水生杂草,河边无垃圾、无露天粪坑,圩堤有绿化,长效管理有措施的要求。要求至 2006 年 5 月每个行政村整治一条村庄河道,必须完成 6 000 立方米土方任务。计划用三年左右的时间全面完成村庄河道综合整治任务,使村级河道水质明显好转,农村水环境明显改善,河道引排能力明显提高,努力展现水清、河畅、岸绿的农村自然风貌。

市委、市政府专门成立以分管负责人为组长、相关职能部门负责人为成员的“三清”工程实施工作领导小组,并在市水务局下设专门工作办公室,切实加强对这项工作的领导。市委先进性教育办公室与市委农村工作办公室、水务局、财政局联合转发了省委先进性教育办公室《关于印发江苏省村庄河塘疏浚整治工程验收办法通知》,市政府办公室下发了《关于切实做好“三清”工程验收工作的通知》,在进一步明确工程标准和长效管理措施的同时,具体明确了村庄河道验收的程序和操作要求。市委先进性教育办公室抽调 35 名机关副局级领导干部和部分中层干部,深入全市 35 个乡镇开展督查验收工作。

各地通过现状查勘,在基本摸清村庄河道淤积现状的情况下,认真制定规划和分年实施计划,及时组织机械投入施工。

2006 年 4 月,市委、市政府组织市委组织部、市人大、市监察局、市农工办、市财政局、市水务局等相关部门负责人分 4 个片对各乡镇村庄河道整治情况逐条检查验收。全市有 516 个行政村通过验收,共整治庄前屋后沟河 810 条,工长 626 千米,完成土方 526 万立方米。4 月 27 日,省验收组在听取汇报并实地察看了临城、李中、西郊等乡镇村庄河道疏浚情况后,对兴化市前一阶段的实施情况给予了充分肯定。各乡镇村庄河道整治均顺利通过了省级验收。

2007 年度,有 189 个行政村投入村庄河道清淤疏浚工作,工长 640 千米,完成土方 585 万立方米。在市级自验的基础上,于 5 月 23 日经对戴窑、海南、中堡 3 个乡镇有关村的抽样检查,通过了江苏省、泰州市水利、财政等主管部门的检查验收。

2008 年度,按照整村推进的要求,完成 149 个行政村 1 008 条村庄河道的整治任务,工长 684.11 千米,完成土方 556 万立方米。

2009 年度,整村推进完成 137 个行政村村庄河道疏浚任务,工长 777.7 千米,完成土方 552 万立方米。

2010 年度,整村推进完成 118 个行政村村庄河道疏浚任务,工长 579.13 千米,完成土方 426 万立方米。

2011 年度,整村推进完成 269 个行政村村庄河道疏浚任务,工长 735 千米,完成土方 598 万立方米。

2012 年度,整村推进完成 264 个行政村村庄河道疏浚任务,工长 750 千米,完成土方 570 万立方米。

2013 年度,配合村庄环境整治,完成 301 个行政村村庄河道疏浚任务,后期又追加 77 个行政村,总投资 1 800.4 万元。

2014 年度,主要对亟需疏浚的生产河进行清淤,恢复其原有生产、交通功能,畅通圩内水系,全年完成生产河清淤疏浚土方 360 万立方米,复垦废沟废塘 1 200 亩,投入资金 3 000 万元。

2015 年度,完成全市 35 个乡镇的农村生产河疏浚计划,完成土方 300 万立方米。

第四章

农村水利

1991 年特大洪涝灾害以后，各地认真总结洪涝灾害的教训，动员和组织全市广大干部群众对圩堤进行全面加高培厚。1997 年各乡镇认真贯彻市委八届二次全体（扩大）会议作出的《关于加强水利工作，努力实现三年圩堤达标建成无坝市的决定》，认真开展了圩堤达标建设和无坝市建设，并将圩堤标准提高到“四点五·四”式（即圩堤高程 4.5 米，顶宽 4 米）。2000 年以后，根据国务院和水利部对水利工作提出的新要求和下达的工程项目，兴化市切实加快了农村水利的建设步伐。

1999—2015 年，全市累计加修圩堤 1 106.7 千米，其中结合中央下达的工程项目建成硬质化堤顶长度 44.78 千米，完成圩堤加修土方 801.488 万立方米；建成圩口闸 2 147 座，实现投资 16 654 万元；建成排涝站 590 座/772 台，新增排涝动力 53 496.5 千瓦，新增排涝流量 1 479.85 米^3/秒，市财政投入资金 7 712.984 万元；维修排涝站 869 座/884 台，市财政投入资金 647.682 万元；建成小型电灌站 1 724 座。

第一节　圩堤

兴化属水网圩区，圩堤既是抗洪的屏障，又是排涝的阵地，更是全市经济建设和社会发展重要的基础保障。兴化的圩堤建设可以上溯到清乾隆初年建立圩里地区的老大圩。中华人民共和国成立后，经过加修址圩、联圩并圩、开河分圩等一系列工程措施，联圩规模基本定型，圩堤标准逐步提高，以更好地适应周边县市工情的变化和防汛抗灾的需要。加修圩堤过程中，要求各地在不影响水系和让出行洪通道的基础上继续抓好联圩规模调整，从而使联圩总数从 393 个调整为 335 个，既减少圩堤加修的土方，缩短防涝战线，又大大减轻圩口闸配套的压力。在具体实施过程中，坚持一土多用，做到“四个结合”，即与道路（省、县、乡级公路）建设相结合，方便陆上交通。据不完全统计，截至 2015 年，全市圩堤结合公路长度达 875.94 千米，约占圩堤总长的 30%，省道、县道和乡道都占一定的比例，其中以乡道占的比例最大（见表 4-1）；与拓浚河道相结合，利用浚河取土加高培厚圩堤，既解决筑堤的土源，减少土地挖废，又畅通水系，方便交通航运；与开发性生产相结合，把取土区开挖成规格化鱼池，为发展水产养殖创造条件，做到挖而不废，效益不减；与植树绿化相结合，抓好圩堤植树，既涵养水源，又为发展圩林经济打下基础。1998 年 11 月 20 日，兴化市委、市政府在大邹镇召开圩堤达标建设工作会议，市四套班子分管农村工作负责人及各区乡镇党委书记、分管农业的负责人、样板村支部书记、市有关部门负责人出席。市委书记陈骏骠、市长周书国、市委副书记张凤岗先后讲话，动员部署在全

修筑圩堤

圩路结合

市开展水利建设突击旬活动。会后,各地迅速掀起圩堤加修热潮,做到乡乡有工程,村村有任务,户户有土方。据统计,最高日上工人数达到20万人,当年完成圩堤加修土方1 600万立方米。经检查验收,全市除顾庄、垛田、茅山3个乡镇29个联圩中的125千米外,其余3 131千米圩堤基本上达到"四点五·四"式以上标准。1999年2月8日,市委、市政府在钓鱼镇召开新闻发布会,宣布全市圩堤达标的目标基本实现。

表4-1　截至2015年兴化市圩堤结合公路情况统计表

单位:米

乡镇名称	圩堤总长	其中圩堤结合公路长度			
		总长	省道	县道	乡道
合计	3 027 779	875 940	96 513	118 511	660 916
戴窑	117 490	45 970		13 410	32 560
合陈	122 980	61 639		2 550	59 089
永丰	80 890	27 100		5 800	21 300
大营	57 374	40 399	7 900		32 499
新垛	62 827	38 732	6 950		31 782
安丰 老圩 下圩	252 706	111 452	23 076	8 150	80 226
钓鱼	118 390	48 281	7 333	6 270	34 678
大邹	347 870	20 191	5 880		14 311
海南	106 666	26 257	10 190		16 067
沙沟	123 443	40 458	1 000	6 830	32 628
中堡	68 548	13 480			13 480
周奋					
缸顾	9 420	3 610	3 150		460
李中					
西郊					
兴东 西鲍	131 755	11 520			11 520
林湖	73 110	11 990	420	2 040	9 530
垛田	113 166	41 887		14 030	27 857
竹泓	101 300	11 780		7 530	4 250
沈纶	115 049	20 309			20 309
大垛	89 120	44 545		7 115	37 430
荻垛	60 474	8 549	1 650		6 899

（续表）

乡镇名称	圩堤总长	其中圩堤结合公路长度			
		总长	省道	县道	乡道
陶庄	60 730	23 350			23 350
昌荣	61 360	18 000	8 000	1 730	8 270
陈堡	136 722	53 170		2 830	50 340
周庄	91 269	16 089	4 478	5 491	6 120
戴南	168 588	35 417	7 281	4 093	24 043
张郭	134 986	50 413	6 565	17 603	26 245
昭阳	12 420	3 300		1 880	1 420
茅山	63 428	12 290	2 640	5 990	3 660
开发区 临城	145 698	35 762		5 169	30 593

注：因李中、西郊、周奋 3 乡镇区划调整后人事变动，千垛镇未将上述乡镇列入统计。区划调整后，老圩乡、下圩乡并入安丰镇，西鲍乡并入兴东镇，临城镇并入开发区。

在圩堤基本达标后，市水务部门把圩堤加修的重点放在乡际接合部、庄圩、场圩等薄弱堤段方面，认真组织岁修。从 2009 年起，为加快农村防洪体系建设步伐，兴化市政府每年安排 240 万元资金，按每方土 2 元的标准，对圩堤岁修和除险加固实行以奖代补。从 2012 年起又将以奖代补资金增加到 300 万元，每方土的补助奖励标准提高到 3 元，在一定程度上调动了各地圩堤岁修的积极性。为充分发挥圩堤岁修以奖代补资金的作用，市水务部门进一步规范了圩堤岁修的建设程序，要求必须由乡镇政府向水务部门出具书面申请，明确圩堤岁修所在联圩、工段起止和长度、工程现状及需要完成的工程量，水务局工程管理科实地派员勘察确认后统一下达计划任务。工程完成后，仍由工程管理科实地测量验收，根据验收结果，下达以奖代补资金。从多年验收实际来看，各地都能完成或超额完成计划任务。

2009—2015 年圩堤加修情况见表 4-2。

表 4-2　2009—2015 年圩堤加修情况表

年度	加修工长（千米）	其中硬质化圩堤长度（千米）	完成土方（万立方米）	涉及乡镇及联圩
2009	179.0		120	35 个乡镇，145 个联圩
2010	209.0		120	35 个乡镇，155 个联圩
2011	140.0	19.80	120	35 个乡镇，228 个联圩
2012	149.7	12.00	100	35 个乡镇，198 个联圩
2013	160.0	6.80	100	35 个乡镇，170 个联圩
2014	147.8	1.69	100	35 个乡镇，164 个联圩
2015	121.2	4.49	100	35 个乡镇，129 个联圩
合计	1 106.7	44.78	760	

从2011年起，在小型农田水利重点县工程建设中，累计建成硬质化圩堤38.6千米（其中2011年19.80千米，2012年12.00千米，2013年6.80千米），新建混凝土圩堤堤顶防洪通道6.18千米（其中2014年1.69千米，2015年4.49千米）。

第二节　圩口闸

圩口闸是建在农村联圩通往外河口门上的配套建筑物，是农村防洪体系重要的基础设施，对于控制圩内水位、方便群众生产生活交通、减轻防汛压力、增强抗灾能力等都具有较为显著的作用。

兴化的圩口闸建设始于1959年。多年来，受经济条件制约，圩口闸配套的进展一直较为缓慢，至1996年的38年间，全市已建圩口闸的保有量只有1 745座。针对1991年大灾中暴露出来的问题，兴化市委、市政府向全市人民提出了建成无坝市的任务要求。通过对圩口闸的配套建设，做到在出现高水位的情况下，全市不再需要打坝堵口。无坝市建设成为当时农村工作中一个十分重要的任务。为了解决圩口闸建设资金不足的困难，市政府在每年筹集资金的同时，要求各乡镇都要筹集一定数额的资金，按劳动力人数落实以资代劳资金。

电动启闭圩口闸

通过切实加强领导，层层签订责任状，强化行政、法纪监督，确保以资代劳等各类圩口闸建设资金专款专用，三年时间内累计投入资金1.5亿元，建成圩口闸1 688座，其中1999年建成圩口闸571座。

由于悬搁门圩口闸的闸门放下和启吊都需要用葫芦牵引或用卷扬机启吊，劳动强度大，安放不及时还会影响排水，造成外水倒灌，市水利部门1999年在舜生镇蒋鹅村试建了一座电启闭的排涝站，地点选在兴沙公路顾赵至沙沟的公路拐弯处，既发挥了一定的宣传推介作用，也初步展示了今后的建设方向。

但是，东部地区地势较高的乡镇受经济条件的限制，尚未达到无坝乡镇的要求，一些在无坝市建设过程中被封闭的土口门又陆续开启，部分因运行多年而损毁的病险圩口闸也需实施维修和更新改造甚至拆除重建，以致每年仍需建设部分圩口闸。2000年以来，全市又陆续建设圩口闸660座。2005年，江苏省水利厅将圩口闸建设纳入里下河圩区治理规划，每座给予5万~7万元的经济补助。2007年，兴化市委、市政府认真总结2003年和2006年两次排涝抗灾的经验教训，决心在加快城市防洪工程建设的同时，加快农村防洪体系建设。对农村的圩口闸建设，决定除省级下达的建闸计划和补助资金外，市财政安排1 848万元专项资金，按上级补助同等标准给予补助，调动了各地完善圩口闸配套的积极性。当年建

圩口闸

成圩口闸154座。

在圩口闸建设过程中，市水务部门除每年根据各乡镇上报的计划落实当年建设任务外，还在中央下达的工程项目中安排了圩口闸建设指标。2009年，中央财政新增农资综合补贴资金项目，又在临城、陈堡、沈坨等乡镇新建圩口闸33座；2010年，在大营、新垛、老圩、安丰等4个乡镇实施小型农田水利专项工程建设中，新建拆建圩口闸43座；2011年，在小型农田水利重点县工程建设中，新建拆建圩口闸7座；2012年在临城、陈堡等2个乡镇新建拆建圩口闸43座；2013年在西郊、钓鱼、老圩、新垛、大营等乡镇新建拆建圩口闸45座；2014年，在合陈、沈坨、城东等乡镇新建拆建圩口闸61座；2015年，在周奋、大营、海南等乡镇新建拆建圩口闸26座。至2015年，全市圩口闸总数达4 042座。

1999—2015年兴化市圩口闸建设数量统计表见表4-3。兴化市各联圩基本情况和圩堤、圩口闸建设情况一览表见表4-4。兴化市农副业圩基本情况表见表4-5。

表4-3 1999—2015年兴化市圩口闸建设数量统计表

实施年份	座数（座）	投资小计（万元）	备注
1999	571		
2000	174		
2001	106		
2002	76		
2003	42	420	
2004	118	1 180	
2005	61	732	市财政
2006	83	996	市财政
2007	154	1 848	市财政
2008	141	1 551	市财政
2009	132	1 452	市财政
2010	55	657	市财政　沿运灌区
2011	43	645	市财政　专项工程
2012	92	1 444	市财政　重点县　农资项目
2013	143	2 300	市财政　重点县
2014	67	1 243	市财政　重点县
2015	89	2 186	市财政　重点县
合计	2 147	16 654	

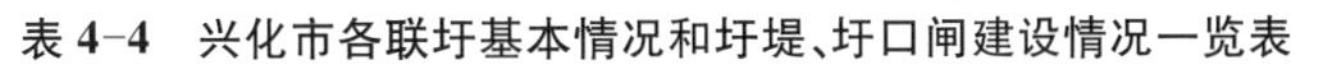

表 4-4　兴化市各联圩基本情况和圩堤、圩口闸建设情况一览表

联圩名称	主属乡镇	圩内总面积（平方千米）	耕地面积（亩）	圩内水面积（亩）	圩堤		已建圩口闸（座）
					总长（米）	已达“四点五・四”式（米）	
丰乐	戴窑	14.58	14 874	2 384	16 010	3 300	36
东古	戴窑	6.52	7 458	940	11 715	11 000	15
三元西	戴窑	5.33	5 009	755	9 318	3 900	12
三元东	戴窑	4.67	3 882	465	8 545	140	17
花元	戴窑	5.53	5 563	885	9 860	5 800	13
灯塔	戴窑	9.98	10 197	1 380	12 580	2 800	25
苏皮	戴窑	8.27	8 789	1 607	11 639	4 200	17
焦勇	戴窑	5.81	7 614	1 348	11 818	6 500	14
林潭	戴窑	0.89	1 013	234	2 558	2 100	15
林东	戴窑	8.89	9 756	1 548	12 885	2 000	18
向阳	戴窑	9.35	10 784	1 481	12 708	3 500	19
白港	戴窑	9.62	10 827	1 812	13 579	1 500	14
胜利	合陈	11.21	10 878	2 600	12 810	8 967	13
机关	合陈	12.44	12 097	2 800	15 318	11 489	17
锦贤	合陈	3.82	3 499	900	7 880	4 728	9
红卫	合陈	11.22	10 690	2 553	12 821	9 616	17
红旗	合陈	9.14	8 729	2 145	12 194	9 755	25
高桂	合陈	6.53	6 334	1 150	11 720	9 962	16
津河	合陈	7.68	7 634	1 251	11 680	10 512	13
桂山	合陈	11.39	11 206	2 027	13 270	10 616	24
西南	合陈	12.25	12 153	2 080	13 850	11 080	25
舍陈	合陈	6.26	6 083	1 062	10 220	8 176	18
幸福	合陈	4.71	4 901	733	9 880	8 892	17
徐扬	永丰	15.60	15 900	1 263	20 182	12 840	42
三联	永丰	14.12	14 615	1 286	18 435	18 200	36
捷行	永丰	9.16	8 085	780	14 302	1 238	18
双港北	永丰	5.81	5 480	578	11 047	9 869	16
双港南	永丰	15.78	16 605	1 652	12 572	9 000	21
双营北	永丰	18.60	13 759	2 540	18 176	15 320	17

（续表）

联圩名称	主属乡镇	圩内总面积（平方千米）	耕地面积（亩）	圩内水面积（亩）	圩堤		已建圩口闸（座）
					总长（米）	已达“四点五·四”式（米）	
营东	大营	12.39	12 359	728	15 076	15 076	20
屯军	大营	14.53	15 400	500	16 188	11 000	32
联镇	大营	10.53	10 000	500	12 530	7 518	17
中心	大营	10.35	10 700	480	13 580	11 250	26
营西	新垛	15.17	15 696	3 556	15 885	11 081	31
钱韩	新垛	7.18	7 767	1 455	10 954	6 246	18
南徐	新垛	6.02	6 203	1 484	9 048	6 173	15
曹家	新垛	6.69	7 425	1 647	10 880	5 821	17
幸福	新垛	13.16	13 601	3 507	15 160	14 800	20
王好	老圩	10.76	10 104	1 885	12 492	11 842	23
杨林	老圩	9.74	9 751	1 634	12 091	10 591	24
万胜	老圩	18.69	18 038	3 535	12 240	10 140	25
肖家	老圩	6.67	6 552	1 388	9 844	8 344	17
西韩	老圩	7.98	8 576	1 331	11 535	11 000	23
九丰	安丰	11.15	10 448	1 920	13 607	12 550	24
塘港	安丰	4.74	4 887	769	8 868	6 525	6
港西	安丰	3.53	3 639	580	5 272	4 650	4
港东	安丰	9.69	9 460	1 800	12 825	11 780	19
万明	安丰	5.26	5 153	993	8 890	7 640	9
西南	安丰	3.40	3 011	600	8 628	8 230	8
刘耿	安丰	2.31	2 610	520	6 552	6 490	8
新万	安丰	3.17	3 858	698	8 621	7 780	9
中南	安丰	7.01	7 457	1 060	10 272	7 850	14
中心	安丰	5.27	5 873	789	9 967	7 800	10
中北	安丰	8.33	10 100	952	11 587	11 450	17
中西	安丰	6.09	6 652	1 207	10 162	8 010	13
烈士	安丰	5.21	6 000	1 021	8 930	6 780	12
大杨	安丰	7.92	9 400	1 274	11 178	11 110	14
东南	下圩	14.61	15 482	2 967	13 400	12 680	21

（续表）

联圩名称	主属乡镇	圩内总面积（平方千米）	耕地面积（亩）	圩内水面积（亩）	圩堤		已建圩口闸（座）
					总长（米）	已达“四点五·四”式（米）	
东北	下圩	13.49	14 700	2 942	14 029	13 064	20
西南	下圩	12.87	13 642	2 775	14 482	13 520	19
西北	下圩	12.55	13 616	2 835	13 342	11 700	19
新苏	海南	3.93	4 251	297	9 257	1 300	6
中西	海南	6.20	6 400	819	9 455	5 721	10
团结	海南	1.23	1 300	20	4 501	2 229	6
娄子	海南	4.21	4 426	1 581	8 532	2 155	8
苏海	海南	3.74	3 900	324	7 507	1 100	8
东南	海南	2.05	2 000	1 140	6 897	3 877	7
韩蒋	海南	4.46	4 800	696	6 070	5 950	6
新五	海南	4.72	4 975	2 239	9 829	9 000	15
中东	海南	6.45	7 100	1 675	12 094	3 200	16
三角	海南	5.68	6 098	707	9 658	3 077	9
明理	海南	9.65	10 674	4 059	12 311	2 229	17
胡家	海南	0.83	1 000	18	3 508	2 200	2
钱家	海南	2.67	2 900	153	7 311	600	6
友谊	海南	1.00	1 200	70	4 113	1 800	2
圣传	钓鱼	11.10	12 006	2 428	15 260	10 000	16
红旗西	钓鱼	7.51	8 191	1 516	12 550	11 830	16
红旗东	钓鱼	1.32	1 532	154	6 380	6 200	6
洋汊西	钓鱼	6.54	7 331	1 063	10 968	10 500	11
洋汊东	钓鱼	2.34	2 582	365	6 305	6 100	6
钓鱼	钓鱼	11.76	12 637	2 211	19 942	17 200	22
红旗	钓鱼	4.06	4 529	791	8 200	7 600	8
春景	钓鱼	6.79	7 350	1 215	10 133	8 600	15
永红	钓鱼	5.75	6 416	1 135	10 780	9 100	12
前进	钓鱼	12.26	13 961	2 262	15 000	11 000	20
大邹	大邹	7.73	7 703	1 413	11 397	6 397	16
长银	大邹	19.67	18 644	3 959	18 349	16 530	21

（续表）

联圩名称	主属乡镇	圩内总面积（平方千米）	耕地面积（亩）	圩内水面积（亩）	圩堤		已建圩口闸（座）
					总长（米）	已达“四点五·四”式（米）	
荻垛	大邹	13.43	12 664	2 727	16 074	15 860	19
武装	沙沟	21.70	10 730	6 388	20 466	18 500	8
高桂	沙沟	5.75	4 066	1 671	6 778	3 521	5
合兴	沙沟	4.27	2 644	1 334	6 560	5 600	4
子南东	周奋	10.09	7 025	5 810	13 900	880	9
子南西	周奋	5.34	5 715	605	12 400	1 380	6
子北	周奋	11.93	11 738	2 749	20 580	1 200	15
崔一	周奋	3.63	2 631	1 961	9 510	1 500	8
崔二	周奋	5.25	3 545	2 244	9 532	410	9
九庄北	缸顾	14.14	11 340	4 571	14 562	6 430	17
九庄南	缸顾	13.24	11 330	3 985	17 045	10 030	15
新建	缸顾	4.17	3 125	1 634	4 766	2 200	10
东旺	缸顾	9.19	6 791	4 745	15 007	7 540	10
东南	中堡	15.54	14 845	3 122	21 311	2 600	15
东南北	中堡	0.75	727	56	3 533	3 300	2
东北	中堡	7.45	8 180	1 305	11 290	11 000	9
夏洪	中堡	1.62	1 462	326	5 540	5 100	3
团结	中堡	5.74	3 454	1 690	10 810	9 800	7
中潭	中堡	1.91	1 830	354	4 940	4 300	4
四长	中堡	4.15	4 542	735	11 316	10 800	7
中秦	中堡	5.54	5 050	1 110	10 200	2 600	7
中北	中堡	3.61	2 528	792	10 600	3 200	11
李南	李中	6.20	6 285	1 020	12 110	6 000	9
李中	李中	9.80	9 887	1 800	13 964	8 000	11
李北	李中	7.77	7 564	2 310	12 590	7 000	15
曹丰	李中	3.19	2 727	300	7 460	4 000	7
李西	李中	4.10	3 300	700	8 110	5 310	5
蒋鹅	李中	3.53	2 600	800	8 010	6 000	3
舜生	李中	9.56	8 100	2 500	12 100	8 210	15

（续表）

联圩名称	主属乡镇	圩内总面积（平方千米）	耕地面积（亩）	圩内水面积（亩）	圩堤		已建圩口闸（座）
					总长（米）	已达“四点五・四”式（米）	
烧饼	西郊	12.54	12 664	361	20 150	19 538	9
牌坊	西郊	14.68	15 978	123	24 094	23 363	16
荡西	西郊	2.69	2 575	428	6 609	5 809	6
郭兴	西郊	7.28	6 069	1 864	11 495	10 205	9
姜戴	西郊	12.29	8 020	2 564	10 913	10 393	13
许戴	西郊	2.14	2 249	415	2 828	2 428	2
跃进	西郊	7.66	5 644	1 235	11 146	10 796	5
中丁	西郊	7.63	6 023	1 764	8 344	7 494	9
袁家	昭阳	12.69	10 801	1 657	18 234	15 780	12
下沙	昭阳	1.83	1 225	230	6 878	6 878	3
赵何	开发区	7.57	5 680	1 020	9 300	9 300	15
城南	开发区	32.16	21 881	6 825	25 582	25 582	51
新东	城东	9.38	9 421	1 997	10 559	2 810	8
新北	城东	13.41	13 119	3 026	15 869	7 785	11
新南	城东	4.35	4 031	991	7 676	5 516	8
灶陈	城东	2.31	2 227	423	5 621	4 326	3
湖北	城东	9.89	7 845	3 629	12 746	2 600	13
克勤	城东	2.55	2 159	743	6 099	1 010	3
沈沟	城东	2.75	2 519	912	6 420	2 684	4
塔西	城东	5.11	3 693	1 782	6 769	3 550	10
三角	西鲍	17.72	14 883	5 210	19 059	17 738	13
新中	西鲍	15.68	12 783	3 262	16 833	15 833	20
八里	临城	3.32	3 278	606	9 508	9 100	8
新舍	临城	5.03	5 084	1 277	9 700	8 780	11
团结	临城	8.50	8 800	1 581	16 470	15 030	16
东陈	临城	2.19	2 360	334	5 090	4 250	4
陆横	临城	4.77	4 589	761	9 650	8 450	9
宣扬	临城	6.46	6 538	1 584	10 620	9 220	15
东南东	临城	5.27	5 177	1 474	10 172	9 500	13

（续表）

联圩名称	主属乡镇	圩内总面积（平方千米）	耕地面积（亩）	圩内水面积（亩）	圩堤		已建圩口闸（座）
					总长（米）	已达“四点五·四”式（米）	
东南西	临城	1.62	1 446	407	7 214	7 100	5
西白高	临城	1.46	1 475	507	6 474	5 800	7
友谊东	临城	2.32	2 423	595	4 958	4 600	5
友谊西	临城	2.73	2 491	425	7 400	6 800	6
前进	临城	2.71	2 704	550	6 055	4 873	10
胜利	临城	1.59	1 717	237	4 310	4 310	3
建设东	临城	1.15	1 076	434	3 820	3 820	2
建设西	临城	4.34	4 365	1 306	8 282	7 600	9
花沈	临城	3.26	3 558	635	7 700	7 300	7
中心	临城	5.15	5 280	1 205	7 909	7 500	10
三二	临城	4.40	3 504	846	6 712	4 511	10
古南	临城	0.84	917	144	3 788	3 021	3
五三	临城	4.67	5 416	473	8 034	5 496	11
联合	临城	5.12	5 582	789	8 475	6 200	11
老阁	临城	0.67	730	59	3 372	2 292	2
魏东	林湖	4.16	4 005	965	9 590	9 150	10
魏西	林湖	2.65	2 529	623	8 350	1 900	10
魏南	林湖	2.68	2 526	516	6 090	1 200	5
魏北	林湖	3.57	3 380	891	7 850	6 900	8
西马	林湖	6.42	6 232	1 288	10 710	8 437	12
兴苗	林湖	5.71	5 805	1 168	9 650	9 210	11
姚朱	林湖	9.50	9 321	1 972	14 040	6 750	15
万胜	林湖	7.43	7 281	1 717	12 020	3 100	14
戴家	林湖	4.30	2 822	988	10 060	3 950	8
王横	垛田	4.56	3 779	1 763	8 185	699	14
湖西	垛田	1.10	785	469	1 822		5
新徐	垛田	1.38	847	562	3 859	3 822	5
得胜	垛田	5.80	4 048	2 714	10 083	8 530	14
五庄	垛田	1.93	1 414	676	6 913	6 090	14

（续表）

联圩名称	主属乡镇	圩内总面积（平方千米）	耕地面积（亩）	圩内水面积（亩）	圩堤		已建圩口闸（座）
					总长（米）	已达“四点五・四”式（米）	
前进	垛田	9.74	6 416	3 686	13 502	3 376	18
张王	垛田	2.48	1 419	1 335	3 999	1 500	9
杨西	垛田	3.52	1 751	2 005	7 905	2 710	10
高家	垛田	3.74	1 818	2 412	9 344	247	13
孔长	垛田	1.40	798	705	5 326	526	6
征南	垛田	3.73	2 713	1 448	4 016	484	8
腰西	垛田	0.57	479	189	2 687	1 200	2
朱元	垛田	0.73	595	246	4 114	1 750	1
芦南	垛田	2.04	509	1 679	3 252	580	3
东南	垛田	2.81	1 099	2 077	6 726	2 650	4
志芳	竹泓	18.03	17 680	6 472	30 559	13 070	14
振南	竹泓	12.08	13 550	3 973	18 378	11 980	20
东南	竹泓	4.50	5 164	1 459	8 778	4 430	14
东白高	竹泓	8.23	9 176	2 543	13 013	6 600	14
白沙	竹泓	0.92	1 206	164	3 244	1 400	4
尖北	竹泓	1.88	2 018	596	4 835	2 640	8
青龙	竹泓	4.94	5 369	1 309	10 718	2 060	13
三角	竹泓	1.89	2 307	465	5 456	3 600	8
解家	竹泓	1.34	1 444	293	5 313	1 600	6
四新东	沈坨	4.63	4 691	850	9 030	8 800	15
四新西	沈坨	4.94	5 103	751	10 584	8 500	16
李沐	沈坨	5.74	5 899	1 036	8 234	7 300	15
薛唐	沈坨	13.11	12 874	1 657	12 131	10 850	19
薛冒	沈坨	3.46	3 716	344	7 119	5 860	17
从六	沈坨	7.90	7 099	1 820	11 754	10 800	18
六五	沈坨	1.83	1 657	340	4 104	3 865	9
沈顾	沈坨	1.63	2 195	267	7 600	7 200	4
沈赵	沈坨	2.34	1 910	280	5 676	5 120	4
金唐	沈坨	3.14	3 257	681	6 174	5 898	5

（续表）

联圩名称	主属乡镇	圩内总面积（平方千米）	耕地面积（亩）	圩内水面积（亩）	圩堤		已建圩口闸（座）
					总长（米）	已达“四点五·四”式（米）	
翟圩	沈纶	0.42	480	150	2 620	1 820	2
安南	沈纶	0.70	878	172	4 700	3 865	3
西南	大垛	2.66	2 681	465	4 062	3 850	9
大东	大垛	0.48	559	46	2 527	1 380	1
红旗	大垛	5.03	500	1 072	10 253	8 270	10
前南	大垛	0.71	800	75	3 657	2 860	1
前北	大垛	4.93	4 689	1 011	8 546	6 329	8
团结	大垛	4.02	3 848	955	11 627	9 367	9
双东	大垛	4.25	4 843	1 099	9 037	7 269	11
双西	大垛	4.73	4 910	1573	8 820	6 591	8
三和	大垛	4.88	5 014	920	10 746	8 267	10
三七	大垛	9.55	9 212	2 229	11 405	10 631	13
东风	大垛	13.50	13 226	2 922	14 870	13 580	18
先锋	大垛	9.34	9 220	2 067	11 024	9 138	17
西北	获垛	8.31	6 850	1 300	15 725	1 258	14
西毛	获垛	7.42	5 794	1 803	11 655	9 324	11
前进	获垛	8.27	5 996	1 935	12 235	9 788	9
双兴	获垛	9.33	8 036	2 051	13 627	10 920	19
丰收	获垛	8.94	6 887	2 225	13 710	10 968	18
联合	获垛	10.29	8 282	2 148	13 867	11 090	22
团结	获垛	3.30	2 563	679	7 590	6 070	8
红旗	获垛	6.28	4 564	1 577	9 460	7 570	12
郜陈	获垛	1.24	1 179	138	4 620	3 700	5
大顾	陶庄	6.41	4 575	1 395	9 360	8 850	10
东汉	陶庄	4.81	4 310	1 260	9 072	8 500	7
北戈北	陶庄	4.23	3 538	854	7 960	1 300	11
北戈南	陶庄	4.63	4 648	775	10 105	9 730	11
焦庄	陶庄	7.87	6 657	1 638	11 433	10 300	16
陶庄南	陶庄	13.18	10 659	2 677	15 400	14 800	17

（续表）

联圩名称	主属乡镇	圩内总面积（平方千米）	耕地面积（亩）	圩内水面积（亩）	圩堤		已建圩口闸（座）
					总长（米）	已达“四点五·四”式（米）	
陶庄北	陶庄	5.19	3 903	930	10 342	9 800	10
豆子	陶庄	11.02	9 182	2 235	14 536	13 500	15
新洋	陶庄	5.63	4 651	1 263	10 184	8 900	9
南柯	陶庄	1.52	1 713	200	2 934	2 500	5
卞堡	陶庄	1.76	1 730	400	3 340	2 950	4
姚庄	昌荣	1.03	1 110	238	5 710	5 300	6
安西	昌荣	2.50	1 900	518	7 320	6 900	9
安东	昌荣	6.77	5 500	1 292	10 300	9 750	13
宝宏	昌荣	4.34	3 975	744	7 169	6 850	11
昌荣	昌荣	12.28	10 339	2 121	15 107	13 684	15
盐南	昌荣	4.90	4 313	900	8 710	8 530	16
盐北	昌荣	2.82	2 100	567	6 600	6 200	8
盐西	昌荣	9.09	7 030	2 004	13 010	12 000	20
存德	昌荣	10.54	8 180	2357	12 550	12 100	14
姜太	茅山	5.17	5 653	866	9 498	2 936	10
北海北	茅山	2.08	2 326	407	5 990	2 140	7
立新	茅山	4.11	4 300	676	8 746	3 441	9
朱阳	茅山	2.37	2 681	231	7 719	700	5
纪荀东	茅山	3.50	3 556	763	5 562	3 130	6
建设	茅山	7.54	7 991	1 396	8 257	5 614	10
朱薛	茅山	5.44	5 533	905	9 630	6 415	10
卞北	茅山	2.75	2 888	490	6 760	1 190	6
坂东	周庄	3.15	2 431	500	6 080	2 809	9
东浒	周庄	3.14	2 475	420	6 384	3 682	8
前进	周庄	6.19	6 150	750	10 240	700	18
友谊	周庄	6.14	6 088	830	15 340	11 994	17
大西	周庄	2.89	2 977	600	7 100	6 860	16
边周	周庄	2.33	2 382	230	7 250	992	9
东北	周庄	5.84	6 285	1 100	14 840	13 000	18

（续表）

联圩名称	主属乡镇	圩内总面积（平方千米）	耕地面积（亩）	圩内水面积（亩）	圩堤		已建圩口闸（座）
					总长（米）	已达“四点五·四”式（米）	
夏东	周庄	1.74	1 936	240	5 020	900	6
联合	周庄	1.11	1 261	70	4 340	1 900	5
中心东	周庄	5.63	3 854	855	9 750	8 350	13
中心西	周庄	2.21	699	300	8 040	3 466	8
友谊	周庄	1.88	829	180	5 440	5 000	17
团结	周庄	2.11	993	340	6 770	3 975	5
孙建	周庄	4.02	3 042	390	8 080	7 020	8
西浒	周庄	3.12	2 118	480	7 510	1 820	7
同心	周庄	4.53	3 397	606	9 570	4 575	10
周泽	周庄	2.78	2 174	400	10 410	1 135	2
周陈	周庄	3.83	2 960	554	9 650	4 900	7
孙祁	周庄	5.07	3 933	730	9 750	3 492	12
中一	周庄	0.76	681	80	3 630	200	3
河西	周庄	1.10	906	90	2 694	508	3
光明	周庄	0.99	808	250	4 100	4 042	2
祁西	周庄	2.24	1 783	900	7 350	3 620	7
东方	周庄	2.22	1 663	333	5 648	2 011	5
三河	陈堡	2.00	1 967	169	5 050	4 600	6
唐蒋	陈堡	5.76	5 252	820	12 080	11 630	9
三一	陈堡	3.10	3 348	349	5 300		10
武二	陈堡	3.40	3 639	376	6 440		10
四林	陈堡	6.08	6 128	1 067	10 070	9 510	10
曹黄	陈堡	6.66	5 560	1 513	10 870	8 369	13
向沟	陈堡	4.95	2 119	648	7 340	6 900	6
校庄	陈堡	4.04	3 645	1 120	8 310	3 000	7
河西	陈堡	1.86	1 202	382	7 210	7 080	7
陈东	陈堡	2.60	2 432	341	6 670	5 209	7
陈北	陈堡	3.69	3 937	429	9 460	7 235	11
高里	陈堡	2.34	2 315	434	6 920	6 100	10

（续表）

联圩名称	主属乡镇	圩内总面积（平方千米）	耕地面积（亩）	圩内水面积（亩）	圩堤		已建圩口闸（座）
					总长（米）	已达“四点五·四”式（米）	
双桥	陈堡	4.28	4 168	543	8 570	600	11
建西	陈堡	1.96	1 777	260	6 680	6 300	8
东彭	陈堡	9.46	10 560	1 371	13 519	5 400	11
沈蔡	陈堡	8.36	8 345	1 778	12 233	2 140	14
中迎	戴南	2.15	1 532	139	7 762	3 521	9
双前	戴南	2.18	1 480	167	6 342	5 562	10
开草	戴南	0.38	400	32	1 448	963	1
汤田	戴南	0.69	900	117	2 102	1 530	3
联合	戴南	0.60	732	65	2 338	1 846	2
红双东	戴南	7.74	4 898	526	12 468	10 050	15
红双西	戴南	3.00	1 678	214	8 508	6 700	12
兴太	戴南	0.60	600	43	3 448	3 100	2
马西	戴南	1.06	1 080	135	4 602	3 320	7
张马	戴南	0.60	732	62	3 744	2 987	4
堡西	戴南	0.38	400	27	1 744	650	1
唐戴东	戴南	12.25	8 043	736	15 752	13 802	16
唐戴西	戴南	8.97	5 378	462	11 760	10 650	17
胜利	戴南	2.33	2 600	620	6 170	5 524	5
万介	戴南	0.67	840	43	3 312	2 691	3
孙西	戴南	0.80	900	58	4 004	3 111	3
朝阳	戴南	1.80	1 750	188	3 983	3 321	9
姜河	戴南	5.56	4 870	1 135	7 693	5 124	10
顾南	戴南	9.48	9 230	1 832	12 137	11 005	20
顾北	戴南	11.05	10 631	2 180	21 379	19 851	20
联合	戴南	16.34	14 187	2 358	21 545	19 462	25
丰纪	戴南	7.00	6 180	1 343	8 856	1 966	11
张万	戴南	2.10	890	68	6 044	2 000	6
中心	张郭	16.90	12 284	4 458	20 947	20 947	29
葛黄	张郭	4.99	4 835	1 347	7 554	7 554	13

（续表）

联圩名称	主属乡镇	圩内总面积（平方千米）	耕地面积（亩）	圩内水面积（亩）	圩堤		已建圩口闸（座）
					总长（米）	已达“四点五·四”式（米）	
三角	张郭	2.32	1 930	625	6 897	6 797	6
张曹	张郭	3.95	3 383	957	7 735	7 235	6
范徐	张郭	2.01	1 996	542	5 154	4 554	6
欧徐	张郭	0.94	1 050	230	2 591	2 100	5
徐秤	张郭	1.44	1 216	370	3 566	3 566	5
张南	张郭	0.65	708	176	2 074	2 074	1
蒲唐	张郭	6.51	6 230	1 081	11 990	10 777	6
中南	张郭	12.67	13 528	2 618	16 230	15 383	14
西周	张郭	2.82	3 100	432	7 252	6 597	8
东四	张郭	2.60	2 688	349	6 470	5 583	3
东唐	张郭	1.20	1 290	231	5 070	4 673	4
十里	张郭	3.08	3 499	601	9 050	9 050	18
港冯	张郭	4.33	4 629	748	9 090	8 310	7
朱七	张郭	7.04	7 419	1 146	10 800	10 563	12
华西	张郭	1.24	1 406	183	3 630	2 650	3
华东	张郭	1.01	1 075	138	3 240	2 728	3
周黄	张郭	1.54	1 681	309	4 880	4 880	4
张舍	张郭	0.44	408	119	2 604	2 604	1

注：本表为2013年度验收资料，数据来源于《兴化市防汛防旱手册》。

表4-5　兴化市农副业圩基本情况表

联圩名称	主属乡镇	圩内总面积（平方千米）	耕地面积（亩）	圩内水面积（亩）	圩堤		已建圩口闸（座）
					总长（米）	已达“四点五·四”式（米）	
严舍	沙沟	2.05	688	566	6 726	3 672	3
龙西	沙沟	0.48		265	1 464	1 464	1
朱夏	沙沟	0.33	105	160	2 420		1
陈大	沙沟	0.26	139	65	1 438	1 438	1
斜沟	周奋	7.56	4 809	5 120	11 669	10 239	8
友谊	中堡	3.60	2 916	911	10 316	10 316	4
三角	中堡	1.19	1 018	296	4 916		1

（续表）

联圩名称	主属乡镇	圩内总面积（平方千米）	耕地面积（亩）	圩内水面积（亩）	圩堤		已建圩口闸（座）
					总长（米）	已达“四点五·四”式（米）	
杨道人	中堡	3.63	1 567	961	5 299	5 299	3
中养	中堡	0.93	93	1 500	3 080	3 080	3
苏宋	李中	6.97	2 600	1 000	9 676	9 676	6
苏刘	李中	5.67	1 600	1 000	7 830	7 830	5
东风	李中	4.66	2 800	2 000	7 092	7 092	2
王家	昭阳	4.12	3 328	723	12 096	11 419	9
袁南	昭阳	0.95	880	100	5 496	5 496	4
泗洲	昭阳	1.66	1 425	153	3 073	3 073	2
刘南	城东	1.44	1 328	350	4 970	4 970	2
沈幸	城东	0.88	754	230	3 920	3 920	2
跃进	城东	2.02	1 121	1 049	6 063	5 100	4
塔东	城东	0.42	252	182	3 400	3 400	1
西鲍	西鲍	2.24	1 980	514	6 349		2
西西	西鲍	0.36	351	81	2 646		1
新建	临城	1.79	1 782	945	6 302	5 902	8
渭西	竹泓	2.81	2 802	1 138	11 452	2 546	5
毕榔	竹泓	0.75	923	194	4 517		1
合计		56.77	35 261	19 503	142 210	105 932	79

第三节 排涝站

1991年抗洪救灾后，市水利、农机部门认真总结教训，认识到过去在排涝站建设方面存在的单机单泵、分散布置、多点设站的情况导致了输电线路长、工程造价高、管理难到位等问题，决定采用群泵组合、闸站结合、闸站桥一体化的布置方式，并且随着农电线路的配套完善，基本淘汰了以柴油机为动力的排涝站。排涝站在新建和改造时，按联圩平均地面高程制定三种不同的配套标准，达不到标准的必须完善到位。具体是：平均地面高程2.5米以上的联圩，排涝模数为0.8米^3/(秒·千米^2)；平均地面高程2.0~2.5米的联圩，排涝模数为0.9米^3/(秒·千米^2)；平均地面高程2.0米以下的联圩，排涝模数为1.0米^3/(秒·千米^2)。针对不同情况，在排涝能力较强且地势较低的地区兴建扬程较高的轴流泵泵站，以解决流量不足和排大涝时污工泵扬程低的问题。在流量缺口大、地势较高的地区，以兴建低扬程大流量的苏排Ⅱ型圩工泵站为主。2005年前后，要求建排涝站必须安装轴流泵，并根据经济条件，积极推广多机组泵站建设，以形成骨干排涝能力，同时降低工程造价，便于统一管理。此间建设的组合泵站排涝能力基本上都达到4~6个流量的要求。1999年至2006年，全市共新建排涝站229座/266台，新增排涝动力15 671.5千瓦，新增流量472.85米^3/秒，受益联圩227个，市财政补助资金974.2万元。

排涝站（闸站结合）

2007年，兴化市委、市政府为加快农村排涝设施建设，决定加大市财政投入力度，提高泵站建设的补助标准，每新建1个流量的排涝站补助标准由原来的2万元增加到6万元，极大地调动了各地建设排涝站的积极性。当年全市共建成排涝站99座，新增排涝能力229米^3/秒。2008年新建排涝站124座，新增排涝流量380米^3/秒，形成较好的局面。

2009年以后，兴化市抓住中央财政加大对水利投入的契机，在上级下达的中央财政新增农资项目、小型农田水利专项工程、中央财政小型农田水利高标准农田示范重点县工程等项目中，把新建排涝站、提高农村抗御洪涝灾害能力作为一项重要内容规划建设。2009年至2015年先后在陈堡镇、临城镇、沈坨镇、大营镇、新垛镇、老圩乡、安丰镇、戴南镇、张郭镇、戴窑镇、西郊镇、钓鱼镇、合陈镇、城东镇、周奋乡、海南镇等16个乡镇新（拆）建排涝站136座，新增排涝能力448米^3/秒。

据2015年末统计，全市共有各类排涝站1 020座/1 409台泵，装机容量86 765.5千瓦，排涝能力达2 392.35米^3/秒，其中农业联圩921座，81 063千瓦，2 236.85米^3/秒；农副业圩49座，2 785千瓦，70.05米^3/秒；外址圩50座，2 917.5千瓦，74.55米^3/秒。

同时，针对过去多年来在机电泵站建设方面存在的泵型设置不合理、设备陈旧老化、零部件难以配套、机组安全运行效率低等问题，对部分排涝站实施大修改造甚至拆除重建。泵站改造主要以水泵换型为主，着重提高泵站的装置效率。1999年至2015年，全市累计维修排涝站869座/884台，市财政投入补助资金647.682万元。

1999—2015年市级补助新建排涝站统计见表4-6。

1999—2015年维修排涝站统计见表4-7。

2015年末兴化市农业圩排涝站保有量统计见表4-8。

2015年末兴化市农副业圩排涝站保有量统计见表4-9。

2015年末兴化市外址圩排涝站保有量统计见表4-10。

表4-6　1999—2015年市级补助新建排涝站统计表

年度	新建站（座/台）	新增动力（千瓦）	新增流量（米^3/秒）	涉及乡镇（个）	涉及联圩（个）	市财政补助资金（万元）
合计	590/772	53 491.5	1 479.85			7 712.984
1999	60/64	3 520.0	128.00	26	56	126
2000	36/36	1 894.0	74.00	20	32	127.5

（续表）

年度	新建站（座/台）	新增动力（千瓦）	新增流量（米^3/秒）	涉及乡镇（个）	涉及联圩（个）	市财政补助资金（万元）
2001	20/20	1 091.0	29.70	16	20	141.2
2002	13/19	1 135.0	28.60	8	12	159.5
2003	11/16	1 100.0	29.20	7	11	110
2004	36/49	3 197.5	85.35	19	36	110
2005	18/22	1 650.0	44.00	12	16	90
2006	35/40	2 084.0	54.00	17	34	110
2007	99/116	8 610.0	229.00	32	95	1 483.309
2008	124/190	14 250.0	380.00	33	112	2 356.545
2009	67/98	7 310.0	194.00	30	62	1 226.605
2010	25/36	2 700.0	72.00	19	24	518.28
2011	0					
2012	11/17	1 275.0	34.00	11	11	295.335
2013	21/31	2 325.0	62.00	19	21	545.31
2014	14/18	1 350.0	36.00	10	13	313.4
2015	0					

表 4-7　1999—2015 年维修排涝站统计表

年度	维修站（座/台）	市财政补助资金（万元）
合计	869/884	647.682
1999	143	
2000	179	
2001	136	
2002	12/13	
2003	44/49	
2004	46/52	
2005	22/25	
2006	20	
2007	0	
2008	30	
2009	35	
2010	30	

（续表）

年度	维修站（座/台）	市财政补助资金（万元）
2011	0	
2012	30	
2013	42	161.692
2014	50	260.512
2015	50	225.478

表 4-8　2015 年末兴化市农业圩排涝站保有量统计表

序号	联圩名称	主属乡镇	排涝站				
			座数（座）	动力（千瓦）	流量（$米^3$/秒）	排涝模数[$米^3$/(秒·$千米^2$)]	万亩耕地排涝流量（$米^3$/秒）
	合计		921	81 063	2 236.85		
1	丰乐	戴窑	3	450	12.00	0.82	8.07
2	东古	戴窑	2	225	6.00	0.92	8.05
3	三元西	戴窑	1	150	4.00	0.75	7.99
4	三元东	戴窑	1	150	4.00	0.86	10.30
5	花元	戴窑	3	300	8.00	1.45	14.38
6	灯塔	戴窑	3	235	6.50	0.65	6.37
7	苏皮	戴窑	2	300	8.00	0.97	9.09
8	焦勇	戴窑	2	300	8.00	1.38	10.53
9	林潭	戴窑	1	150	4.00	4.49	39.49
10	林东	戴窑	1	150	4.00	0.45	4.10
11	向阳	戴窑	2	300	8.00	0.86	7.42
12	白港	戴窑	2	225	6.00	0.62	5.54
13	锦贤	合陈	2	150	4.00	1.05	11.43
14	红旗	合陈	2	225	6.00	0.66	6.87
15	高桂	合陈	2	300	8.00	1.23	12.64
16	桂山	合陈	4	280	8.00	0.70	7.14
17	西南	合陈	1	55	2.00	0.16	1.65
18	舍陈	合陈	4	225	10.00	1.59	16.45
19	幸福	合陈	3	205	6.00	1.27	12.24
20	徐扬	永丰	5	600	16.00	1.03	10.06
21	三联	永丰	3	525	14.00	0.99	9.59

（续表）

序号	联圩名称	主属乡镇	排涝站				
			座数（座）	动力（千瓦）	流量（米³/秒）	排涝模数［米³/（秒·千米²）］	万亩耕地排涝流量（米³/秒）
22	捷行	永丰	3	375	10.00	1.09	12.37
23	双港北	永丰	2	300	8.00	1.38	14.60
24	双港南	永丰	4	525	14.00	0.89	8.43
25	双营北	永丰	2	300	8.00	0.43	5.81
26	营东	大营	4	600	16.00	1.29	12.90
27	屯军	大营	4	600	16.00	1.10	10.39
28	联镇	大营	4	525	14.00	1.33	14.00
29	中心	大营	4	505	14.00	1.35	13.08
30	营西	新垛	4	675	18.00	1.19	11.47
31	钱韩	新垛	3	375	10.00	1.39	12.81
32	南徐	新垛	2	300	8.00	1.33	12.90
33	曹家	新垛	3	375	10.00	1.44	13.47
34	幸福	新垛	4	600	16.00	1.21	11.76
35	王好	老圩	4	675	18.00	1.67	17.82
36	杨林	老圩	3	525	14.00	1.44	14.36
37	万胜	老圩	6	1 125	30.00	1.61	16.67
38	肖家	老圩	2	450	12.00	1.80	18.32
39	西韩	老圩	3	525	14.00	1.75	16.28
40	九丰	安丰	3	430	12.00	1.08	11.49
41	塘港	安丰	2	130	4.00	0.84	8.18
42	港西	安丰	2	150	4.00	1.13	10.99
43	港东	安丰	3	225	6.00	0.62	6.34
44	万明	安丰	3	205	6.00	1.14	11.64
45	西南	安丰	2	92	3.00	0.88	9.96
46	刘耿	安丰	2	67	1.50	0.65	5.75
47	新万	安丰	1	75	2.00	0.63	5.18
48	中南	安丰	1	150	4.00	0.57	5.36
49	中心	安丰	2	225	6.00	1.14	10.22
50	中北	安丰	3	280	8.00	0.96	7.92

（续表）

序号	联圩名称	主属乡镇	排涝站				
			座数（座）	动力（千瓦）	流量（米^3/秒）	排涝模数［米^3/（秒·千米^2）］	万亩耕地排涝流量（米^3/秒）
51	中西	安丰	3	225	6.00	0.99	9.02
52	烈士	安丰	3	195	5.00	0.96	8.33
53	大杨	安丰	3	280	8.00	1.01	8.51
54	东南	下圩	4	260	8.00	0.55	5.17
55	东北	下圩	4	260	8.00	0.59	5.44
56	西南	下圩	4	260	8.00	0.62	5.86
57	西北	下圩	4	260	8.00	0.64	5.88
58	新苏	海南	2	150	4.00	1.02	9.41
59	中西	海南	3	225	6.00	0.98	9.38
60	团结	海南	1	75	2.00	1.63	15.38
61	娄子	海南	2	130	4.00	0.95	9.04
62	苏海	海南	2	150	4.00	1.07	10.26
63	东南	海南	2	130	4.00	1.95	20.00
64	韩蒋	海南	2	130	4.00	0.90	8.33
65	新五	海南	2	130	4.00	0.85	8.04
66	中东	海南	3	185	5.00	0.78	7.04
67	三角	海南	2	150	4.00	0.20	6.56
68	明理	海南	3	205	6.00	0.62	5.62
69	胡家	海南	1	30	1.00	1.20	10.00
70	钱家	海南	2	130	4.00	1.50	13.80
71	友谊	海南	1	30	1.00	1.00	8.33
72	圣传	钓鱼	3	355	10.00	0.90	8.33
73	红旗西	钓鱼	5	410	12.00	1.59	14.63
74	红旗东	钓鱼	1	75	2.00	1.52	13.05
75	洋汊西	钓鱼	3	225	6.00	0.92	8.18
76	洋汊东	钓鱼	1	75	2.00	0.85	7.69
77	钓鱼	钓鱼	6	635	17.50	1.49	13.85
78	红旗	钓鱼	1	150	4.00	0.99	8.83
79	春景	钓鱼	3	250	7.00	1.03	9.52

（续表）

序号	联圩名称	主属乡镇	排涝站				
			座数（座）	动力（千瓦）	流量（米³/秒）	排涝模数［米³/（秒·千米²）］	万亩耕地排涝流量（米³/秒）
80	永红	钓鱼	3	260	8.00	1.39	12.47
81	前进	钓鱼	4	410	12.00	0.98	8.60
82	大邹	大邹	3	300	8.00	1.03	10.39
83	长银	大邹	9	805	22.00	1.12	11.82
84	荻垛	大邹	4	450	12.00	0.89	0.95
85	武装	沙沟	15	1 020	28.50	1.31	26.63
86	高桂	沙沟	6	460	11.50	2.00	28.05
87	合兴	沙沟	4	245	7.00	1.64	26.48
88	子南东	周奋	5	295	7.50	0.74	10.71
89	子南西	周奋	3	205	4.60	0.86	8.05
90	子北	周奋	5	375	10.00	0.84	8.52
91	崔一	周奋	2	115	3.00	0.83	11.53
92	崔二	周奋	2	130	4.00	1.10	15.20
93	九庄北	周奋	2	130	4.00		
94	合兴	周奋	1	30	0.50		
95	团结	周奋	1	30	0.50		
96	九庄北	缸顾	4	430	12.00	0.85	10.62
97	九庄南	缸顾	8	580	15.00	1.13	13.24
98	新建	缸顾	3	205	5.00	1.20	16.00
99	东旺	缸顾	5	345	8.50	0.92	12.50
100	东南	中堡	3	430	12.00	0.77	8.11
101	九庄北	中堡	1	75	2.00		
102	东北	中堡	2	225	6.00	0.81	7.33
103	夏洪	中堡	1	75	2.00	1.23	13.68
104	团结	中堡	1	150	4.00	0.69	11.43
105	中潭	中堡	1	75	2.00	1.05	10.93
106	四长	中堡	1	150	4.00	0.96	8.81
107	中秦	中堡	2	205	6.00	1.08	11.88
108	中北	中堡	4	310	8.50	2.35	33.62

（续表）

序号	联圩名称	主属乡镇	排涝站				
			座数（座）	动力（千瓦）	流量（米³/秒）	排涝模数［米³/（秒·千米²）］	万亩耕地排涝流量（米³/秒）
109	李南	李中	4	285	8.00	1.29	12.71
110	李中	李中	5	375	10.00	1.02	10.11
111	李北	李中	4	300	8.00	1.03	10.58
112	曹丰	李中	3	180	4.60	1.44	16.87
113	李西	李中	5	300	7.50	1.82	22.72
114	蒋鹅	李中	3	205	4.50	1.27	17.31
115	舜生	李中	6	455	11.50	1.20	14.20
116	烧饼	西郊	6	610	17.00	1.36	13.38
117	牌坊	西郊	7	481	15.00	1.02	9.39
118	荡西	西郊	5	368	9.50	3.53	36.54
119	郭兴	西郊	5	655	18.00	2.47	29.51
120	姜戴	西郊	5	580	16.00	1.30	20.00
121	许戴	西郊	2	205	6.00	2.80	24.00
122	跃进	西郊	5	505	14.00	1.83	25.00
123	中丁	西郊	5	520	14.00	1.83	23.33
124	袁家	西郊	1	150	4.00		
125	王家	西郊	1	75	2.00		
126	袁家	昭阳	7	452	14.00	1.10	12.96
127	城南	昭阳	2	115	3.00		
128	烧饼	昭阳	1	20	0.50		
129	新中	昭阳	1	55	2.00		
130	跃进	昭阳	2	70	1.50		
131	赵何	开发区	5	365	11.00	1.45	19.29
132	城南	开发区	10	1 175	35.00	1.09	15.98
133	团结	开发区	2	150	4.00		
134	新东	城东	7	625	17.00	1.81	18.08
135	新北	城东	3	355	10.00	0.75	7.63
136	新南	城东	4	285	8.00	1.84	19.84
137	灶陈	城东	1	55	2.00	0.87	8.98

（续表）

序号	联圩名称	主属乡镇	排涝站				
			座数（座）	动力（千瓦）	流量（米^3/秒）	排涝模数［米^3/（秒·千米^2）］	万亩耕地排涝流量（米^3/秒）
138	湖北	城东	10	995	28.00	2.83	35.69
139	克勤	城东	4	225	6.50	2.55	29.54
140	沈沟	城东	3	225	6.00	2.18	27.27
141	塔西	城东	5	330	8.50	1.66	22.97
142	灶陈	城东	1	75	2.00		
143	三角	西鲍	7	635	18.00	1.02	12.08
144	新中	西鲍	5	445	14.00	0.89	10.93
145	新北	西鲍	3	260	8.00		
146	八里	临城	1	55	2.00	0.60	6.06
147	新舍	临城	5	355	10.00	1.98	19.60
148	团结	临城	8	465	14.00	1.65	15.91
149	东陈	临城	4	195	4.50	2.05	19.07
150	陆横	临城	5	410	11.00	2.31	23.91
151	宣扬	临城	5	330	10.00	1.55	15.38
152	东南东	临城	3	205	6.00	1.14	11.53
153	东南西	临城	1	30	1.00	0.62	6.92
154	西白高	临城	2	120	3.00	2.05	20.00
155	友谊东	临城	1	55	2.00	0.86	8.25
156	友谊西	临城	2	120	3.00	1.09	12.00
157	前进	临城	2	150	4.00	1.47	14.81
158	胜利	临城	2	130	4.00	2.52	23.53
159	建设东	临城	2	120	3.00	2.61	27.27
160	建设西	临城	3	225	6.00	1.38	13.63
161	花沈	临城	3	187	4.50	1.38	12.50
162	中心	临城	4	265	7.00	1.36	13.21
163	三二	临城	5	345	9.00	2.04	25.71
164	古南	临城	1	45	1.00	1.19	11.11
165	五三	临城	4	285	6.00	1.28	11.11
166	联合	临城	2	225	6.00	1.17	10.71

（续表）

序号	联圩名称	主属乡镇	排涝站				
			座数（座）	动力（千瓦）	流量（米³/秒）	排涝模数［米³/（秒·千米²）］	万亩耕地排涝流量（米³/秒）
167	老阁	临城	1	75	2.00	2.98	27.39
168	魏东	林湖	2	150	4.00	0.96	9.99
169	魏西	林湖	1	75	2.00	0.75	7.91
170	魏南	林湖	1	75	2.00	0.75	7.92
171	魏北	林湖	2	225	6.00	1.68	17.75
172	西马	林湖	4	308	8.50	1.32	13.64
173	兴苗	林湖	3	280	8.00	1.40	13.79
174	姚朱	林湖	3	280	8.00	0.84	8.58
175	万胜	林湖	3	300	8.00	1.08	10.99
176	戴家	林湖	2	150	4.00	0.93	14.17
177	志芳	林湖	1	30	1.00		
178	跃进	林湖	1	37	1.00		
179	王横	垛田	4	295	8.00	1.75	22.85
180	湖西	垛田	1	55	2.00	1.82	25.48
181	新徐	垛田	1	150	4.00	2.90	47.23
182	得胜	垛田	4	325	9.00	1.55	22.23
183	五庄	垛田	2	85	1.50	0.78	10.61
184	前进	垛田	7	610	17.50	1.80	27.28
185	张王	垛田	3	165	4.00	1.61	28.16
186	杨西	垛田	3	280	8.00	2.27	45.71
187	高家	垛田	3	185	6.00	1.60	33.00
188	孔长	垛田	2	60	1.00	0.71	12.53
189	征南	垛田	6	300	7.50	2.01	27.77
190	腰西	垛田	1	40	1.00	1.75	20.88
191	朱元	垛田	1	45	1.00	1.37	16.81
192	芦南	垛田	1	55	2.00	0.98	39.29
193	东南	垛田	1	150	4.00	1.42	36.40
194	志芳	竹泓	3	410	12.00	0.67	6.78
195	振南	竹泓	6	705	19.00	1.57	14.02

（续表）

序号	联圩名称	主属乡镇	排涝站				
			座数（座）	动力（千瓦）	流量（米³/秒）	排涝模数［米³/(秒·千米²)］	万亩耕地排涝流量(米³/秒)
196	东南	竹泓	3	160	5.00	1.11	9.68
197	东白高	竹泓	3	375	10.00	1.22	10.87
198	白沙	竹泓	1	75	2.00	2.17	16.58
199	尖北	竹泓	1	55	2.00	1.06	9.91
200	青龙	竹泓	1	75	2.00	0.40	3.70
201	三角	竹泓	1	75	2.00	1.06	8.67
202	解家	竹泓	1	75	2.00	1.49	13.85
203	四新东	沈坨	2	205	6.00	1.30	12.79
204	四新西	沈坨	3	255	6.60	1.34	12.94
205	李沐	沈坨	3	260	8.00	1.39	13.56
206	薛唐	沈坨	3	260	8.00	0.61	6.21
207	薛冒	沈坨	1	150	4.00	1.16	10.76
208	从六	沈坨	4	410	12.00	1.52	16.90
209	六五	沈坨	3	180	5.00	2.78	30.12
210	沈顾	沈坨	2	172	4.50	2.76	20.45
211	沈赵	沈坨	2	180	4.50	1.92	23.68
212	金唐	沈坨	1	55	2.00	0.64	6.14
213	翟圩	沈坨	1	75	2.00	4.76	41.67
214	安南	沈坨	1	45	0.90	1.29	10.25
215	朱阳	沈坨	1	30	0.50		
216	西南	大垛	1	75	2.00	0.75	7.46
217	大东	大垛	1	30	0.80	1.56	13.42
218	红旗	大垛	4	227	6.50	1.29	20.00
219	前南	大垛	1	30	0.80	1.06	9.38
220	前北	大垛	2	150	4.00	0.81	8.53
221	团结	大垛	2	97	2.50	0.62	6.58
222	双东	大垛	2	150	4.00	0.94	8.26
223	双西	大垛	2	130	4.00	0.85	8.15
224	三和	大垛	3	119	3.00	0.61	5.98

（续表）

序号	联圩名称	主属乡镇	排涝站				
			座数（座）	动力（千瓦）	流量（米³/秒）	排涝模数[米³/(秒·千米²)]	万亩耕地排涝流量(米³/秒)
225	三七	大垛	4	452	12.50	1.31	13.58
226	东风	大垛	3	165	6.00	0.44	4.54
227	先锋	大垛	3	280	8.00	0.86	8.68
228	西北	荻垛	3	205	6.00	0.72	8.26
229	西毛	荻垛	3	185	6.00	0.81	10.36
230	前进	荻垛	3	205	6.00	0.73	10.01
231	双兴	荻垛	4	280	8.00	0.86	10.00
232	丰收	荻垛	3	205	6.00	0.67	8.71
233	联合	荻垛	3	260	8.00	0.78	9.66
234	团结	荻垛	1	75	2.00	0.61	7.80
235	红旗	荻垛	3	205	6.00	0.96	13.04
236	郜陈	荻垛	1	75	2.00	1.61	16.96
237	大顾	陶庄	2	150	4.00	0.62	8.74
238	东汉	陶庄	2	130	4.00	0.83	9.30
239	北戈北	陶庄	2	150	4.00	0.95	11.31
240	北戈南	陶庄	2	150	4.00	0.86	8.61
241	焦庄	陶庄	3	160	5.00	0.64	7.51
242	陶庄南	陶庄	4	310	9.00	0.68	8.49
243	陶庄北	陶庄	2	130	4.00	0.77	10.25
244	豆子	陶庄	3	225	6.00	0.54	6.53
245	新洋	陶庄	2	130	4.00	0.71	8.60
246	南柯	陶庄	1	75	2.00	1.32	11.68
247	姚庄	昌荣	1	75	2.00	1.94	18.02
248	安西	昌荣	1	75	2.00	0.80	10.53
249	安东	昌荣	3	225	6.00	0.88	10.91
250	宝宏	昌荣	2	150	4.00	0.92	10.00
251	昌荣	昌荣	3	260	8.00	0.65	7.74
252	盐南	昌荣	1	75	2.00	0.41	4.64
253	盐北	昌荣	3	195	5.00	1.77	23.81

（续表）

序号	联圩名称	主属乡镇	排涝站				
			座数（座）	动力（千瓦）	流量（米³/秒）	排涝模数［米³/（秒·千米²）］	万亩耕地排涝流量（米³/秒）
254	盐西	昌荣	4	280	8.00	0.88	11.38
255	存德	昌荣	4	260	8.00	0.76	9.78
256	姜太	茅山	2	225	6.00	1.16	10.61
257	北海北	茅山	2	130	4.00	1.92	17.39
258	立新	茅山	2	130	4.00	0.97	9.30
259	朱阳	茅山	1	75	2.00	0.84	7.41
260	东彭	茅山	1	75	2.00		
261	建设	茅山	3	355	10.00	1.33	12.51
262	朱薛	茅山	2	205	6.00	1.10	10.84
263	卞北	茅山	1	75	2.00	0.73	6.93
264	坂东	周庄	1	75	2.00	0.63	8.23
265	东浒	周庄	1	75	2.00	0.64	8.08
266	前进	周庄	3	205	6.00	0.97	9.26
267	友谊	周庄	5	410	12.00	6.38	144.57
268	大西	周庄	1	75	2.00	0.69	6.72
269	边周	周庄	1	75	2.00	0.86	8.40
270	东北	周庄	3	205	6.00	1.03	9.55
271	夏东	周庄	2	150	4.00	2.30	20.66
272	联合	周庄	1	45	1.00	0.90	7.93
273	中心东	周庄	3	335	9.00	1.60	23.35
274	中心西	周庄	2	150	4.00	1.81	57.22
275	团结	周庄	2	110	3.00	1.42	30.21
276	孙建	周庄	1	55	2.00	0.50	6.57
277	西浒	周庄	2	105	3.00	0.96	14.16
278	同心	周庄	2	130	4.00	0.88	11.76
279	周泽	周庄	1	45	1.00	0.36	4.60
280	周陈	周庄	2	120	3.00	0.78	10.13
281	孙祁	周庄	1	55	2.00	0.39	5.09
282	河西	周庄	1	55	1.00	0.91	11.04

（续表）

序号	联圩名称	主属乡镇	排涝站				
			座数（座）	动力（千瓦）	流量（米³/秒）	排涝模数［米³/(秒·千米²)］	万亩耕地排涝流量(米³/秒)
283	光明	周庄	1	55	1.00	1.01	12.38
284	祁西	周庄	1	55	2.00	0.89	11.22
285	东方	周庄	3	160	3.50	1.58	21.08
286	三河	陈堡	1	75	2.00	1.00	10.17
287	唐蒋	陈堡	3	375	10.00	1.74	20.00
288	三一	陈堡	2	225	6.00	1.93	17.90
289	武二	陈堡	2	300	8.00	2.35	21.97
290	四林	陈堡	3	280	8.00	1.31	13.05
291	曹黄	陈堡	3	300	8.00	1.20	14.39
292	向沟	陈堡	2	225	6.00	1.21	28.30
293	校庄	陈堡	3	280	8.00	1.98	21.91
294	河西	陈堡	2	225	6.00	3.22	50.00
295	陈东	陈堡	2	225	6.00	2.31	24.67
296	陈北	陈堡	2	300	8.00	2.17	20.32
297	高里	陈堡	2	225	6.00	2.56	26.08
298	双桥	陈堡	3	300	8.00	1.87	19.04
299	建西	陈堡	2	150	4.00	2.04	22.51
300	东彭	陈堡	4	280	8.00	0.84	7.55
301	沈蔡	陈堡	3	280	8.00	0.96	9.59
302	周陈	陈堡	2	30	0.45		
303	中迎	戴南	2	75	1.50	0.70	9.79
304	双前	戴南	2	150	4.00	1.83	27.03
305	汤田	戴南	1	30	0.50	0.72	5.56
306	联合	戴南	1	37	1.00	1.67	13.66
307	红双东	戴南	6	580	16.00	2.06	32.65
308	红双西	戴南	4	270	5.50	1.83	32.78
309	兴太	戴南	1	75	2.00	3.33	33.33
310	马西	戴南	1	75	2.00	1.88	18.52
311	张马	戴南	1	150	4.00	6.66	54.64

（续表）

序号	联圩名称	主属乡镇	排涝站				
			座数（座）	动力（千瓦）	流量（米³/秒）	排涝模数［米³/（秒·千米²）］	万亩耕地排涝流量（米³/秒）
312	堡西	戴南	1	75	2.00	5.26	50.00
313	唐戴西	戴南	4	452	12.60	1.40	23.43
314	唐戴东	戴南	3	375	10.00	0.82	12.43
315	胜利	戴南	2	150	5.50	2.36	21.15
316	万介	戴南	1	22.5	0.50	0.75	5.95
317	孙西	戴南	1	22.5	0.50	0.56	5.00
318	朝阳	戴南	2	180	4.50	2.50	25.71
319	姜何	戴南	2	225	6.00	1.08	12.32
320	顾北	戴南	2	450	12.00	1.08	11.29
321	顾南	戴南	2	450	12.00	1.27	13.00
322	联合	戴南	6	1 050	28.00	1.71	19.72
323	丰纪	戴南	3	450	12.00	1.71	19.35
324	张万	戴南	1	150	4.00	1.90	44.94
325	中心	张郭	6	600	16.00	0.95	13.03
326	葛黄	张郭	5	375	9.00	1.80	18.59
327	三角	张郭	1	75	2.00	0.86	10.36
328	张曹	张郭	2	150	4.00	1.01	11.82
329	范徐	张郭	1	75	2.00	1.00	10.02
330	徐秤	张郭	1	45	1.00	0.69	8.22
331	张南	张郭	1	30	0.50	0.77	7.06
332	蒲唐	张郭	2	205	6.00	0.92	9.63
333	中南	张郭	6	410	16.00	1.29	11.85
334	西周	张郭	3	205	6.00	2.13	19.35
335	东四	张郭	1	75	2.00	0.77	7.44
336	东唐	张郭	1	75	2.00	1.67	15.50
337	港南	张郭	3	225	6.00	1.38	12.96
338	朱七	张郭	2	225	6.00	0.85	8.10
339	华西	张郭	2	150	4.00	3.22	28.57
340	华东	张郭	1	45	1.00	0.99	9.30

表4-9　2015年末兴化市农副业圩排涝站保有量统计表

序号	联圩名称	主属乡镇	排涝站				
			座数（座）	动力（千瓦）	流量（米³/秒）	排涝模数［米³/(秒·千米²)］	万亩耕地排涝流量(米³/秒)
		合计	49	2 785.0	70.05		
1	严舍	沙沟	2	115.0	3.00	1.46	21.27
2	龙西	沙沟	1	7.5	0.15	0.31	
3	朱夏	沙沟	1	15.0	0.30	0.91	86.58
4	陈大	沙沟	1	7.5	0.15	0.88	41.51
5	斜沟	周奋	4	220.0	5.50	0.73	11.45
6	斜沟	缸顾	1	75.0	2.00		
7	友谊	中堡	2	130.0	4.00	1.11	3.81
8	三角	中堡	1	55.0	1.00	0.84	8.25
9	杨道人	中堡	1	150.0	4.00	1.10	7.03
10	中养	中堡	1	75.0	2.00	1.25	124.41
11	苏宋	李中	7	435.0	10.50	1.51	5.79
12	苏刘	李中	4	450.0	11.00	1.94	68.75
13	东风	李中	4	250.0	6.00	1.29	4.60
14	王家	昭阳	2	90.0	2.30	0.56	1.68
15	袁南	昭阳	1	20.0	0.50	0.53	5.98
16	泗洲	昭阳	1	20.0	0.50	0.30	2.41
17	刘南	城东	1	30.0	1.00	0.69	5.23
18	沈幸	城东					
19	跃进	城东	1	37.0	1.00	0.50	4.42
20	塔东	城东	2	105.0	2.50	5.95	100.00
21	西鲍	西鲍	1	55.0	2.00	0.89	10.10
22	西西	西鲍	1	22.0	0.50	1.39	14.25
23	新建	临城	6	286.0	6.15	3.43	34.50
24	渭西	竹泓	2	95.0	3.00	1.07	10.71
25	毕榔	竹泓	1	40.0	1.00	1.33	14.45

表 4-10 2015 年末兴化市外址圩排涝站保有量统计表

乡镇	外址圩名称	排涝站			乡镇	外址圩名称	排涝站		
		座数（座）	动力（千瓦）	流量（米^3/秒）			座数（座）	动力（千瓦）	流量（米^3/秒）
沙沟	广洋	1	45.0	1.00	大垛	三角	2	112.0	2.50
	王庄	1	22.5	0.45		马庄	1	75.0	2.00
	龙江	2	115.0	3.00		包徐	1	225.0	6.00
	冯害	1	7.5	0.15	获垛	新丰	1	75.0	2.00
	水产南	2	37.5	0.75		胜利西	3	185.0	6.00
中堡	朱野	1	150.0	4.00		南王	1	75.0	2.00
西鲍	西东	1	75.0	2.00	昌荣	安西	1	75.0	2.00
临城	东白高	1	75.0	2.00		姚庄	1	75.0	2.00
	下八	1	30.0	0.50	林湖	戴家南	2	150.0	4.00
	三赵	1	45.0	0.50		良种场	2	60.0	1.30
	红旗	1	30.0	0.50	垛田	王横	1	22.0	0.30
竹泓	舒高	1	22.0	0.25		刁姚	1	30.0	0.60
沈坨	复兴	1	75.0	2.00		唐垛	1	15.0	0.15
	三角	2	105.0	4.00		北腰	1	30.0	0.60
安丰	祁吉	1	150.0	2.50		芦东	1	75.0	2.00
钓鱼	东南	1	30.0	0.50	周庄	西边城	1	75.0	2.00
大邹	双生	1	75.0	2.00	戴南	粮站	1	75.0	2.00
	河西	1	75.0	2.00		董北	1	75.0	2.00
海南	东荡	1	40.0	1.00	张郭	团结	1	75.0	2.00
	刘泽 1	1	17.0	0.50					
	刘泽 2	1	22.0	0.50					
	北蒋	1	55.0	2.00					
	西荡	1	40.0	1.00	合计		50	2 917.5	74.55

第四节 节水灌溉

随着联产承包责任制的逐步完善，在农户自主种植的情况下，不少地方出现与渠争地、平沟复耕的现象，农田排灌基础设施遭到了一定程度的毁坏，灌溉方式出现了阶段性的倒退。为了提高灌溉效率，降低灌溉成本，2001 年兴化市水务局提出新建小型电灌站的设想，积极推进农业灌溉制度和方式的改革，要求各地根据自然圩口的实际面积规划建站，原则上 200~500 亩配套 1 座电灌站，有条件的可逐步推行混凝土衬砌渠道，防止渠道渗漏，减少水流损失。同时设计了三种结构简洁、造型新颖的电灌站图纸供各地选用。当年，市政府将50座小型电灌站的建设任务列为为民办实事的项目，经过上下共同努力，基本完成了这一任务。

此后，兴化市水务局又在大营乡和戴南镇各实施了1个省级节水灌溉示范项目，建设了13座小型电灌站，发挥了较好的示范引领作用。各地从中看到了建设小型电灌站的好处，加之落实了相应的补助政策，调动了积极性，基本上每年都能完成下达的小型电灌站建设任务。此外，市农业综合开发项目和土地整理开发项目也把建设小型电灌站作为开发项目内容之一落实到有关乡镇和联圩，使小型电灌站的建设数量逐年增加。

硬质渠道

2008年以后，中央加大了对水利基础设施建设的投入，相继下达了一批工程项目，兴化市水务部门抓住这一机遇，把新建小型电灌站、新建高效节水灌溉示范区作为农村水利建设的一项重要内容进行规划和建设。

2009年度实施沿运灌区（兴化片）节水改造项目，在陈堡镇新建小型电灌站5座；2009年，中央财政新增农资项目工程在临城、陈堡、沈坨等乡镇新建小型电灌站114座；2010年，小型农田水利专项工程在大营、新垛、老圩、安丰等乡镇新建小型电灌站63座；2011年，中央财政小型农田水利高标准农田示范重点县项目工程在戴南、张郭、戴窑等乡镇新建小型电灌站54座；2012年，在陈堡、临城新建小型电灌站41座；2013年，在西郊、钓鱼、老圩、新垛、大营等5个乡镇新建小型电灌站101座；2014年，在合陈、沈坨、城东等乡镇新建小型电灌站57座；2015年，在周奋、大营、海南等乡镇新建小型电灌站98座。据统计，至2015年末，全市已建成小型电灌站1 724座，配套动力13 767千瓦，提灌能力达241.36米^3/秒，以每座电站有效灌溉面积200亩（最低）计，可改善灌溉面积344 800亩。

一、节水灌溉示范项目

为逐步推进节水型农业，提高灌溉水平，兴化市从2003年起根据上级主管部门下达的任务，先后实施两个省级节水灌溉示范项目。一是大营镇营东圩营东村。2003年9月开始实施，2005年通过验收。共建成小型电灌站8座，各配套7.5千瓦电机和250ZL-2.5型轴流泵一台，修筑U型混凝土防渗渠道5 300米，田间配套建筑物380座，节制闸涵和交叉涵35座，架设10千伏输电线路3.5千米，有效灌溉面积2 100亩。总投资84.6万元，其中省级补助50万元。二是戴南镇红双圩陈北村。2004年11月开始实施，次年4月通过验收。共建成小型电灌站5座，铺设混凝土U型防渗渠道3 500米，田间配套建筑物230座，过路桥涵12座，架设电力线路1.5千米，有效灌溉面积1 020亩。总投资55.22万元，其中省级补助30万元。

2010年度兴化市节水灌溉示范项目在钓鱼镇境内东北部，涉及钓鱼、姚家、陆胥、同联、同利等5个行政村，46个村民小组，2 108户农户，总面积13 118亩，集中连片。江苏省发改委、省财政厅、省水利厅以苏发改投资发〔2010〕1381号、苏财农〔2010〕246号文件下达专项资金计划。泰州市发改委、水利局以泰发改发〔2011〕502号、泰政水复〔2011〕55号文件批复工程实施方案，批复工程总投资300万元，其中中央财政投资100万元，省级配套67万元，县级配套133万元。

主要建设内容为：新建250ZL-2.5型灌溉泵站8座，配套7.5千瓦电机8台；新建7.632千米硬质混凝土渠道（底宽0.4米，渠深0.8米，边坡比1∶0.5，上口宽1.2米）及其他田间配套建筑物（160

座跨渠道盖板、11座穿路涵洞，185座放水龙门)。

主要完成工程量为：挖填土方1.29万立方米(其中开挖土方0.82万立方米，土方筑填0.47万立方米)，混凝土及钢筋混凝土0.26万立方米，钢筋75.5吨。

为加强对该项目建设的组织领导，兴化市水务局按照基建程序，组建了“兴化市2010年度节水灌溉示范项目建设处”，分管副局长为项目法人，下设办公室、工程科、财务科和监察室，具体负责整个项目的实施工作。兴化市财政局同时开设兴化市2010年度节水灌溉示范项目财政专户，安排专人任财务总监。项目建设处严格按照项目法人制、招投标制、建设监理制的原则实施工程建设管理。

项目规划设计采用直接委托形式，委托兴化市兴水勘测设计院为兴化市2010年度节水灌溉示范项目设计单位，积极配合做好各项设计服务工作。

项目建设处委托泰州市科源工程咨询监理有限公司为兴化市2010年度节水灌溉示范项目工程监理单位。在施工现场设置机构和派驻人员，履行合同和监理职责。兴化市水务局工程质量监督科对工程施工质量进行监督。

工程委托泰州市华诚建设投资咨询管理有限公司进行公开招标，2012年1月16日在兴化市招投标采购中心公开开标，经评审，确定大丰市永平水利工程有限责任公司(现为江苏永平水利工程有限责任公司)为中标单位。

2012年2月15日，工程建设正式开工，2012年8月30日工程项目全面完工。2012年12月，兴化市发改委、财政局、水务局、监察局联合对此项工程进行了完工验收。2013年12月，江苏省水利厅委托江苏天鸣工程造价咨询有限公司、江苏润华会计师事务所有限公司对工程竣工财务决算进行审计。经审计核定工程实际完成投资266.94万元。2014年8月7日，江苏省水利厅商请省发展改革委对兴化市2010年度市节水灌溉示范项目进行验收，工程通过验收。

项目实施后，对于提高项目区田间灌溉标准和灌溉效率，提高农业生产能力，降低农业成本，增加农民收入都将发挥一定的积极作用。

二、沿运灌区(兴化片)节水改造工程

根据水利部关于开展《全国大型灌区续建配套与节水改造规划(2009—2020年)》编制工作的通知精神和省、市水行政主管部门的要求，兴化市政府决定将沿运灌区(兴化片)列为2009年度续建配套节水改造项目。

江苏省沿运灌区(兴化片)位于兴化市西南部，东至西塘港河，北至车路河，范围包括周庄镇、陈堡镇、茅山镇、沈坨镇、竹泓镇、临城镇、垛田镇、开发区及昭阳镇、大垛镇和林湖乡部分地域。2009年度实施的范围主要集中在沈坨、竹泓、周庄、临城、垛田、茅山、陈堡等7个建制镇。面积共计65.6万亩，其中耕地面积33.5万亩。

受兴化市水务局委托，扬州市勘测设计研究院有限公司相继编制完成了《江苏省沿运灌区(兴化片)续建配套项目节水改造规划报告》《江苏省沿运灌区(兴化片)2009年度续建配套节水改造项目可行性研究报告》，并都通过了有关部门审查和批准立项。为及时开工建设，扬州市勘测设计研究院有限公司又编制了《江苏省沿运灌区(兴化片)2009年度续建配套节水改造工程实施方案》，通过修改完善于2009年9月形成了实施方案修订本。

(一) 项目建设内容

渠系工程　对茅山镇兴姜河支渠1千米(疏浚标准：底宽20米，底高-2.0米，边坡1∶1.5)、陈

堡镇黄舍河支渠4千米（疏浚标准：底宽10米，底高-1.5米，边坡1∶3）实施疏浚，合计土方11万立方米，解决河道淤积严重、周边农田引水困难的问题。

支渠首工程 支渠首的规划标准为单孔净宽4.0米。2009年度计划实施的支渠首占规划总数的10%左右，共13座，其中沈坨镇8座（唐张闸、冒家庄前闸、冒家庄后闸、沈三南闸、沈三北闸、沈一闸、凡荣闸、九尖闸），周庄镇1座（友谊闸），临城镇1座（南娄闸），垛田镇3座（征六闸、翟家闸、仇垛闸）。

电灌站工程 根据规划报告，全灌区需新建电灌站25座。针对陈堡镇地势稍高、灌溉高峰期水源缺乏的实际情况，2009年计划在陈堡镇新建小型电灌站5座（东彭1、2号站，沈蔡1、2、3号站），可改善灌溉面积0.25万亩。电灌站采用250ZL-2.5型轴流泵配7.5千瓦电动机，设计流量0.14米^3/秒。

排涝站工程 2009年度计划新建排涝站10座，共38米^3/秒。其中，沈坨1座（九尖双泵站），竹泓1座（振南双泵站），周庄1座（友谊单泵站），临城1座（曹垛单泵站），垛田2座（东南双泵站、南仇3泵站），茅山镇2座（姜家双泵站、西冯双泵站），陈堡2座（三一双泵站、沈蔡双泵站），改善灌区排涝面积7.13万亩。水泵采用700ZLB-160型轴流泵，设计流量2米^3/秒。

生产桥3座 均在茅山镇境内，分别为东冯1、2、3号桥，均为三跨钢筋混凝土板梁桥，净宽5.5米，桥长分别为18米、30米、30米。

主要工程量为：挖填土方16.3万立方米（其中开挖土方14.1万立方米，土方填筑2.2万立方米），混凝土及钢筋混凝土2 574立方米，砂石垫层及砌石方3 067立方米，钢筋151.7吨，水泥1 678吨，黄砂4 110吨，碎石4 185吨，块石5 187吨，木料70立方米，柴油110吨，用电10.6万度，人工4.6万工时。

（二）工程投资及资金筹措

根据规划报告和项目建设内容，2009年度工程总投资943.87万元，其中建筑工程538.37万元，机电设备及安装工程196.65万元，金属结构设备及安装工程3.75万元，临时工程58.58万元，独立费用101.58万元，预备费44.94万元。按照江苏省发改委和省水利厅2009年9月25日苏发改农经发〔2009〕1391号批复，核定工程总投资900万元，其中中央补助300万元，省级配套200万元，市县配套400万元。

（三）项目建设组织与实施

2009年9月初，兴化市政府成立了沿运灌区（兴化片）项目建设工程领导小组，市政府分管负责人任组长，发改委、监察局、财政局、审计局、水务局、市招标办等相关部门为成员单位。经请示泰州市水利局并由泰政水〔2009〕60号文件批准，兴化市水务局组建了“兴化市沿运灌区节水改造工程建设处”，分管副局长为项目法人，下设办公室、工程科、财务科和监察室，具体负责整个项目的实施工作。兴化市财政局同时开设灌区项目财政专户，安排专人任财务总监。

工程建设管理按照项目法人制、招投标制、建设监理制的原则实施。

工程通过委托泰州市华诚建设投资咨询管理有限公司代理招标的方式，以乡镇为单位，打包分成7个商务标段。2009年12月3日，在兴化市招投标采购中心会议室进行灌区工程公开开标，按照投标资金要求在竞标单位中择优选定。经评审，确定了7家中标单位为施工单位：陈堡标段由高邮水建公司施工；茅山标段由兴化水建公司施工；沈坨标段由宝应县水建公司施工；垛田标段由江苏华海有限公司施工；竹泓标段由盐城隆嘉有限公司施工；周庄标段由江苏三水有限公司施工；临城标段由江苏苏兴有限公司施工。工程建设处分别与7个标段的中标单位签订施工合同及廉政与安全合同。各施工单位也及时组成了项目经理部有步骤地进行工程施工。

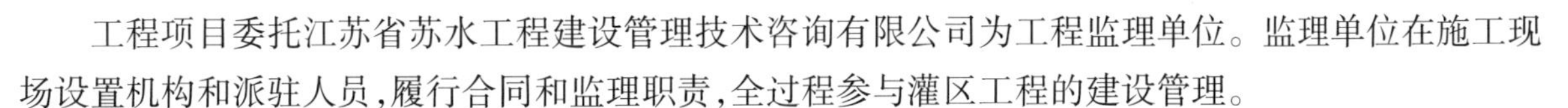

工程项目委托江苏省苏水工程建设管理技术咨询有限公司为工程监理单位。监理单位在施工现场设置机构和派驻人员，履行合同和监理职责，全过程参与灌区工程的建设管理。

兴化市水务局质量监督科负责质量监督和安全监督。

（四）设计变更

周庄镇4米孔宽的友谊节制闸，因该镇集镇建设公路改造，需要变更为公路闸。变更方案由兴化市灌区改造工程建设处报泰州市水利局批准。方案变更后单项工程总投资不变，增加投资部分由周庄镇政府自筹解决。

（五）工程竣工验收

2009年12月11日，灌区节水改造工程建设正式开工。2010年6月26日，灌区节水改造工程全面完工。2010年7月，通过由兴化市发改委、财政局、监察局、水务局联合举办的完工验收。2011年7月，兴化沿运灌区工程接受并通过了江苏省水利厅委托的中介事务所的竣工审计。2011年10月，省水利厅组织对兴化沿运灌区2009年度工程进行竣工验收，经过省水利厅和泰州市专家的评审，工程通过验收。

2015年兴化市电灌站统计见表4-11。

表4-11　2015年兴化市电灌站统计表

乡镇	座数（座）	动力（千瓦）	流量（米^3/秒）	乡镇	座数（座）	动力（千瓦）	流量（米^3/秒）
戴窑	59	442.5	8.85	开发区	17	127.5	2.55
合陈	72	540.0	10.80	临城	38	285.0	5.70
永丰	46	345.0	6.90	林湖	38	285.0	5.70
大营	96	720.0	14.40	竹泓	25	187.5	3.75
新垛	63	472.5	9.45	沈坨	69	517.5	10.35
老圩	79	592.5	11.85	城东	20	150.0	3.00
安丰	17	127.5	2.55	西鲍	10	75.0	1.50
下圩	6	45.0	0.90	昭阳	5	37.5	0.75
海南	12	90.0	1.80	大垛	34	255.0	5.10
钓鱼	90	675.0	13.50	荻垛	67	502.5	10.05
大邹	27	202.5	4.05	昌荣	30	225.0	4.50
沙沟	53	397.5	7.95	茅山	28	210.0	4.20
周奋	37	277.5	5.55	周庄	125	937.5	18.75
缸顾	22	165.0	3.30	陈堡	152	1 140.0	22.80
中堡	33	247.5	4.92	戴南	204	1 530.0	30.60
李中	27	202.5	4.05	张郭	42	315.0	6.30
西郊	81	607.5	12.15	合计	1 724	12 930.0	258.60

第五节　桥梁

兴化河网密布，人们出行往往要以船代步，当时人们望河兴叹，感觉隔河千里远。为了解决河道阻隔带来的交通不便问题，一般采取以下几种办法：一是人渡，即由船夫用竹篙撑船或用木浆划船接送来往行人过河，过河人需付船资，主要设置在交通比较繁忙的集镇或交通要道。二是船渡，即用较粗的草绳系在渡船两端，绳的另一端则分别系在两岸的木桩上，行人需要过河，则拉扯草绳，将渡船拉到岸边，上船后再拉动船上另一端的绳索，带动渡船前行，就可由此岸到达彼岸。三是打坝，这种方法主要用在河道浅窄处，但容易堵塞河道，影响水上交通。中华人民共和国成立后，县区乡各级人民政府为解决农民出行困难的问题，开始架设桥梁，主要以木板、木桩或毛竹为材料，当地群众也以树棍为材料搭建小型农桥，方便下地干活。这种情况直到 1962 年兴化县拆坝疏浚建桥工程队成立后才有所改观，并从此翻开了兴化水利部门建设桥梁的新的一页。

拉渡

摆渡

拆坝建桥就是拆除河道中的坝头以疏通水系，架设桥梁以沟通行人陆上交通。当时架设的桥梁主要是钢筋混凝土 T 型梁装配式桥梁，这种桥梁主要为行人服务，没有荷载要求，结构简单，构件主要为 4~8 米各种 T 型梁桥板和各种规格的混凝土方桩，可以工厂预制，现场安装，施工容易，造价不高，较为受欢迎。

1970 年前后，水利建设提出了改造老河网、建立新水系的要求，全市掀起了整治各级河道的热潮。雌港、雄港、渭水河、西塘港等南北向骨干河道都是从当时开始整治的。根据上级有关规定，凡列为重点农田水利工程项目的新开河道，其桥梁配套遵循社队自筹为主、国家补助为辅的原则。凡列为地方基建项目的新开河道，按每千米 1 座桥梁的要求，由上级在水利经费中负责配套，渭水河、塘港河、盐靖河都属于这一范围。

农业机械的普及，尤其是手扶拖拉机的发展，对桥梁配套的荷载提出了新的要求，机耕桥就是在这种形势下应运而生的。各地以青砖和红砖为材料新建了部分双曲拱桥。1983 年车路河整治工程完工后，利用河道浚深的出土修筑了兴东公路路基，1994 年盐靖河整治时又修筑了宁盐路路基。为满足陆上交通需要，沿线及跨河桥梁配套则按公路通车的要求，明确不同的荷载标准，建成多种结构型式的公路桥梁。

随着“两工”（指劳动积累工和义务工）的取消，水利建设上在南北向和东西向河道基本形成引排和调度水系后，农村已不再开挖新的河道，而把力量放在对现有河道清淤疏浚方面。因此，除了盐靖河南段（茅山河以南至姜堰边界），自北向南依次为赵家、陈北、罗顾3座通村公路桥的拆坝建桥任务于1999年仍由水利工程处继续完成外，其余由水利部门负责配套桥梁建设的任务都已完成。大量的农村桥梁维修工作则由市财政部门负责，下达计划指标，落实补助经费。在具体维修过程中，由乡镇水务站查勘报乡镇政府向财政部门提出申请，水务站则负责维修过程中的检查指导和质量监督。

农桥

农村桥梁建设一直在进行中，其中包括通达工程、农业综合开发、新农村建设、河道疏浚以后的陆上交通等方面，资金来源包括上级财政奖补、有关部门下达和村级一事一议等。据不完全统计，1999—2015年农村累计新建各类桥梁10 084座，建设地点为分圩河、中心河、生产河、村庄河等。按用途，桥梁可分为公路桥、机耕桥、人行桥；按结构型式，可分为拱桥、平板桥等，见表4-12。

表4-12　1999—2015年兴化市农村桥梁建设情况表　　单位：座

<table>
<tr><th rowspan="2">乡镇（街道）</th><th rowspan="2">桥梁总数</th><th colspan="4">建设地点</th><th colspan="3">桥梁用途</th><th colspan="3">结构型式</th></tr>
<tr><th>分圩河</th><th>中心河</th><th>生产河</th><th>村庄河</th><th>公路桥</th><th>机耕桥</th><th>人行桥</th><th>拱桥</th><th>平板桥</th><th>T型梁桥</th></tr>
<tr><td>戴窑</td><td>260</td><td>8</td><td>39</td><td>211</td><td>2</td><td></td><td>260</td><td></td><td></td><td></td><td>260</td></tr>
<tr><td>合陈</td><td>551</td><td>51</td><td>61</td><td>235</td><td>204</td><td>231</td><td>203</td><td>117</td><td>3</td><td>452</td><td>96</td></tr>
<tr><td>永丰</td><td>153</td><td></td><td>20</td><td>72</td><td>61</td><td>24</td><td>54</td><td>75</td><td></td><td>129</td><td>24</td></tr>
<tr><td>大营</td><td>258</td><td>13</td><td>30</td><td>138</td><td>77</td><td>4</td><td>254</td><td></td><td></td><td>254</td><td>4</td></tr>
<tr><td>新垛</td><td>449</td><td>32</td><td>94</td><td>159</td><td>164</td><td>99</td><td>209</td><td>141</td><td></td><td>444</td><td>5</td></tr>
<tr><td>安丰</td><td>684</td><td>46</td><td>34</td><td>400</td><td>204</td><td>60</td><td>260</td><td>364</td><td>28</td><td>515</td><td>141</td></tr>
<tr><td>老圩</td><td>570</td><td>49</td><td>31</td><td>277</td><td>213</td><td>87</td><td>212</td><td>271</td><td>2</td><td>342</td><td>226</td></tr>
<tr><td>下圩</td><td>491</td><td>51</td><td>84</td><td>218</td><td>138</td><td>98</td><td>194</td><td>199</td><td>4</td><td>252</td><td>235</td></tr>
<tr><td>钓鱼</td><td>315</td><td>36</td><td>10</td><td>152</td><td>117</td><td>21</td><td>177</td><td>117</td><td>2</td><td>201</td><td>112</td></tr>
<tr><td>大邹</td><td>210</td><td>12</td><td>4</td><td>120</td><td>74</td><td>28</td><td>80</td><td>102</td><td></td><td>192</td><td>18</td></tr>
<tr><td>海南</td><td>77</td><td></td><td></td><td></td><td>77</td><td></td><td></td><td>77</td><td></td><td>55</td><td>22</td></tr>
<tr><td>沙沟</td><td>20</td><td>3</td><td>5</td><td>11</td><td>1</td><td>20</td><td></td><td></td><td>2</td><td>8</td><td>10</td></tr>
<tr><td>中堡</td><td>159</td><td>8</td><td>5</td><td>64</td><td>82</td><td>15</td><td>55</td><td>89</td><td>1</td><td>133</td><td>25</td></tr>
<tr><td>周奋</td><td rowspan="4">529</td><td rowspan="4">29</td><td rowspan="4">34</td><td rowspan="4">298</td><td rowspan="4">168</td><td rowspan="4">58</td><td rowspan="4">385</td><td rowspan="4">86</td><td rowspan="4"></td><td rowspan="4">399</td><td rowspan="4">130</td></tr>
<tr><td>缸顾</td></tr>
<tr><td>李中</td></tr>
<tr><td>西郊</td></tr>
</table>

（续表）

乡镇（街道）	桥梁总数	建设地点				桥梁用途			结构型式		
		分圩河	中心河	生产河	村庄河	公路桥	机耕桥	人行桥	拱桥	平板桥	T 型梁桥
昭阳	36	1		25	10	3	33		3		33
城东 西鲍	406	25	47	190	144	44	194	168		232	174
林湖	195	12	34	101	48	13	122	60		146	49
垛田	34		4	30			4	30			34
竹泓	252	18	11	149	74	58	165	29		214	38
沈纶	423	57		302	64	93	260	70	10	398	15
大垛	273	31	44	124	74	30	129	114	3	175	95
荻垛	232	10	27	112	83	44	118	70		126	106
陶庄	631	75	14	366	176	111	327	193			
陈堡	418	48	73	197	100	24	343	51	4	251	163
茅山	326	35	51	158	82	76	151	99	1	299	26
周庄	457	87	22	214	134	85	268	104		389	68
戴南	681	104	139	210	228	299	295	87	10	353	318
张郭	475	32	50	245	148	99	234	142	1	362	112
开发区 临城	378	23	41	185	129	89	255	34	9	264	105
昌荣	141	2	3	112	24	2	131	8		121	20
合计	10 084	898	1 011	5 075	3 100	1 815	5 372	2 897	83	6 706	2 664

注：此表统计时已是新的区划调整到位以后，因此周奋、缸顾、李中、西郊 4 个乡镇的数据合并，城东、西鲍的数据合并，开发区、临城镇的数据合并。

第六节　高标准农田

田间工程是直接为粮食和经济作物提高产量服务的工程。随着生产力的发展和社会的进步，县（市）水利部门根据不同时期的实际情况，对田间工程提出不同的要求。1950 年至 1970 年间，主要进行沤改旱和盐碱地等中低产田改造。1980 年前后主要实施圩内河网和田间沟渠配套，实行沟渠田林路统一安排，洪涝旱渍碱综合治理，努力建设高产稳产田、双纲田、吨粮田。1990 年前后主要以建设样板圩、标准圩、示范方、示范带为载体，切实抓好田间沟系（导渗沟、隔水沟、灌排沟和田间墒沟）配套，提高灌溉、排水、降渍条件。为了发挥典型引路作用，在 1988 年高标准建成大垛东风圩以后，市里重点抓了周庄中心东圩和钓鱼乡钓鱼圩两个高标准的农业示范方和兴盐、钓安、兴东、兴泰、兴沙及兴海公路沿线样板方的建设。1996 年,随着宁盐公路通车,市政府又将盐靖河西侧 7 个乡镇 9 个示范方(包括戴南红双西圩、唐刘十里圩、荻垛中心圩和胜利西圩、昌荣盐西圩、林潭姚家圩、安丰灶里圩、中圩中心圩和中北圩)总面积达 3 万亩作为农业领导工程来建设。1997 年冬,开辟了市境西部李中河以东涉及 5 个乡 13 个联圩(包括严家乡的烧饼圩、牌坊圩,李健乡的李南圩、李中圩、李北圩,东潭乡的袁家圩、下沙圩,红星乡的城南圩、赵何圩,荡朱乡的荡西圩、许戴圩、中丁圩、跃进圩)的农业产业化综合示范区 5 万亩,使全市样板方面积达 38 万亩。1999 年,兴化市政府在部署秋冬水利工作任务时,仍把坚持标准狠抓农田一套沟建设和继续抓好标准圩示范方建设作为主要任务,要求各地贯彻执行。

农田林网

2000 年,兴化市委、市政府提出按照“圩堤公路化、条田方整化、农田林网化、排灌机电化、干渠硬质化、品种纯良化、作业机械化、建管制度化”的标准继续抓好标准圩的规划建设。要求各乡镇规划并建成 1~2 个标准圩,面积较大的乡镇规划建设 2 个,面积较小的乡镇规划建设 1 个,力争通过 5 年左右时间的努力,将整个联圩建成高标准农田。以此为样板,将全市的水利建设推上一个新台阶,推进农业产业化进程。兴化市委、市政府要求各乡镇明确专人负责,成立由水利、农机、农技、水产、多种经营等部门工程技术人员参加的规划工作班子,按照“一次规划,分期实施、量力而行”的原则确定分年实施计划和目标任务。市里则重点抓好新兴泰公路示范带的建设。此后,由于“两工”逐步取消,劳动力投入减少,加之受地方配套能力的制约,标准圩建设受到一定的影响。

2000 年后,国家加大了对水利基础设施建设的投入,相继开展了小型农田水利专项工程、重点县工程等项目。2010 年,兴化市水务局按照江苏省水利厅和泰州市水利局的统一部署,配合扬州大学编制完成了《兴化市县级农田水利规划》,同时编制完成了《兴化市小型农田水利重点县建设方案》《兴化市 2009 年度中央财政新增农资项目建设方案》《兴化市 2010 年度小型农田水利专项工程建设方案》,并按方案要求认真组织实施。小型农田水利重点县工程施工图原来是委托相关设计单位进行设计的,根据上级有关要求,从 2013 年起这项工作改为公开招投标,优选设计单位。

一、中央财政新增农资项目工程

2009 年,中央财政新增农资综合补贴资金项目建设项目区涉及临城镇、陈堡镇、沈坨镇等乡镇。主要建设内容为:新建圩口闸 33 座,其中 3 米孔宽圩口闸 2 座,4 米孔宽圩口闸 30 座,5 米孔宽圩口闸 1 座,新建排涝站 13 座,新增流量 36 米^3/秒;新建小型电灌站 114 座,配套混凝土梯形渠道 5 700 米;新建高效节水灌溉示范区 2 950 亩。总投资 2 382 万元,其中中央财政投资 1 400 万元,约占总投资的 58.8%,地方财政及受益乡镇配套 982 万元。

二、小型农田水利专项工程

2009 年,实施小型农田水利专项工程项目,在大营、新垛、老圩、安丰 4 个乡镇新建排涝站 20 座/29 台,新增流量 58 米^3/秒。建设资金 735 万元,全部为县级财政配套。

2010 年，在大营、新垛、老圩、安丰 4 个乡镇实施小型农田水利专项工程，建设内容包括：新拆建圩口闸 43 座；新拆建排涝站 3 座/9 台，新增流量 18 米^3/秒；新建小型电灌站 63 座，新建高效节水灌溉示范区（喷灌工程）约 700 亩。总投资 1 345 万元，其中中央财政投资 100 万元，约占总投资的 7%，省级财政配套 700 万元，约占 52%，县级财政配套 545 万元，约占 41%。

三、中央财政土地出让金小农水项目

2013 年，实施了中央财政土地出让金小农水项目，计划在临城、合陈两镇建设圩口闸 14 座、单泵站 1 座、节制闸 3 座，疏浚排涝沟 7 条，新开排涝沟 4 条，新砌渠道 3.1 千米，至年末已全部完成建设任务。

四、中央财政小型农田水利高标准农田示范重点县工程

针对项目区内防洪除涝体系尚不完善，工程设施老化、损坏严重，防洪标准不高，排涝动力不足，建筑物配套率较低等现状，根据上级财政和水利部门的要求和部署，兴化市水务局决定抓住上级增加财政补助的机会，分年组织实施小型农田水利重点县工程项目。该项目的实施，将对提高项目区防洪排涝能力、灌溉效率，节约水资源，节省提水电费，降低农业灌溉成本，促进农业增产、农民增收发挥一定的积极作用。

2011 年，在戴南、张郭、戴窑 3 个乡镇实施小型农田水利重点县工程项目。总面积 25.52 平方千米，耕地面积 3.93 万亩。主要建设任务为：兴建 3 个高标准农业联圩（戴南镇联合圩、张郭镇顾北圩、戴窑镇苏皮圩），建成高标准农田示范区 2.24 万亩。具体工程量为：新拆建圩口闸 7 座，新拆建排涝站 5 座，流量 22 米^3/秒；新建低压输水管道 103.68 千米，配套灌溉泵站 34 座，新建小型电灌站 54 座，配套混凝土衬砌渠道 41.193 千米；建设硬质化圩堤 19.8 千米，新建圩堤土方 4.74 万立方米，加修圩堤土方 22.3 万立方米。工程实施方案经 2011 年 12 月 2 日泰州市财政局泰财农〔2011〕152 号、泰州市水利局泰政水复〔2011〕76 号文件批准后，由兴化市小型农田水利重点县工程建设处委托江苏华诚项目管理有限公司在兴化市招标办代理招标。经过招标，确定南京广恒工程建设有限公司和兴化市水利建筑安装工程总公司为中标施工单位。南京中锦欣信息咨询有限公司和江苏通源监理咨询有限公司为中标监理单位。建设资金总额 4 725 万元，其中中央资金 1 200 万元，约占 25.4%，省级资金 1 600 万元，约占 33.9%，县级配套 1 925 万元，约占 40.7%。

2012 年，在临城、陈堡 2 个乡镇实施小型农田水利重点县工程项目。主要任务为新建 2 个高标准农业联圩（临城镇团结圩、陈堡镇四林圩），面积 19.36 平方千米，耕地 1.675 万亩，要求建成高标准农田示范区 1.55 万亩。具体工程量为：新拆建圩口闸 43 座，新拆建排涝站 33 座，流量 98 米^3/秒；新建低压输水管道 54.516 千米，配套灌溉泵站 21 座；新建小型电灌站 41 座，配套混凝土衬砌渠道 30.9 千米；建设硬质化圩堤 12 千米，新建圩堤土方 2.4 万立方米，加修圩堤土方 2.4 万立方米。工程实施方案经 2012 年 9 月 25 日泰州市财政局泰财农〔2012〕109 号、泰州市水利局泰政水复〔2012〕49 号文件批准后，由兴化市小型农田水利重点县工程建设处委托江苏华诚项目管理有限公司在兴化市招标办代理招标。经过招标，确定淮安市淮河水利建设工程有限公司、江苏东大建设有限公司、江苏省禹苑集团有限公司、兴化市水利建筑安装工程总公司、南京润盛建设集团有限公司、江苏新东方建设工程有限公司、常州南无建设集团有限公司、响水县水利建筑工程处等单位为施工单位。江苏省苏水工程监理公司为中标监理单位。建设资金总额 4 637 万元，其中中央资金 1 200 万元，约占 25.9%，省级

资金 1 300 万元，约占 28.0%，县级配套 2 137 万元，约占 46.1%。

2013 年，在西郊、钓鱼、老圩、新垛、大营 5 个乡镇实施小型农田水利重点县工程项目。项目区总面积 226.1 平方千米，耕地 17.43 万亩。要求兴建 3 个高标准农业联圩（西郊中跃圩、老圩万胜圩、钓鱼圣传圩），建成高标准农田示范区 2.25 万亩。具体工程量为：一期工程新拆建圩口闸 45 座，新拆建排涝站 23 座，流量 90 米^3/秒；新建小型电灌站 76 座，配套混凝土衬砌渠道 54.82 千米；设置过路涵洞 270 座，新建圩堤防洪通道 6.8 千米，加修圩堤土方 6 万立方米。二期工程新建小型电灌站 25 座，建设高标准混凝土衬砌渠道 13.1 千米，建设道路涵洞 20 座、节制闸 300 座、跨渠机耕桥 200 座。工程实施方案经 2013 年 12 月 20 日泰州市财政局泰财农〔2013〕76 号、泰州市水利局泰政水复〔2013〕146 号文件批准后，由兴化市小型农田水利重点县工程建设处委托江苏华诚项目管理有限公司在兴化市招标办代理招标。江苏东大建设有限公司、淮安市淮河水利建设工程有限公司、溧阳市水利市政建筑有限公司、响水县水利建筑工程处、宝应县水利建筑安装工程处、句容市第三建筑安装工程公司、盐城诚信建设工程有限公司、江苏神禹建设有限公司为中标施工单位。南京中锦欣信息咨询有限公司和盐城利通咨询有限公司为中标监理单位。投入建设资金 4 844 万元，其中中央投资 1 200 万元，约占 24.8%，省级资金 1 600 万元，约占 33.0%，县级配套 2 044 万元，约占 42.2%。

2015 年实施了 2014 年的工程项目。2014 年，在合陈、沈坨、城东等乡镇实施小型农田水利重点县工程项目。项目区涉及 29 行政村，总面积 29.306 万亩，耕地 18.048 万亩。要求建成高标准农田 1.7 万亩。具体工程量为：新拆建圩口闸 61 座，新拆建排涝站 23 座；新建小型电灌站 57 座，新建混凝土衬砌渠道 46.14 千米；配套渠道建筑物 984 座；新建混凝土圩堤堤顶防洪通道 1.69 千米，加修圩堤土方 3.648 万立方米。工程实施方案经 2014 年 12 月 25 日泰州市水利局、泰州市财政局泰政水复〔2014〕65 号文件批准后，由兴化市小型农田水利重点县工程建设处委托江苏华诚项目管理有限公司在兴化市招标办代理招标。兴化市堑通路桥建设工程有限公司、江苏华海建设工程有限公司、江苏农垦盐城建设工程有限公司、江苏卓泰水利建设工程有限公司、宝应县水利建筑安装工程处为中标施工单位。南京中锦欣信息咨询有限公司、江苏利通建设管理咨询有限公司、江苏省苏水工程建设监理有限公司为中标监理单位。工程总投资 4 112 万元，其中中央资金 1 400 万元，约占 34%，省级资金 1 400 万元，约占 34%，地方配套 1 312 万元，约占 32%。

2015 年度工程在周奋、大营、海南等乡镇实施，涉及总面积 82.08 万亩，耕地 9.86 万亩。要求建成高标准农田示范区 3.13 万亩。工程项目为：新拆建圩口闸 26 座，新拆建排涝站 16 座，流量 36 米^3/秒；新建小型电灌站 98 座，配套混凝土衬砌渠道 91.907 千米，配套过路涵洞 121 座，分水节制闸 164 座，跨渠机耕桥 139 座；新建圩堤堤顶防洪通道 4.49 千米。工程实施方案经 2015 年 7 月 8 日泰州市水务局、泰州市财政局泰政水复〔2015〕24 号文件批复后，由兴化市小型农田水利重点县工程建设处委托江苏建威建设管理有限公司泰州分公司在泰州市招标办代理招标。兴化市堑通路桥建设工程管理有限公司、江苏金永建设工程有限公司、新沂市河海建筑工程公司、淮安市淮河水利建设工程有限公司、大丰市水利建筑工程有限公司（现为盐城市大丰水利建设有限公司）、江苏昌泰建设工程有限公司为中标施工单位。南京中锦欣信息咨询有限公司、江苏利通工程咨询有限公司、江苏省工程勘测研究院有限责任公司为中标监理单位。工程总投资 4 118 万元，其中中央资金 1 400 万元，约占 34%，省级资金 1 400 万元，约占 34%，县级地方配套 1 318 万元，约占 32%。

第五章

防灾抗灾

兴化是水旱灾害频发的地区，尤以洪涝灾害产生的损失较大，洪涝灾害一直是兴化人民的心腹之患。进入21世纪，兴化在2003年、2006年和2007年出现了三次较大的雨涝灾害。在兴化市委、市政府组织领导下，全市广大干部群众积极投入排涝抗灾斗争中，坚持以防为主、防重于抢的防汛抗灾方针，认真落实各项防灾抗灾措施，努力减少灾害所造成的损失和滞后影响，维护了社会稳定和经济社会可持续发展。

第一节　自然灾害

进入21世纪，兴化先后发生了2003年、2006年和2007年三次较大的雨涝灾害以及2011年的先旱后涝。

一、2003年大涝

2003年，兴化市梅雨成涝。自6月21日入梅至7月22日出梅，32天内有雨日28个，梅雨总量652.6毫米。频繁降雨加之客水汇集，四水投塘，使河网水位迅猛上涨。6月30日至7月2日，兴化站水位上涨0.86米。7月1日兴化站水位达1.81米，突破1.80米的警戒水位。7月9日达3.06米，平1954年最高水位。7月11日水位达3.24米，成为中华人民共和国成立以来仅次于1991年（3.35米）的第二个水位最高值。

东门泊航灯塔被淹

据统计，截至7月15日，洪涝灾害造成直接经济损失22.31亿元。全市190万亩耕地全部围水，受淹面积170万亩，成灾面积143.71万亩，包括73.98万亩水稻、28.6万亩棉花、23.5万亩蔬菜以及17.63万亩旱作物，种植业损失10.04亿元；56万亩水产养殖面积跑鱼，损失6.27亿元；倒塌房屋11 304间，79%的工业企业受淹、停产，254座学校受淹等；投入抗灾费用0.79亿元。

二、2006年大涝

2006年自6月21日入梅后，即出现连续降雨过程，至7月5日的15天内，共有雨日11个，累计降雨331.8毫米，是正常梅雨量的1.45倍。尤其是6月30日至7月4日的5天内，兴化站降雨总量204.9毫米，降雨覆盖范围较广。由于周边地区降雨强度较大，四水投塘，客水压境，市境西北部和东北部的大强度降雨又在一定程度上阻断了涝水入海出路，水位上涨较快，7月1日8时水位达2.01米，7月2日达2.49米，超过1991年和2003年同日水位（2.36米和2.16米），7月5日8时水位达2.98米，同日19时水位达3.01米，超过警戒水位1.21米。

7月1日沙沟镇降雨208毫米，是1989年以来全市范围内日降雨量最大值。6月30日至7月2

王家塘河边码头被淹

日周奋乡累计降雨329毫米，新垛镇累计降雨264.6毫米，导致下游顶托，水位上涨快，给全市各行各业和人民生产生活带来严重影响。据统计，截至7月12日，灾害造成全市直接经济损失15.45亿元。全市受灾人口77.8万人；住宅进水受淹33 000户，紧急转移安置41 000人；损坏房屋3 764户8 900间，倒塌房屋586户1 532间。农作物受灾面积142.5万亩。其中粮食作物103.5万亩，经济作物39万亩。农作物成灾面积131万亩，其中粮食作物93.26万亩。水产养殖受灾面积63.15万亩。受淹学校93所，医院8所。企业受淹808家，其中停产半停产629家。死亡牲畜5 700头，家禽50万只。树木、林木损失85 000株，苗木受损面积2.24万亩。毁坏公路路基13.3千米，损坏堤防109处326千米，损坏水闸531座、机电泵站261座、桥涵288座。城区的王家塘小区、楚水湾小区、昭阳新村、城堡小区、交通新村、水利住宅区和水产养殖场等多地进水受淹，最大水深1.5米左右。

三、2007年大涝

2007年6月20日入梅至7月25日出梅，35天内共出现雨日21个，降雨总量551.6毫米，是常年的2.1倍。7月1日以来是降水集中时段，相继出现4场暴雨，特别是7月8日7时至7月9日7时的24小时降雨量达167.1毫米，降雨强度属历史罕见。7月3日以后，水位迅猛上涨，7月4日达1.8米水位警戒线，7月7日、8日水位分别为2.05米、2.48米，日涨幅分别是0.25米和0.43米。7月9日上午11时水位达2.91米，7月10日20时兴化地区水位达3.13米，超过警戒水位1.33米，比2006年高0.12米。

医药公司大楼受淹

随着水位的上涨，全市有170万亩耕地围水，150万亩耕地受涝。受灾人口达45.48万人，紧急转移22 240人，城乡居民住宅进水受淹26 105户，倒塌房屋957间。水产养殖受灾面积39.79万亩。公路中断长度16.1千米，82千米在建公路遭到不同程度的损坏。损毁闸站442座，其中圩口闸288座，排涝站154座；水毁圩堤土方143万立方米。全市城乡经济损失近10亿元。

四、2011年先旱后涝

2011年汛期是先旱后涝。当年春旱接夏旱，前期降雨一直偏少，给蚕豆结荚，大麦、小麦灌浆和油菜结籽都造成一定影响。至6月上、中旬，正值水稻播种（直播）和栽插用水集中时段，河网水位下降较快。据6月14日实测，兴化站水位0.89米，东北部的大营只有0.52米。西北部的沙沟从6月13日起水位连续下降至0.6米以下，6月21日最低水位仅0.35米。全市近万亩农田灌溉实施二级翻水。6月15日入梅，6月22日起出现降雨集中时段，6月26日超过1.8米的警戒水位。至7月14日最高水位达2.64米。持续的高水位造成了一定的灾情。据7月18日市民政局和防汛防旱指挥部办公室统计，全市农作物受灾面积75.4万亩，成灾面积46.6万亩，直接经济损失达2.46亿元。水产养殖受灾面积86 895亩，直接经济损失达8 581万元。房屋倒塌505间，其中居民住房141户335间，其他房屋170间。损坏房屋929间。

第二节　抗灾组织

每年汛前，兴化市委、市政府都根据人事变动情况及时调整市防汛防旱指挥部和城区防汛指挥部成员，并要求各乡镇、各部门及相关单位也相应调整和建立防汛指挥机构。市防汛防旱指挥部以市委办公室、市政府办公室、市委宣传部、市委农工办、市发展计划局（发展改革委员会）、市经贸委、市建设（住建）局、市财政局、市公安局、市民政局、市人武部、市水利（水务）局、市农业局、市农机局、市气象局、市供电局、市邮电局、市国土局、市水产局、市工商局、市商业局、市供销合作社、市物资局、市交通局、市环保局、市卫生局等部门及昭阳镇为成员单位。按照防汛防旱工作实行行政首长负责制的要求，市长任指挥，市委、市政府分管负责人，市人武部部长（或政委）、市水利（水务）局局长为副指挥。指挥部下设办公室，由市水利（水务）局副局长任办公室主任，资深股（科）长任办公室副主任，负责处理日常事务。在出现较大灾情后，进一步强化指挥机构。2003年、2006年和2007年都相应成立了雨情水情、宣传报道、物资协调、灾情统计、生产自救、综合服务、社会稳定等组织，相关部门负责人集中办公，及时协调解决防汛抗灾工作中出现的突出问题。

屯土包

筑坝

兴化市1999—2015年历年防汛防旱指挥部成员名录见表5-1。

表5-1　兴化市1999—2015年历年防汛防旱指挥部成员名录

年度	指挥	副指挥	成员
1999	周书国	张凤岗 王新桥 王枢门 刘文凤	姚醒民、苗永春、陆元年、崔明灿、陈　森、薛宏金、张怀信、纪元美、李桂顺、华荣辉、丁天方、程宏林、彭瑞庆、刘庄明、沈贵钧、魏家明、沈公伯、查长法、张连洲、常传林

（续表）

年度	指挥	副指挥	成员
2000	杭天珑	张凤岗 陶长生 张卫平 张连洲	王枢门、姚朋林、姚醒民、苗永春、陆元年、薛宏金、陈　森、迟开元、徐宝仁、张怀信、纪元美、李桂顺、华荣辉、丁天方、程宏林、彭瑞庆、刘庄明、周保太、魏家明、苍月岚、常传林
2001	吴　跃	范学忠 龚　智 金厚坤 张连洲	王枢门、姚朋林、姚醒民、苗永春、陆元年、薛宏金、陈　森、迟开元、徐宝仁、张怀信、纪元美、李桂顺、陈德根、华荣辉、丁天方、程宏林、彭瑞庆、刘庄明、周保太、魏家明、解明信、袁开健、苍月岚、单树桂、常传林、石小平
2002	吴　跃	范学忠 龚　智 金厚坤 顾国平 张连洲	王枢门、姚朋林、李山庆、陆元年、苗永春、薛宏金、陈　森、汪亚强、徐宝仁、迟开元、纪元美、李桂顺、彭瑞庆、王太德、李国宏、周天林、程宏林、刘庄明、周保太、魏有明、解明信、袁开健、沈贵钧、张国鉴、张　坤、石小平、常传林
2003	吴　跃	范学忠 金厚坤 龚　智 顾国平 张连洲	王枢门、姚朋林、李山庆、陆元年、薛宏金、陈　森、赵正元、迟开元、纪元美、王晓亮、彭瑞庆、王太德、李国宏、周天林、程宏林、蒋　林、魏有明、金加余、解明信、袁开健、韩中东、汤　澎、马昭龙、石小平、包振琪、单树桂
2004	吴　跃	范学忠 金厚坤 龚　智 顾国平 张连洲	王枢门、姚朋林、袁开健、李山庆、陆元年、薛宏金、陈　森、赵正元、迟开元、纪元美、张　忠、沈光寅、赵诗坤、彭瑞庆、王太德、周天林、陈茂旺、汤　澎、金加余、解明信、程宏林、韩中东、魏有明、蒋　林、马昭龙、石小平、包振琪、单树桂
2005	金厚坤	顾跃进 孟宪辉 顾国平 张连洲	王枢门、李　纲、李山庆、陆元年、陈　森、赵正元、迟开元、纪元美、张　忠、金加余、瞿　平、袁开健、蒋　林、虞　明、汤　澎、沈光寅、赵诗坤、彭瑞庆、王太德、周天林、陈茂旺、刘玉军、邹大林、马昭龙、韩中东、包振琪、石小平、单树桂
2006	唐文奇	金厚坤 顾国平 张连洲	陈有礼、袁士龙、李　纲、李山庆、陆元年、章　华、赵诗坤、汤　澎、纪元美、张　忠、杨加平、陆维珠、赵正元、陈　浩、金加余、沈贵钧、彭瑞庆、王太德、周天林、陈茂旺、刘玉军、袁开健、瞿　平、韩中东、余建东、唐永宏、邹大林、包振琪、石小平、胡建华

（续表）

年度	指挥	副指挥	成员
2007	李　伟	金厚坤 顾国平 张连洲	刘云山、蔡　莹、陈有礼、崔赟智、李　纲、李山庆、陆元年、章　华、赵诗坤、汤　澎、纪元美、张　忠、杨加平、陆维珠、赵正元、陈　浩、金加余、沈贵钧、瞿　平、彭瑞庆、王太德、周天林、陈茂旺、刘玉军、施迎春、赵文韫、余建东、唐永宏、邹大林、包振琪、石小平、胡建华
2008	李　伟	金厚坤 顾国平 包振琪	刘云山、蔡　莹、周福宏、曹建中、朱国金、李　纲、李山庆、杨　杰、赵诗坤、朱春红、张　澄、柴　进、蒋　林、陆维珠、赵正元、陈　浩、金加余、沈贵钧、瞿　平、彭瑞庆、王太德、周天林、陈茂旺、刘玉军、余建东、刘万福、邹大林、石小平、张　明、刘建才
2009	李　伟	金厚坤 朱国金 顾国平 包振琪	刘云山、蔡　莹、周福宏、曹建中、李　纲、李山庆、杨　杰、赵诗坤、朱春红、张　澄、柴　进、蒋　林、陆维珠、唐戎础、周进豪、金加余、沈贵钧、韩中东、瞿　平、彭瑞庆、耿永才、周天林、陈茂旺、刘玉军、余建东、刘万福、邹大林、石小平、张　明
2010	徐克俭	金厚坤 顾国平 包振琪	刘云山、刘　忠、邱传行、周福宏、花在明、李　纲、刘春龙、李山庆、杨　杰、朱春红、陈茂旺、丁　锋、张　澄、柴　进、沈德才、陆维珠、唐戎础、李从德、江义舟、华荣辉、韩中东、吴存发、耿永才、宋加宏、陈友洪、刘玉军、唐永贵、花军阳、邹大林、刘建才
2011	徐克俭	金厚坤 顾国平 包振琪	刘云山、刘　忠、邱传行、周福宏、花在明、李　纲、刘春龙、李山庆、杨　杰、朱春红、陈茂旺、丁　锋、张　澄、柴　进、沈德才、陆维珠、唐戎础、李从德、江义舟、华荣辉、韩中东、吴存发、耿永才、宋加宏、陈友洪、刘玉军、唐永贵、花军阳、邹大林、刘建才
2012	徐克俭	吉天鹏 徐立华 王吕忠 刘文荣 包振琪	吴海盈、刘　忠、韦雁国、沈卫国、刘定荣、唐永贵、徐学坚、卢存林、蒋　林、朱春红、徐志扬、陈茂旺、丁　锋、刘玉方、周新华、沈德才、曹逸锋、杨加安、杨基全、李从德、江义舟、张建华、韩中东、吴存发、陈友洪、王福全、钮月桂、刘玉军、杭爱兵、花军阳、邹大林、杨旭东
2013	徐克俭	吉天鹏 徐立华 王吕忠 刘文荣 包振琪	吴海盈、刘　忠、韦雁国、沈卫国、刘定荣、唐永贵、徐学坚、卢存林、蒋　林、朱春红、徐志扬、陈茂旺、丁　锋、刘玉方、周新华、沈德才、曹逸锋、杨加安、杨基全、李从德、江义舟、张建华、韩中东、吴存发、陈友洪、王福全、钮月桂、刘玉军、杭爱兵、花军阳、邹大林、杨旭东

（续表）

年度	指挥	副指挥	成员
2014	李卫国	吉天鹏 徐立华 王吕忠 戴荣军 刘文荣 包振琪	吴海盈、刘　忠、赵桂银、沈卫国、刘定荣、唐永贵、徐学坚、卢存林、蒋　林、朱春红、徐志扬、陈茂旺、丁　锋、杨　波、王　波、沈德才、曹逸锋、杨加安、顾　安、李从德、江义舟、张建华、韩中东、吴存发、苏林华、王福全、钮月桂、陈茂贵、杭爱兵、花军阳、邹大林、杨旭东
2015	李卫国	吉天鹏 徐立华 王吕忠 戴荣军 刘文荣 包振琪	吴海盈、刘　忠、赵桂银、沈卫国、刘定荣、唐永贵、徐学坚、卢存林、蒋　林、朱春红、徐志扬、陈茂旺、丁　锋、杨　波、王　波、沈德才、曹逸锋、杨加安、顾　安、李从德、江义舟、张建华、韩中东、吴存发、苏林华、王福全、钮月桂、陈茂贵、杭爱兵、花军阳、邹大林、杨旭东

第三节　抗灾措施

防灾抗灾措施包括工程措施和非工程措施两个方面。工程措施是防灾抗灾的物质基础，非工程措施则从责任制和预案等方面为防汛抗灾提供保障。

一、工程措施

每年汛前，市水利（水务）、市农机、市供电、市电信等部门的乡镇机构都联合组织对本乡镇辖区范围内的圩堤、圩口闸、排涝站等开展检查，摸清工程现状，针对存在的问题和隐患，落实相应的工程措施，并确保在主汛期到来之前处置完毕。工程措施主要包括以下几项：

组织对圩堤险工患段突击除险加固。重点放在庄圩、场圩和乡镇接合部等方面。

抓好圩口闸闸门启闭、止水检查调试，闸槽清淤，排涝站机电设备和水泵的维修保养及试车运行。

继续开展河湖清障和河道清淤疏浚工作。对引排水骨干河道中设置的鱼簖、网箔和大罾等捕鱼设施，在汛前做好调查登记，入汛后根据引水抗旱和防洪排涝的需要，做好清除工作。对淤浅的河道，列为汛前急办工程抓紧组织清淤疏浚，保证水系畅通。

加快在建工程建设进度。对新建和改造的圩口闸及排涝站等抗灾工程，监督施工单位在保证质量的前提下努力加快施工进度，确保在主汛期前竣工，汛期发挥效益。对部分在主汛期前确实难以完工的跨汛期工程，要力争完成主体工程水下部分，并及时制定预案，落实防范措施，构筑和加固施工围堰，确保安全度汛。

二、非工程措施

制订各类调度方案。主要包括：水位控制方案，明确入梅前和入梅后河网水位控制要求；联圩闭口方案，根据联圩内部田面高程确定联圩闭口关闸的水位；河湖清障方案，入汛以后和出现2.5米以上水位时，必须清除的骨干河道中的阻水障碍；滞涝方案，分别确定在2.5米水位、3.0米水位和3.0米以上水位时需实施滞涝的湖荡和副业圩个数及面积；2.5米水位的应急预案；3.0米水位的联防自保方案和抗旱调度方案。

在总结1991年特大洪涝灾害时，大家一致认为湖荡及滩地的围垦减少了调蓄面积，致使高水位持续时间长，造成的损失较为严重。江苏省防汛防旱指挥部派员对里下河地区各县（市）湖荡滩地围垦情况进行了实地查勘编号。在此基础上，省政府以苏政发〔1994〕44号文件发出通知，对各县（市）的湖荡滩地滞涝提出了明确的要求。兴化市根据省政府文件精神，分别制订了湖荡滞涝计划、第一批（2.5米水位）滞涝计划、第二批（3.0米水位）滞涝计划和第三批（3.0米以上水位）滞涝计划，合计滞涝面积199.40平方千米。

兴化市主要湖荡滞涝计划见表5-2。

兴化市第一批（2.5米水位）滞涝计划见表5-3。

兴化市第二批（3.0米水位）滞涝计划见表5-4。

兴化市第三批（3.0米以上水位）滞涝计划见表5-5。

表5-2　兴化市主要湖荡滞涝计划

湖荡名称	所属乡镇	面积（平方千米）	说明
大纵湖	中堡	12.07	包括86、87、88号全湖面积
吴公湖	中堡、缸顾	16.18	包括99号全湖面积
平旺湖	缸顾、李中	3.68	包括103、104号的全湖面积
郭正湖	沙沟、周奋	6.46	包括81号在内的全湖面积
乌巾荡	西鲍、西郊、昭阳	2.90	全荡面积
合计		41.29	

表5-3　兴化市第一批（2.5米水位）滞涝计划

序号	圩（湖）名称	省编号	原属湖荡	所属乡镇	面积（平方千米）	说明
1	南　荡	83	南荡	沙沟、周奋	6.02	含时堡东荡
2	得胜湖	121	得胜湖	城东、林湖、垛田	11.43	
3	团头荡	74	广洋荡	沙沟	0.69	
4	官庄荡	77、78	官庄荡	沙沟	3.15	
5	广洋荡	89	广洋湖	沙沟	7.47	
6	王庄荡	79	王庄荡	沙沟	9.14	
7	花粉荡	82	花粉荡	沙沟、周奋	3.43	

（续表）

序号	圩(湖)名称	省编号	原属湖荡	所属乡镇	面积(平方千米)	说明
8	癞子荡	127、128	癞子荡	垛田、竹泓、林湖	6.14	含芦洲东南荒
9	南北蒋滩	112	草荡	海南、林湖、昌荣	7.49	
10	徐马荒	114	草荡	西郊、李中	3.66	
11	李西河西		洋汊荡	李中	3.07	
12	东风圩	89	洋汊荡	李中	3.32	
13	苏刘圩	94	洋汊荡	李中	5.34	
14	苏宋圩	97	洋汊荡	李中	2.22	
15	土桥北圩	107	吴公湖南荡	西鲍	4.17	
16	东西荡圩	109	荒草滩	海南、城东、西鲍	4.80	
17	荡朱东圩	115	草荡	西郊	1.37	
18	杨道人圩	105	吴公湖南荡	中堡	3.63	
19	付堡南荒	90	洋汊荡	周奋	0.67	
20	刘泽圩	111	荒草滩	海南	0.97	
21	草冯北圩	113	草荡	安丰、昌荣	1.71	
22	李中河东		洋汊荡	周奋、李中	2.63	
23	李中河东之一	95	洋汊荡	缸顾	2.13	
24	李中河东之二	98	洋汊荡	李中	1.96	
	合计				96.61	

表 5-4　兴化市第二批(3.0 米水位)滞涝计划

序号	圩(湖)名称	统一编号	原属湖荡	所在乡镇或单位	面积(平方千米)
1	龙西圩	75	王庄荡	沙沟	0.48
2	傅堡圩	91	洋汊荡	周奋	4.55
3	三角圩	100	草荡	中堡	1.37
4	蒋鹅圩	101	草荡	李中	0.90
5	平旺湖边	102	平旺湖	李中	1.58
6	新丰北圩	106	平旺湖	西郊	0.50
7	王家圩	117	草荡	西郊、昭阳	4.97
8	南山南圩一	123	草荡	昭阳	2.26
9	南山南圩二	125	耿家荡	昭阳	0.17
10	前二圩	126	癞子荡	垛田	2.59

（续表）

序号	圩(湖)名称	统一编号	原属湖荡	所在乡镇或单位	面积(平方千米)
11	广积粮圩	129	草荡	林湖	1.62
12	毕榔圩	130	癞子荡	竹泓	0.74
13	渭西圩	132	草荡	竹泓	2.19
14	海陵溪圩	133	河滩	开发区	0.30
15	陈堡西北圩	134	草荡	陈堡	1.59
16	梁山荒圩	116	草荡	西郊、昭阳	3.70
17	仲寨荒圩			周奋	1.31
18	冯家圩	84	王庄荡	沙沟	0.61
	合计				31.43

表5-5　兴化市第三批(3.0米以上水位)滞涝计划

序号	圩(湖)名称	统一编号	原属湖荡	所在乡镇或单位	面积(平方千米)
1	严家圩	76	广洋湖	沙沟	2.05
2	友谊圩	85	大纵湖	中堡	3.47
3	斜沟圩	92	傅堡荡	周奋	7.55
4	苏宋圩	97	洋汉荡	李中	4.20
5	西鲍圩	108	吴公湖南荡	西鲍	2.24
6	塔东圩	110	荒草滩	良种场	2.18
7	刘南圩	118	得胜湖	城东	1.41
8	沈幸圩	119	得胜湖	城东	0.88
9	跃进圩	120	得胜湖	林湖	2.02
10	泗洲圩	102	耿家荡	昭阳	2.04
11	袁南圩	124	耿家荡	昭阳	0.95
12	新建圩	131	癞子荡	临城	1.79
13	南北蒋滩	112	草荡	海南、林湖、昌荣、安丰	0.80
14	吴公湖水产圩	99	吴公湖	中堡	2.70
	合计				34.28

滞涝总面积=主要湖荡41.29+第一批96.61+第二批31.43+第三批34.28=203.61(平方千米)

落实防汛工作责任制。防汛防旱工作实行各级行政首长负责制。各级各部门的行政首长对本地区本系统的防汛防旱工作负总责，分管负责人具体落实。各部门和各单位根据自身工作职能明确本部门、本单位在防汛抗灾中的岗位责任。对各个单项工程，包括圩堤、圩口闸和排涝站，都明确具体的行政负责人和技术负责人。落实乡镇干部包保责任制，做到乡干部包联圩、包村庄，村干部包圩段、圩口闸和排涝站，逐个落实圩长、口长、站长，做到一级抓一级、一级对一级负责，形成责任网络。同时，明确防汛值班责任制，及时搞好上传下达，准确观测并记录好水情、雨情，确保24小时不离人。

抓好防汛抢险物资储备。防汛物资是保证防汛工作有序进行的重要物质基础。对上级下达的防汛抢险物资储备任务，及时抓好分解，把任务指标落实到相关部门和单位，完善国家、集体、个人相结合的办法，形成市、乡、村、群众四级物资储备体系。按照就地储备的要求，制定相应的办法，动员群众储备编织袋、草包等，做到备物资于基层，保证用之即有、用之即调，为及时就近抢险创造条件。

建立抢险突击队伍。按照宁可备而不用、不可用时无备的要求，坚持以基干民兵为主体，建立抢险队伍，并组织好抢险演练。在汛情持续紧张时，抢险队伍集体食宿，集结待命，对险工患段等薄弱环节做好日夜巡查，一旦发现险情即迅速投入抢险。

第四节　抗灾经费和物资

防汛排涝和抗旱经费由省、地（市）财政部门根据当年的灾情批拨，县（市）财政也相应拨出专款，作为对受灾较重的乡镇和单位抗灾的补助。1999—2015年，兴化市民政部门累计下拨救灾资金992万元，用于对2003年、2006年和2007年雨涝灾害中受灾群众的困难补助。

抗灾所需的能源、物资在计划经济时代由有关部门组织供应。例如，供电部门通过调荷节电、交叉送电等方法，尽量满足防汛防旱的用电需要。物资、商业、供销等部门每年按照市防汛指挥部制定的指标，储备一定数量的柴油、木材、草包、编织袋、毛竹、杂棍、铁丝等物资器材，供防汛防旱时统一调度使用。在市场经济条件下，市、乡两级防汛防旱指挥机构则与有关经销商或个体老板签订协议，或者下达指标任务，委托其代为储备，汛期结束后给予一定的储备保管费用。近几年来，市水务部门利用水利物资储运站（已改制）原有的仓库，维修和购置了一批抢排泵和电动机，以支持各地突击抢排内涝和抗旱时实施二级翻水。在2003年、2006年和2007年防汛排涝紧张时刻，江苏省和泰州市防汛防旱指挥部曾先后紧急调运编织袋、水泵等抢险物资支援兴化，省和泰州市红十字会也先后组织救灾物品援助兴化灾民*。

第五节　重大抗灾纪实

一、2003年排涝

2003年，兴化梅雨成涝。自6月21日入梅后，降雨频繁，加之周边地区降雨强度较大，形成了四

* 1999—2015年，江苏省和泰州市批拨给兴化的抗灾经费和兴化市财政同期支出的抗灾专款数额因财政部门无法提供，故没有在正文中表述。

水投塘的局面，导致河网水位上涨较快。7月1日，兴化站水位达1.81米，突破1.80米的警戒水位线，并有继续上涨的趋势。

面对日趋严峻的汛情，兴化市委、市政府把排涝抗灾作为当时的工作重点，分析形势，明确责任，落实措施，动员全市上下全力以赴投入防汛抗灾斗争。

7月2日，兴化水位达2.16米，兴化市委、市政府召开由市四套班子成员、市防指成员单位负责人和各乡镇主要负责人参加的紧急电话会议，提出在2.5米水位情况下保生命、保财产、保生产的“三保”并重方针，完善专人值班、领导带班和汛情、灾情报告制度，要求各部门认真履行职责，落实排涝抗灾的各项措施，不失时机地抓好秋熟作物田间管理。

7月4日，兴化水位达2.45米。兴化市委、市政府再次召开紧急会议，部署防汛清障工作。按照属地管理的原则和河道无捕鱼设施、狭窄河段无停泊船只、河道水面无漂浮物的要求，下达必须在24小时内完成22条市级骨干河道的清障任务，以保证河道行水畅通无阻。

7月5日，兴化水位已达2.68米，并呈继续上涨趋势。兴化市委、市政府召开市四套班子成员和防指成员单位负责人会议，明确各领导成员分工挂钩到有关乡镇，21个部门挂钩到重点乡镇，落实工作责任制，检查指导防汛抗灾工作。同时，市防汛指挥部强化指挥体系，成立综合办公室、行政组、雨情汛情信息组、新闻组、抗灾自救组、社会稳定组，明确牵头责任人。相关部门负责人到岗到位，集中办公，协调指挥抗洪救灾工作。市委、市政府要求各级领导强化责任意识，靠前指挥、严明纪律、形成合力，努力做到“转移群众保生命，除险加固保安全，抢排涝水保生产，河道清障保畅通，泄洪滞涝保大局”，把灾情控制在最低限度。

在抗灾斗争中，全市开启固定排涝站862座、抢排泵站130座，投入抢排泵1 100台、流动机船6 000多条，抢排涝水。全市投入编织袋560万只，柴油2 400吨，电力670万度，杂棍、毛竹32万根，木材700立方米等防汛抢险物资。

灾情发生后，水利部、江苏省委省政府、泰州市委市政府以及相关部门对兴化市的抗洪救灾工作给予了高度重视。时任水利部副部长陈雷，省长梁保华，省委副书记张连珍，副省长黄莉新、何权、黄卫等，先后到兴化视察、了解灾情，慰问受灾群众，指导抗灾工作。省、市水利主管部门调集了一批编织袋和水泵支持兴化抗灾工作。在汛情基本稳定后，市委、市政府又及时部署灾后自救、防疫灭病和恢复农业生产工作，努力降低灾害损失。

二、2006年排涝

2006年对于兴化来说又是一个梅雨成涝的年份。自6月21日入梅后，即出现连续降雨过程。尤其是6月30日至7月4日的5天时间内，降雨强度大，覆盖范围广。市境西北部和东北部大强度降雨在一定程度上阻断了涝水入海出路，河网水位上涨迅猛，7月5日达3.01米，各行各业损失较为严重。城区多处小区居民住宅进水，最大水深1.5米左右。

灾情发生后，各级领导对兴化的防汛救灾工作十分重视。时任江苏省副省长张九汉、黄莉新，泰州市市长姚建华、市委书记朱龙生，国家防总办公室副总工程师程涛，先后亲临兴化了解灾情，指导防汛救灾工作。市委、市政府按照“保生命、保财产、保生产”的要求，动员和组织全市广大干部群众全力投入防汛救灾工作，千方百计减轻灾害损失。

强化组织领导。6月30日突降暴雨后，市政府于7月1日召开会议，对各乡镇、各部门防汛工作进行专题部署。7月2日，当兴化水位突破2.5米，又召开防指成员单位负责人会议，进一步明确防汛抗灾工作要求。晚8时，市委、市政府召开防汛排涝紧急电话会议，要求各地把防汛救灾作为头等大事，狠抓各项措施落实。7月3日，市委、市政府抽调机关34名副局职以上干部分赴各乡镇，具体指导防汛救灾工作。在城区，落实有关部门与社区挂钩，共同做好低洼地域抢排和受淹群众转移安置工作。

落实防汛责任。市四套班子全体负责人分工包片。各乡镇、村全体干部到岗到位，靠前指挥，做到乡干部包干到圩，村干部包干到泵站、闸口，对联圩、排涝站和圩口闸逐一落实圩长、站长、口长，建立一级抓一级、一级对一级负责的包保责任制。

执行应急预案。从7月2日起，认真组织实施2.5米水位应急预案。相关部门集中办公，成立雨情水情、宣传报道、物资协调、灾情统计、生产自救、综合服务、社会稳定等9个小组，及时解决全市防汛抗灾工作中的突出问题。按照属地管理原则，实施市级骨干河道清障方案，突击清除骨干河道中的捕鱼设施、河道狭窄段停泊的船只和水上漂浮物。水务、水产、公安等部门实施检查督促，共清除阻水障碍1 800多处。实施既定的联圩闭口方案，要求全市所有联圩全部闭口投入排涝。从7月4日起实施第一批湖荡、副业圩滞涝计划。

全市关闭圩口闸3 300座，堵闭和加固土口门400多个，投入抗灾人数40多万人次，其中参加抢险的25万人，投入柴油机8 000台，10.95万千瓦，电动机1 800台，12.1万千瓦。耗用编织袋、麻袋590万只，木材3 000立方米，毛竹36万支，柴油3 100吨，用电650万度，累计投入排涝费用1.1亿元。

狠抓生产自救。随着雨止和水位下降，兴化市委、市政府要求各行各业和各乡镇一手抓排涝除渍，一手抓生产自救。实地察看灾情，核实受灾面积，落实补救措施。农业部门及时提出农作物生产自救的措施，水产部门提出灾后渔业复产工作意见，卫生部门开展防疫灭病工作。

三、2007年排涝

2007年，兴化从6月20日入梅至7月25日出梅，梅雨期历时35天，梅雨总量551.6毫米，是常年的2.1倍。7月1日以后是降雨集中时段，全市出现4场暴雨，导致水位急剧上涨，7月10日水位达3.13米，比2006年高0.12米。全市城市和农村合计经济损失近10亿元。

灾情发生后，中央电视台新闻采访指导组，国家农业部灾情调查组，江苏省委副书记张连珍、副省长黄莉新、省军区有关领导以及民政厅、水利厅、财政厅、卫生厅、环保厅、农林厅、海洋与渔业局等省级部门负责人，泰州市委书记朱龙生、市长姚建华，泰州市委常委、秘书长周家新，泰州市副市长丁士宏，泰州市防指副指挥唐勇兵、防办主任胡正平等先后深入兴化农村、工厂和社区具体指导防汛救灾工作。江苏省防指、泰州市防指先后紧急调运抢险救灾物资全力支持兴化。江苏省和泰州市红十字会迅速组织救灾物品援助兴化灾民。兴化市委、市政府根据雨情、水情变化，适时启动相应防汛工作预案，动员和组织全市广大干部群众立足自我，积极投入防汛抗灾工作。

切实加强领导。7月7日召开全市防汛排涝紧急电话会议，市委、市政府有关领导进一步明确防汛排涝工作措施，要求各级党政组织集中人力、物力、财力，全力以赴抓好防汛抗灾工作。7月9日清晨，先后召开防指成员单位负责人会议和市四套班子全体负责人会议，进一步重申当前防汛抗灾工作要求，加大全市城乡防汛抗灾督促检查力度。市防汛防旱指挥部和城区防汛指挥部相继集中办公，强化领导，科学调度。同时，城区还落实有关部门与社区挂钩，共同做好低洼地域抢排和受淹群众转移安置工作。

落实防汛责任。按照防汛抗灾责任制的要求，市四套班子全体负责人和各乡镇、村全体干部到岗到位、靠前指挥，做到乡干部包干到村到圩，村干部包干到段到闸站，对联圩、排涝站、圩口闸逐一落实圩长、站长、口长。

集中力量排涝。实施既定的联圩闭口方案，要求农业圩全面闭口，开动所有的排涝设施，抽排预降到田面挂坎0.8~1.0米。全市共关闭圩口闸3 300多座，开启排涝站950多座，投入排涝动力3.5万千瓦。实施市级骨干河道清障方案，达到骨干河道无捕鱼设施、河道狭窄处无停泊船只、水上无漂浮物的要求。

确保人民生命财产安全。组织乡村和社区干部逐一走访受淹户，拨付救灾预备金，做好重灾户投亲靠友、转移安置工作，努力化解各类矛盾，全力维护社会稳定。

强化卫生防疫。在全力抓好防汛排涝的同时，把涝灾期间和灾后的防疫作为一项重要的工作，坚持抓好自来水厂的抽水消毒工作，组织专门送药队伍挨家挨户发放泡腾片进行饮水消毒，确保城乡居民饮水安全卫生。

组织生产自救。当汛情稍有缓解，市防汛指挥部即发出紧急通知，要求把工作重点及时转移到生产自救上来，不失时机抢抓晴好天气，全面落实补救措施，突击排涝降渍，加强田间管理，搞好技术指导，抓好补种改种，力争把灾害损失降到最低。

四、2011年抗旱排涝

为抓好2011年防汛防旱工作，市防汛防旱指挥部及早部署汛前检查工作，落实除险加固措施，积极应对严峻形势，切实加强组织领导。在出现旱情时，为了确保直播田块水稻发芽成长和机插秧田块适时栽插，做到不误农时，市防汛防旱指挥部于6月21日发出《关于切实抓好当前抗旱工作的紧急通知》，要求各地切实加强对当前抗旱工作的领导，帮助旱情比较严重的行政村、自然村和田块落实抗旱工作措施，解决具体困难。对水稻灌溉有困难的村、组和农户，组织力量采取淘深机塘、清淤疏浚生产河和实施二级翻水等措施，并要求做好两手准备，防止旱涝急转。

2010年，江苏省防汛防旱指挥部将兴化市的警戒水位从1.8米调整为2.0米。在河网水位突破警戒水位并呈持续上涨趋势时，兴化市委、市政府和防汛防旱指挥部于7月11日采取下发紧急通知、召开防指成员单位负责人会议等措施，通报防汛形势，明确防汛抗灾要求。7月12日，市委、市政府从机关各有关部门抽调副局长以上干部组成8个工作组，分赴各乡镇检查指导防汛工作。市四套班子负责人从7月13日起按照工作联系点责任分工，分赴有关乡镇指导防汛排涝工作。全市先后有33个乡镇312个联圩投入排涝，关闭圩口闸3 347座，排涝站开机683座，排涝流量达1 366米^3/秒，有效降低了灾害损失。

第六章

水利普查

2010年1月11日，国务院以国发〔2010〕4号文件发出《关于开展第一次全国水利普查的通知》，决定从2010年至2012年开展全国第一次水利普查。

水利普查是一项重大的国情国力调查，是国家资源环境调查的重要组成部分。开展全国水利普查是为了查清江河湖泊的基本情况，掌握水资源开发、利用和保护现状，摸清经济社会发展对水资源的需求，了解水利行业能力建设情况，为国家经济社会发展提供可靠的基础水信息支撑和保障。

根据上级的要求和部署，兴化市水利普查工作在2010年10月成立领导小组，制定实施方案，落实办公地点和经费的基础上正式启动，从2011年4月15日领导小组办公室工作人员集中办公开始正常普查工作，到2013年4月25日完成《兴化市第一次全国水利普查项目执行情况报告》结束。

第一节　组织领导

加强领导是完成水利普查工作各项任务的组织保证。为了加强对水利普查工作的领导，兴化市政府办公室于2010年10月13日以兴政办发〔2010〕163号文件发出《关于成立兴化市水利普查工作领导小组的通知》。由市人民政府副市长顾国平任组长，市政府办公室副主任李维干、市水务局局长包振琪、市统计局局长丁天方为副组长，市委宣传部、市发改委、市财政局、市环保局、市住建局、市水务局、市人武部军事科等单位相关负责人为成员，并决定领导小组下设办公室，办公室设在市水务局，水务局副局长刘建才任办公室主任。

2010年10月13日，兴化市水务局以兴水务〔2010〕103号文件下发《关于组建兴化市第一次全国水利普查领导小组办公室的通知》，任命水务局副局长刘建才为办公室主任，水务局工程管理科副科长魏华为副主任，机关各科室、直属单位的主要负责人为成员。同时，明确水利普查办公室的主要任务是承担兴化市第一次全国水利普查领导小组日常工作，具体负责水利普查的组织实施和有关普查数据的填报、汇总、审核、上报。

市水务局从职能科室抽调了13名责任心强、业务素质高、有专业特长的技术人员作为水利普查办公室的工作人员，并确定水务局农村水利科、排灌科、人事科、工程管理科、水工程管理处、水政水资源科、水资源管理办公室等单位为水利普查技术支持单位，具体负责水利普查的技术服务和指导工作。

同时，建立和完善了从上到下的普查网络。市水利普查领导小组办公室下设综合组、宣传组、数据组，分设了6个专业组，分别是水利工程组、河湖组、灌区组、地下水组、经济社会用水组、行业能力组，分别落实了工作人员和档案管理人员。将全市水利普查工作划分为九大片区，35个乡级普查区、684个村级普查区（614个行政村、70个居民委员会），每个乡镇配备2名普查指导员，计70人，每个行政村和居委会配备1名普查员，计684人，从而形成了以村为基础清查登记、以乡镇为单元填报复核、以市为整体汇总审查的水利普查工作管理网络。

第二节 普查人员选聘与培训

为保证水利普查工作顺利进行，市水务局根据上级文件精神，要求各水务站认真做好普查指导员和普查员选聘工作。普查指导员和普查员可以从国家机关、企事业单位的专业或公职人员中协商调用，也可以向社会公开招聘熟悉当地情况的有关人员。普查指导员和普查员必须具备一定的文化程度，工作认真负责，熟悉当地情况，了解水利知识，热心水利事业等。全市共配备水利普查指导员 70 名（每个乡镇政府 1 名，水务站 1 名），普查员 684 名（每个行政村 1 名，每个居委会 1 名）。

对普查指导员、普查员的业务培训主要分阶段和三个层次（县级、乡镇级、村级）进行。市普查办公室的工作人员积极参加上级举办的国家级、省级第一阶段、第二阶段的培训，累计参加培训达 115 人次。通过培训，熟悉普查表格内容和填表说明，深刻领会各种报表之间的关系。

第一阶段培训工作。2011 年 3 月 12—15 日，召开水利普查动员及乡镇水利普查工作培训会，重点对水利工程、经济社会用水、水利单位、灌区、河湖等七个专业内容及清查登记表填写进行详细讲解，水利普查办公室、水务站、统计站抽调的水利普查指导员、普查员 88 人参加集中培训。2011 年 4 月 10 日，举办水利普查指导员培训班。各乡镇水务站站长和工程员、各水利普查专业组成员参加培训。培训结束后，各乡镇级普查指导员、普查员先后组织开展了村级普查员培训工作，并结合镇村水利实际，分三期对清查登记、台账建设、表格填报等环节及技术要求展开培训，累计培训达 1 800 多人次。

第二阶段培训工作。2011 年 6 月 8—9 日，组织召开水利普查第二阶段县级培训会议。针对普查数据获取、数据审核分析、普查表填报等内容，对县级、乡镇级普查指导员、普查员 80 多人次进行了集中培训。2011 年 6 月 12—25 日，数据采集工作培训会在各乡镇相继召开。累计召开培训会 35 场次，全市 684 名村级普查员参加培训。2011 年 7 月 14—15 日，举办兴化市第一次全国水利普查第二次普查员培训班，各乡镇水利工程员、各水利普查专业组成员参加。2011 年 11 月，各乡镇再次召开村级普查数据预审平衡及填报培训会，累计培训人数达 1 100 多人次。

通过培训，相关人员明确了普查对象为兴化市境内所有的河流湖泊、水利工程、水利机构以及重点社会经济取用水户。同时，明确了普查的内容主要包括五个方面：河流湖泊基本情况，包括数量、分布、自然和水文特征等；水利工程基本情况，包括数量、分布、工程特征和效益等；经济社会用水情况，包括分流域人口、耕地、灌溉面积以及城乡居民生活和各行业用水量等；河流湖泊治理和保护情况，包括治理达标状况、水源地和取水口监管、入湖河排污口及废污水排放量等；水利行业能力建设情况，包括各类水利机构的性质、从业人员、资产、财务和信息化状况等。

第三节 实施步骤

水利普查涉及面广，内容比较庞杂，工作量巨大，且要求比较严格，因此，搞好水利普查工作必须做到认真谋划，准备充分，严格按照上级相关时间节点要求开展各项工作。兴化市的水利普查工作经历了准备、实施和验收三个阶段。

一、准备阶段

兴化市第一次全国水利普查工作于2010年10月正式启动。此前所做的准备工作主要包括：成立兴化市第一次全国水利普查工作领导小组及领导小组办公室，为水利普查工作的顺利推进提供了组织保障；编制印发《兴化市第一次全国水利普查实施方案》，对水利普查的对象、内容、要求、实施步骤、组织机构等作出明确规定，为水利普查工作的实际操作提供了规范；按照国家制定的普查经费编制标准，编制报批水利普查工作经费，为水利普查工作的开展提供了经费保证；研究制定兴化市水利普查各阶段具体工作方案及技术规定，如普查台账建设规定及人员分工、普查数据处理方案、普查工作制度、普查质量控制细则及人员分工、普查网络控制图等，并陆续开展了落实办公场所、购置办公设施、抽调技术人员组建普查专业小组、策划发动水利普查宣传、组织参加国家和省市级水利普查业务培训、召开各专业水利普查专题研讨会等一系列工作。尤其在宣传工作上，采取多种宣传方式，多渠道、多角度地深入宣传。在广场醒目位置悬挂宣传横幅，发放水利普查宣传单；结合一年一度的水法宣传周，发放印有水利普查标准的宣传印刷品；出动宣传车辆下乡到村，在农村公共场地摆台设点，开展定点集中宣传，现场解说水利普查的重要意义；普查指导员、普查员深入村、组、户和企业开展宣传活动，主动与群众沟通、交流，解答群众疑问；编发水利普查简报，及时通报水利普查工作动态，扩大水利普查工作宣传的覆盖面，提高对水利普查工作重要性的认识，激发广大群众和企业参与并支持水利普查工作的积极性。

二、实施阶段

水利普查实施阶段主要包括：清查阶段、普查阶段、数据预平衡阶段。

（一）清查阶段（2011年1月至6月）

开展清查登记、台账建设和现场调查等工作。在保证质量的前提下，各级普查人员严格按照“在地原则”，对全市3万多个清查对象进行清查登记与核实；对275家需要建立台账的取用水单位名录信息进行核实和采集。共计下发水利工程、经济社会用水、河湖开发治理保护、水利行业能力、灌区等各类清查表格600多套（含台账名录表），收回587套。各普查专业组采取查阅资料、实地走访等形式对清查登记表、台账名录表进行了审核、增删、录入与上报。

这一阶段重点抓台账建设这一重要环节。市水利普查办公室坚持从基层入手，首先组织普查指导员和普查员进行台账建设培训，认真落实《第一次全国水利普查台账建设技术规定》，在乡级普查员掌握了台账建设的相关步骤与程序后，再整理发放台账表和台账辅助表，并及时督促各乡镇普查员按月上报。在台账建设过程中，市普查办公室组织熟悉专项技术的人员对各乡镇的台账建设进行实地指导，对不符合技术要求的台账进行纠正，对需要估算的数据请示市局工程师把关和指导，并协助用水单位选择用水计算方法，要求相关取用水单位根据实际情况建立辅助台账表。全市共建立台账275个，其中灌区台账1个，工业用水户135个、建筑业5个，住宿餐饮业80个（含第三产业用水大户2个），河湖取水口54个。

在清查登记过程中，采用了全程质量控制、全员质量控制等多种方法加强质量管理。普查办公室结合政府机关部门已有的基础资料编制清查名录，与国务院普查办公室下发名录比对分析，增加遗漏，删除重复。根据全市划分的九个普查片区的情况，结合工作地底图，由各专业组采取查阅资料、抽查走访、现场核对等方式分项对登记表进行审核并最终确认。对漏报和错报，乡镇及时予以细查，并派专业人员亲临现场指导更正，使之达到“数据来源有据、真实可靠、正确完整”的要求。把质量控制工作作为清查工作的出发点和立足点，贯穿于工作中的每一个环节，不断增强质量意识。清查对象数据审核严格按照泰州市水利普查办公室清查阶段审核抽查验收要求认真执行，对清查数据进行表内、表间逻辑及数量关系分析，确保清查对象差错率小于3%。

通过清查，基本摸清了2010年来兴化市水利工程现状和水利行业各相关单位的家底。

1. 水利工程5 997个，其中水闸3 718个，泵站1 192个，堤防工程334段，农村供水工程73处，塘坝680处。

2. 经济社会用水对象386个，其中农村居民生活用水户60户，城镇居民用水户40户，规模化养殖场33个。灌区调查对象1个，公共供水企业32个，工业用水户135户。建筑业5家，第三产业80个(三产大户2个，住宿餐饮企业78个)。

3. 河湖开发治理保护对象1 283个，其中河湖取水口299处(规模以上56处)，地表水水源地32个，治理保护河流31条，治理保护湖泊2段，入河湖排污口919个(规模以上9个)。

4. 行业能力对象65个，其中水利行政机关1个，水利事业单位39个，水利企业3个，系统外水利企业22个。

5. 水土保持1张，灌区工程1个，灌溉面积对象680个，流动机船9 837条。

6. 地下水井21 137眼，人力井20 997眼，规模以上自备井140眼。

同时，通过清查，基本反映出兴化市水资源开发利用现状。

1. 居民生活用水量4 306.31万立方米，其中城镇居民生活用水2 360.42万立方米，农村居民生活用水1 945.89万立方米。

2. 农业灌溉用水116 183.55万立方米(含抽水机抽水灌溉)。

3. 畜禽用水600.51万立方米，其中大牲畜6.20万立方米，小牲畜292.42万立方米，家禽301.89万立方米。

4. 工业用水3 918.05万立方米，其中高耗水工业净用水3 561.74万立方米，一般工业净用水356.31万立方米。

5. 建筑业用水20.60万立方米。

6. 第三产业用水23.43万立方米，其中住宿、餐饮业19.16万立方米，其他第三产业4.27万立方米。

7. 生态用水499万立方米。

8. 全市毛用水量125 913.83万立方米，净用水量124 950.93万立方米，输水损失962.90万立方米。

9. 全市供水总量13 886.13万立方米。地下水供水总量802.41万立方米，地表水供水总量13 083.72万立方米。

(二) 普查阶段(2011年6月至12月)

开展了普查动、静态数据采集，普查草表预填和普查对象的标绘等工作。市水利普查办公室工作人员利用基层台账管理系统新增的“模版”功能，下载发放各专业普查空白表草表5 000多份(含台账表)，由乡村两级普查员逐项进行数据采集与填写，总计收回4 983份。市各专业普查组长对每张草表的动静态数据的合理性进行逐项分析，确保了时间节点内电脑系统数据审核工作的圆满完成。此间，各级普查人员积极配合省水文局完成了全市各级河道底图、普查对象工作底图等标绘工作。

（三）数据预平衡阶段(2012年1月至6月)

实施普查数据系统录入，坚持双人双机背对背录入，严格实行数据预审、分专业详审、跨专业联审、计算机机审、跨部门审定等五级审核，确保数据真实、完整、准确无误。实施动态数据预平衡及表间关联关系确认。在泰州市水利普查办公室指导下，对普查对象开展现场核实、业内调整、审核整改、关联关系确认、经济社会用水量汇总、数据系统录入等工作。

三、验收阶段

（一）数据验收阶段(2012年6月至12月)

这一阶段在省市专家组指导下，主要完成了普查数据平衡处理、数据审核验收和正式普查表填表上报等工作，全面完成了5 000多份普查正式表的填写和上报工作。完成了经济社会用水量数据平衡、调整及审核汇总工作。

（二）档案验收阶段(2012年7月至12月)

根据上级关于水利普查档案管理工作的要求，2011年11月兴化市水利普查领导小组办公室专门成立了档案管理工作领导小组，明确了组长、副组长、专职档案员和各专业的档案员，及时抓好各项普查资料的归档和立卷工作。在通过泰州市、江苏省、国务院水利普查办公室数据审核验收的基础上，市水利普查领导小组办公室按照《水利普查档案管理办法》和《水利普查档案验收办法》的具体要求，完成了水利普查档案归类立档工作，并于12月25日向上级水利普查办公室提出验收请求。12月26日通过省市专家组档案专项验收。

（三）资金审计阶段(2013年1月至3月)

兴化市水利普查领导小组办公室委托兴化市兴财会计事务所，对全市水利普查经费使用与管理进行审计，形成审计报告并完成上报。

第四节　普查成果

兴化市水利普查根据上级落实的普查专题和截至2011年末的时间节点要求，共清查了20 000多个普查对象，4 973个普查名录，47 000多个普查数据项。具体普查成果主要反映在以下6个方面。

一、水利工程情况

1. 闸站工程。小(2)型闸站13座(节制闸)，过闸流量94米^3/秒，主要分布在城区。

2. 泵站工程。数量791处，水泵1 003台，排涝总流量1 801.87米^3/秒，装机总功率65 807.00千瓦。

3. 堤防工程。5级堤防334处，堤防结构型式有三种：土堤（327处）、土石混合（1处）、混凝土防洪墙（6处）。堤防长度为3 232 534米，达标堤防长度为2 250 857米，穿堤建筑物数量为5 334处（水闸3 301处、管涵1 155处、泵站850处、倒虹吸28处）。

4. 农村供水工程。共73处，均达到设计供水能力200米^3/日及以上或2 000人及以上集中供水工程设计供水规模19.81万米^3/日。设计供水人口153.14万人，2011年实际供水人口127.88万人，年实际供水量4 791.7万立方米，受益行政村总数592个。

二、河湖开发治理保护情况

1. 兴化市有市级骨干河道24条，拓展河流623条。河流治理保护情况：治理河段数量31段，总长726.80千米，达标河段长度112.4千米，未治理河段长度103.10千米。

2. 湖泊治理保护情况。治理湖泊数1个（得胜湖与大纵湖合并），环湖堤防长度30.75千米，有防洪任务的湖内圩堤长度28.85千米，低于十年一遇的28.15千米，高于十年一遇的0.7千米，湖区内圩总个数53个，湖区内耕地面积0.77万亩，人口7 100人。

3. 河湖取水口299个（含农业取水口72个、非农业取水口227个），规模以上的56个（抽提为主，有取水许可证的16个），规模以下243个。供水人口138.54万人，灌溉面积1.33万亩。2011年取水总量为10 431.93万立方米（其中规模以上取水口取水9 367.97万立方米）。

4. 入河湖排污口908个（其中规模以上9个），涉排河流9条，暗管混合排污。2011年规模以上排污口的入河废污水排放数量为2 551.46万立方米。

三、经济社会用水情况

1. 居民生活用水本次调查100户（城镇40户、农村60户），分布在4个乡镇。调查城镇常住人口137人，用水量0.56万立方米，人均日用水量112升，农村常住人口207人，用水量0.58万立方米，人均日用水量77升。

2. 灌区用水户分布在11个乡镇52个村，灌溉面积39.6万亩，取水量18 954万立方米，亩均用水量478.64立方米。

3. 规模化畜禽养殖场用水户33个，用水量23万立方米[大牲畜35.37升/（头·日），小牲畜8.46升/（头·日），家禽0.45升/（只·日）]。

4. 公共供水企业32个，共计抽取河湖水5 899.86万立方米及地下水7.1万立方米，合计取水量5 906.96万立方米，用水人口124.50万人。

5. 工业用水大户55家，工业总产值143.65亿元，工业取水量3 824万立方米，用水量382万立方米。典型用水户80家，工业产值42.39亿元，取水量106万立方米，用水量105万立方米。

6. 建筑行业样本数量5个，从业人员10 480人，取水量8.46万立方米，用水量8.46万立方米，完工施工面积10.58万平方米，单位施工面积用水量0.80米^3/米^2；第三产业用水户80个，从业人员1 141人，用水量21.54万立方米。建筑业及第三产业的排水量为26万立方米。

四、水利行业能力建设情况

水利行业能力建设普查名录共43个，其中行政机关1个，事业单位39个，水利企业3个。

（一）水利行政机关（1个）

人员情况：年末从业人员合计20人。
资产财务状况：年末资产合计1 601.9万元。
信息化情况：年末在用计算机22台，年末拥有网站数1个。

（二）水利事业单位（39个）

人员情况：年末从业人员合计382人。
资产财务状况：年末资产合计47 251.6万元。
信息化情况：年末在用计算机97台，年末拥有网站数0个。
主要业务活动：水利工程建设、防汛防旱、河道稽查、水资源管理。

（三）水利企业（3家）

人员情况：年末从业人员合计29人。
资产财务状况：年末资产合计40 921.7万元。
主要业务活动：负责工程建设实施、水利建设维护、运行管理、水利工程设计、提供技术咨询。

五、灌区情况

总灌溉面积166.46万亩，其中高效节水灌溉面积0.12万亩。2011年实际灌溉面积166.46万亩。大中型灌区1个（沿运灌区39.6万亩）。

六、地下水取水井情况

地下水取水井总数量21 137眼，2011年取水量876.72万立方米，其中规模以上机电井140眼，规模以下机电井、人力井20 997眼，分布在全市相关企业、单位、农户、农田等。

规模以上机电井的乡村实际供水人口12.25万人，实际灌溉面积没有。2011年取水总量802.41万立方米，其中工业用水量435.06万立方米，约占总取水量的54.2%，乡村生活用水367.35万立方米，约占总取水量的45.8%，乡村人均年取水量30立方米。

第七章

城乡饮水安全

水是生命之源，获得安全的饮用水是人类生存的基本需求。农村饮水安全工程是农村重要的公共基础设施，做好这项工作，有利于改善农村的整体面貌和人居环境，提高农民的健康水平和生活质量，是促进农村经济发展、建设社会主义新农村的重要内容。兴化市的农村饮水安全工程建设从启动农村二次改水调研开始，在研究、制定并不断完善规划的基础上，动员和组织全市各乡镇和广大人民群众齐心协力，认真组织实施。通过2008年至2012年五年时间的努力，基本完成了农村饮水安全工程建设任务。累计完成投资41 065万元，解决141.27万人的饮水不安全问题，超额完成了省级核定的解决88.05万人饮水不安全问题。城区饮水安全重点放在提高自来水供水质量和持续供水等方面，同样取得了一定的成效。

第一节　农村饮水安全工程建设

一、组织领导

农村安全饮水是执政为民的需要，更是贯彻党中央、国务院和省委、省政府决策部署的重要举措。兴化市委、市政府高度重视区域供水和农村饮水安全工作，从2006年起就把这项工作列为为民办实事的首位，切实加强对这项工作的领导。

兴化城南污水处理厂

2007年4月，兴化市政府成立“兴化市区域供水和农村饮水安全工作领导小组”，由市政府主要负责人任组长，分管副市长为副组长，市发改委、市财政局、市建设局、市水务局、市卫生局、市环保局、市公安局、市安监局、市工商局、市地税局、市物价局、市审计局等相关部门为成员单位。领导小组下设办公室。同时，明确各成员单位的工作职责。水务部门是乡镇供水工程的行业管理部门，负责组织研究、制定乡镇供水工程管理的政策法规和规章制度，对实施情况进行指导和监督，重点抓好水源厂建设和乡镇到村主管网建设。其他各部门根据各自职责范围明确相关的工作责任。

同时，明确乡镇政府是辖区内农村饮水安全工程建设和管理的责任主体，党政主要负责人为第一责任人，分管负责人为具体责任人，行政村负责人是村内支管网改造的直接责任人。各乡镇强化由财政所、派出所、水务站、国土所、村建办、经管站等相关部门负责人为成员的工作班子；按照乡镇承担的工作任务，制订工作计划；明确本乡镇原有水厂处置、管网安装、土方劳务投入、村内支管网改造等方面的责任，落实相关措施，确保农村饮水安全工作顺利实施。

二、规划布局

自20世纪80年代末在钓鱼乡西棒徐村进行改水试点以来，兴化全市累计建成中小型水厂170

座，其中取用地表水的146座，取用地下水的24座，设计总供水能力为19.5万吨/日。这些水厂的建成，在当时确实让农民群众的生活质量和健康水平有了明显的提高。1999年12月，兴化市被省爱卫会命名为“农村自来水普及市”。但由于改水起步早，水厂起点低，规模小，设备简陋、大部分使用年限已到，各种问题逐渐暴露，比较突出的是水源水质污染严重，供水方式、生产工艺落后，设备管网严重老化，经营管理不规范等，由此使得农村供水不正常、供水不足和边远地方供不到水或者直供方便水、免提水的现象较为普遍。这些成为当时农村最迫切需要解决的热点难点问题，群众对此反应比较强烈，也说明农村二次改水已迫在眉睫。2006年，兴化市政府把“启动农村二次改水，着力解决农村饮用水安全卫生问题”作为为民所办实事之一。4月30日，市政府召开农村二次改水调研工作会议，要求认真组织调研，在摸清乡镇供水工程建设和供水现状的基础上，按照区域供水和饮用水安全卫生的要求，认真制订规划，为迅速启动农村二次改水做好准备。

按照调研的要求，市水务局商请市卫生局配合，完成了《兴化市农村饮用水现状调查评估报告》，并通过了专家评审。根据统计分析，全市农村饮用水水质不达标造成的饮水不安全人口达65.63万人，占农村人口的53%。农村居民饮用水水质符合国家《生活饮用水卫生标准》要求的人口几乎为零。在此基础上，市水务局委托河海大学编制了《兴化市“十一五”农村饮水安全工程实施规划》。

2006年省政府批准了《宁镇扬泰通地区区域供水规划》，2007年《泰州市区域供水规划》完成并批准实施。兴化市的区域供水规划于2007年初启动。兴化市委、市政府从兴化实际出发，首先明确规划的指导思想：坚持以人为本，按照全面、协调、可持续的科学发展观和全面建设小康社会的要求，以加强农村供水基础设施建设，完善农村供水社会化服务体系，保障农村居民饮用水安全为目标，采取综合整治措施，使农村群众可持续地获得安全饮用水，为经济社会的快速发展和人民群众生活质量的提高提供有力的保障。

其次，明确规划的原则：统筹规划、突出重点、先急后缓、先重后轻、因地制宜、分步实施，以影响群众正常生活和身体健康的普遍性问题为工作重点，分区域、分层次解决农村饮水安全问题。

最后，明确规划目标：根据地理位置和现状供水能力，按照区域供水和规模供水的要求，“十一五”期间重点对农村水厂按照“一镇一厂”的布局进行整合联网，逐步撤并村级小水厂，完善镇级水厂，实行以乡镇为单位的小区域供水。对已经是“一镇一厂”的乡镇通过更新改造扩容增量和管网改造提高供水保证率。从2010年起，逐步推行“多镇一厂”的布局，实行较大区域的规模供水，基本解决农村63.223万人口(省级核定数)的饮水不安全问题。至2020年达到城乡一体联网供水。

在认真调查研究的基础上，根据全市社会经济发展趋势和农村对供水的新需求，市水务局委托中南市政设计研究院编制了《兴化市区域供水规划》，结合河海大学先期编制的《兴化市“十一五”农村饮水安全工程实施规划》及讨论制定的《兴化市农村饮水安全工程建设实施方案》，成为统筹和指导兴化市农村饮水安全工程建设的规范性文件。

根据规划，工程布局计划在市境东北、东南、西北、西南各兴建一座区域水厂，通过管网延伸和联网，逐步实现城乡一体化区域供水。东北片区域供水，计划兴建兴东水厂，以通榆河为水源，供水管网延伸至戴窑、永丰、合陈、安丰、大营、新垛、老圩、昌荣、下圩9个乡镇；东南片区域供水，计划扩建戴南水厂，供水能力从日供水2万吨提高到8万吨，取水泰东河，供水范围覆盖戴南、张郭、荻垛、陶庄、沈坨、茅山6个乡镇；西北片区域供水，利用缸顾水厂扩容增量，从下官河取水，供水范围覆盖沙沟、周奋、李中、中堡、缸顾、大邹、钓鱼7个乡镇；西南片区域供水，计划在周庄镇祁东村兴建日供水能力10万吨的兴化水厂，以卤汀河为水源，与城区第二自来水厂联网，供水范围覆盖周庄、陈堡、临城、垛田、大垛、林湖、竹泓、海南、城东、西鲍、西郊、开发区、昭阳13个乡镇。

上述几个区域水厂取水水源地的河道水质经检测，均符合《地表水环境质量标准》(GB 3838—

2002）水源Ⅲ类水标准，且取水河道通榆河、泰东河为流域性河道，卤汀河、下官河则为淮河流域里下河区的区域性河道，能达到供水水源保证率的要求。

兴化市的农村饮水安全工程建设规划是在实践中不断调整和完善的。东北片的区域供水方案，是经过比对和论证后才确定的。起初，兴化市政府根据永丰镇供水情况，决定将该镇作为推进“一镇一厂”供水的首批试点乡镇。2007年3月23日，市水务局在永丰镇主持召开永丰镇域供水方案论证会，邀请市发改委、市农工办、市建设局、市财政局、市供电局、市环保局、市卫生局、市疾病控制中心等单位负责人参加。经对原有镇建水厂（建在永东河边）和相关村级水厂进行现场查勘，决定在雄港河边新建一座水厂，同时关闭原有镇建和村建水厂，并形成了会议纪要。后为了同时解决与永丰镇相邻的合陈镇饮水安全问题，通过对雄港河与通榆河的水质进行比对和专家论证，经市领导同意取消了原定在雄港河边建设永丰水厂的方案，确定在合陈镇桂山村建设一座日产5万吨的永合水厂（后正式定名为兴东水厂），取水通榆河，先期实施日产1万吨，确保满足永丰、合陈两镇饮水需求，终期项目建成，供水可覆盖戴窑、大营、新垛等乡镇。又如，西北片区域供水方案也几经变更。起初定为建设潼河水厂，取水潼河，后根据2005年新建的周奋水厂现状供水能力供大于求的情况，确定对取水下官河的周奋水厂实施改扩建，最终经方案比对，确定对缸顾水厂扩容增量作为区域供水水厂，取水水源仍为下官河。

三、分级负担

2007年底省级有关部门核定兴化市共需解决的饮水不安全人口为63.22万人，分布在全市34个乡镇。2010年底，根据《兴化市农村饮水安全规划人口调查复核报告》，省级有关部门再次核定兴化市新增饮水不安全人口13.79万人，同时核定农村学校饮水不安全师生人数11.04万人，分布在全市34个乡镇229所学校。为此，全市经省级有关部门核定的饮水不安全人口总数为88.05万人。

农村饮水安全工程建设面广量大，任务艰巨，需要投入大量的资金，解决好资金问题是做好这项工作的重要条件。兴化市委、市政府在工程实施之初就明确提出了各部门和各乡镇要按照“向上争取、财政引导、社会参与、市场运作”的思路，建立多元化、多渠道、多层次的供水投资体系，多头多路筹集建设资金，并在实践中逐步完善。为了破解资金难题，兴化市政府提出了分级负担的原则。具体要求是：水源厂建设和改扩建以及水厂至乡镇增压站主管网建设，由市住建部门负责实施，资金由市负责，通过银行融资和上争项目资金解决；乡镇增压站以及增压站至行政村口的管网建设，包括学校饮水安全工程，由市水务部门负责实施，资金以市为主，市财政每年安排资金用于配套中央和省级饮水安全项目；土方工程等劳务由乡镇和村负责解决；原有水厂的处置由乡镇和村负责；村内支管网改造工程由乡镇和村负责；户表安装由受益农户自筹资金，对个别困难户、五保户由市给予适当补助。

在农村饮水安全工程实施过程中的资金筹措方面，先后采取的措施主要包括：通过编报工程项目建议书和可行性研究报告，向上级水利、卫生、建设等有关部门积极争取财政补助资金；市级财政统筹安排，抓好地方配套资金到位；广泛发动供水范围内的企事业单位、个体工商户、老板、能人捐资支持饮水工程建设；在严格执行“一事一议”政策的基础上，组织和动员受益农民群众投劳投资。有关部门对饮水安全工程建设涉及的相关规费进行减免优惠；市场化运作，调动和吸引民间资本、工商资本和其他社会资本包括外资参与农村饮水安全工程建设。

四、组织实施

兴化市从2008年至2012年连续五年实施了全市所有34个农村乡镇和农村学校师生的饮水安全工程，解决了省级核定的88.05万人饮水不安全的问题，实际解决饮水不安全人口141.27万人。共完成投资41 065万元，其中中央资金9 903万元，省级资金17 153万元，县级配套资金14 009万元。安装各类管道1 911千米，新建增压泵站31座。

2007年8月30日，兴化市委、市政府召开全市饮水安全暨区域供水工作推进会，机关部门负责人、乡镇长、乡镇分管负责人、水务站站长、村建办主任及乡镇水厂厂长参加，副市长顾国平作报告，市长李伟讲话。

2007年11月6日，兴东水厂计划采用BOT方式建设，市水务局副局长胡建华代表兴化城市水利投资开发有限公司与中国水务（北京）投资有限公司签订水厂建设特许经营合同。11月28日，按照多水源供水的要求，兴化市委、市政府决定新建兴化水厂，在基本完成水源地选址和专家论证后，在卤汀河周庄镇祁东村举行奠基仪式，市四套班子负责人参加。

2008年1月10日，市区域供水和农村安全饮水领导小组办公室在市自来水公司召开“兴化市区域供水规划”座谈会，市人大社工委、市政协社法委、市发改委、市农工办、市财政局、市建设局、市水务局、市规划局、市环保局、市卫生局、市疾控中心有关负责人参加。

2008年6月20日，兴化市委、市政府在合陈镇桂山村举行兴东水厂建设开工典礼。市水务局局长包振琪、合陈镇党委书记沈德才、北京某公司理事长张志刚先后发言，市委常委、常务副市长顾跃进讲话，市四套班子领导为兴东水厂开工培土奠基。11月3日，兴化市委、市政府专题召开兴化市区域供水暨农村饮水安全工程建设动员会议，市委常委、常务副市长顾跃进作动员报告，全面部署农村饮水安全工程建设。

兴东水厂原定采取BOT方式建设，但该项工程的合作方北京某公司在“特许经营协议”签订后，未履行承诺，存在“履约保证函”没有按协议执行，已完成的分项工程未按合同支付工程款问题。在兴化市政府与合作方商谈由兴化市负责代建时，合作方又有意虚增投资，工程建设资金迟迟不能到账，兴化市政府遂于2009年3月9日召开专题会办会，决定一方面督促合作方迅速履行协议，立即落实工程建设资金和实施工程代建，另一方面由兴化市自行融资建设。3月24日，市委常委、市长联席会议决定，兴东水厂工程由市水务局负责融资建设，明确水务局组建的兴化市兴东水厂工程项目建设管理处为兴东水厂工程建设主体。6月19日，副市长顾国平在合陈镇召开合陈、戴窑、永丰3个乡镇部分镇村干部和水厂负责人座谈会，对农村饮水安全、村内管网改造等问题进行调研，兴化市政协、市政府办、市农工办、市财政局、市审计局、市水务局等单位相关负责人参加。8月1日，兴化市委、市政府召开全市农村饮水安全工作会议，市四套班子主要负责人、相关委办局主要负责人、各乡镇党委书记参加，副市长顾国平作工作报告。9月30日，兴化市政府召开2009年度农村饮水安全工程项目建设动员会。10月17日，兴化市政府召开全市区域供水和农村饮水安全建设工作会议。12月11日，兴化市政府召开农村饮水安全工程建设推进会，以会议抓促进，推进工程进度。具体建设进展情况为：

2008年上半年，实施了缸顾、李中2个乡镇的饮水安全工程建设，计划解决3.86万人饮水不安全问题，实际解决饮水不安全人口5.62万人。工程总投资1 409万元，其中省级资金662万元，县级配套资金747万元。共完成管道铺设30千米，新建增压泵站2座。工程项目于2008年1月开工建设，2008年10月底全面完工。

2008 年下半年，实施了戴南、永丰、合陈、戴窑 4 个乡镇的饮水安全工程建设，计划解决 16.17 万人饮水不安全问题，实际解决饮水不安全人口 27.17 万人。工程总投资 7 882 万元，其中中央资金 2 628 万元，省级资金 2 775 万元，县级配套资金 2 479 万元。共完成管道铺设 232 千米，新建增压泵站 3 座。工程项目于 2008 年 12 月开工，2010 年 4 月底全面完工。

2009 年，实施了张郭、荻垛、茅山、沈坨、陶庄、安丰、昌荣、新垛、老圩、大营 10 个乡镇的饮水安全工程建设，计划解决 145 个行政村 24.39 万人饮水不安全问题，实际解决饮水不安全人口 40.94 万人。工程总投资 11 893 万元，其中中央资金 2 789 万元，省级资金 5 363 万元，县级配套资金 3 741 万元。共完成管道铺设 511 千米，新建增压泵站 11 座。工程项目于 2009 年 12 月开工建设，2010 年 6 月底全面完工。

2010 年，实施了周庄、陈堡、大垛、林湖、竹泓、开发区、沙沟、海南 8 个乡镇的饮水安全工程建设，计划解决 14.29 万人饮水不安全问题，实际解决饮水不安全人口 30.77 万人。工程总投资 7 299 万元，其中中央资金 220 万元，省级资金 4 553 万元，县级配套资金 2 526 万元。共铺设管道 409 千米，新建增压泵站 5 座。工程项目于 2010 年 9 月初开工建设，2011 年 5 月底全面完工。

2011 年，实施了临城、下圩、城东、垛田、中堡、钓鱼、西郊、周奋 8 个乡镇的饮水安全工程建设，计划解决 14.93 万人饮水不安全问题，实际解决饮水不安全人口 31.71 万人。工程总投资 7 604 万元，其中中央资金 2 424 万元，省级资金 2 562 万元，县级配套资金 2 618 万元。共铺设管道 424 千米，新建增压泵站 9 座。工程项目于 2011 年 8 月 20 日开工，2012 年 6 月全面完工。

2012 年，实施了大邹、西鲍 2 个乡镇的饮水安全工程建设，计划解决省核定的 3.37 万人饮水不安全问题，实际解决饮水不安全人口 5.41 万人。工程总投资 1 663 万元，其中中央资金 764 万元，省级资金 375 万元，县级配套资金 524 万元。共完成管道铺设 85 千米，新建增压泵站 2 座。工程于 2012 年 7 月 25 日开工建设，2013 年 4 月底全面完成。

在学校饮水安全工程建设方面，2010 年实施了周庄、陈堡、大垛、林湖、沙沟、海南、开发区、竹泓、缸顾、李中、周奋、戴南、张郭 13 个乡镇的学校饮水安全工程建设，解决饮水不安全师生 3.93 万人。工程总投资 1 150 万元，其中中央资金 383 万元，省级资金 307 万元，县级配套资金 460 万元。共安装管道 26 千米。工程项目于 2010 年 11 月开工建设，2011 年 6 月全面完工。2011 年实施了临城、下圩、城东、垛田、中堡、钓鱼、西郊、合陈、永丰、戴窑、安丰、大营、新垛、老圩、昌荣、沈坨、茅山、荻垛、陶庄 19 个乡镇的学校饮水安全工程建设，解决饮水不安全师生 6.74 万人。工程总投资 2 053 万元，其中中央资金 658 万元，省级资金 527 万元，县级配套资金 868 万元。共安装管道 92 千米。工程项目于 2011 年 12 月开工建设，2012 年 5 月全面完工。2012 年实施了大邹、西鲍 2 个乡镇的学校饮水安全工程建设，解决饮水不安全师生 0.37 万人。工程总投资 112 万元，其中中央资金 37 万元，省级资金 29 万元，县级配套资金 46 万元。共安装管道 11 千米。工程项目于 2012 年 8 月开工建设，2013 年 3 月全面完工。

管网长度统计见表 7-1。

表 7-1　管网长度统计表　　单位：千米

序号	乡镇	镇村管网	学校管网	合并	村内管网
1	合陈	80.61	5.20	85.81	214
2	永丰	78.11	6.30	84.41	270
3	戴窑	69.00	4.90	73.90	438

（续表）

序号	乡镇	镇村管网	学校管网	合并	村内管网
4	大营	51.90	3.60	55.50	416
5	新垛	42.64	2.80	45.44	327
6	老圩	50.35	2.90	53.25	298
7	安丰	84.80	6.20	91.00	322
8	昌荣	42.17	5.80	47.97	135
9	下圩	53.51	4.70	58.21	164
10	戴南	95.28	3.10	98.38	427
11	张郭	67.33	2.90	70.23	319
12	荻垛	58.26	2.60	60.86	412
13	陶庄	51.33	5.20	56.53	352
14	沈纶	23.88	5.40	29.28	102
15	茅山	38.48	3.80	42.28	169
16	缸顾	17.00	1.80	18.80	82
17	李中	13.00	1.25	14.25	106
18	周奋	12.98	2.12	15.10	186
19	大垛	47.45	2.30	49.75	212
20	周庄	63.52	2.18	65.70	222
21	陈堡	58.49	2.22	60.71	410
22	垛田	39.10	6.80	45.90	235
23	临城	69.16	6.50	75.66	270
24	竹泓	59.94	1.89	61.83	262
25	林湖	55.30	2.45	57.75	170
26	开发区	25.21	0.00	25.21	101
27	西鲍	36.00	4.80	40.80	198
28	城东	50.88	7.70	58.58	240
29	海南	55.19	1.68	56.87	192
30	西郊	67.03	4.20	71.23	145
31	钓鱼	82.99	7.40	90.39	188
32	中堡	48.38	0.00	48.38	123
33	大邹	49.00	6.20	55.20	166
34	沙沟	44.43	2.14	46.57	139
合计		1 782.70	129.03	1 911.73	8 012

五、建设和运行管理

农村饮水安全工程是一项民心和德政工程，直接受益的是广大的农民群众，搞不好就会产生严重的社会影响，因此，必须切实加强工程建设管理，规范建设程序，确保工程标准质量。

按照《江苏省农村饮水安全项目建设管理实施细则》的要求，在农村饮水安全工程建设过程中，兴化市从上到下都切实加强了工程建设管理，自始至终抓好各个环节。

规划。根据省政府办公厅文件要求，《兴化市农村饮水安全工程总体规划》必须由水利部门委托有资质的机构编制，各地在实施过程中涉及的水厂新建和管网改造工程必须符合《兴化市农村饮水安全工程总体规划》，按照总体规划确定的建设地址、设计标准、供水规模和供水范围实施。

完善工程立项报批程序。选择有相应资质的专业机构编制项目可行性研究报告和初步设计，按照基本建设程序履行立项审批手续。维护上级批复的严肃性，项目可行性研究报告和初步设计一经省发改委和水利厅批准，不得擅自调整和随意变更。如确需调整和变更，必须经原批准部门批准。

材料设备集中采购。主要材料设备由市农村饮水安全工程建设领导小组办公室委托市政府采购中心公开招标集中采购，对材料设备的产品质量严格检验把关。

工程建设招投标制。农村水厂建设和管网安装及更新改造一律实行招投标管理，对施工单位的资质进行严格审查。与中标单位或乡镇政府签订施工合同或目标责任状，明确序时进度、完成时间和质量标准。

工程监理制。对农村水厂的新建、改造和扩建以及管网改造，委托有资质的监理公司进行监理，技术人员巡回检查监理。同时，推行用水户代表全过程参与的工作机制，让农民群众真正享有知情权、参与权、管理权和监督权。

检查验收制。在工程建设过程中，根据工程进展，分阶段开展检查和督查，发现问题及时纠正。项目建成后，由水利、建设、财政、环保、卫生等部门组织联合验收。对验收不合格的项目，立即采取整改措施，直到合格为止。

农村饮水安全工程各项工程项目建成后，抓好运行管理才能充分发挥工程效益。首先是加强饮用水源地保护。将农村区域水厂上游 1 000 米至下游 100 米的范围划定为一级保护区，设置饮用水源地保护标志。在保护区内，禁止新建、扩建与供水设施和水源保护无关的项目；禁止向水域排放污水、堆放工业废渣、倾倒垃圾、排泄粪便和其他废弃物；不得设置与供水需要无关的码头，禁止停靠船舶；禁止放养畜禽和水产（网箱）养殖活动。其次是加强检测工作。各区域水厂建立以水质为核心的质量管理体系，建立严格的取样、检测和化验制度，对水源水、出厂水、末梢水进行监测，做好各项检测、监测、化验记录，并向社会公布检测结果，提高供水水质，确保供水安全。再次是完善内部管理。抓好企业法人、管理负责人、技术负责人的资格审查。定期对从业人员进行健康体格检查，定期对各类技术人员进行技术培训。实行技术工种持证上岗制度，严格执行岗位责任制和考核奖惩制度。同时，按照“一户一表”的要求，对用水户实行装表计量，按量收费，以乡镇成立供水服务公司，抓好对增压站至各村主管网和村内支管网的维修养护以及对用水户相关设施的维修工作，收取水费，确保供水工程良性运行。

第二节　城区饮水安全

城区饮水安全的重点主要放在提高供水水质和确保安全供水等方面，采取相关措施确保水质综合合格率达标。

水厂蓄水池

2005年，兴化市自来水公司着力加强供水设备的维护保养和水质检测，通过水质检测中心计量认证三级化验室的监督评审，确保水质综合合格率达100%。

2006年，集中开展城区一水厂、二水厂取水口环境整治，加强供水设备的维护保养和水质检测，对城区供水管网进行一次全面普查，检修消火栓237座，组织120多次听漏查漏工作，查出并修复漏水点1 050余处。

2008年9月，为切实改善二水厂水源水质，兴化市委、市政府决定对城区二水厂取水口800多米河段按照底宽25米、河底高程-2.5米的标准进行清淤疏浚。同时，市财政投入300多万元对12千米长的二水厂取水水源河道横泾河按照东潭村以东河底宽25米、河底高程-2.5米，东潭村以西河底宽20米、河底高程-2.0米的设计标准进行全线清淤疏浚，拆除东潭村的窄段卡口，疏通与高邮横泾河的通道，直接引用三阳河水源。市自来水公司按照新发布的生活饮用水卫生标准，对城区一、二水厂取水口每天进行清理，清除漂浮物，定期打捞水草和清除污泥。对取水口格栅不定期清洗修缮，分期分批对澄清池、滤池、清水池等净水构筑物进行清洗消毒。投入资金设置管网测压点，添加在线检测仪器，增加化验频率，严格水质检测，定期接受并通过省水质检测中心、兴化市疾病控制中心的水质抽检。对城区供水管网末梢地段进行实地勘查，利用管网排放口定期对全城管网死头水进行排放，全年累计排放20多个小时，确保供水水质合格率达标。

戴南水厂标语

2009年，兴化市自来水公司全力配合市政府新城区建设、开发区建设和旧城改造，实施英武中路DN400、西环路DN500、西郊线DN300等主管道改造工程，实施海德国际、幸福小城、东方明珠、锦绣文华、风和雅筑、龙腾湾等住宅小区管道安装工程和沙垛回迁安置房、水乡人家、王家塘安置房等安居工程给水管道铺设，累计铺设直径100毫米以上主管道35.2千米，安装用水户7 237户。加快供水管网和低压区改造，实施米市河路、玉带路、西公路、开发区城南路等地段供水管道改造，实施建兴花园南DN200、城堡小桥DN100等过桥钢管改造，累计投入资金100多万元，改管移管1 064米。为保障供水低压区居民的正常饮水，先后对严家8组、严家十八顷、严家工商路、西门大教场、阳山老街西四巷、阳山老街西五巷等地段低压区进行改造，为260户、980多名居民解决了吃水难的问题。11月，针对城区二水厂水源浊度偏高的实际，特邀省水质检测中心专家来兴化会诊，分析原因，探讨对策，采取相关措施，使水源浊度偏高的状况逐步得到改善。在全城改装10多处管网末梢排污阀，组织专门队伍对管网死头水进行排放，先后排放直径200毫米主管道15条，排放住宅小区40多个，累计排放200多个小时，有效缓解了城区部分地区和小区的水质问题。

2010年，较好地完成了城区水质提升工程管网清洗和管网改造工作，清洗直径100毫米以上主管道15 065米。

2011年，在城区一、二水厂一、二级保护区界碑的上下游，按规定增设准保护区标志。委托泰州水文分局对兴化各重点饮用水源地、水功能区及骨干河道水质进行每月二次取样监测，并及时将监测结果通报给兴化市领导及相关职能部门。市水资源管理办公室坚持每月5日、15日、25日对城区一、二水厂取水口至准保护区范围进行巡查，确保保护区范围内无污染事故发生。

水厂水处理设施

同时，城区水质提升工程稳步推进。兴化（周庄）自来水厂深度处理工艺投产供水，二水厂工艺改造项目完成厂区35千瓦高压线路改造及桩基工程，进入土建主体施工阶段。供水管网配套建设和改造工程完成牌楼路、楚水东路、牌楼北路等供水干管改造配套建设20千米。

2015年，完成二水厂工艺改造工程，城区水厂实现生产工艺上的协调统一。实施城区部分老小区供水支管网改造及老化管道改造工程，完成管网改造7.92千米。铺设直径100毫米以上主管道19.6千米，维修大小漏点1 759处。

第八章

城市水利

防洪闸站

兴化城（昭阳镇）是全市政治、经济、科教和文卫中心，也是全市交通、通信枢纽。为把兴化城建成富有水乡特色的中心城市，建成生态城、文化城、宜居城、旅游城，提高城市防洪自保能力是重要的基础条件。在农村挡排能力普遍提高的同时，兴化市委、市政府按照城乡统筹发展的理念，决心启动城市防洪工程建设。1999 年，兴化市水利局在认真调查研究的基础上，委托扬州市勘测设计研究院编制了《兴化市城市防洪规划》，并于 1999 年 11 月通过了专家评审。2000 年 4 月，泰州市水利局批复原则同意《兴化市城市防洪规划》，并提出了审核意见。2000 年 11 月 7 日，兴化市政府以兴政发〔2000〕273 号文件印发关于批准实施《兴化市城市防洪规划》的批复，并从 2000 年初启动了城市防洪工程建设。至 2015 年底，兴化市城市防洪工程建设累计实现投资 8.6 亿元（其中拆迁补偿 5 亿元）。城区共建成防洪墙（堤）47.43 千米，防洪闸 21 座，排涝站 33 座，装机容量 5 588 千瓦/75 台泵，排涝流量 105.77 米^3/秒，城市防洪设施保护范围近 110 平方千米，基本实现了兴化城市建成区的防洪安全。

第一节　规划

兴化市城市防洪规划和建设的指导思想：以《中华人民共和国防洪法》等法律文件为准绳，以《里下河地区水利规划》《兴化市城市总体规划》为依据，以城市建设现状为基础，以城市远景规划为范围，重点治理主城区，兼顾城郊接合部。力求突出水乡城市的风貌，坚持因地制宜，统筹兼顾，全面规划，分期实施，分区设防，洪涝兼治，综合治理，讲求实效。

一、城市防洪规划

根据《城市防洪工程设计规范》，兴化城市防洪规划采用 50 年一遇的防洪标准，设计防洪水位 3.36 米。防洪墙（堤）顶高 4.5 米（废黄河零点）。

防洪总体规划方案：让出行洪交通骨干河道，将城区分为主城区、九顷区、城南区（张阳区）、城堡区、东五里区（新城区）、关门区、严家区、野行北区等八个区分别圈围设防。封闭市河两端建闸设站，内部水面作为汇水调蓄河道，以块建站排涝，集中排除涝水，除把九顷小区和主城区建成两个具备独立挡排功能的分区外，其余分区则依托城郊接合部的联圩建设防洪设施。

二、城市排涝规划

城市排涝总体规划方案：根据各分区地势的高低、建筑物的密度、水面积的大小，分区分块计算，确定各分区的排涝标准。城区排涝模数为 2~4 米^3/（秒·千米^2），城郊接合部排涝模数为 1.3 米^3/（秒·千米^2）。兴建组合泵站，安装轴流泵，实行大小泵径搭配，集中排除涝水。

三、规划范围扩大和修编

随着兴化市委、市政府机关南迁，车路河以南、卤汀河以东、兴东公路绕城段以北、直港河以西的范围已成为城区的重要组成部分，计划建成集政府办公、文化教育、科学研究、医疗卫生、交通运输、商业物流、金融服务和居民生活为一体的新型行政新区。2002 年 8 月，市水务局组织工程技术人员按照 50 年一遇的标准编制了行政新区的防洪排涝规划，在利用现有圩口闸和排涝站的基础上，规划新建和改建部分防洪闸及排涝站。2002 年 8 月 28 日，兴化市政府主持，市发展计划局、水务局、公安局、政府办公室、民政局、环保局、交通局、昭阳镇、城市投资公司、工商局、规划办、法院、财政局、建设局、国土局等部门负责人参加，在水务局召开兴化市行政新区防洪规划论证会，原则同意《兴化市新城区防洪规划》。

根据兴化市委、市政府决定，委托江苏省水利勘测设计研究院对 1999 年编制的城市防洪规划进行修编。2006 年 8 月，兴化市委召开市人大、市政府、市政协负责人联席会议，具体讨论城市防洪的有关问题。为节省投资，决定将防洪墙(堤)顶的高程从 4.5 米调整为 3.65 米(废黄河零点)。

第二节　工程建设

城市防洪工程建设按照“先低洼地区、后高地，先城区、后城郊接合部，先拆迁、后建设”的步骤，首先在地势低洼的九顷小区启动。

2000 年 2 月，兴化市委、市政府把完成九顷小区防洪工程“五、三、二”工程项目(即五座防洪闸、三座排涝站、二座输水泵站)列为为民办实事的十件实事之一予以落实，并召开专题会议，要求将其作为年度必保项目，确保在年内建成。九顷小区的防洪排涝工程项目至 2004 年 5 月底前全部竣工。共建成防洪墙 3 110 米，防洪闸 4 座(兴中闸、抗排站闸、储运站闸、野行闸，均为单孔，孔宽 3 米)，排涝站 3 座/5 台(兴中排涝站、抗排站排涝站、储运站排涝站，各配套 500ZLB-100 型水泵 1 台，含 2 台输水冲污泵站)，排涝流量 2.5 米^3/秒。对两条总长 1 410 米的排水沟进行清淤疏浚和护坡护底，总投入资金 1 247 万元。

防洪堤

2003 年开始实施行政新区的防洪排涝工程，2004 年底基本完成，共建成 6 米孔宽的防洪闸 2 座(直港河南闸、北闸)，6 米^3/秒的排涝站 2 座(直港河南站、中心河南端紫荆河站，各配套 900ZLB-125 型水泵 2 台)，小型防洪闸 2 座(紫荆河防洪闸、独圩子防洪闸，单孔 3.5 米)，砌筑防洪墙 1 100 米(垛田砖瓦厂、何垛村)。按照“四点五·四”式标准加修圩堤 4 650 米(姜堰河西岸、紫荆河北岸)，总投入资金 1 300 万元。

2004 年 6 月，被列为淮河流域灾后重建应急工程建设项目的主城区沧浪河东闸站工程(隶属于车路河城区段整治项目)开工建设，由兴化市水利工程处承建，年底基本完成主体工程，2005 年 6 月 8

日通过省、市交付使用验收。该项工程共7孔，为闸站桥三位一体布置形式，其中防洪闸孔宽7米，两边6孔配套700ZLB-100型水泵各1台，排涝流量8米^3/秒，总动力450千瓦。

防洪堤

由于前期在城市防洪工程建设方面资金投入不足，工程进展缓慢。九顷小区5座防洪闸、3座排涝站、2座输水冲污泵站，总投资只有1 247万元，却前后经历了4年时间才完成。江苏省水利勘测设计研究院高级工程师臧梧华和钱志平先后到兴化与市领导交换意见和多次对接，最终统一了规划修编的指导思想。主城区的沧浪河南闸、沧浪河西闸站、海池河东闸站、海池河西闸站4座建筑物，2005年9月上级虽下发了国家和省级补助资金1 060万元，工程却迟迟无法开工。直至2006年8月26日，兴化市委、市政府才在沧浪公园举办沧浪河南闸开工仪式，市四套班子负责人和相关部门负责人参加，并宣布沧浪河西闸站同时开工建设。

沧浪河南闸位于沧浪河与车路河交汇的南口门处，结构为西高东低单坡5孔拱桥的闸桥结合形式。5个桥孔中，3孔为6米宽的过水闸孔，西闸孔采用液压横移门，其余2孔为液压直升门。拱桥中间设行车道，宽9米，两侧设人行道，各为4.5米。沧浪河西闸站位于沧浪河西口门，为闸站桥结合工程。东边孔为净宽6米闸孔，采用横移钢闸门。中孔布置排涝站，配套800ZLB-125型水泵，流量2米^3/秒。西边孔为岸孔。拱桥总宽13米，其中8米宽桥中设有古亭构造景点，5米为人行道。这两项工程被江苏省水利厅批准立项为城区洼地挡排工程项目，于2007年10月19日通过水下工程验收。

海池河东闸站位于海池河东端与上官河交汇处，由闸室、泵房和交通桥组成。西部北侧为防洪闸，单孔宽6米，钢闸门，采用2×5QP双吊点卷扬式启闭机。南侧为泵房，配套800ZLB-125型水泵，设计流量2米^3/秒，配套90千瓦功率YZ-315LZ-10电机。东侧为交通桥，宽5.1米。海池河西闸站位于海池河西端与西荡河交汇处，是集防洪排涝、城市景观、文化休闲等功能于一体的建筑物，由闸室、泵房、交通桥3部分组成。中孔为防洪闸，孔宽6米，选用QP2×5KN双吊点卷扬式启闭机，钢闸门。南北两侧为泵房及附属用房，配套800ZLB-125型水泵4台，流量8米^3/秒。配套90千瓦功率YZ-315LZ-10电机4台，西侧为交通桥，宽3.1米。东侧为曲型观光桥，宽3.1米。这两座建筑物也是江苏省水利厅批准立项的城区洼地挡排工程项目。通过委托招标代理的办法完成招投标工作以后，于2006年12月28日同时开工建设。海池河东闸站于2007年10月19日通过水下工程验收。海池河西闸站于2007年12月15日通过水下工程验收。

排除内涝

2007 年开工建设的工程项目主要包括：

1. 昭阳桥南楚水湾段防洪墙、堤，工长 1 093 米，由市城市水利投资开发有限公司负责实施，2007 年 3 月 10 日开工，6 月 20 日基本竣工，8 月 29 日通过初步验收。

2. 王家塘段防洪墙、堤，工长 658 米，加上沧浪河东闸站南连接线，合计 1 000 米，由市建设局负责实施，2007 年 3 月开工，5 月底竣工。

3. 车路河南岸（五里大桥至直港河）沿河驳岸，工长 1 917 米，由市航道站负责实施，2007 年 3 月开工，6 月底竣工。

4. 五里大桥北，新闻信息中心防洪闸（单孔宽 6 米）由市建设局负责实施，2007 年 4 月开工，7 月底竣工。

5. 张阳小区北线防洪墙、堤，工长 2 200 米，由市城市水利投资开发有限公司负责实施，2007 年 4 月 15—25 日分标段开工，分别由兴化市明灿建设工程有限公司、兴化市宏胜建设有限公司承建和盛世花园开发商自建，2007 年 6 月竣工。

6. 张阳小区中心河闸（单孔宽 6 米）由市城市水利投资开发有限公司负责实施，江苏神农海洋工程有限公司中标承建，2007 年 4 月 25 日开工，2008 年 1 月竣工投入使用。

7. 张阳小区高王河闸站（单孔宽 6 米，配套 700QZ-130 型水泵，流量 6 米^3/秒），由市城市水利投资开发有限公司负责实施，兴化市明灿建设工程有限公司中标承建，2007 年 4 月 25 日开工，2008 年 1 月竣工投入使用。

8. 城堡区经一路闸站（单孔宽 4 米，配套 700QZ-130 型水泵，流量 2 米^3/秒），由市城市水利投资开发有限公司负责实施，高邮市水建总公司中标承建，2007 年 4 月开工，2008 年 6 月竣工投入使用。

9. 张阳小区串心沟闸站（单孔宽 4 米，配套 600QZ-100 型水泵，流量 2 米^3/秒），由市城市水利投资开发有限公司负责实施，兴化市水利建筑安装工程总公司中标承建，2007 年 4 月 28 日开工，2008 年 5 月竣工投入使用。

10. 严家片西线（西荡河东岸）防洪墙、堤，海池河以北至过境公路段工长 2 035 米，由市城市水利投资开发有限公司负责实施，南京广恒建设工程有限公司中标承建，2007 年 9 月开工，次年 6 月竣工投入使用。

11. 严家片东线砖瓦厂闸站（又称乌巾荡东闸站或森林公园闸站，单孔宽 6 米，配套 700QZ-135 型水泵 4 台，流量 6 米^3/秒），由市城市水利投资开发有限公司负责实施，南京广恒建设工程有限公司中标承建，2007 年 12 月开工，2008 年 6 月竣工。

另外，主城区东片防洪堤 2 627 米，共分 5 个标段；西片防洪堤 1 813 米，共分 2 个标段，分别由 7 个施工单位承建，2007 年 11 月前后开工，2008 年 6 月结工。

2007 年，市委十届三次全体会议作出"城市防洪工程建设三年任务两年完成"的决定，8 月 19 日，市委常委、市长联席会议研究决定：土地出让金安排 5 000 万元，向上级争取 4 000 万元，市城市水利投资开发有限公司贷款 8 000 万元用于城市防洪工程建设，市财政从 2008 年起每年安排 2 000 万元资金用于偿还贷款本息。资金的落实为加快工程进度提供了保障，原定 2008 年实施的工程项目纷纷提前，城市防洪工程建设进入了攻坚阶段，相继实施的工程项目包括：

1. 行政新区中心河北闸，单孔宽 4 米。

2. 严家河西闸站（单孔宽 4 米，配套 600QZ-100 型水泵，流量 2 米^3/秒），由兴化市宏胜市政建设有限公司承建，2007 年 11 月开工，2008 年 6 月竣工。

3. 水产村东闸站（单孔宽 6 米，配套 600QZ-100 型水泵，流量 2 米^3/秒），由仪征水利工程总队承建，2007 年 11 月开工，2008 年 6 月竣工。

4. 水产村北闸桥（单孔宽 8 米），由江苏神禹建设公司承建，2007 年 11 月开工，2008 年 6 月竣工。

5. 北水关集水池泵站，流量 2.07 米^3/秒，由兴化市鑫源建设工程公司中标承建，2007 年 11 月开工，2008 年 6 月结工。

6. 南沧集水池泵站，安装潜水泵，设计流量 0.6 米^3/秒，由兴化市宏顺市政建设有限公司承建，2007 年 11 月开工，2008 年 6 月建成投入使用。

7. 大溪河闸站（单孔宽 4 米，配套 600QZ-100 型水泵，流量 2 米^3/秒），由南京广恒建设工程有限公司中标承建，2007 年 11 月开工，2008 年 6 月结工。

8. 野行片区野行闸站（单孔宽 4 米，配套 800QZ-135 型水泵 2 台，流量 4 米^3/秒），由江苏神禹建设公司承建，2007 年 10 月开工，2008 年 6 月竣工。

9. 野行片区新建圩口闸 2 座，孔宽均为 4 米。

10. 野行片区大修改建圩口闸 3 座，孔宽均为 4 米。

11. 北过境公路至北水关大桥（上官河西岸）1 700 米防洪堤，由市建设局负责实施、市航道站承建。

12. 北水关大桥至一水厂段上官河西岸 750 米防洪墙，由市建设局负责实施。

13. 一水厂至沧浪河东闸站段上官河西岸防洪堤 600 米，由市建设局、市航道站负责实施。

14. 海池河西闸站至跃进桥段下官河东岸防洪堤 2 000 米，由市建设局负责实施。

15. 跃进桥至五里大桥段南官河西岸防洪堤 750 米，由江苏省兴化经济开发区、市航道站负责实施。

16. 西过境公路至阳山大桥段大溪河南岸防洪堤 1 750 米，由昭阳镇负责实施。

17. 阳山大桥至西过境公路段（含下官河西岸、横泾河北岸）防洪墙 1 750 米，由市建设局负责实施。

18. 野行区兴化中学至余家段防洪堤 2 750 米，由市建设局负责实施，分别由江苏盐东建设工程有限公司、兴化舜诚建设有限公司、兴化东兴建设工程有限公司、兴化宏顺市政建设有限公司、泰州富安建设工程有限公司、江苏屹峰建设工程有限公司承建，2007 年 10 月开工，2008 年 6 月结工。

19. 野行区垛田镇境内圩堤加修 3 010 米，由垛田镇实施；城东镇境内圩堤加修 5 370 米，由城东镇实施；昭阳镇境内圩堤加修 1 410 米，由昭阳镇实施；西鲍乡境内圩堤加修 1 138 米，由西鲍乡实施。

2009 年，按照兴化市委、市政府的总体要求，重点抓好城市防洪工程扫尾完善工作，具体项目是实施严家区、关门区防洪工程以及南官河东岸驳岸工程。严家区建成防洪堤 2 300 米和 1 座防洪闸，不含拆迁费预算总价约 150 万元。防洪堤于 2008 年 12 月开工，2009 年 4 月完工。防洪闸于 2008 年 3 月开工，2009 年 6 月竣工。南官河东岸驳岸工程 1 800 米，由市航道站向上争取资金负责建设，2008 年 11 月开工，2009 年 4 月完工。

关门区的防洪工程项目被江苏省水利厅列为水利地方基建“上官河城区段整治工程”项目，包括防洪堤 1.42 千米（白涂河大桥至过境路上官河大桥）和 1 座防洪闸站（拖拉机厂南河与上官河交汇处，单孔宽 4 米，配 700QZ-120 型水泵，流量 2 米^3/秒），工程概算 961.41 万元。

此后工程项目的建设情况如下。

2012 年建成的工程项目：

新城区五岳村南闸站（单孔宽 6 米，配套 700ZLB-100 型水泵，流量 6 米^3/秒），由兴化市水利建筑安装工程总公司承建。

五岳村北闸（单孔宽 6 米）、葛家南闸（单孔宽 6 米），由江苏祥通建设工程有限公司承建。

化肥厂北闸站(单孔宽6米,配700ZLB-160型水泵,流量3米^3/秒),由兴化市水利建筑安装工程总公司承建。

葛家北闸站(单孔宽6米,配700ZLB-160型水泵,流量6米^3/秒),由江苏三水建设工程有限公司承建。

经一路西闸站(单孔宽6米,配700QZ-160型水泵,流量3米^3/秒),由江苏国盛建设有限公司承建。

五里大桥至南绕城公路南官河大桥段南官河东岸1 800米防洪堤,由江苏农垦盐城建设工程有限公司承建。

五里大桥至南绕城公路南官河大桥段南官河西岸1 800米防洪堤,由江苏苏兴建设工程有限公司承建。

九顷白涂河大桥至轧花厂段防洪堤1 200米,乌巾走廊防洪堤410米,由江苏国盛建设有限公司承建。

原肉联厂段防洪墙230米,由江苏省兴化经济开发区建筑安装公司承建。

2013年建成行政新区昭阳湖闸站(单孔宽6米,配700ZLB-160型水泵,流量3米^3/秒);乌巾荡西片防洪堤600米、南官河东岸桥梁工程、红星美凯龙闸(单孔宽6米),均由兴化市水利建筑安装工程总公司承建;南贺闸站(单孔宽6米,配700QZ-160型水泵,流量3米^3/秒),由江苏国盛建设有限公司承建。

2014年建成乌巾荡西片排涝站(配600W2500-5.5型水泵,流量0.5米^3/秒),由常州南天建设集团有限公司承建。中心河南闸站改造(单孔宽6米,配700ZLB-160型水泵,流量3米^3/秒),由江苏晨功建设有限公司承建。

2015年建成十里亭东闸站(单孔宽6米,配700ZLB-160型水泵,流量6米^3/秒),由江苏吴威建设工程有限公司承建;新悦北闸(单孔宽6米),由大丰市水利建筑工程有限公司承建;关门片区集水泵站(配300QW900-8.37型水泵,流量0.6米^3/秒),由江苏华冶建设工程有限公司承建。

在城市防洪工程建设过程中,根据规划要求,基本做到了五个结合:

一是与城市景观建设相结合。在保留、恢复、发掘原有古迹的同时,对防洪闸、排涝站的建筑,做到设计新颖、造型别致、风格典雅,每一座建筑物都成为城区新的景点,为开发旅游资源创造条件。如北水关集水池泵站系仿宋代建筑,青砖小瓦、飞檐翘角、木制屏门格扇,古色古香。又如新闻信息中心闸站,上建凉亭,八角翘飞,登临远眺,使人心旷神怡。

二是与城区道路建设相结合。防洪闸站做到闸站、桥路相结合,沧浪河南闸沟通了昭阳路与王家塘小区的交通。水产村东闸站的实施保证了沧浪路顺利西延。水产村北闸桥成为城区西部主干道的重要跨河桥梁。防洪墙(堤)结合环河路,串通连活城区街道、巷道,路边建成滨河绿带,做到绿树环城,清水绕城,亮化配套,成为人们散步、休闲和晨练的理想场所。

三是与市区航道建设相结合。防洪墙(堤)全部采用浆砌块石护岸,既固定岸线,又减少船行波洗刷和风浪冲刷。防洪堤土源为就近浚深航道取土,既改善了通航条件,又减少了工程投资。

四是与污水处理相结合。利用排涝泵站的双向流道,对部分内河冲污排污,定期换水。实施城区排水管网改造,封闭沿河下水道排污口,接通防洪堤下埋设的截污管道,并与污水处理管网配套衔接。

五是与旧城改造相结合。拆除沿河零乱、低矮、破旧以及与河争地的各类建筑近20万平方米,投入拆迁补偿款近5亿元,代之而起的是整齐划一的防洪墙(堤)。

第三节　资金筹集

城市防洪工程是一项抗击洪涝灾害的安居工程，需要投入大量的资金，从2000年组织实施以来，城市防洪工程建设按照多渠道筹集建设资金的要求，主要采取以下几种办法。

一、按受益范围负担

2000年11月12日，兴化市政府以兴政发〔2000〕276号文件下发《关于新城小区（以下改称九顷小区）城市防洪治污一期工程建设资金筹集的实施意见》，明确资金筹集的范围和标准。

1. 市财政安排100万元。

2. 部门筹集资金：

（1）市水利部门从收取的水利规费中安排100万元；

（2）市建委从收取的城市建设规费中安排100万元；

（3）市自来水公司根据九顷小区用水量按水价收取的污水处理费和城市水处理费32万元；

（4）市供电局港池河泵站建设资金由供电部门自筹解决65.5万元。

3. 运用开发经营的方式盘活九顷小区防洪治污工程周边的土地、河道和空间资源。

4. 市水利、市环保部门各向上级争取100万元。

5. 九顷小区按受益负担。

（1）机关部门按建筑面积20元/米^{2}的标准负担；

（2）学校、医院、敬老院、幼儿园等事业单位按占地面积10元/米^{2}的标准负担；

（3）生产经营性企业按占地面积20元/米^{2}的标准负担；

（4）各类商业营业用房按建筑面积20元/米^{2}的标准负担。

6. 通过建立功德碑，开放冠名权，广泛组织社会各界人士捐赠。

2000年11月17日，兴化市政府办公室以兴政办发〔2000〕192号文件下发《关于下达新城小区（以下改称九顷小区）城市防洪治污一期工程建设资金筹集任务的通知》，合计下达资金筹集任务890.6万元。实际筹集到位的情况是：除市政府明确的市财政、市水利局、市建委、市自来水公司、市供电局（因规划调整供电局港池河泵站未建）、市环保局应承担和向上级争取的款项已到位外，九顷小区内机关、部门和事业单位共15家筹集资金145.5万元，生产经营性企业和商业用房只有兴化市兴中油运有限公司交纳0.3万元。

2005年8月，兴化市政府办公室下达主城区南片防洪工程建设资金筹集任务。对市移动公司、市联通公司、市信用合作联社、市金港房地产发展有限公司、市国土局（城市投资公司）、市建设局、市振兴双语学校、市第三人民医院、昭阳中学、市房管处、长安农贸市场、龙津河农贸市场、市国税局、市地税局14个单位下达198万元的负担指标。

二、挂靠国家重点工程项目争取资金

1. 九顷小区白涂河段防洪墙建设，被江苏省水利厅列为省重点水利工程区域水利除险加固白涂河临城段整治工程,2002 年 9 月省水利厅下达省级配套资金 190 万元。

2. 九顷小区西侧防洪墙被列为上官河临城段整治项目,2002 年 9 月泰州市水利局下达泰州市级补助资金 50 万元。

3. 沧浪河东闸站和车路河兴化城区束窄段整治工程被列为淮河流域里下河灾后重建应急工程项目,2004 年 3 月江苏省水利厅下达省级补助资金 596 万元。

4. 主城区沧浪河南闸、沧浪河西闸站、海池河东闸站、海池河西闸站被江苏省水利厅列为淮河流域湖洼及支流治理项目的城区洼地挡排工程。2005 年 9 月下达国家和省级补助经费 1 060 万元。

5. 下官河城区段防洪堤、水产村北闸桥、水产村东闸站、串心沟闸站被江苏省水利厅列为兴化市洼地治理下官河城区段整治工程项目。2007 年 12 月核发省级补助资金 1 902 万元。

6. 关门片区的关门闸站和防洪堤建设工程被江苏省水利厅列入水利工程地方基建"上官河城区段整治工程"项目,工程概算 961.41 万元,其中省级补助 482 万元。

7. 五里大桥至过境路绕城南官河大桥段的南官河西岸防洪堤 1 800 米,被列为南水北调里下河水源调整卤汀河整治工程的骨干工程项目,工程总造价约为 900 万元。

三、有关部门和单位筹资

1. 根据兴化市政府文件精神,市水利局在水利规费中安排 100 万元,市建设局在建设规费中安排 100 万元,市自来水总公司安排污水处理费 32 万元,用于九顷小区城市防洪工程建设。

2. 城市投资公司投入 5.667 9 万元用于九顷小区城市防洪工程建设,投入 1 300 万元用于行政新区闸站配套建设。

四、有关部门和单位自建

1. 金贵房产开发公司承建九顷小区防洪墙 120 米,30 万元;城建开发公司承建九顷小区防洪墙 140 米,45 万元。

2. 建祥房地产开发公司承建张阳小区防洪墙 235 米,65 万元;泰兴房地产开发公司承建张阳小区防洪堤 330 米,95 万元;开发企业国际华城承建防洪堤 308 米,90 万元。

3. 2005 年 8 月,市政府办公室下达市盐业公司、市金鹏集团、市航运站加油站、昭阳实验小学、市高级职业技术学校、昭阳镇市政建设开发公司 6 个单位自建防洪墙(堤)1 935 米,总计 484.99 万元的建设任务。

五、财政投入

1. 2000 年 11 月,市政府办公室明确市财政安排专项捐款 210 万元,用于九顷小区城市防洪工程建设。

2. 2006 年 11 月,市政府决定从 2007 年起每年市财政安排资金 1 000 万元左右用于城市防洪工程建设。

3. 2007 年 8 月,常委、市长联席会议研究决定,土地出让资金安排 5 000 万元,向上争取 4 000 万元,市城市水利投资开发有限公司贷款 8 000 万元用于城市防洪工程建设,从 2008 年起每年市财政安排 2 000 万元用于偿还贷款本息。

第四节 组织领导

城市防洪工程建设是一项系统工程，为切实加强对城市防洪工程建设的组织领导，中共兴化市委、兴化市人民政府先后成立和调整了城市防洪工程建设的领导和指挥机构。

1999年11月，中共兴化市委发布了《关于建立兴化市城市防洪工程建设领导小组的通知》，明确了组长、副组长和各成员单位。2000年城市防洪工程在九顷小区启动建设，5月，兴化市委、市政府将城市防洪工程建设领导小组改为城市防洪治污工程建设领导小组，成员单位增加了市民政局、市供电局、市建设银行、市农业银行、市工商局。2001年9月，调整城市防洪治污工程建设领导小组。2003年9月，又将城市防洪治污工程建设领导小组更名为城市防洪工程建设领导小组，成员单位增加了市建工局、市地税局、江苏省兴化经济开发区、临城镇、垛田镇、西郊镇、西鲍乡、市航道站、市公路站。2006年5月，再次调整城市防洪工程建设领导小组，成员单位增加了市纪委、市监察局、市委组织部、市电信公司、市委宣传部、市教育局、市国税局、市水产局、市气象局等。

2006年8月，市政府决定成立兴化市城市水利投资开发有限公司，负责筹集城市防洪工程建设资金，并对今后新开工的城市防洪工程建设项目负责实施建设，明确公司董事会组成人员和监事，聘任公司总经理、副总经理、财务总监、技术总监，业务上接受市水务局行业管理。

在经历了2006年、2007年连续两次较大雨涝灾害后，已建成的防洪设施在排涝抗灾斗争中发挥了重要作用，兴化市委、市政府把推进城市防洪工程建设列入重要议事日程，市委十届三次全体会议作出“城市防洪工程建设三年任务两年完成”的决策，提高了城市防洪工程建设的组织程度，加大了实施力度。采取的措施主要包括：

严格工程建设管理，坚持工程标准质量。所有工程项目必须按照基本建设程序，认真执行项目法人制、招投标制、合同管理制、工程监理制和竣工验收制等工程建设管理制度。坚持工程标准，确保工程质量，严格施工技术规范和按图施工，加强对隐蔽工程的检查和分段验收。

明确相关部门职责，齐抓共管形成合力。市委、市政府根据需完成的工程总量，按照相关部门的职能和属地以及就近管理的原则，分别明确了市水务局、市建设局、市交通局等部门和昭阳镇、垛田镇、城东镇承担的工程建设项目和任务，强调各个建设责任单位的主要负责人总负责，为第一责任人。

切实加强组织领导，认真搞好督促检查。2007年7月30日，市政府根据市委作出的“城市防洪工程建设三年任务两年完成”的决定，成立了兴化市城市防洪工程建设指挥部，市委副书记、市长李伟任指挥。指挥部下设办公室、拆迁拆违组、工程建设组、矛盾协调组、宣传组、财务审计组、督查考核组，办公室设市自来水公司三楼。同时，市委、市政府加大了督查频次。仅2008年李伟市长就亲自组织了4次规格较高、规模较大的督查活动，针对工程标准质量和进度方面存在的问题落实整改措施。

第九章

水环境治理

水环境是重要的生态环境，更是最直接的生存环境，事关全局，事关民生。2003年以前，全市各级河道中的水花生等水生植物不断滋生蔓延，覆盖水面，阻塞河道，已成为污染水源的一大公害，导致水环境质量逐年下降，不但直接影响到广大农村居民的身体健康、生活质量、生存环境、生产交通，而且影响到河道引排功能的发挥。针对这一现实，兴化市委、市政府从2003年开始就对水环境治理工作予以高度关注，并从2008年起每年都在全市范围内开展水环境治理的专项突击活动，由此水环境治理取得了明显的成效，水环境质量有了较大改善。

第一节 组织领导

为切实加强对水环境治理的组织领导，从2008年开始，市委、市政府每年都成立全市水环境整治工作领导小组，明确市委分管副书记为组长，市政府分管副市长为副组长，市委办公室、市政府办公室、市委组织部、市纪委、市委农工办、市财政局、市交通局、市水产局、市环保局、市城管局、市公安局、市广电局、市水务局、昭阳镇政府、市航道站的相关负责人为成员。领导小组下设办公室，办公室设在市水务局。领导小组成员随着人事的变动进行相应的调整。

同时，明确各乡镇党委、政府为水环境突击整治的第一责任单位，各地一把手是水环境突击整治的第一责任人，必须高度重视，切实抓好本区域、本乡镇的水环境突击整治工作。各乡镇都成立了水环境突击整治工作领导小组和工作班子，财政所、农经站、水务站、水产站、村建办等相关部门负责人和片长为成员，党政主要负责人亲自挂帅，分管负责人具体负责，相关部门协同动作，统一指挥，集中行动。

兴化市委、市政府制定《关于组织开展水环境突击整治活动的实施意见》，并根据形势的发展不断充实和完善相关的内容，做到与时俱进。水环境突击整治活动开展前，兴化市委、市政府都要召开专门会议，进行宣传发动和工作部署。2008年2月26日，兴化市委、市政府召开全市水环境整治工作动员大会，市委副书记金厚坤作动员报告，市长李伟要求以铁的纪律、铁的措施、铁的手段抓好落实。2008年9月9日，召开水环境突击整治工作视频会议，副市长顾国平讲话。

第二节 专项突击

2003年，针对水花生等水生植物阻塞河道、水体富营养化程度加剧、农村水环境恶化的现状，水务部门及时呈请市政府作出统一部署，从3月15日至4月15日，在全市范围内开展了以疏浚河道、打捞“三水（水花生、水葫芦、水浮莲）一萍（绿萍）”等水上漂浮物、清理沿河垃圾为重点的农村水环境整治活动，采取宣传发动、组织实施、督查验收等措施，农村水环境质量得到了一定程度的改善。

但是，由于水生植物随水漂流，极易在地势低洼的兴化河网中聚集，水环境整治必然是一项长期的任务，不可能一劳永逸。从2008年起，市委、市政府决定每年冬春利用水生植物枯萎的有利时机，对水花生等水面漂浮物组织两次专项突击和清理打捞。市委、市政府办公室以文件发布每次突击整治的时间，明确相关具体要求，并在实践中不断完善治理措施。

一、突击整治的工作目标

清除以水葫芦、水浮莲、水花生为主的水生植物，全面打捞水面漂浮物，清理沿河乱抛乱倒的垃圾，确保水面无成片漂浮物、河边无垃圾，打捞的漂浮物和垃圾有处理措施等是突击整治工作的主要目标。2009年又增加了清除主要骨干河道渔业违法捕捞设施，确保市级骨干河道无定置捕捞设施。2010年要求突出长效管理，坚持常年组织开展水环境综合整治。2014年要求水环境整治达到"两无两有"的标准，即水面无漂浮物，沿河无垃圾，有长效管理制度，有管护责任合同。2015年提出以全面实施"河长制"为抓手，坚持"政府主导、市场运作、公开发包、分级负责、强化考核"的原则，落实属地管理责任，加大水面漂浮物"上卡、中清、下捞"力度。

二、整治范围

水环境突击整治的范围为全市境内除封闭式水产养殖水域以外的所有河道、沟塘。

三、整治标准和要求

2009年要求全市水环境突击整治必须按照"两无两有"标准，即水面无水葫芦、水浮莲、水花生等漂浮物，河边无垃圾，打捞物有规范的处理措施，水环境有长效管理措施。2014年提出的"两无两有"标准，则改原来提出的"打捞物有规范的处理措施"为"有管护责任合同"。

四、责任分工

全市水环境整治按照属地管理的原则，由各乡镇及有关部门负责，具体分工如下。

1. 城区河道：城区范围内的主要河道及骨干河道（包括上官河至白涂河支河的白涂河，车路河至过境公路的上官河，南官河至东门泊的车路河，南官河至过境公路的下官河，金三角金桥预制厂的大溪河，野行至白涂河的白涂河支河、沧浪河、海池河、九顷夹沟）由城管局负责外，其余城区河道按属地管理原则由所属乡镇负责。
2. 市级骨干河道按照河道走向流经本乡镇范围的河段由所属乡镇负责治理。
3. 乡级河道由所属乡镇负责治理。
4. 村级河道由所属行政村负责治理。

据统计，在2008年3月的突击整治活动中，全市投入船只135 764条，投入劳力587 483人次，清理市级骨干河道24条、乡级河道577条、生产河及村庄河道19 661条。在2009年突击行动中，清理骨干河道22条668.9千米、乡级河道526条、生产河及村庄河道18 723条，打捞水花生投入船只91 025条，投入劳力305 803人次。

五、突击整治的时间安排

2008年集中整治分为春季（3月份）和秋季（9月份）两次进行。其中，9月份的整治分为三个阶段：第一阶段为宣传发动阶段（9月7日至10日），各乡镇建立水环境突击整治领导小组，广泛宣传发动，9 月 11 日前，组织人员完成所属河道工作量的测算，制订整治实施方案，分解任务，划分工段，明确责任单位和责任人，包干负责；第二阶段为组织实施阶段（9 月 11 日至 20 日）；第三阶段为考核验收阶段（9 月 21 日以后至验收结束）。2009 年全市春季水环境突击整治时间统一为 2 月 16 日至 3 月 18 日，冬季突击整治时间为 2009 年 12 月下旬至 2010 年 1 月。2010 年全年开展春季、夏季、秋季三次水环境突击整治活动，春季突击时间为 3 月 11 日至月底，夏季突击时间为 6 月 10 日至月底，秋季突击时间为 10 月 10 日至月底。2012 年继续采取春、秋两季集中打捞的方法，将水环境整治与“双禁”（秸秆禁烧、禁抛入水体）工作同部署、同督查、同考核，加大以水花生为主的水生植物打捞清理力度。根据市委、市政府统一部署，2015 年 1 月组织开展一次全方位的冬季集中整治行动，当年再组织一次为期 1 个月的春季集中整治行动。

第三节　城区水环境综合整治

2002 年 6 月，兴化市政府决定对城区水环境实施综合整治。落实给水务部门的任务为：白涂河西起上官河东至轧花三厂、肉联厂河北岸至阳山大桥、西荡河阳山大桥北至过境公路桥 3 处农杂船综合整治，并负责西荡河阳山大桥北至过境公路桥、西至城堡新区夹沟的沿河垃圾、水上漂浮物的专项整治工作。水务局抽调了水政监察大队 14 人参加行动。参加人员针对所负责的地段位于城郊接合部、情况比较复杂的特点，顶烈日、冒酷暑，逐船逐户发放联合通告和宣传材料 521 份，耐心说服停泊在这一区域的 511 条农杂船迁离城区，分别到楚水学校西侧的斜河和大溪河过境公路桥西集中停泊。市政府对这两处做到水、电、路三通，并在岸上修建公厕，给集中停泊创造了条件。同时，清理沿河垃圾 18 处 210 平方米，约 55 吨，打捞水上漂浮物 22 处 980 平方米，协调有关纠纷 8 起，通过了有关部门的联合验收。

清洁河道

此后，市政府又将长效管理的任务交由水政监察大队负责。水政监察大队安排 6 名水政监察员组成管理队伍，配备水政艇一艘，坚持每天在城区水域执法巡查，有效地遏制了农杂船回潮的现象，巩固了城区水环境整治成果。

2006 年，根据市“五城同创”指挥部的统一部署和城市水环境综合整治工作要求，水务部门承担并组织实施的水环境整治工作任务主要包括：编制城区主要河道沿河水体、环境分年整治规划方案；按照行政新区直港河和中心河风景带建设的要求，对这两条河道进行断面测量，对直港河进行河道疏浚断面设计，并完成 1 标段土方施工任务；对张阳串心沟实施测量，制定清淤整治的规划方案和河道设计标准；实施九顷小区两条夹河的清淤疏浚，组织 40 多人，30 条船，采取先人工打捞漂浮物后打坝清淤的办法，共清除淤泥垃圾 2 500 多船 2 780 立方米；以水政监察大队为主体，在配合沙甸村拆违整治，直港河、中心河、沧浪河、二水厂综合整治的同时，抓好城区河道执法巡查和部分回潮的农杂船的清理工作，先发放通知书进行宣传发动，后组织动迁，共迁出和拖送各类农杂船 86 条。

第四节 设卡拦污

由于兴化与周边县市没有设置物理区隔，兴化通往邻近县市的盐靖河、塘港河、渭水河、卤汀河、横泾河、大溪河、子婴河、潼河等均为主要交通河道和航道，来往船只多，加之周边县市（尤其是南部和西部）大多没有实施水花生打捞工作，这些上游地区的水花生、水浮莲、水葫芦随水漂流，相当一部分滞留在地势低洼的兴化境内的河网中，由此在一定程度上对兴化造成了新的危害，形成了“上游淌不停，下游捞不完”的被动局面。为了巩固水环境集中整治工作成果，减少上游地区水花生等水面漂浮物随水流入兴化境内，根据群众的建议和市有关领导的要求，市水务局制定了《关于在全市各级干河上游设卡拦污的实施方案》，2008 年 11 月市政府办公室以兴政办发〔2008〕220 号文件对该方案实行了转发。各有关乡镇按照市政府办公室文件精神，认真开展设卡工作，至年底已基本完成。全市共在 10 个乡镇和省级经济开发区设置拦污卡口 54 处，总长度 2 749.5 米，具体要求如下。

拦污栅

设卡位置。市境西部和南部与外县（市）交界的主要河道的入水口上游均为设卡范围，具体位置应选择在河道入水口没有分支的区域，最好依托现有桥梁或闸站或靠近村庄，以便于管理。

卡口宽度。卡口设置根据河道口宽，按入水流向呈“八”字形设置，两侧设卡各占河口宽三分之一以上，中间入水口以满足通行（航）宽度为准。

设卡标准。根据河道交通情况和上游漂浮物来量，以能拦截上游漂浮物为目的，一般以毛竹、毛篙、木材打桩，有条件的可用水泥方桩，桩之间间距 1.0~1.5 米，桩顶高程 2.5 米，桩面迎水流方向布设渔网，网的上端高程 2.5 米，与桩顶平，下端高程为 0.8 米，正常情况下没入水中。中间流水通道可考虑加设竹箔或拦截网。

拦污卡口设置情况见表 9-1。

表 9-1　拦污卡口设置情况表

序号	所属乡镇	卡口位置或名称	卡口长度（米）
1	开发区	董家大桥	39.5
2		支三河	37.0
3		董家庄	62.0
4		南兴	52.0
5		沙庄	53.0
6		梅家	49.0
7		院墙	54.0

（续表）

序号	所属乡镇	卡口位置或名称	卡口长度(米)
8	昭阳镇	东平河	120.0
9		大界河	60.0
10		北山子河	120.0
11	西郊镇	横泾河	62.0
12		李中河	60.0
13		徐马河	45.0
14	李中镇	舜生河	52.0
15		季家庄西河	78.0
16		许季河	34.0
17		跃进河	30.0
18		临川河	40.0
19		穰草河	30.0
20	周奋乡	子婴河	35.0
21	沙沟镇	潼河	120.0
22		宝应河	90.0
23		南阳河	35.0
24		寿荡子河	65.0
25	张郭镇	东港河	40.0
26	戴南镇	杨义庄河	40.0
27		万家庄东河	40.0
28		孙家庄南河	60.0
29		裴马庄西河	45.0
30		盐靖河	35.0
31		东十港河	35.0
32		东陈庄东河	45.0
33		罗顾庄南河	80.0
34		东陈庄南河	80.0
35	临城镇	卤汀河	85.0
36		蚌蜒河	100.0
37	陈堡镇	校阳河	30.0
38		宁乡河	16.0
39		向沟河	28.0
40		唐庄河	20.0

（续表）

序号	所属乡镇	卡口位置或名称	卡口长度(米)
41	周庄镇	周庄北河	40.0
42		周庄南河	45.0
43		卖水河	30.0
44		朝阳河	35.0
45		西坂抡河	35.0
46		渭水河	28.0
47		通界河	40.0
48		边城东河	42.0
49		腾马南河	27.0
50		腾马东大河	45.0
51		东塘港河	45.0
52		西塘港河	38.0
53		西二庄西河	68.0
54		边城南河口	30.0
合计			2 749.5

对于设置的拦污卡口，兴化市政府以每米 100 元的标准下达了补助经费（材料费、人工费），每个卡口都落实专人管护，2009 年下达管护经费 5 000 元，2010 年提高到 10 000～30 000 元，最多达 50 000 元。

2015 年 3 月，市水务局组织人员就通往上游县市河道设卡情况与相关乡镇负责人、分管负责人、水务站负责人、水产站负责人及水环境管护承包人共同进行了调查与走访，认为 2008 年设置的 54 处拦污卡口，在拦截上游县市水花生等漂浮物流入兴化方面确实发挥了一定的作用。但是，也发现部分卡口因当时设置的材质较差，加之疏于管理，经过多年的风浪冲刷、行船碰撞等有一定程度的损坏，已不能发挥有效的拦污作用。根据调查情况和兴化市政府提出的水环境整治“上卡、中清、下捞”的方针，水务部门建议并经市领导同意，在原有基础上增设新的卡口。新增卡口为：周庄镇与姜堰接壤的腾马庄俞西河卡口、边城茅山河卡口、界沟村通界河卡口；陈堡镇与江都接壤的唐堡村蚌蜒河两道卡口，与姜堰相通的蔡家堡村渭水河卡口；开发区与高邮接壤的董家庄北澄子河卡口；李中镇李中河卡口、舜生河卡口计 9 处。每个卡口给予 4 万～5 万元的设置费用。同时对西郊镇李中河卡口、横泾河卡口、周奋乡子婴河卡口、沙沟镇潼河卡口、昭阳镇东平河卡口及城区卡口等 6 处卡口进行维修加固，每个卡口给予 2 万元的维修加固费用。

对新建和维修加固的拦污卡口，都以坚固耐用为基本要求，选择 25 厘米×25 厘米，18 毫米钢筋的 7 米或加筋 9 米的水泥预制桩打桩，间距 1 米左右。同时，卡口两侧应设置平台（或利用附近的废弃沟溏）以堆放和填埋打捞物。对重要的卡口设立视频监控，全天候监控打捞管护情况。

对新设置的和原有的卡口，进一步明确管护要求：

1. 所有卡口均由所属乡镇政府实行市场化运作，公开招标落实管护单位，管护单位再选择年富力强、有责任心的劳动力承包管护，并与卡口管护人员签订管护合同，明确双方的责权利，落实管护报酬及违约的处罚条款。

2. 卡口位置远离村庄的应设置管护棚，或落实住家船食宿在船，以便全天候管理打捞工作。

3. 管护人员原则上要求24小时不离卡口，夜间将流入的水上漂浮物引至卡口两侧，白天实施打捞上岸，打捞上岸的水上漂浮物要有处理措施。

4. 在水生植物生长旺季和汛期水流湍急的情况下，乡镇政府应督促中标管护单位组织力量协助卡口管护人员突击清理打捞。

将2015年新设的9处卡口和维修加固的6处卡口列为市级卡口，市财政专门下达长效管护奖补资金。

2014年秋，下游有关县市在与兴化交界的境内河道设卡，甚至全面封堵航道，导致大量水花生聚集在雌港、串场河、兴盐界河等主干河段，造成部分河面堵塞，堵塞长度达几千米甚至十几千米。为此，兴化市政府决定在新垛镇的雌港与兴盐界河设卡，建立张高村集中打捞点，大营镇在阵营港、屯沟河和串场河与兴盐界河交汇的洋子村设卡建立打捞点，合陈镇在海沟河与串场河交汇的胜利村建立集中打捞点。2014年11月至2015年6月中旬开展了三次集中打捞，共投入人力8 321人次，机械3 150多台班，打捞船只160多条次，打捞漂浮物总量近52万吨，并流转40多亩土地进行填埋，累计投入资金1 600多万元，聚集长度达十几千米的水面漂浮物基本清除。

第五节　督查考核验收

为了检验水环境整治行动效果，巩固水环境整治成果，政府每年在水环境突击整治活动中都组织人员进行督查、考核和验收。

2008年2月22日，兴化市委办公室、市政府办公室以兴委办发〔2008〕39号文件下发《关于开展水环境突击整治督查工作的通知》，明确督查时间从2月下旬至3月中旬。督查的内容主要包括：组织和行动情况，保障措施落实情况，水环境整治资金筹集的方法、措施和数额，领导到位情况，行动效果情况，是否达到“两无两有”的标准。决定成立五个督查组，东南片由市环保局牵头，市监察局配合；东北片由市委农工办牵头，市水务局配合；西北片由市水务局牵头，市交通局配合；西南片由市水产局牵头，市财政局配合；城区片由市城管局牵头，昭阳镇政府配合。各组必须将督查的情况向市水环境整治领导小组办公室报告。

2008年3月10日，兴化市委办公室、市政府办公室又以兴委办发〔2008〕49号文件下发《关于开展水环境整治验收工作的通知》，决定从市委组织部、市委农工办、市监察局、市财政局、市水务局、市环保局、市交通局、市水产局、市城管局等9个部门抽调人员成立5个验收小组，分5个片进行验收。其中，东南片由市委组织部牵头，市财政局、市水务局、市水产局配合；东北片由市监察局牵头，市财政局、市水务局、市环保局配合；西南片由市财政局牵头，市水务局、市交通局、市委农工办配合；西北片由市委农工办牵头，市财政局、市水务局、市监察局配合；城区片由市城管局牵头，市委组织部、市财政局、市水务局配合。

验收程序：先由各乡镇自验，在自验合格的基础上向市水环境综合整治领导小组办公室提出验收申请，然后由市考核验收小组实地检查验收。

验收方法：听取汇报，查阅资料，实地察看河道水面整治和打捞物处理情况。

验收内容：组织领导机构建立情况；水面漂浮物打捞情况，包括打捞物处理情况，是否达到远离岸边、挖塘深埋、集中堆放闷焐、晒干焚烧等要求；资金筹集情况，是否按要求落实配套资金，村级资金筹集是否规范；长效管理落实情况，河道是否落实管护责任人，是否签订管护协议，管护资金是否落实等。

验收标准："两无两有"，即水面无水花生、杂草等漂浮物，河边无垃圾；打捞的漂浮物和垃圾有处理措施，长效管理有责任制和措施。

验收结果通过《兴化日报》向社会公示，接受社会监督，实行举报有奖，凡举报经查验属实后发给举报人奖金 100 元，在乡镇以奖代补资金中列支。

2014 年实行分级负责、分级考核机制。各村组织党员和议事代表每旬巡查一次，发现问题及时要求责任人落实整改措施；各乡镇负责对本乡镇水环境整治督查考核，明确水务站作为本乡镇水环境保洁监管直接责任单位，每月检查一次，对查出的问题及时通知承包人落实整改措施，乡镇检查发现整改不到位的，按一定的比例扣除承包金；市农业农村重点工作督查组每月督查一次，发现乡镇整治不到位的，通报所在乡镇及时落实整改措施，并通报市水环境整治考核组，扣减乡镇季度奖补资金；市水环境整治考核组每季度末采取暗访方式对各乡镇水环境整治工作实行打分制督查考核；市纪委每季度对各乡镇水环境整治工作进行效能监察。

2014 年冬季水环境整治验收工作时间为 2015 年 2 月 4 日至 12 日，具体做法如下。

验收组织：全市成立 6 个验收组，第一组由市住建局负责，验收戴南、张郭、陶庄、荻垛、大垛 5 个乡镇；第二组由市财政局负责，验收临城、陈堡、周庄、茅山、沈坨、竹泓 6 个乡镇；第三组由市水务局负责，验收垛田、林湖、昌荣、永丰、戴窑、合陈 6 个乡镇；第四组由市环保局负责，验收城东、西鲍、钓鱼、中堡、大邹、缸顾 6 个乡镇；第五组由市水产局负责，验收海南、下圩、安丰、老圩、新垛、大营 6 个乡镇；第 6 组由市监察局负责，验收昭阳、开发区、西郊、李中、周奋、沙沟 6 个乡镇。每个组固定一个责任区负责常年考核验收，由所在部门分管责任人牵头，相关科室人员参加，市水务局每组配备 1 名工作人员参与督查考核验收。对每个乡镇抽查的 5 个村以及乡镇政府到 5 个村的沿线河道进行评分排序。各组验收结果由监察局、财政局、水务局组成监督组进行"回头看"，实行工作经费与验收标准执行情况相挂钩。

验收内容：

1. 对冬春两季突击整治活动中的水面漂浮物采取只粉碎不打捞的，实行一票否决制。集中清理的费用包含在水环境保洁发包金中，各乡镇不得再以此为借口发生费用。

2. 集中清理后，在属地管理范围内的市、乡、村三级河道中凡发现 1 平方米以上水面漂浮物的，有一处即扣除当期保洁考核分 5 分，3 处及以上视为验收不合格。

3. 集中清理后，市、乡、村三级河道中沿河发现 1 处 1 平方米以上垃圾的（含打捞物搁置水边），扣除当期考核分 4 分。

奖惩兑现：

1. 经验收考核，得分在 90 分及以上的为合格，按奖补标准全额发放以奖代补资金、保证金及市财政等值配套奖励。

2. 经验收考核，得分在 80 分及以上的为基本合格，按奖补标准发放 50% 以奖代补资金、保证金。

3. 经验收考核，得分在 70 分及以下的为不合格，全额扣除当期的以奖代补资金、保证金。

2015 年水环境整治实行分项考核验收。

卡口考核验收：包括卡口建设验收和卡口管护验收，由市河长办牵头按规定组织验收。卡口管护必须达到运行模式规范，管护措施恰当。

专项整治考核验收：冬春两季水环境集中专项整治行动由市委、市政府组织相关部门组成市水环境整治考核组进行考核验收。由各乡镇书面向市河长办申请集中整治行动市级考核验收，市考核验收组实地进行考核验收。

考核标准根据《关于2015年全市水环境整治的实施意见》中明确的五项主要工作确定，即打捞方式正确，水面清洁，沿河整洁，河道畅通，财务规范。

日常考核：由水务站每月逐村考核，市农业农村重点工作督查组每月考核，各乡镇行政村自评，村级农业综合监管员对本村管护评分等四部分组成，经相关部门汇总上报市河长办。在具体方法上，7月、9月、11月份采取明察式考核，由市纪委、财政局、水务局、城管局、市委农工办牵头组织实施；6月、8月、10月份采取暗访与抽查相结合的方式，由市纪委、市河长办牵头组织实施。

考核标准：水环境管护发包公开透明，台账资料齐全，有长效管理制度，有管护责任合同；非实时管护的卡口，有人定期实施打捞，且卡口完好、有人维护；水面保洁；沿河整洁；河道畅通。

上述五项除卡口建设考核验收外，其余验收项目都按照相关的标准和评分要求进行打分，平均综合得分90分及以上的为合格，按奖补标准全额发放以奖代补资金、保证金及等值配套奖励，其他的与2014年奖惩兑现方法相同。

2015年4月1日至15日，市河长办组织6个组对全市春季水环境集中清理情况进行考核验收。第一组由市水产局负责，验收安丰、海南、大营、下圩、新垛、老圩6个乡镇；第二组由市财政局负责，验收陈堡、沈坨、茅山、竹泓、临城、周庄6个乡镇；第三组由市监察局负责，验收沙沟、李中、周奋、西郊、昭阳、开发区6个乡镇；第四组由市住建局负责，验收大垛、张郭、戴南、陶庄、荻垛5个乡镇；第五组由市水务局负责，验收林湖、垛田、戴窑、永丰、昌荣、合陈6个乡镇；第6组由市环保局负责，验收西鲍、缸顾、钓鱼、大邹、城东、中堡6个乡镇。

考核验收的内容：有没有按照要求开展对水环境整治的查漏补缺工作，是否存在死角；打捞的水生植物是否按要求规范处置；是否存在机械粉碎操作，是否按相关要求落实管护协议；骨干河道中渔网鱼簖清理是否落实到位。

考核验收的方式：每个乡镇按"东南西北中"方位抽查5个村，以及省、县道公路沿线和乡镇政府到这5个村沿线的河道。

从考核验收结果可以看出，对于2015年春季水环境集中整治工作，各乡镇领导重视程度明显提高，整治效果明显好于往年同期。对6个验收组验收打分的排名，由市纪委、市监察局、市财政局牵头对每组前后各两名计24个乡镇进行复核，最终认定全市35个乡镇春季水环境突击整治工作全部通过验收。

第六节　长效管理

水环境整治实行突击整治与长效管理相结合。集中整治活动结束后，即从本乡镇实际出发，制定水环境长效管护的实施办法，组织人员定期打捞水面漂浮物。在具体方法上，有的采取以河包干，有的采取以片包干，由本片内各行政村划区域承包，组织人员进行正常打捞，并对打捞物按要求落实处理措施，避免产生二次危害。对承包人落实责任制，签订管护合同，明确具体范围和要求，把责任落实到人，并制定奖惩措施。2013年，市政府要求以乡镇为单位，三级河道明确一个总承包人。从2014年起，市政府要求各乡镇通过公开招标的方式，将整治的责任和主体交给资信良好的专业化保洁公司或社会自然人，实行市场化运作，签订承包合同，约定相关条款，明确整治标准，落实考核措施，分期支付承包金，狠抓全年的河道长效管护和日常保洁工作。

同时，建立河道管护保洁长效机制和考核验收制度，按照属地管理原则，市乡两级河道管护保洁责任主体为河道属地乡镇人民政府，村级河道管护保洁责任主体为河道属地村民委员会。通过公开招标方式确定承包单位或承包人，并接受社会监督，对河道管护保洁考核验收做到按规定要求组织实施，并按考核验收结果兑付河道管护保洁经费和市级以奖代补资金。

第七节　资金保障

为鼓励各地积极开展水花生等水上漂浮物的打捞工作，以乡镇进行考核验收，从2008年起，市政府对验收合格的乡镇实行以奖代补。对市级骨干河道的水面漂浮物，按照属地管理的要求，由河道所属乡镇负责打捞，经验收合格后，给予每千米800元的补助；乡级河道清理打捞，合并乡镇补助2.5万元，未合并乡镇补助1.5万元；村庄河道及生产河按自然村每村由市级给予2 000元的奖励补助；拦污卡口，根据卡口规模和打捞工作量相应安排人工费、材料费和管护打捞以奖代补资金。

对乡镇负责的市级骨干河道和乡级河道的清理打捞，除市以奖代补资金外，不足部分由乡镇财政统筹安排。

村级整治资金，除市以奖代补资金和乡镇财政安排的配套资金外，不足部分在村收村支的农业水费中安排。

2015年，兴化市委、市政府决定建立河道保洁保证金制度，各乡镇党委书记、乡镇长、分管负责人、水务站站长按照每人4 500元的标准缴纳水环境整治工作保证金，按冬春集中整治、日常管护进行三次考核，根据考核结果，与市级奖补资金同比例扣减，市财政等额配套。

第八节　污水处理

抓好城乡居民生活污水和其他各类污水的处理，做到达标排放，对于改善和提升水环境质量、提高城乡居民健康水平具有非常重要的意义。随着社会的发展和进步，人民群众物质生活水平提高，对抓好污水处理提出了新要求。兴化市委、市政府审时度势，相应开展了城乡污水处理设施的配套建设。

一、城区污水处理

经省发改委批准，兴化市利用国债资金建设城南污水处理厂，设计日处理污水能力6万吨，工程分两期实施。

2005年，污水处理厂完成厂区征地，施工图设计审查，部分驳岸垫层、部分标段杠土，氧化沟桩基、主体工程监理进入招标程序。

2006年，污水处理厂建设投入资金5 000万元，厂区土建及部分收集管网已完成。

2007年，重点加强厂区主体工程建设，抓好进水泵房、氧化沟、二沉池、脱水机房、配电房的土建及内外装饰工程，完成厂区机电设备和自动化9个标段的安装调试，建成提升泵站1座，全面完成26千米的厂外收集管网建设并通过闭水试验。按预案要求，一期工程于11月28日投入试运行。兴化市委、市政府举行兴化城南污水处理厂揭牌试运行仪式。市长李伟、市政协主席范学忠为城南污水处理厂揭牌。市领导金厚坤、顾跃进等参加仪式。

2008年，当年投入资金1 200万元继续推进污水处理厂建设。至年末，厂区生产线全部建成，进水泵房、DE氧化沟、二沉池等主要构筑物均通过满水试验，所有在建工程质量都通过兴化市建设工程质量监督站的验收。进场机电设备均通过兴化市质量技术监督局验收。厂区供电、机电设备安装完毕。厂区生产线连接管道、室外电缆沟完成施工。厂外已铺设污水收集管网26千米、沿河截流管16千米，建成污水提升泵站1座。

2009年，城南污水处理厂厂区生产线全部建成并投入运行，污水收集管网已铺设英武路、经一路、千垛路、五里东路等主干（支）管网41千米，建成经一路、英武路、千垛路污水提升泵站3座，设备安装调试到位并正常运行。

污水处理

2010年，配套建设海池河段和张阳夹沟段污水收集管网，污水处理厂日处理污水达14 000吨，污水处理能力稳步提升。

2015年，配合城区黑臭河整治，城南污水处理厂实施了严家中心河、城堡中心河等污水管网建设，全年铺设污水收集管网13千米。全年处理污水总量约717万吨，处理污泥1 270吨，加快构建城市“污水处理体系”，城南污水处理厂二期工程投入试运行。

二、农村污水处理

对于各乡镇、村或个体创办的脱水蔬菜企业和有废水、废液排放的工业企业，兴化市委、市政府和市环境保护部门均要求按标准建有污水处理设施，并加强检查督促，确保这些单位做到污水达标排放。对没有污水处理设施的企业则采取停产整顿、限期整改甚至关闭等措施，认真抓好落实。

对于广大农村居民生活污水处理则采取逐步实施的办法稳步推进。2013年，实施了戴窑、合陈、荻垛、昌荣、陶庄、周庄、竹泓、茅山、海南、新垛、钓鱼、沙沟、中堡、林湖、城东（西鲍乡、城区九顷接管）15个乡镇的污水处理厂和配套主管网的项目建设。厂区采用高效生物转盘加双效滤池处理工艺，出水排放达到国家一级A标准。15个乡镇设计总规模达3.35万吨/日。工程分两期实施，一期工程规模为3.05万吨/日，二期工程规模为0.3万吨/日。由兴化市政府统一打包招商，厂区采用BOT方式招标，特许经营期30年，厂外配套管网采用BT形式招标，由北京桑德环境工程有限公司中标。2013年10月中旬，上述各乡镇污水处理厂陆续开工建设。

第十章

管理

管理是一门科学。兴化市水利（务）局既是县（市）政府的水行政主管部门，也是实施水利管理的职能部门。乡镇水利（务）站是水利工程建设和水利管理的基层单位。多年来，兴化市水利（务）系统的广大干部职工认真宣传学习国家和省、市、县发布的水利工程管理方面的法律、法规和规范性文件，切实加强水利工程管理、水资源管理、收费（水利工程供水水费和水资源费）以及水利（务）站管理，保证了水利工程设施的安全完好，充分发挥了已建工程设施的综合效益。通过水资源管理，促进了计划用水、节约用水和水资源保护。

第一节　水利工程管理

一、河道管理

河道是引水抗旱和行洪排涝的通道，也是水上交通运输的航道。为了加强对河道的管理，根据水利部水管〔1990〕37号文件和江苏省水利厅苏水管〔1991〕1号文件精神，兴化市机构编制委员会于1991年4月12日以兴编〔1991〕13号文件批复，同意在机构级别不变的情况下，将“兴化市堤防涵闸管理所”更名为“兴化市河道管理所”，作为水行政主管部门实施河道管理的职能机构。

根据《中华人民共和国河道管理条例》明确的管理范围和职责，在河道管理方面所做的工作主要如下。

《兴化市水务局河道湖泊巡查制度》第二条规定，河道管理实行统一管理和分级管理相结合的制度。市水政监察大队负责兴盐界河、车路河、卤汀河、上官河、下官河、泰东河、盐靖河、西塘港8条泰州市管河道的巡查和全市河道的巡督查管理，其他骨干河道及乡级河道按属地管理的原则，由所在乡镇水利（务）站负责巡查。管理的要求是禁止在河道中打坝和设置鱼簖网箔等阻水障碍，对已设置的鱼簖网箔实行登记造册，制定清障预案，根据引水抗旱和行洪排涝的需要，商请水政监察大队配合，限期并监督拆除；禁止乱圈乱围河道滩地，已圈围的一经发现必须立即拆除；禁止填河建房和在河道青坎上乱搭乱建棚舍及取土种植等，一经发现必须立即拆除；对河道临时占用核发临时占用许可证。对违反上述要求的情况，有一起查处一起。1999年至2015年，累计查处水事案件75起。

对临河、沿河、跨河的建设项目实施管理。根据国家计委、水利部颁发的《河道管理范围内建设项目管理的有关规定》，2002年5月，兴化市发展计划局、兴化市水务局联合发出《关于进一步加强和规范河道管理范围内建设项目审批管理的通知》，2003年5月，兴化市政府办公室又转发了《江苏省河道管理范围内建设项目规定》。这两个文件都明确规定，对在河道管理范围内新建、扩建、改建的开发水利、防治水害、整治河道的各类建筑物，包括桥梁、码头、道路、渡口、管道、缆线、取水口、排污口以及厂房、仓库、工业与民用建筑及其他公共设施等，必须经水利部门审查同意后，方可按基本建设程序履行审批手续。未经审查同意，或不按要求实施的建设项目，一经发现，除责令立即停工、补办有关手续、采取相应的补救措施外，根据情节给予行政处罚。对于影响行洪排涝和引水抗旱的建设项目，不得同意兴建，已经建成的，必须坚决拆除。1999年至2015年，累计审批各类涉河建设项目163项。

实施对挖泥机船的行业管理。为了遏制乱圈乱围湖荡河道的行为，市水务局按照市政府发布的规范性文件，规定凡在本市境内施工的挖泥机船，必须统一接受水利部门的管理，由水利部门核发施

工许可证,施工项目、施工地点和作业形式须经水利部门批准。全市共有214条挖泥机船办理了有关手续,领取了施工许可证。2008年5月4日,兴化市水务局以兴水务〔2008〕61号文件进一步重申了《关于对涉水疏浚机械加强行业管理的通知》,明确了管理对象、管理要求和违法处理等内容。对于未领取施工许可证或未按规定要求施工的挖泥船,一经查获,即商请水政监察大队配合没收电机或给予行政处罚,先后收缴电机和柴油机122台。

2012年2月5日,中共兴化市委办公室、市政府办公室以兴委办发〔2012〕24号文件发出通知,决定成立兴化市河道长效管理工作领导小组。领导小组以市政府分管副市长为组长,市政府办公室副主任、市水务局副局长为副组长,监察局、发展改革局、财政局、文化广播新闻出版局、环境保护局、建设局、公安局、交通局、农业局、林牧业局、卫生局、城市管理局、国土资源局的相关负责人为成员。领导小组下设办公室,办公室设在水务局内。

2013年2月,兴化市水政监察大队制定了《兴化市河道湖泊巡查制度》,分外围陆域巡查(河堤及河滩、管理设施)、河湖水域巡查(水域占用、非法取土、排污情况和涉河建设项目)、滞涝圩巡查(圩堤有无取土、加高、种植等,滚水坝有无设置阻水障碍,进退水闸是否完好,有无开发项目和违章建筑等),每周巡查不少于2次,并做好巡查记录,对巡查中发现的违反水法规的行为,当场进行记录、取证,由水政执法人员按程序进行制止和依法查处。同时,制定了《兴化市河道、湖泊管理与保护工作考核办法》。

2013年4月11日,中共兴化市委办公室、市政府办公室以兴委办发〔2013〕68号文件发布《关于全面建立河道管护"河长制"的实施意见》。明确了建立"河长制"的总体目标是:建立河道长效管护保洁责任制,及时组织打捞以水花生为重点的水面漂浮物,清理沿河垃圾,保持河道水清流畅;严格河道水域岸线管理与保护,全面禁止河道管理范围内出现各类违章设施、建筑物和行洪障碍物,保证河道沿线整洁美观,着力构建"互联互通、引排顺畅、水清岸洁、生态良好"的河网体系。指出建立"河长制"的主要任务:明确各级河道管护"河长"。按照"属地管理、分级负责"的原则,落实全市各级河道管护"河长"。市级骨干河道由市水务局领导班子成员担任"河长",乡(镇)级河道由乡镇副乡级以上领导干部担任"河长",村级河道(包括生产河)由村"两委会"成员担任"河长"。"河长"的主要职责是:督促落实河道管护保洁队伍和管护制度,协调落实河道管护经费;督促河道水环境治理实施;督促查处各类侵害河道的违法行为。建立河道管护保洁长效机制,建立河道管护保洁考核验收制度,建立"河长制"考核制度,并印发了《兴化市河道管护保洁考核评分表》和《兴化市"河长制"落实情况考核评分表》。

2013年4月18日,中共兴化市委办公室、兴化市政府办公室以兴委办发〔2013〕77号文件印发《关于建立兴化市河道管护"河长制"联席会议制度的通知》,指出联席会议由市委、市政府分管领导任召集人,主持联席会议,提出联席会议职能范围内的议题,联席会议成员由市水务局、市财政局、市环保局、市公安局、市国土资源局、市交通运输局、市地方海事处、市林牧业局、市水产局、市监察局等部门组成,并明确联席会议成员单位职责和联席会议工作计划。同时,决定设立"河长制"管理办公室,办公室设在市水务局内,负责联席会议日常工作,负责全市"河长制"的考核工作,分析研究工作中存在的突出问题,督促落实联席会议议定事项。除此,还制定了河长制管理办公室工作制度,在全市范围内推行和组织开展河长制日常管理,负责对各乡镇、各有关部门实施河长制管理,推进河道综合整治及长效管理的总体指导和统筹协调;采取必查和抽查的方法开展河道巡查或检查,及时督促、协调解决巡查中发现的问题,配合抓好考核验收工作。

河道抗旱清障。2000年入夏以来,里下河地区持续干旱少雨,致使各地抗旱用水较为紧张。与兴化北部交界的盐城地区则反映兴化河道行水障碍较多,阻滞了江水北上。为此,兴化市委、市政府高度重视，责成水利部门开展抗旱清障、疏通水系行动。为加强对抗旱清障工作的领导，2000 年 4 月成立了以分管副市长为组长、水利局和有关区委负责人为副组长的清障领导小组，先后召开了三次专题会议，研究、部署河道清障工作，明确各乡镇河道清障实行行政首长负责制和包干责任制。通过新闻媒体和水政执法船宣传河道清障的目的、意义、要求，广泛动员，层层统一思想。水利部门组织农村水利、水政水资源、工程管理等科室的工程技术人员对全市市级骨干河道中的阻水障碍进行全面调查，抽调精干力量对南北向的上官河、下官河、卤汀河和东西向的兴盐界河进行重点调查、勘测，查清查实了河道中的行水障碍。兴化市防汛防旱指挥部及时发布《关于清除主要行水河道中行水障碍的通告》。在此基础上，按照“谁设障、谁清除”的原则，组织以水政监察大队为主体的清障行动小组，兵分三路开展工作。在对全市主要骨干河道清障的同时，突出卤汀河、上官河、下官河清障重点，基本上达到了清障的要求。据统计，本次活动共发送清障通告 400 多份，出动执法航次 18 个，拆除鱼簖网箔等阻水障碍 300 余处，在一定程度上改善了河道输水条件。

二、湖荡管理

湖荡清障验收。1999 年 6 月 29 日至 7 月 6 日，江苏省和泰州市防汛防旱指挥部清障验收组对兴化市 40.06 平方千米的湖荡和 96.07 平方千米的滞涝圩清障工作进行了全面实地检查，并于 8 月 6 日进行了重点抽查。通过实地察看和查阅清障档案资料，验收组认为，兴化市委、市政府高度重视湖荡和滞涝圩的清障工作，认真贯彻执行省防指和泰州市政府 1999 年第 45 号专题会议纪要所明确的清障要求，把清障工作责任落实到乡镇党政主要负责人，兴化市水利局成立了 5 个督查组，分片包干、责任到人，做了大量艰苦细致的工作，使清障工作有了突破性进展，充分肯定了兴化市的清障成果。全市共平毁（包括开口门）圩堤或池埂 4 681 米，配套建设硬质滚水坝 259 座，总长 2 594 米，完成清障土方 3.9 万立方米，投入资金 205 万元，基本完成了江苏省、泰州市政府和防汛防旱指挥部下达的清障任务，并通过验收。

湖荡执法检查和勘界设桩。根据江苏省水利厅和泰州市水利局关于开展“湖泊执法大检查”专项活动的部署，2009 年 5 月 13 日，兴化市水务局以兴水务〔2009〕64 号文件成立“兴化市湖泊执法大检查”专项活动领导小组，局长包振琪为组长，分管副局长徐凤锦为副组长，水务局工程管理科、水政水资源科、水资源管理办公室、农村水利科、监察室、防汛防旱办公室和中堡、缸顾、李中、周奋、城东、垛田、林湖、沙沟、昭阳、西鲍等水务站主要负责人为成员。由水政监察大队牵头，制订实施计划和行动方案。按照宣传发动、检查执法、完善资料、迎接考核 4 个阶段的工作要求，从 5 月份到 10 月份，历时 6 个月，重点查处非法圈围情况，违法涉水建设项目，非法采砂、取土行为，破坏水资源行为 4 个方面的问题，出动宣传执法车（船）310 车（航）次，投入 1 550 多人次，行程 6 200 千米，完成了兴化境内所有湖泊开发利用现状调查和执法检查工作，检查勘定范围达 204.491 平方千米。在全市 18 个乡镇的湖荡中，勘界设桩 584 根，顺利通过了省、市的检查验收。2010 年 2 月，兴化市湖泊管理所被江苏省里下河湖区管理保护考核小组表彰为“里下河湖区勘界设桩工作先进集体”。

2014 年，省水利厅利用卫星遥感监测到的兴化市境内湖泊保护范围内现状，与勘界设桩时的状况比较出现 128 处变化点，对其中变化较大的 23 处变化点，省水利厅进行了重点督办。为了巩固湖泊勘界设桩的成果，水政监察大队按照局领导的安排部署，会同有关乡镇认真核查、实地勘验，根据变化点的实际情况，制定了尽力恢复原状的处置方案，并及时上报省水利厅和泰州市水利局。

2011 年 6 月 16 日，兴化市机构编制委员会办公室以兴编办发〔2011〕7 号文件批复，同意成立兴化市湖泊管理所，作为水务局增设科室，具体负责全市湖荡水域的管理工作。

对湖荡水域实施管理。具体由市水政监察大队湖荡中队负责。市河道管理所和湖荡中队每周组织一次对湖荡水域的巡查，对已圈围的鱼池监督实施开口滞涝，根据面积大小，按要求建设进退水闸和滚水坝等配套设施。及时制止盲目圈围湖荡的现象。对未经批准擅自在湖荡水域开发的鱼池，予以拆除或平毁。

湖荡退圩(渔)还湖。为保护湖荡的生态资源，恢复湖荡原有的生态环境和湖荡面积，进而为发展旅游、观光、度假创造条件，兴化市委、市政府决定对湖荡实施退圩、退渔还湖工作。2011 年，兴化市委、市政府决定首先启动大纵湖退渔还湖工作，并由中堡镇负责实施，南缘规划建成旅游观光区，2015 年已退出全面水面。2013 年，兴化市政府委托江苏省水利科学研究院、江苏省水利勘测设计研究院有限公司，编制全市湖荡退圩还湖专项规划。2015 年 7 月 21 日，江苏省人民政府以苏政复〔2015〕25 号发布了《省政府关于里下河湖泊湖荡(兴化市域)退圩还湖专项规划的批复》。2014 年 3 月，兴化市委、市政府决定对得胜湖实施退渔、退圩还湖工作，并于 5 月成立了“兴化市得胜湖退渔还湖与综合开发工作领导小组”，兴化市水务局也相应组建了“兴化市得胜湖退渔还湖与综合开发工程建设管理处”，以加强这一工作的建设管理。得胜湖还湖后可恢复 1. 74 万亩的湖泊水面，并为发展旅游、观光、度假和建成农副产品集散中心创造条件。2015 年已完成拆迁工作，相关规划工作随即展开。2014 年 11 月，兴化市委、市政府决定对平旺湖实施退渔还湖工作，成立了“兴化市平旺湖退渔还湖与综合开发工作领导小组”，兴化市水务局也组建了“兴化市平旺湖退渔还湖与综合开发工程建设管理处”。平旺湖退渔还湖后，将湖荡水面列为千垛景区的组成部分统一规划，进一步开发旅游资源，2015 年已完成退渔征地拆迁工作。兴化市的湖荡退圩、退渔还湖工作得到了上级主管部门的认可和肯定。兴化市湖泊管理所 2012 年 12 月被江苏省里下河湖区管理保护考核小组表彰为“里下河湖区退圩还湖工作先进集体”，2015 年 12 月被江苏省里下河湖区管理保护考核小组表彰为“里下河湖区管理先进集体”。

三、圩堤管理

圩堤是防洪的屏障，排涝的阵地。圩堤能不能挡得住，对于抗灾夺丰收起着至关重要的作用。圩堤在加高培厚达标后，必须切实抓好管护和岁修，才能使圩堤标准不降低。兴化县(市)历届党委和政府都十分重视圩堤管理。1999 年 1 月 8 日，中共兴化市委、兴化市人民政府以兴发〔1999〕3 号文件下发《关于切实加强圩堤管理的意见》，要求各地必须切实抓好圩堤管理，把圩堤建成坚固的防涝阵地和发展多种经营生产的基地。明确了圩堤管理的权属和原则、圩堤管理的范围和方法以及圩堤管理的考核和奖惩。指出圩堤管理必须坚持全面绿化，确保水土不流失；坚持合理利用，确保防洪能力不降低；坚持工程标准，确保圩堤完好无毁坏。在圩堤管护范围(从外青坎到背水坡堤脚线外 5 米)内，严禁挖翻种植，严禁乱搭乱建，严禁以田划段分到各家各户。

2001 年 11 月 21 日，兴化市人民政府以兴政发〔2001〕286 号文件下发《兴化市水利工程管理实施细则》，进一步明确了联圩堤防管护范围和要求。2011 年 8 月 29 日，兴化市人民政府第三十八次常务会议讨论通过了《兴化市水利工程管理细则》，并以兴政规〔2011〕4 号文件下发给各地遵照执行。《兴化市水利工程管理细则》同样把圩堤管理列为工程管理的重要内容。

为更好地贯彻落实《关于切实加强圩堤管理的意见》，市水利局把 1999 年 5 月 10 日至 6 月 10 日定为圩堤管理宣传月，明确专人具体负责，在兴化日报社、兴化电视台的支持配合下，及时宣传报道了圩堤管理动态和好的做法，做到《兴化日报》每周登载不少于两篇文字报道，兴化电视台每周播放不少于两次新闻画面。同时，还专门编发了圩堤管理方面的简报，搞好相互促进，形成了较好的舆论氛围和加强圩堤管理的共识。戴南镇在圩堤达标建设告一段落后就印发了圩堤管理文件，发布了有关通告；唐刘镇党委、政府发布的1999年1号文件就是《唐刘镇圩堤管理规定》；张郭镇政府主要负责同志亲自兼任全镇最大的中心圩圩长；缸顾乡党委、政府多次召开会议研究部署圩堤植树绿化工作，并组织有关人员外出调查考察，论证圩林经济模式，引进速生树种，以乡育苗、以点带面，在全乡作了推广。

1999年6月初，兴化市委、市政府在周庄专题召开全市圩堤管理工作会议，通报了圩堤管理的情况和存在的突出问题，提出了加强圩堤管理的要求和必须落实的措施，具体地讲就是必须做到"五个一"，即乡镇政府出台一个文件，将圩堤全部收归集体，实行圩林闸站桥涵统一管理；建立一支管护队伍，挑选有责任心、有综合经营生产经验的人分段落实招标承包；签订一份管护合同，合同一定十年以上不变，明确责、权、利，合同可继承和转让；落实一系列管理措施，圩堤上只能植树种草，发展食草动物，严禁以田划段到户，严禁挖翻种植；制定一套管理制度，制定乡规民约，定期组织检查，严格考核奖惩。

2002年3月，水务部门举办了"兴化市圩堤管理宣传周"活动，多次分片召开会议，进行宣传发动、现场促进和经验交流，落实各乡镇圩堤管理示范区建设任务。市水务局在获垛、张郭两镇的盐靖河东岸进行了加强圩堤管理的试点，铲除圩堤上种植的油菜、麦子等作物，仅唐刘责任区圩堤作物铲除长度就达7.42千米，涉及蒲塘、中南2个联圩和7个村（唐北、唐南、西舍、草积、南朱、周黄、翟家），面积达158亩，每亩青苗补偿200~250元。同时，拆除搭建在圩堤上的棚舍，统一栽种了银杏和意杨，并落实了管护责任制。4月23日，市水务局召开全市水利管理工作会议，试点现场情况对与会者触动较大。兴化市政府决定将安丰至戴南全长45千米的盐靖河及其两侧圩堤作为市级圩堤规范化管理示范带组织实施，明确河道、青坎、圩堤和圩内侧10米均为管理范围，建立了领导小组，落实以乡镇行政首长负责制为主要内容的责任制，禁止将圩堤划段承包给田头户，清除圩堤上的挖翻种植和除银杏外的杂树，搞好意杨栽植，并建立市场化运作的管理机制。

2002年冬，兴化市委、市政府决定在全市实施林业产业化五大工程建设，其中的绿色屏障工程就是圩堤植树。市水务局按照市委、市政府的统一部署，要求各水务站买断圩堤经营权，利用圩堤栽植意杨，发展圩林经济。为了鼓励圩堤植树，采取了三项措施：在资金十分困难的情况下，对水务站植树给予适当扶持，并明确苗木的产权归水务站所有；抓好检查督促，分片召集会议，交流汇报植树进展情况，鼓励先进、鞭策后进；实行目标考核，坚持一票否决，将任务完成情况列入年终考评依据。当年水务站植树总数达72万株，属水务站植树的圩堤长度达700多千米。

2004年3月14日，兴化市委、市政府专题召开全市绿色圩堤工程工作会议，按照有圩有树、有河有树的要求，认真落实措施，坚决消灭空白的圩堤，确保绿色圩堤工程有新的突破。全市出现了一批圩堤植树工作做得比较好的水务站。西郊镇以水务站为主体成立了春禾股份公司，水务站人人参股，具体负责全镇圩堤植树，圩堤植树长度达86千米，植树7万多株，在全市水务站圩堤植树中位居第一。戴窑水务站落实了串场河、茅湾港、塔子河等河道沿线18千米的圩堤植树任务，累计植树3.45万株，制定了林木受益分成比例，明确了管护报酬，签订了一定12年不变的管护合同，落实了长效管理措施。海南水务站承包了以渭水河沿线为主的近20千米圩堤，植树总数达3万株。林湖乡在上年冬季水利工程建设中组织群众铲除了5千米长的圩堤上的作物，补栽意杨5万株，水务站与林业站共同承包圩堤12千米，植树2.5万株。全市圩堤落实水务站管理的24家，林权属水务站的80多万株。

2007年，兴化市委、市政府进一步明确青坎、圩堤和圩内侧10米范围为水利建设用地，要求各乡镇搞好土地流转，买断土地经营权，将土地所有权归乡镇集体所有，开挖好导渗沟，导渗沟以外至河口的土地作为今后加修圩堤的取土区，一律按标准栽种意杨，承包人既是护林员，又是圩堤管理员。树木收入按合理的比例逐年提取作为圩堤管理和岁修费用,达到以树护圩、以树养圩。但是,由于土地流转费用较大,执行和推广难度较大。

四、圩口闸、排涝站管理

随着无坝市建设、里下河圩区治理和农村防洪体系建设以及此后的小型农田水利重点县工程建设,圩口闸和排涝站的保有量逐年增多,必须切实加强管理,才能充分发挥这些工程的效益。对于圩口闸管理,一般采取以圩划段落实承包人统一管理,管圩管树又管闸。邻近村庄的圩口闸,则委托村民委员会落实专人管理。报酬按联圩内受益面积统一负担。由于新建的圩口闸都为悬搁门型,闸门起吊和安放需要专用工具和一定的费用,兴化市委办公室、市政府办公室在下发《全市2008年度水利工作意见》的通知中,规定圩口闸汛前检查清淤、试起吊的人工费和交通费为300元/座,汛后安放闸门启吊的人工费和交通费为200元/座,该项费用根据受益面积实行按亩负担。排涝站日常管理原则上落实给汛期排涝时具体操作的机电工。管理费用主要包括一次性防盗处理费、看管人员工资、维修费、易盗设备的拆装保管费、排涝站运行费等。经费来源除上级补助外,一般采取按面积收取排涝费的办法筹集,由乡镇经营管理站实行专户储存,专款专用、滚动使用。

五、城市防洪工程管理

城区部分防洪排涝设施建成以后,由于管理工作没有及时跟上,对各类设施缺乏应有的检查、维修和保养等,出现了部分设施人为损毁、自然锈蚀及机电设备被盗现象,直接影响了这些设施功能的发挥。为加强对城市防洪工程的管理,经市水务局申请,兴化市编制委员会于2006年5月26日以兴编〔2006〕8号文件批复,同意成立"兴化市城市防洪工程管理处",核定事业编制7名。

城市防洪工程管理处的主要职责:参与城区防洪墙(堤)、防洪闸、排涝站等新建工程的规划选址和施工管理,负责对已建城市防洪工程的维护、运行、保养、维修等工作。

市编委批复该单位为自收自支,但该单位只有管理的职能,并不具备自收自支的条件,经费难以落实,人员无法到位。后经主管部门积极争取,将人员经费和维修养护费用纳入市财政后,该单位才得以于2007年春节后开始投入运行。

根据兴化市政府对城市防洪工程管理项目的分工,城区河道和防洪墙(堤)由城市管理局下辖的城区河道管理所管理;城乡接合部的防洪闸和排涝站按照属地管理的原则,由所属乡镇实施管理。城市防洪工程管理处管理的工程项目主要包括主城区、九顷小区、城堡小区、张阳片区、城南片区、行政新区的防洪排涝设施。具体为排涝站29座,流动泵船1条,防洪闸9座,各类水泵72台套,总动力5 348千瓦,总流量98.67米^3/秒。

按照"安全第一,常备不懈,以防为主,全力抢险"的防汛工作方针,城市防洪工程管理处的具体管理工作分为汛前、汛期、汛后三个部分。

为了确保城区安全度汛,按照早准备、早落实的要求,每年汛前(一般在春节过后)即组织人员对辖区内的闸站及各类配套设施进行地毯式排查,摸清现状和存在的安全隐患,结合上年度汛后检查发现的问题,及时制定维修、保养及防洪闸、排涝站改造完善实施方案,编制预算上报主管局核准后送市分管领导审批。一旦经费到位即组织人员开展工作。

每年6—9月份是主汛期,是确保安全度汛的关键时期。这期间,全处干部职工全力以赴,严格执行上级的调度指令和城区防汛预案,分工分线,明确责任,实行24小时值班,并及时上报关闭闸门、开启排涝泵站等信息数据。对每座闸站都配备一名管护人员常年值守。汛期当兴化水位达1.8米警戒水位并有继续上涨趋势时，及时请示上级领导同意，每座闸站临时聘用一名机电操作人员配合管护人员实行24小时值班值守和操作运行。为应对突发情况，汛期组织一支由5~7人组成的闸站运行抢险分队，以工程管理处人员为主，同时聘用部分懂行、熟悉机电方面业务的专业技术人员，随时投入抢险工作，确保闸站及各类设施安全运行。

汛后，同样组织技术人员对排涝期间出现的问题认真查找原因，研究对策措施，能解决的问题现场解决，难以解决的问题则邀请生产厂方技术人员到现场协助、指导，对排查出来的其他问题落实好维修保养的初步方案，与来年汛前检查结果一同编制预算上报审批。

城市防洪工程管理处自投入运行以来至2015年底，在闸站等各类设施维修保养方面做了大量的工作，也取得了一定的成效。

1. 对主城区、九顷小区、野行北区通往外河的下水道和码头缺口61处实施了封堵，避免了高水位时倒灌。同时维修防洪墙（堤）外侧窨井72处，避免了高水位时渗漏。

2. 维修改造各类泵站7座，维修保养各类水泵135台套。改闸阀手动控制为电启动控制12处，改木方闸门为钢闸门4扇。

3. 更新、改造、安装拦污栅、拦污网200多片次。

4. 对液压启闭机部分油箱进行改造更换，液压缸、液压泵维修保养，对减速启闭机的变速箱进行维护保养，合计维修保养60多台套。

5. 维修整理配电柜、水泵控制柜80多组，更换水泵控制柜线路16组（铝芯线换铜芯线）。

6. 闸站进出水口及九顷南北夹河清淤25次，泵井清淤去杂100多次，闸门除锈油漆维修保养8扇。

第二节　水资源管理

水资源是人类赖以生存和发展必不可少的自然资源，也是国民经济和社会发展的基础资源和战略资源。兴化地处苏北里下河腹部的水网圩区，水资源十分丰富，但同样存在着水多（雨涝灾害）、水少（干旱）、水脏（水环境污染）等情况。因此，加强对水资源的管理、开发、利用和保护就显得十分重要。1995年4月，兴化市成立了水资源管理办公室，1999年又成立了兴化市节约用水办公室，具体负责水资源的管理和计划用水、节约用水以及保护工作，并取得了一定的成效。

一、取水许可管理

实行取水许可制度，涉及水资源调查、评价、规划、调配、计划和节约用水管理以及污水排放控制、水资源保护等方面。国务院发布的《取水许可制度实施办法》规定，凡在本区域范围内取用地表水、地下水用于生产经营（零星取水除外）的，均需办理取水许可证。具体程序为：用水单位出具用水申请书，填写取水许可申请表，由市水资源管理办公室对用水、节水、退水合理性进行审查，审批发放取水许可证。兴化市从1993年开展取水登记发证工作。1995年对城镇用水单位全面换证。1996年上半年完成了（区域调整前）农村1 411个行政村换证工作。此后，每年都对非农业用水的取水许可证按照相关要求进行年审和核换发新证。年审换发新的取水许可证时，对用水单位法人代表的变换及对水资源论证不充分或申请标的不符合规定的，一律令其变更。2008 年 5 月 29 日，兴化市水务局以兴水务〔2008〕76 号文件下发《关于换发取水许可证新证的通知》，对全市非农业灌溉取水单位进行取水许可证换发新证工作。时间部署上从 6 月 5 日至 8 月 4 日。取水许可证换证的内容包括取水口所在地点、取水标的是否变更、取水量年内分配是否变化、计量设施运行是否正常等，并明确了换证的方法和要求。1999 年至 2015 年新发和换发取水许可证 118 份。2011 年中央一号文件下发后，全国实行了严格的水资源管理制度，实行了用水总量控制，每年由泰州市下达用水总量控制指标。兴化市则采取计划用水、节约用水、定额用水等一系列措施，确保用水总量控制在泰州市下达的范围内。2015 年，全市工农业用水总量为 107 883 万立方米，其中地下水 303.33 万立方米，均低于泰州市下达的指标。

二、地下水开发利用监管

兴化市的地下水开发利用从 1987 年开始，由建设部门实施管理，1995 年水资源管理办公室成立后，这项职能即划归水利部门。要求凡在本市范围内开凿深井取用地下水的单位都必须经市水资源管理办公室按照合理、定点、定量开采的原则审批，凡在本市境内从事凿井业务的施工队伍，必须经过水资源管理办公室通过资质审查核发施工许可证。根据上级关于严格控制开采地下水的精神，开凿深井的审批权限被逐步上收到上级行政主管部门，并实施了水资源论证制度。2002 年以后，凿井施工由泰州市水利局批准，并明确凡未经泰州市水行政主管部门注册审批以及没有较好的成井先例的施工队伍，不得参加凿井施工。2004 年以后，开凿深井由省水利厅批准。凡开凿深井的单位，必须提供水资源论证报告，由兴化市水资源管理办公室初审后，报泰州市水利局审核，最后由省水利厅批准。对不按规定批准取水的，则根据情况依法给予必要的行政处罚。位于临城镇陆横村的兴化市某农业发展有限公司，于 2012 年 6 月未经水行政主管部门许可，擅自在该公司范围内开凿地热井，并从 2015 年 7 月 17 日起开始取用地热水以用于温泉浴。对此，兴化市水资源管理办公室于 2015 年 8 月 14 日依法下达了《责令停止水事违法行为通知书》（兴水资停〔2015〕2 号），责令停止违法取水；2015 年 8 月 18 日依法下达了《责令限期改正水事违法行为通知书》（兴水资改字〔2015〕1 号），责令立即停止违法取水，完善取水计量设施；2015 年 8 月 26 日又依法下达了《行政处罚听证告知书》（兴水罚告字〔2015〕6 号），将拟作行政处罚的事实、理由、依据和处罚内容及法人代表依法享有的陈述、申辩和听证的权利告知法人代表，法人代表在规定的时间内未到水资源管理办公室进行陈述、申辩和要求举行听证。综上所述，经水务局行政处罚领导小组集体讨论决定，给予该公司罚款人民币贰万元的处罚。随着农村饮水安全工程的实施，一些原来用于解决农村居民生活用水的深井已不再继续使用。2014 年，兴化市对长期不取水、废弃停用的深井采取了封填措施，合计封填深井 25 口，至 2015 年，全市有仍在为工业生产服务的深井 110 口。

根据地下水管理“四个一”的要求，即每口深井都有一张核发的取水许可证、一张深井标牌、一套计量器具、一张用水表卡，定期年审和按规定换发新证。地下水取水计量设施从初期的普通水表逐步过渡到智能式水表。随着水资源管理信息化兴化分中心的建成和投入运行，目前大部分深井已更换了遥测水表，实现了用水计量的远程监控。

2004 年，兴化市又把开发浅层地下水纳入与深井同步管理的范围，水资源管理办公室在充分调查和登记的基础上，提请市人民政府发布通告，对用于水温空调的浅层井逐个采取了相应的措施，城区停止使用浅层井合计 13 口。

三、计划用水管理

从1998年开始，在市经（贸）委的支持和配合下，根据历年统计资料和实际用水状况，在充分调查研究的基础上，对各用水企业的地表水、地下水和自来水等三种水源下达用水计划，并参照省水利厅确定的工业、服务业用水定额，商请技监部门配合，制定主要行业的用水定额，指导各行业用水，做到用水有指标，耗水有定额。为便于管理，规定除农业用水和人畜饮水外，凡是从河沟和地下取水的用水单位都必须安装水表，做到"一证、一表、一卡、一牌"，实行计量控制和管理。经检查，开采地下水的智能式水表安装率达100%，其他水表的安装率达99%。同时，强化用水报表统计报送制度。通过严格的考核，对超用水量实行累进加价，用水量超10%的部分加价一倍征收水资源费，用水量超20%的部分加价二倍征收，用水量超30%的部分加价三倍征收，通过经济杠杆促进企业计划用水和节约用水，加大节水技术改造的力度。2015年下达三种水源用水计划的单位从1998年的40多家增加到98家。

四、节水型社会建设

按照泰州市政府与兴化市政府签订的节水型社会建设目标责任书的各项要求，对目标任务认真做了细化分解，做到主体明确，目标明确，要求明确，责任落实，措施落实。成立了兴化市节水型社会建设领导小组，将节水型社会建设工作列为全市工作的一个重要组成部分，纳入年度目标责任制考核范围，建立健全奖惩机制。各部门密切配合，形成了以水务部门牵头、相关部门通力合作的共建格局，做到信息互通，上下协调，统一标准，整体推进。

积极引导公众节约、保护水资源，参与节水型社会建设。组织宣传、教育、卫生等部门深入学校、社区、医院、企业等单位以座谈会形式宣传创建节水型社会的理念，确定1家省级节水企业，4家地级节水企业和7家县级节水企业，开展水平衡测试工作，改革用水设备，推广新型节水器具，挖掘节水潜力，并于2010年把永顺泰麦芽有限公司确定为建设节水型企业的单位。各职能部门派出技术人员驻厂指导，帮助企业健全用水台账，完善用水管理体制。通过开展水平衡测试工作，找准节水薄弱环节，探讨改进生产工艺和用水工艺的办法及措施，努力降低产品单耗。在业务部门的指导下，公司制定了《生产线浸麦阶段耗水规定》《蒸馏消耗水使用规定》《麦芽清洗耗水规定》等用水管理规定，使公司的吨麦芽耗水量由原先的18吨左右降至12吨左右，预计全年可节约地下水20万吨左右。

同时，还把楚水实验学校、板桥初级中学（省级节水型单位）、兴化市人民医院（省级节水型单位）和昭阳镇儒学社区作为节约用水进学校、进医院、进社区的创建单位，动员这些单位根据经济承受能力分批淘汰落后的用水器具，减少不必要的水资源浪费。至2015年底，城区的学校和社区节水创建工作基本普及。城市管理部门牵头对城区公厕逐步淘汰旧式卫生洁具，新建公厕都安装了新型卫生节水器具。

五、饮用水源地保护

保证集中式饮用水源地安全，是保障人民群众身体健康、提高生活质量、维护社会和谐稳定的重要措施。2003年8月，在上官河城区一水厂、海沟河安丰水厂、车路河戴窑水厂3处省重点水功能区竖立了饮用水源地保护区标志，明确上下游保护范围，对界碑不定期巡查维护。2009年，根据泰州市水功能区总体方案，新增了兴姜河兴化饮用水源区、横泾河兴化饮用水源区、卤汀河兴化水功能区，分别在城区二水厂、戴南水厂重新划定了饮用水源上下游保护区。要求各有关乡镇政府在饮用水源地保护区、准保护区内设立明显的地理界标和警示标志，明确保护范围和要求，落实保护制度。

为及时准确掌握全市饮用水源地水质状况，委托江苏省水资源勘测局扬泰分局每月对 8 个重点水功能区和饮用水源区（主要包括卤汀河兴化农业、工业、渔业用水区，卤汀河兴化饮用水源区，上官河兴化饮用水源区，上官河兴化农业用水区，下官河兴化渔业用水区，车路河兴化饮用水源区，海沟河兴化安丰饮用水源区，盐靖河兴化农业用水区）的水质进行一次取样检测，并将检测的结果及时通报兴化市领导及相关职能部门。按照布局合理的要求，兴化市水资源管理办公室确定了 23 个地下水监测网点，按期检测地下水位。兴化市水资源管理办公室坚持每月 5 日、15 日、25 日对城区一、二水厂饮用水源保护区进行巡查，确保保护区范围内无污染事故发生。

2006 年，结合以村庄河塘清淤疏浚为主要内容的“三清”（清洁水源、清洁田园、清洁家园）工程，对农村各乡镇水厂取水口所在河道上游 800 米至下游 200 米的河段，按照河底宽 8～10 米、河底高程 -2.0 米的标准进行清淤疏浚，为改善乡镇水厂取水水源水质创造了条件。

按照新发布的生活用水卫生标准，兴化市自来水公司一、二水厂每天都对取水口进行清理，清除漂浮物和淤泥，打捞水草，对取水口格栅不定期清洗修缮，分期分批对澄清池、滤池、清水池等净水构筑物进行清洗消毒。设置管网测压点，添加在线检测仪器，增加化验频率，严格水质检测，定期接受并通过省水质检测中心、兴化市防疫站的水质抽检，确保供水水质合格达标。对城区供水管网末梢地段进行实地勘查，利用管道排放口定期对全城管网死头水进行排放，2008 年累计排放 20 多个小时，为保证管网水质达标创造了条件。

2010 年 5 月 6 日，兴化市政府办公室以兴政办发〔2010〕82 号文件印发了《关于进一步加强全市区域供水集中式饮用水源地保护的实施意见》，规范四个重点区域供水水厂饮用水源地保护区划分。其中，一级保护区：取水口上游 1 000 米、下游 500 米的水域及其两岸背水坡堤脚外 100 米范围内水域或陆域；二级保护区：一级保护区上游 2 000 米、下游 500 米范围内的水域和陆域；准保护区：二级保护区上游 2 000 米、下游 1 000 米范围内的水域和陆域。要求在保护区和准保护区设立明显的地理界标和警示标志，明确保护范围和要求，严格控制保护区内项目建设。对水源地保护区划定和标志牌设立、污染点源排查、污染点源清理、水源地监测、跨区域工业污染源防治、河道清淤等方面都明确了牵头负责单位和责任单位。

2010 年 11 月 16 日，兴化市人民政府以兴政发〔2010〕420 号文件印发了《关于进一步加强饮用水源地保护工作的实施意见》，就严格控制保护区内项目建设、强化饮用水源地保护区监管、建立完善饮用水源地保护区预警机制、加大环境综合整治力度、积极做好区域协调工作、提升应急处置能力等方面提出了具体要求。

2013 年 1 月 4 日，兴化市委办公室、市政府办公室转发了市环境保护局、市住房和城乡建设局、市水务局联合制定的《兴化市饮用水源地达标建设实施方案》，明确了达标建设任务、实施步骤和各个相关职能部门的职责。

根据《江苏省水资源管理条例》，严格建设项目审批，控制新上项目对饮用水源地的影响。严格控制排污口的设置，对设置入河排污口的单位，均需取得水务部门的审核意见后，方可报送环境保护部门审批。委托江苏省水文水资源勘测局扬泰分局对重点入河排污口单位进行监测。2011 年对全市工业企业排污口进行了普查，2012 年对城区市政排污口进行了调查。每年开展淮河“零点行动”，对全市重点排污企业进行重点监测，努力完善入河排污口管理工作。

六、水资源管理信息化建设

为提高水资源管理工作的科技含量，针对兴化地处里下河腹部，市域内水面积较大，水资源管理状况在里下河地区具有一定代表性的实际，根据江苏省发改委《关于省水资源管理信息系统一期工程初步设计的批复》（苏发改投资发〔2009〕115 号）精神，兴化市被列为全省 24 个重点县（市）之一，要求建立分中心。2009 年 6 月 30 日，省水利厅批复同意成立江苏省水资源管理信息系统一期工程兴化分中心建设项目部。兴化市水资源管理办公室编制《江苏省水资源管理信息系统一期工程兴化分中心实施方案》，并通过了省厅项目处专家评审。完成了 76 个地下水监测点和 2 个地表水监测点一期工程建设的信息采集工作及工程项目实施的招投标工作。

2013 年 5 月，兴化分中心通过了江苏省水资源管理信息系统一期工程建设处验收并正式投入使用。项目总投资（含配套工程）188. 41 万元，其中省级投资 76. 3 万元，地方自筹 112. 11 万元。主要工程量为：建设 78 个监测点，其中地表水 2 个，地下水 55 个，地下水位点 21 个（含 16 个结合井）。完善机房和网络环境，建立与省中心进行信息共享、实时传输的网络平台，建立水资源管理会商平台，实现对各监测站点采集数据的存储、管理及设备集成。水资源管理信息系统的使用，实现了水资源基础信息管理、实时服务、取水许可、地下水控制、节约用水、水资源保护、水资源规费征管、水务管理、综合统计、水资源预警、应急服务等主要业务功能，为实行最严格的水资源管理和考核提供辅助决策支持。

根据《江苏省水资源管理信息系统运行维护管理办法》的有关规定，兴化市财政在每年的预算中编制运行维护费用，与相关维护单位签订合同，保证信息系统正常运行。投入运行以来，系统运行正常，年上线率都在 90% 以上，有效地提高了工作效率，降低了管理成本。

七、水资源管理专项整治

2008 年 6 月 12 日，兴化市水务局根据江苏省水利厅《关于开展水资源管理专项整治行动的通知》（苏水资〔2008〕20 号）精神，为规范和加强水资源管理，提高管理水平，决定从 6 月份至年底按照自查自纠、集中整治、总结三个阶段在全市开展水资源管理专项整治行动，并向各取用水单位下发了《关于开展水资源管理专项整治的通知》，专项整治工作取得了明显成效。

（一）规范取水许可

首先，规范取水户的取水行为。按照新的取水许可证换发工作要求，安排专门人员，克服面广量大的困难，对取水许可证申请书进行重新登记。全市共重新登记发证 212 份，其中地下水 133 份，地表水 79 份，规范了全市取用水户的依法取水行为。其次，加强对非法取水的打击力度。根据群众举报，在专项整治行动期间，先后查处了兴化市某食品有限公司、江苏某钢帘线股份有限公司等企业未取得取水许可申请批准文件，擅自建设取水工程的案件。江苏某钢帘线股份有限公司是兴化第一纳税大户，也是第一用水大户。2008 年 6 月份以来，兴化市水资源管理办公室陆续接到群众举报和泰州市水利局督办电话，反映该公司在厂区内违法开凿深井取用地下水。接报后，兴化市水资源管理办公室在主管局的支持下，顶住多方压力，对该案进行坚决查处。对该公司用于生活取水的深井在泰州市水利局和兴化市水务局共同监督下实施了封填，对生产取用深井水进行装表计量。对该公司违章凿井案的查处，维护了水法律法规的严肃性，对其他用水单位也起到了一定的警示和教育作用。

（二）规范取水计量设施

计量设施是水资源管理和征收水资源费的重要依据。在规范取水计量设施方面，一是从源头上把关，对于新增取用水单位兴建取水工程时，必须同步安装计量器具，否则不予验收和核发取水许可证。二是水资源管理办公室工作人员根据管理分工区域，责任到人，结合专项整治，对辖区内各取用水单位的计量设施加大巡查频率，发现损坏立即进行维修或更换，并督促和指导用水单位正确安装计量器具，保证计量设施的正常运行。全市地下水用水户计量器具安装率、计量设施完好率均达100%。如泰州永顺泰麦芽有限公司推行六西格马管理系统，对产品耗用水量要求较高，在专项整治活动中，市水资源管理办公室与厂方沟通后，专门聘请相关专家，在对各个生产部门进行实地考察的基础上，指导该公司在各个车间用水终端安装计量器具，每日抄表见数，及时掌握各生产工艺流程用水量，跟进实施技术改造，为企业创造了较好的经济效益，得到了企业的好评。

（三）加大征收“两费”力度

水资源费及南水北调基金征收工作涉及城乡各用水单位，征收难度较大。水资源管理办公室一方面通过认真宣传增强用水户缴纳水资源费的意识，一方面将工作人员划分成4个巡查收费小组，明确目标，任务到人，绩效挂钩，使水资源费征收工作逐步走上正轨。如兴化市同新化工有限公司取用地下水，很长一段时间对水资源费缴纳都是协议征收，未能装表计量，经过多次登门宣传，企业主动安装了计量器具，并且大力推广节水技术改造，降低产品用水单耗，成为全市水资源费缴纳和节约用水管理方面的先进单位之一。南水北调基金征收也实现了突破。对于少数企业在缴纳水资源费方面法制观念不强，往往能拖则拖，甚至拒不交纳的行为，水资源管理办公室一方面加强宣传，用法制强化，用真情融化，用服务感化，另一方面则采取必要的行政处罚措施，以维护水法律法规的严肃性。例如，兴化市某食品有限公司以往在征收水资源费过程中，都需再三催促，在这次专项整治活动期间，通过反复宣传，厂方对依法缴纳水资源费的认识有了较大提高，经理亲自带领会计到水资源管理办公室足额缴纳了地下水资源费；另一家食品有限公司长期拖欠地下水资源费，由于其处于垛田王横经济开发区，同类企业取用地下水的较多，该公司的行为对周边及同行业企业造成了一定的负面影响。对此，经水务局领导同意，水资源管理办公室依法下达了行政处罚决定书，责令其限期补缴水资源费，并处以一倍罚款。此案的查处，对周边及同行业企业起到了一定的警示作用。除此之外，某些地方政府出于招商引资的需要，陆续发布了一些针对取用水单位减免水资源费的地方文件。这些文件的发布，既违反了省水利厅和省财政厅联合下发的关于省级以下人民政府或部门无权减免水资源费的规定，又导致了水资源费的流失，更主要的是使水资源费征收工作面临被动局面。对此，应加强与地方政府领导的沟通，争取市县政府领导对这项工作的支持。

当然，整个活动也存在一定的问题和不足，主要反映在设置排污口的审批及登记工作尚未正常开展，地表水计量设施安装率还有待提高，南水北调基金征收进展缓慢等，这些都有待于在今后的工作中进一步加强和提高。

八、地下水资源管理专项执法检查

2015年9月，根据省水利厅的有关部署和要求，兴化市认真组织开展了地下水管理专项执法检查活动。活动期间，对地下水取水户进行了全面排查，并登记造册，特别是对取用地下水作为自备水源的用水户进行了重新审核，对新建、改建、扩建项目坚持按新的要求审核报批，共发放取水许可证

116套，并已按要求录入取水许可证登记系统。按照水利部《建设项目水资源论证管理办法》，对新建、改建、扩建项目取用地下水的合理性、取退水情况及其影响和节水措施等内容进行讨论分析，严格取水许可审批程序。

根据省政府对全省地下水压采方案的批复，兴化市水务局于2014年对限制开采区的张郭镇封填了6口深井（朱家村、唐刘村、港南村、南东村、翟家村、中舍村），改建了1口专用监测井（张郭镇唐南村），在其他乡镇封填了3口深井（开发区同新化工厂、周奋乡时堡村、垛田镇东升食品厂），改建了监测井2口（沙沟镇高桂村、戴南镇顾庄水务站）。2015年确定封填和改建监测井共12口，截至10月，已封填6口（戴南镇孙堡村、季家村，顾庄水厂1号、2号、3号井，海南镇日升食品厂）。改建专用监测井1口（通泰纱线）。

切实加强凿井管理审批工作，做到封井与凿井取水工作协调同步推进。地下水限制开采区域内新凿井一律停止审批。新增深层地下水取水井，必须经水资源论证审查，符合审批条件并上报省水利厅同意后，方可凿井。对兴化市某农业发展有限公司未经批准擅自开凿深井（地热井）的情况，责令其尽快完善相关手续，并报省水利厅审核同意后方可使用。

严格水资源费征收。规范水资源费征收档案。水资源管理办公室对每个取用水户分别单独建立征费档案，各用水户也要建立相应档案，征缴相关资料按月入档。建立水资源费征收台账，并做好水资源费征收统计月报工作。建立挂牌督办制度和取用水户诚信体系建设。对拖延、拒缴水资源费等行为进行挂牌督办，不能在规定时限内整改完成的，将列入取用水户诚信体系黑名单，限批该企业所有涉水项目，并在网上公开通报。

第三节　水利（务）站管理

2000年4月17日，兴化市人事局、财政局、水利局根据国务院办公厅、江苏省政府、省编委、省水利厅有关文件精神，联合以兴人〔2000〕29号、兴财农〔2000〕25号、兴水利〔2000〕47号下发《关于加强乡镇水利管理服务站管理工作的通知》，对以下几个方面的问题进行了明确和规范：

1. 规范机构名称为兴化市水利局××水利管理服务站。性质为全民事业单位。

2. 水利站人员调动、任免、奖惩在征得乡镇政府意见后，由市水利局批准决定。人员编制、业务工作、经营收支由市水利局管理。党团关系、户口油粮由所在乡镇政府负责。人员录（聘）用、解聘由编制、人事、水利部门按规定办理，任何单位不得向水利站安插人员。对现有编外富余人员，本着精简高效的原则，实行“谁安排，谁负责清退”。

3. 水利站在编（包括退休）人员一律执行市人事局批准的工资标准。定编人员的人头经费根据各站的效益情况实行工效挂钩。其工资来源为农业水费18%留成部分、其他规费征收分成部分以及综合经营收入等方面。由水利局按月考核后从市财政专户拨入乡镇财政专户。

4. 对水利站预算外资金财务实行“零户统管，代理记账”的管理办法。对水利站创办的综合经营实体，仍按原办法实行单独建账、单独核算，做到不平调、不挪用，自觉接受财政监督。任何单位不得摊派或以其他名义要求水利站上交管理费。

5. 水利站财物和固定资产按国有资产管理的要求，以水利局为主负责管理，任何单位或个人不得随意侵占、平调或变卖。

2001 年 11 月，兴化市水利农机局更名为兴化市水务局，各乡镇水利农机站也按照上级有关文件精神更名为兴化市××水务站，为市水务局的派出机构。

2003 年 3 月 21 日，兴化市水务局以兴水务〔2003〕19 号文件发布《关于水务站人事制度改革的实施意见》，明确改革的指导思想、政策依据和基本原则，提出了改革的内容和要求。

1. 人员定额及岗位设置。

人员管理范围：2001 年 10 月乡镇事业单位机构改革时市人事局、水务局、乡镇政府三方移交的水务站在册人员和编外主持工作的负责人。

人员定额：合并乡镇 5~8 人，未合并乡镇 3~5 人。

岗位设置：站长、副站长、会计员、工程员、水政监察员等。各站可根据本站实际情况，采取专职或兼职的办法。

竞争上岗：符合条件的编内人员及留用的编外主持工作的负责人都可以竞争上岗。站长由水务局根据上年度综合测评情况及平时工作表现征求乡镇党委、政府意见后聘任。副站长及以下人员参加统一的考核、考评，按综合得分从高到低择优上岗。所有上岗人员聘期均为两年。

2. 富余人员的处置。

编外人员：本着"谁安排，谁负责清退"的原则，除担任站长或主持工作的负责人外，其余全部清退。水务系统安排的编外人员清退时由水务站发放一定数额的补偿金，其补偿标准按在本单位连续工作的年限，一年工龄补偿一个月工资，最多不超过 12 个月。补偿的工资标准按照上年度本人实发工资水平执行，但总额不得超过 5 000 元，并根据本站经济情况分 2~3 年兑付。

提前离岗人员：对男性年满 50 周岁、女性年满 45 周岁，在单位从事水利工作满 15 年（女性不少于 10 年）的人员实行提前离岗。提前离岗后，由水务站发放一定数额的生活费，但最多不超过同类型在岗人员实发工资的 70%。提前离岗人员纳入退休人员管理，到达退休年龄后即可办理退休手续。

待岗人员：竞争未能上岗，又未办理提前离岗的人员，应鼓励其自谋职业，实行待岗。待岗期间由水务站根据实际工龄发给 100~150 元/月的生活补助费。待岗人员也可一次性买断，买断标准为一年工龄发放一个月上年实发工资，但不得超过 12 个月。

退休人员管理及各类人员养老保险问题按兴水务〔2002〕86 号、〔2003〕14 号文件执行。

2009 年，兴化市政府决定对农业水费和水产水费实行"两改一免"政策，不再上缴市水务部门，对应上缴省、市水利管理部门的水费由市财政支付。农业水费 18% 返还给水务站的部分由市财政局划拨给水务局，水务局则根据各乡镇耕地面积测算下达给各水务站。水务站人员经费按 2∶3∶5 的比例分级负担，按人均 1.5 万元的基数测算，其中市财政负担 20%，人均 3 000 元；乡镇财政负担 30%，人均 4 500 元；水务站综合经营负担 50%，人均 7 500 元。

从 2012 年开始，市政府对水务站人员经费实施五年递增方案，同时取消 2∶3∶5 分级负担的办法，市财政按每人每月 3 200 元的标准和相应的比例下达至水务局，其中 2012 年为 60%，即每人每月 1 920 元；2013 年为 70%，即每人每月 2 240 元；2014 年为 80%，即每人每月 2 560 元；2015 年为 90%，即每人每月 2 880 元；到 2016 年市财政将按每人每月 3 200 元全额下达至水务局，并且这个基数将会逐步提高。对市财政下达的人员经费，水务局再下达至各个水务站，这样水务站人员的经费来源基本有了保障。但从总体情况来看，水务站人员经费所执行的标准仍然偏低，且到 2015 年底，水务站人员的住房补贴、住房公积金、医疗保险、公用经费、十三个月工资、未休年休假补贴等 6 个方面都不能享受财政拨付。

第十一章

水利经济

水利经济是水利队伍稳定和水利事业发展的重要支撑，尤其是在基层水利机构及人员不享受财政供养的情况下，其作用更为重要。它对改善基层水利职工的生活福利待遇、提高职工收入、稳定职工情绪，使职工安心水利工作等都起了重要的保障作用。水利经济主要包括水利工程供水水费县级留成部分、水资源费县级留成部分和基层水利机构自办经营实体、开展水利综合经营等三个方面。

第一节　水利工程供水水费

水利工程供水水费是水利工程管理单位的经营服务型收费项目，是维持水利工程运行、维护、管理和水利工程管理单位简单再生产的资金来源，是用水户生产经营的成本支出。兴化市委、市政府对水利工程水费征收工作高度重视，几乎每年都发布文件，宣传水利工程水费征收的目的意义，明确各类水费的征收标准，提出征收的具体方法，下达征收指标。市委农工部（市委农村工作办公室）、市财政局、市物价局和各乡镇党委、政府都对水利工程水费的征收工作给予了大力支持和配合。为进一步宣传征收水利工程水费的意义，市水务局于2004年4月9日在《兴化日报》开辟了“水利特刊”专版，局长张连洲发表署名文章《增强水患意识，加大水利投入，提高抗灾能力》，从兴化的地理位置、遇旱引水、遇涝抽排入江等方面阐述了水利工程供水对兴化经济社会发展发挥的重要作用，提高了广大干部群众对水费征收工作重要性的认识。市水利（务）局采取领导干部分工包片、各科（股）室包干乡镇、明确责任和时间要求等措施，切实加强对水利工程水费征收工作的领导，从而保证每年的征收工作任务圆满完成。

一、水利工程供水水费征收标准

1999年3月1日，兴化市委农工部、市财政局、市物价局、市水利局联合下发《关于下达1999年度水利工程水费和水资源费征收任务的通知》，明确了征收标准。

一是水利工程水费。

1. 农业水费：桑果园及稻麦油棉田5元/亩，旱田及场基0.7元/亩，蔬菜菱藕及其他经济作物12元/亩。

2. 工业及生产经营水费：消耗水0.04元/米^3，循环水0.01元/米^3。

3. 生活水费：0.015元/米^3。

4. 水产水费：池塘养殖15元/亩，湖荡、河沟养殖3元/亩。

5. 水利工程设施保护排水水费：33.33元/亩，即0.05元/米^2（农田缓征）。

6. 冲污水费：不超标污水0.04元/米^3，超标污水0.12元/米^3。

二是水资源费。

1. 非农业灌溉取用地表水：0.01元/米^3。

2. 非农业灌溉取用地下水：乡村0.15元/米^3，建制镇以上0.30元/米^3。

2000年12月29日，市委办公室、市政府办公室以兴委办发〔2000〕175号文件发出通知，调整水利工程供水价格，并明确从2001年1月1日起执行。

1. 农业水费：稻麦田8元/（亩·年），旱田1.1元/（亩·年），经济作物6元/（亩·年）。

2. 水产水费：仍执行原标准。池塘养殖 15 元/（亩·年），湖荡、河沟养殖 3 元/（亩·年）。

3. 工业水费：消耗水 9 分/米^3，循环水 2.35 分/米^3。

4. 自来水水费：对取用地表水的自来水企业，城区按 4 分/米^3，其他按 3 分/米^3。

5. 水利工程设施保护排水水费：5 分/（米^2·年）。

6. 冲污水费：取消冲污水费，但对水体构成污染，确需水利部门抽（引）排冲污稀释的，按照“谁污染、谁交费，谁服务、谁收费”的原则，由双方协商以不低于 0.08 元/米^3 的标准确定用水价格，协商不成的，由物价部门裁定。

2001 年 4 月 11 日，市委农工部、市水利局以兴委农〔2001〕9 号、兴水利〔2001〕34 号文件以及 2001 年 4 月 13 日兴水利〔2001〕35 号文件精神，明确标准如下。

一是水利工程水费。

1. 农业水费：原则上以农作物品种及其种植面积和用水定额核定每亩用水量，2001 年农业水费水价暂按稻麦田、经济作物、旱谷及场基综合价 7 元/亩计收。

2. 水产水费：（含水资源费 4 元/亩）池塘养殖 19 元/亩，湖荡、河沟养殖 7 元/亩。

3. 工业水费：消耗水 0.09 元/米^3，循环水 0.022 5 元/米^3。

4. 自来水厂水费：（地表水）市自来水公司 0.04 元/米^3，其他自来水厂 0.03 元/米^3。

5. 水利工程设施保护排水水费：33.33 元/亩，即 0.05 元/米^2。

6. 冲污水费，原则上取消，但对水体构成污染，确需水利部门抽（引）排冲污稀释的，按照“谁污染、谁交费，谁服务、谁收费”的原则确定用水价格（每立方米不低于 0.08 元）。

二是水资源费。

1. 地表水：0.01 元/米^3。

2. 地下水：乡村 0.20 元/米^3，建制镇以上 0.30 元/米^3，并实行超计划取水加价征收水资源费。具体标准为：超计划 10%以下、10%～20%、20%～25%、25%～30%、30%以上取水的，分别加价 1、2、3、4、5 倍标准征收。

2004 年 2 月 20 日，兴化市委办公室、市政府办公室以兴委办发〔2004〕19 号文件明确以下标准。

1. 农业水费：稻麦棉田 8 元/亩，经济作物田 6 元/亩，场基及旱田 1.1 元/亩。

2. 水产水费：池塘养殖 15 元/亩，湖荡及河沟养殖 3 元/亩。

3. 工业水费：消耗水 0.09 元/米^3，水资源费 0.03 元/米^3，循环水 0.022 5 元/米^3。

4. 自来水厂水费：市自来水公司 0.04 元/米^3，乡镇村自来水厂（含民办）0.03 元/米^3。

自来水厂水资源费：市自来水公司 0.03 元/米^3；乡镇村自来水厂（含民办），农民生活用水免收，非生活用水 0.03 元/米^3。

5. 冲污水费，由双方协商，不低于 0.08 元/米^3，冲污用水资源费 0.03 元/米^3。

2006 年 3 月 20 日兴委办发〔2006〕40 号文件明确，除农业水费、水产水费仍执行原标准外，对取用水利工程供水的工业水费和水资源费作部分调整：

工业消耗水费 0.09 元/米^3，水资源费 0.13 元/米^3；

工业用循环水水费 0.022 5 元/米^3；

自来水企业用水水费（地表水）0.04 元/米^3，水资源费（地表水）0.03 元/米^3（农民生活用水部分水资源费免收）；

冲污用水水费 0.08～0.12 元/米^3，水资源费 0.13 元/米^3。

2007 年 4 月 10 日，市委办公室、市政府办公室以兴委办发〔2007〕54 号文件，对部分用水的水资源费作了调整：

自来水企业用水水资源费（地表水）0.20 元/米^3（含南水北调基金 0.07 元/米^3）；冲污用水水资源费 0.20 元/米^3（含南水北调基金 0.07 元/米^3）。

二、农业水费、水产水费实行“两改一免”

2008 年 8 月 1 日，兴化市委办公室、市政府办公室以兴委办发〔2008〕130 号文件印发市委农工办《关于完善水利工程水费收缴管理的意见》。意见指出，完善水利工程水费收缴管理的具体措施是对水利工程水费中的农业水费和水产水费实行“两改一免”。

一是改以市下达任务统一收取为以村按规定标准收取。从 2009 年起，水利工程水费（农业水费、水产水费）的收缴实行以村收取的方式，不再以市下达任务集中统一收取。

二是改以市集中使用为留村使用。从 2009 年起，收取的水利工程水费（农业水费、水产水费）资金留村使用，作为村集体收入，纳入村级集体资金管理范围，及时全额解缴村级会计代理中心村级账户，实行专账核算，专款专用。使用范围主要包括村内农田水利基础设施建设、新农村建设以及偿还村级债务等方面。水务部门原在水利工程水费中列支的必需的经费，经核定后，由市财政安排。

三是对在政策规定的征收范围内的低收入户、特困户以及 70 岁以上的老人承包的耕地和水面免征水利工程水费。

三、征收方法及征收解缴时间

1999 年 3 月 1 日，市委农工部、市财政局、市物价局、市水利局联合通知指出：

水利工程水费和水资源费，市区（含昭阳镇）和乡镇村取用地下水的用水户，由市水费总站和市水资源管理办公室负责征收。乡镇村的，可以由乡镇水利站直接向用水户征收，也可以由乡镇政府统筹安排委托乡镇有关部门代收。征收或委托代收的水费和水资源费，必须及时缴存当地财政专户，乡镇由水利站按时到财政所办理并全额解缴到市预算外资金管理办公室财政专户。对被委托代收的单位，由市水费总站给予实收金额 2%～4% 的代收手续费。

农业水费力争在夏收后一次收缴，也可在夏收后和秋收后两次收缴。分夏秋两次收缴的，夏季一般不低于应征金额的 60%，其余部分原则上须在 10 月底前完成。水产、工商水费及水资源费的收缴任务，须分别在 12 月底前和 10 月底前完成。

关于水产水费和水资源费，市属水产养殖场的水产水费和水资源费，由市水费总站委托所在乡镇的水利站代收。乡镇村的，原则上由乡镇水利站直接向用水户征收，或者由乡镇政府统一委托乡镇有关部门、行政村代收后交乡镇水利站。征收或委托代收的水产水费和水资源费，必须及时全额缴存当地财政专户，并由乡镇水利站按时到财政所办理解缴到市预算外资金管理办公室财政专户。对被委托代收的单位，由市水费总站给予实缴市金额 2%～4% 的代收手续费。

水产水费和水资源费的征收任务须在 12 月底前完成，上缴任务须在 11 月底前完成。

2001 年，市委农工部、市水利局联合以兴委农〔2001〕9 号、兴水利〔2001〕34 号文件指出，水利工程水费和水产水费、水资源费委托乡镇代收，按照税费改革核实的面积由乡镇计算归户，并列入“2001 年农村经济上缴及劳务归户表”项目，连同农业税等一表归户，与农民见面。届时以乡镇为单位解缴到市水利局。

2002 年，要求将农业水费和水产水费、水资源费同时列入“2002 年农民负担监督卡”，并向农户发放泰州市水利工程水费收费公示卡。兴化市水务局围绕水价改革，狠抓水费征收转型工作的宣传落实，在“3・22”世界水日和水法宣传周期间，局长张连洲在《兴化日报》发表题为《依法收缴水利工程水费，促进水利工程良性循环》的答记者问。把4月份定为水费政策宣传月，突出宣传水费计收的法律法规和政策依据，水费征收的目的、意义和作用，水费转型与水价调整的必要性，各类涉农用水的价格标准等。具体工作在泰州市的四市两区中做到了“四个率先”，即在兴化市委、市政府重视和相关部门支持下，率先将农业水费纳入农民负担监督卡和税费归户表，得到泰州市委农工部的认可，并要求在泰州市各市区推广；率先完成水费转型管理机构的建立，组建了水工程管理处，进行了事业单位法人登记和税务登记；率先对水费发票的管理作出规定，下发专门文件，完善了水费专用发票的领发手续；于7月28日率先完成了上缴省、市水费任务160万元。

2003年，市委办公室、市政府办公室兴委办发〔2003〕16号文件指出，水费计收坚持以政府代收为主、水务站自收为辅的原则，实行水务站自收与委托代收相结合的办法。委托乡镇政府代收的，一律由水务站委托乡镇农经站代收，力争夏季一次性完成，并统一在乡镇农经站设立的水费银行账户内进行，不得用所收的水费垫交、完成其他税费任务。农业水费委托乡镇代收，须由委托方与受托方签订委托代收合同，市水务局和乡镇人民政府见证。对代收的单位和部门，在全额完成水费收缴任务后，可根据上级有关规定，结合解缴的进度给予代收总额4%以内的手续费。

水产水费和其他水费、水资源费，由水务站按有关规定直接向用水户或乡镇村集体经济组织收取。

农业水费和水产水费、水资源费，应严格按卡（表）收费。收取的各类水费，必须按照省水利工程水费票据管理办法，将全省统一印制的水利工程供水（水费）专用发票开具到户，不得以其他票据代替。

2004年2月20日，兴化市委办公室、市政府办公室兴委办发〔2004〕19号文件指出，水费计收采取乡镇政府代收与水务部门自收并举的办法，逐步扩大水费自收试点面。农业水费、水产水费由水务站直接计收的乡镇分别是合陈、永丰、钓鱼、大邹等；农业水费、水产水费实行政府代收与水务站直接计收相结合的乡镇分别是大营、垛田、沈坨等；其他乡镇的农业水费仍委托乡镇政府代收，水产水费由水务站与乡镇政府商定计收方式。

2007年，根据市委办公室和市政府文件精神，对代收的单位和部门，在全额完成农业水费收缴任务后给予其实收水费总额6%的代收工作经费，用于乡村及有关部门开展水费计收的宣传和组织等支出费用。

2009年实行水利工程水费“两改一免”政策以后，市水工程管理处只按规定收取非农业水费。

水费征收工作具备一定的时间性，夏粮收购在全年粮食收购中占的比重较大，农民群众在夏粮出售时可以获得一笔可观的收入。因此，在收缴水费的进度上，每年都要求力争夏季完成全年农业水费收缴任务。为了掌握收缴进度，确保完成任务，市水务局坚持将全年征收任务分解落实到每个局领导成员和各科室，实行领导干部带科室包干乡镇，做到责任到人，并拿出一定的工资额参加考核，完成任务的工资照发还要奖励，完不成任务的按比例扣减参加考核的工资，考核兑现，奖惩分明。同时，把每年6月份作为水费征收突击月，每周召开一次水费征收形势分析会，掌握征收进度，搞好相互促进。

1999—2015年各类水费收缴情况见表11-1。

表11-1　1999—2015年各类水费收缴情况表　　单位：万元

年度	农业水费	水产水费	工商水费	合计
1999	518	105	33	656

（续表）

年度	农业水费	水产水费	工商水费	合计
2000	528	112	35	675
2001	521	115	38	674
2002	587	108	32	727
2003	618	127	35	780
2004	778	125	40	943
2005	874	125	43	1 042
2006	897	165	40	1 102
2007	920	160	45	1 125
2008	925	178	50	1 153
2009			58	58
2010			81	81
2011			84	84
2012			70	70
2013			65	65
2014			68	68
2015			69	69

注:收缴的各类水费均为上缴到市的数额。

四、水费的支出和使用管理

1989 年 9 月更名的兴化市水利综合经营水费管理总站一直是各类水费征收的专管机构。2001 年更名为“兴化市水工程管理处”后,其职能并未发生改变。

根据国家有关规定,收取的水费要逐级上缴水行政主管部门和水利工程管理单位,主要用于中央、省、市、县属各级水利工程必需的维护、运行和管理等方面,是各级水利供水工程供水成本的补偿。

兴化市征收的各类水费按照上级规定,上缴省水利厅 30%,上缴泰州市水利局 8%,乡镇留成 18%,主要用于乡镇水利站人员经费。留市的部分占征收水费总额的 44%,作为预算外特种资金专户存入银行,专项管理,可以跨年度结转使用,除用于水费征收过程中的组织费用及支付代收的手续费外,主要用于人员经费、日常公用经费、维修养护费、运行管理费等方面。水工程管理处作为水费征收的职能部门,其人员经费和日常公用经费都在水费留市部分中列支,根据预算一次划拨到位,其余的则与局机关上级下达的各项经费捆绑使用。随着财会人员的变动、调任等,市留成水费的使用管理已从单独记账变为混合记账,很难区分准确用途。

第二节 水资源费

水资源费是国家对水资源的开发、利用、节约、保护、管理实行有偿使用的行政事业性收费项目。根据《中华人民共和国水法》《江苏省水资源管理条例》《取水许可和水资源费征收管理条例》等相关法律法规，兴化市水资源管理办公室从组建以来，就依法认真开展了水资源费征收工作，征收的单位由少到多，征收的数额从小到大，对维持水资源管理办公室的正常运行，促进计划用水、节约用水和水资源保护工作发挥了较好的保障作用。

一、征收范围和标准

根据相关法律法规的有关规定，凡在兴化市范围内取用地下水、地表水用于生产、经营(零星取水除外)的单位，均需办理取水许可证，并按用水量缴纳水资源费。

水资源费征收标准：根据江苏省物价局、泰州市物价局和江苏省水利厅、泰州市水利局有关文件精神，由兴化市委农工办、市物价局、市水务局拟定水资源费征收标准，兴化市委办公室和兴化市政府办公室以文件批转各地执行。

2001 年初，兴化市物价局、兴化市水利局以兴价〔2001〕15 号文件转发泰州市物价局、泰州市水利局《关于调整地下水资源费收费标准的通知》，明确地表水水资源费为 0.01 元/米^3；地下水水资源费为乡村 0.20 元/米^3、建制镇以上 0.30 元/米^3，并实行超计划取水加价征收水资源费，具体标准为超计划 10%、10%~20%、20%~25%、25%~30%、30%以上取水的，分别加价 1、2、3、4、5 倍标准征收。

2005 年 3 月 18 日，兴化市物价局《关于调整水资源费收费标准的通知》(兴价〔2005〕26 号)，明确了地下水水资源费的调整标准：主城区(昭阳镇、开发区)地表水源水厂管网到达地区，征收标准为 0.90 元/米^3；地表水源厂管网未到达地区，征收标准为 0.80 元/米^3。

2015 年 3 月 16 日，兴化市物价局、财政局、水务局以兴价〔2015〕11 号文件转发省物价局、财政厅、水利厅《关于调整水资源费有关问题的通知》，再次明确了地下水水资源费的调整标准：地表水源水厂管网到达地区 2.00 元/米^3；地表水源水厂管网未到达地区 1.8 元/米^3；地热水 10 元/米^3；地表水水资源费 0.2 元/米^3。

二、征收方法和使用管理

在本市范围内取用地表水和地下水的单位(用户)均须按规定安装计量器具，地下水安装智能式水表计量，地表水采用超声波流量计计量。兴化市水资源管理办公室除安排专人对计量器具安装情况进行检查、督促、协助安装和维修外，其余人员则组成小组，划片管理，责任到组到人，每月定期秒表，根据用水量开具水资源费缴款通知书。

对不按规定缴纳和长期拖欠水资源费的单位，则依法依规采取行政处罚措施，直至请求司法裁定。地处兴化市东郊旗杆荡工业区的江苏某食品有限公司是一家进行脱水蔬菜生产、加工的民营企业。该公司从 2003 年 8 月至 2005 年 5 月 25 日累计拖欠地下水水资源费 27 000 元。在对该公司欠费催缴过程中，兴化市水资源管理办公室采取电话联系和工作人员登门催缴的办法，但该公司总以资金周转困难为由敷衍搪塞，拒缴水资源费，甚至出现公司负责人对登门收费人员恶语相向、言语辱骂、推搡厮打等情况。事后又拒绝到当地派出所及当地政府部门接受调解。在此情况下，兴化市水务局于2005年11月10日以兴水罚告〔2005〕101号作出《水行政处罚听证告知书》，然而该单位依然无动于衷，漠然置之。2005年11月29日，兴化市水务局下达了水行政处罚决定书兴水罚字〔2005〕101号，责令补缴地下水资源费27 000元，并处两倍罚款54 000元。该单位在法定期限内不提起诉讼又不履行，兴化市水务局根据《中华人民共和国行政诉讼法》第六十六条的规定，于2006年3月27日向兴化市人民法院申请强制执行。兴化市人民法院经审查认为，兴化市水务局对该公司作出的具体行政行为事实清楚，程序和内容合法，适用法律正确，符合人民法院强制执行的法定条件，依照《最高人民法院关于执行〈中华人民共和国行政诉讼法〉若干问题的解释》第九十三条的规定，于2006年4月13日作出行政裁定：兴化市水务局申请执行的兴水罚字〔2005〕101号《行政处罚决定书》，本院准予强制执行。同样，对于兴化市某啤酒有限公司拒缴地下水资源费的问题，通过相应的法律程序直至送达兴水罚字〔2006〕102号《行政处罚决定书》，最后经2007年1月9日兴化市人民法院裁定，兴化市水务局申请执行的兴水罚字〔2006〕102号《行政处罚决定书》准予强制执行。

这两件事的处理，对于拒不缴纳地下水水资源费的相关单位起到了一定的警示教育作用，有效地推动了依法征收水资源费工作的顺利开展。

兴化市水资源费征收管理实行"收支两条线""票款分离"的办法，收缴的水资源费一律按照非税收入汇入财政专户。水资源费的支出范围主要包括管理人员工资及办公经费，水资源的调查、规划、保护、管理和供水、节约用水等方面的支出。按照财政预算的相关要求，水资源管理办公室在年底前报送预算计划，财政部门会同有关部门审核，于下年年初下达全年指标，按全年指标分月拨付使用。

第三节　水利综合经营

从20世纪80年代成立水利站起，各水利站就按照"以水为主，以副养水，以水养站"的路子，在确保水利工程建设、运行管理安全和充分发挥已建工程效益的前提下，利用现有资源和技术优势相继开展了水利综合经营。为了推动水利综合经营健康有序发展，1990年初，兴化市水利局提出了"两轮驱动（直属单位和乡镇水利站）、四业（建安、商贸、渔业、工业）齐上"的发展思路，对经营项目进行了引导和规范。

兴化市水务系统的综合经营分为直属企事业单位的生产经营活动和乡镇水利（务）站的经营活动两部分。直属单位的经营项目根据各单位的生产情况主要包括建筑安装（水利工程建筑物施工和工业民用建筑）、机械疏浚、物资运输、物资销售以及水泥构件预制、水泥电杆生产、制作仿荷60方绞吸式挖泥船和简易抢排泵、生产涤纶蚊帐布等。在20世纪50年代，生产经营形势较好，各单位在原有基础上都有所发展和壮大，为兴化的水利工程建筑物配套、河道治理、农电发展和防汛排涝都作出了较大的贡献。随着经济体制改革的不断深入和市场经济的发展，单位的工作职能和服务方向发生了变化，生产经营活动由上级下达指令性生产任务到自找业务求生存。在激烈的市场竞争中，单位逐步陷入了困境，往往靠借贷维持生产和职工的基本生活，有的甚至已资不抵债。1997年，经水利局党委研究决定，车船队的轮队停航，拖轮及部分驳船作价出售。部分驳船（钢质）承包给个人从事水上运输，自负盈亏，部分人员分流，剩余人员的生活靠兴东加油站维持。由于加油站负债重，2000 年水利局党委研究决定加油站产权、经营权转让，所得资金用于企业人员解除合同、补缴养老金、偿还个人集资等。车船队于 2005 年 12 月 31 日实施事转企改制。水利物资储运站创办的城东加油站也于 2000 年进行了产权、经营权转让。兴化市经编厂于 2000 年 9 月关闭。2002 年上半年，水利工程处将部分资产设备让售给个人（前提是承担部分职业就业），单位已难以形成生产能力，于 2004 年 12 月 31 日实施了事转企改制。2005 年底前，直属单位中只有兴化市水利建筑安装工程总公司和兴水勘测设计院运转还较正常，其他单位统计虽然有产值，但利税指标都为负数。

1999—2015 年直属单位生产经营情况统计见表 11-2。

表 11-2　1999—2015 年直属单位生产经营情况统计表　　单位：万元

年度	经营项目产值				利税
	建筑业	第三产业	其他	合计	
1999	2 264	388	30	2 682	-16
2000	1 679	17	12	1 708	2
2001	2 026	21	10	2 057	-18
2002	2 138	25		2 163	-9
2003	905	19		924	-54
2004	650	15		665	-3
2005	725	19		744	16
2006	2 159			2 159	384
2007	6 035			6 035	419
2008	4 588		45	4 633	307
2009	4 803	181	38	5 022	356
2010	2 002	210	51	2 263	235
2011	3 795	261	41	4 097	241
2012	4 333	265	37	4 635	693
2013	4 506	270	40	4 816	712
2014	2 104	205		2 309	197
2015	1 120	95		1 215	85

乡镇水利（务）站的综合经营，按照“两水（水产养殖、水泥构件预制）起家，六小（小养殖、小预制、小苗圃、小服务、小安装、小加工）起步”的要求，利用自身水土资源优势，克服技术、市场及资金等方面的困难，积极开展综合经营。从 1984 年起步，至 1992 年达到站站有经营项目。1998 年是水利站综合经营形势最好的时期，各级从上到下都比较重视，江苏省水利厅成立了水利产业中心，泰州市水利局成立了水工程管理处，兴化市水利局也成立了水利综合经营水费管理总站（后更名为水工程管理处），具体负责水利站综合经营工作，搞好业务技术指导和相互促进。

1999 年以后，乡镇水利站的综合经营项目较以前有了一定程度的调整。

水产养殖。1990 年,乡镇水利站鱼池总面积 2 013 亩,其中拥有鱼池面积 100 亩以上的有 17 个水利站。由于当时缺乏管理方面的经验,一般都是粗放粗养,产量和效益都不太理想。部分水利站逐步将鱼池承包给个人养殖,约定每年上缴水利站的数额,以致水利站拥有的鱼池面积呈逐年减少趋势,就连被冠以“全省水利渔业第一站”的荡朱水利站,租赁的鱼池经营期满后也逐步归还有关村,进而转为从事意杨栽植。据统计,1999 年,全系统鱼池面积只有 900 亩,并逐步减少到 2015 年的 840 亩。拥有鱼池的水务(利)站为沙沟、中堡、李中、城东、林湖、垛田、竹泓、开发区 8 个。2015 年水产品产量 1 690 吨(其中特种养殖 32 吨),养殖业产值 1 078 万元。

意杨种植。2002 年冬,兴化市委、市政府决定在全市实施林业产业化五大工程建设,其中绿色屏障工程就是圩堤植树。市水务局要求各水务站买断圩堤经营权,利用圩堤栽植意杨,发展圩林经济,并落实了相关的扶持和激励措施,当年属水务站植树的圩堤达 700 多千米。2014 年 3 月,市委、市政府专题召开全市绿色圩堤工程工作会议,要求达到有圩有树、有河有树的目标。全市除大营、老圩、安丰、钓鱼、中堡、沙沟、城东、垛田、周庄、陈堡、昭阳 11 个水务站外,其余 24 个水务站都承包圩堤,栽植了意杨。据统计,种植面积最大的 2006 年达 4 795 亩,植树数量最多的 2007 年达 29.84 万株,苗木估算产值最好的 2005 年达 255 万元。

工业。水务站的工业一般为小型水泥构件预制场(厂),生产与水利设施配套的闸门、涵管、桥桩、桥板、楼板及衬砌渠道构件等。随着桥板、桥桩、楼板生产量的减少,水务站的小型预制场也呈逐年萎缩的趋势,从原来的 29 家减少为 10 家(合陈、大邹、沙沟、周奋、中堡、李中、西鲍、荻垛、陶庄、张郭)。至 2015 年生产仍较正常的只有陶庄、荻垛两个水务站,产值也从 1999 年的 5 374 万元减少到 2015 年的 76 万元。

建筑业。水务站的建筑业主要指路桥施工队。20 世纪 80 年代以来,为方便农村小型人行便桥的安装,以水利站为主体组织建立了桥梁安装队。在农村通达工程建设中,部分水利站又组建了通村公路施工队。随着形势的发展,农桥安装和道路施工已完成了历史使命,路桥施工队也陆续解散。

第三产业。水务站的第三产业主要指厂房、场地、门面房出租后的收益。据统计,有这方面出租业务的水务站主要有永丰、新垛、老圩、西郊、西鲍、垛田、大垛、荻垛、戴南、张郭、开发区等,门面房出租收益最高的为戴南水务站。

从总体情况分析,水务站的综合经营呈逐年萎缩的趋势,特别是 2012 年市政府对水务站人员经费实施五年递增方案以后,水务站人员经费有了比较稳定的来源,对水利综合经营的重视程度便逐步弱化。

第十二章

依法行政

1995年8月,经兴化市机构编制委员会批准,成立兴化市水政监察大队,全民事业性质,为兴化市政府水行政主管部门依法行政的专业机构。其职责是按照法律、法规授权范围,实施水政监察活动。

水政监察大队成立以后,在注重执法队伍自身建设的同时,认真贯彻执行国家、省、市、县颁发的水法律法规和规范性文件,积极开展一年一度的水法律、法规宣传活动,组织执法巡查,规范查处水事违法事件,在遏制湖荡、河道被非法圈围,保护各类水工程设施完好,搞好河湖清障等方面发挥了重要作用。

第一节 地方性水法规及规范性文件

1999年1月8日,中共兴化市委、市人民政府以兴发〔1999〕3号文件下发《关于切实加强圩堤管理的意见》,要求各地必须切实抓好圩堤管理,把圩堤建成防涝阵地和发展多种经营生产的基地,在发挥社会效益的同时发挥较好的经济效益。文件从圩堤管理的权属和原则、圩堤管理的范围和方法、圩堤管理的考核和奖惩3个方面作了规范和明确。2000年,兴化市政府转发了《江苏省政府关于加强水利工程管理工作的通知》。

2001年11月21日,兴化市人民政府以兴政发〔2001〕286号文件印发《兴化市水利工程管理实施细则》,分总则、管理机构、管理范围、工程管理、经营管理、奖励和惩罚6章19条。

2002年,市发展计划局与市水务局联合发出《关于进一步加强和规范河道管理范围内建设项目审批管理的通知》。

2011年8月29日,兴化市人民政府第三十八次常务会议讨论通过了《兴化市水利工程管理细则》(兴政规〔2011〕4号),并印发至各乡镇人民政府,市各委办局,市各直属单位、兴达公司,要求各地认真执行。《兴化市水利工程管理细则》分总则、工程保护、工程管理、法律责任、附则5章16条。同时,明确原《兴化市水利工程管理实施细则》(兴政发〔2001〕286号)废止。

2015年7月9日,兴化市委农村工作办公室、市环境保护局、市水产局、市水务局联合以兴水务〔2015〕84号文件发布《关于严格河蟹池塘水草排放管理防止污染水体的通告》,要求全市范围内的养殖企业、养殖户不得将蟹池的水草直接排入河道。对蟹塘割除的水草要在池塘排水口进行拦网收集,打捞集中堆放。市水务部门、环境保护部门、各乡镇和各行政村要将蟹塘水草排放纳入水环境管护范围,加强日常巡查,对将水草排放入河造成水体污染的依法进行处理。

这些地方性水法规及规范性文件陆续发布施行,具有较强的针对性和可操作性,为依法治水和依法管水提供了法律法规依据。

第二节　水利法制宣传教育

自1988年《中华人民共和国水法》颁布施行后，根据上级水行政主管部门的统一部署，从1989年起，水利(务)部门把每年的7月1—7日定为水法宣传周，此后于1992年又把3月22日"世界水日"与水法宣传周结合起来，在每年的3月下旬集中开展水法律宣传活动。在水法律宣传周期间，围绕各年的宣传主题，突出重点，制订宣传方案，并下发通知要求各水务站采取多种形式，加大宣传力度，确保取得较好的宣传效果。兴化市政府分管领导和水务局负责人分别发表电视讲话或在报刊上发表署名文章，电视台播放宣传字幕和专题新闻，内容上主题突出，形式上图文并茂。利用移动短信平台，向市四套班子领导及有关单位负责人的手机发送水法宣传主题标语。在水务网站上发布水法宣传标语及水法宣传主题等相关信息，努力扩大宣传覆盖面和宣传效果。在城区繁华地段设置充气拱门，先后在城区商业大厦(后改为佰富华、国美)广场和八字桥广场开展广场咨询，分发宣传材料，在交通要道设置户外广告，并曾先后到戴窑、沙沟、安丰、陈堡等重点集镇开设水法宣传咨询台。同时，组织各水务站在乡镇设置过街横幅，刷写标语。水政监察大队派出宣传车和宣传船到有关乡镇和骨干河道沿线进行宣传，形成了较大的宣传声势。

2002年的水法律宣传工作共分两个阶段进行。第一个阶段是在纪念"3·22"世界水日和"中国水周"期间，围绕"以水资源的可持续利用支持经济社会的可持续发展"主题，突出宣传加强水资源管理，加快水务一体化进程和依法收缴水费、水资源费等问题。市长吴跃在《兴化日报》发表署名文章，副市长顾国平发表电视讲话，水务局局长张连洲答记者问。在城区主要街道设置充气拱门3处，出动宣传车船18次，向农民群众发放宣传材料6 000多份。有关乡镇负责人发表广播或电视讲话11次，设咨询台12处，利用会议宣讲水法规36次，新刷标语130多条，办黑板报、宣传栏36期。

第二个阶段是在10月1日新修订的《中华人民共和国水法》颁布实施后，在《兴化日报》发表学习新水法的署名文章2篇，城区主要街道设置充气拱门3处，城乡集镇街道架设跨街横幅标语60多条，新刷写固定标语230多条。水务部门向市委、市政府领导同志和乡镇负责人及分管负责人赠送新水法学习材料170多套，向主要用水企业负责人赠送新水法单行本200多册，并举办学习新水法讲座和座谈会，扩大宣传覆盖面。

此外，水政监察大队还结合河道、湖泊日常巡查和水行政执法及各类水事案件查处，建立长期宣传阵地。在巡查、执法过程中，深入田头、圩口、村、镇，不厌其烦地向广大干部、职工、村民讲解维护水生态环境和水事秩序的重要性及管理的必要性，最大限度地扩大宣传效果，提高广大干群的水法律意识和水生态的保护意识。

2013年11月，根据兴化市《行风热线》的有关要求和市水务局领导的安排，兴化市水政监察大队负责人走进兴化市广播电台《行风热线》，认真解答广大市民、农民朋友提出的关于水政执法方面的问题，宣传水法律法规及河道、湖泊等水利工程管理保护的要求，答疑解惑，起到了一定的宣传效果。

第三节 水行政审批

根据上级有关文件精神，为增强政府部门工作的透明度，2002 年兴化市水务局向社会依法行政公示的项目主要包括以下 4 个方面。

1. 行政审批事项：河道堤防占用审批；河道采砂、取土的审批和境内挖泥机船年检；取水许可的审批及年审；计划用水审批；凿井管理审批；占用农业灌溉水源、灌排工程设施补偿的审批计 6 项。

2. 行政核准事项：河道、湖泊、湖荡、滩地开发利用；涉水工程建设的审核；凿井施工队伍注册登记；核发（三级点）农机维修技术等级合格证计 4 项。

3. 行政审核事项：排污口设置的初审；城市河、沟、塘及水利设施占用的初审；城市防洪规划编制；防洪规划保留区计 4 项。

4. 行政备案事项：城镇规划临河界限的划定计 1 项。

2004 年 5 月，随着凿井管理审批的权限逐级上收到省水利厅，凿井管理从行政审批事项调整为行政审核事项。2005 年 5 月，兴化市政府决定水利、农机两局分设，行政核准事项中的“核发（三级点）农机维修技术等级合格证”被划归市农业机械管理局。

对上述依法行政公示的项目所包括的内容，市水务局在市政府行政管理中心专门设置了窗口，从水政监察大队和水资源管理办公室抽调对业务比较熟悉的同志到服务窗口办公，直接受理行政审批、行政核准、行政审核事项，提高了办事效率，方便了有关单位和个人办理相关业务。

水政监察大队的行政许可项目主要是河道堤防临时占用，包括兴建临时建筑物和有关设施，停放、堆放物料。行政处罚主要包括违规占用河道堤防、违规在河道中吸砂取土。行政许可、行政处罚按要求全部在网上运行，进一步明确水行政许可项目的审批程序，将行政许可的事项、依据、条件、数量、期限、申报的材料要求等都公布于市政府行政服务中心窗口。在具体操作上，则坚持在符合法律规定的前提下，不断完善办理程序，规范收费标准，所有的规费征收全部在窗口完成。对于不符合审批条件的要求说明情况，对于符合审批条件的则根据有关规定，严格审查，通过现场勘测、可行性论证、签订防洪保安协议等程序完善批准手续，实行一事一地办理。

2008 年 3 月 27 日，兴化市人民政府兴政发〔2008〕86 号文件《关于公布市级行政许可实施主体及实施的行政许可项目的通知》中明确兴化市水务局的行政许可事项为：取水许可；江河、湖泊新建、改建或扩大排污口初审；计划用水审批；建设项目水资源论证报告书审批；扩大取水批准；占用农业灌溉水源、灌排工程设施审批；水利工程管理范围内建设项目工程建设方案审查；河道管理范围内建设项目的位置和界限批准；河道采砂、取土批准等 9 项。1999 年至 2015 年，共办理行政许可 82 件。

第四节 水行政执法

兴化市水政监察大队自 1995 年 8 月成立后，即注重执法基础工作建设。市水利局成立了“兴化市水政监察大队行政执法领导小组”，由水利局局长任组长，分管副局长任副组长，负责行政执法过程中的立案审批、处罚认定、结果审查、执法监督，确保执法行为合法、运用法律准确。

抓好水行政执法的制度建设。先后讨论制定了《兴化市水政监察大队关于开展水政监察和水行政执法工作的意见》《兴化市水政监察大队行政执法实施办法》《兴化市河道湖泊巡查制度》《兴化市河道、湖泊管理与保护工作考核办法》等，以此规范水政监察人员的执法行为，建立良好的运行秩序。

对依法依规实施的执法项目，通过上墙（墙报）、上栏（宣传栏）、上网（水务网）、上屏（电视屏幕）、上册（法律法规手册）等多种形式公布执法人员、执法依据、收费依据和标准、执法程序等。同时，建立案件来源台账、立案台账、结案台账、扣押物品台账、罚没收物品台账、证据先行登记保存台账等。

水政监察大队的水行政执法主要采取执法巡查和群众（来电、来信、来访）举报相结合的办法。巡查则采取正常巡查和重点检查相结合的办法。在巡查过程中，将大队执法人员划分成小组，以组包片，层层落实巡查工作责任制。巡查人员必须按要求抓好陆域巡查和湖区内的水域巡查，做到到点、到边。重点是巡查湖区内有无加高圩堤活动、滚水坝有无设置阻水障碍、有无未经批准的开发建设项目和违章建筑以及界桩、宣传标牌是否完好等。巡查骨干河道沿线有无损坏圩堤和未经批准占用等问题。巡查中做好巡查记录，发现问题及时处理，遇有重大水事案件进行集体讨论并及时上报主管领导。在查处过程中，实行首问负责制、限时办结制、责任追究制。1999 年至 2015 年累计完成巡查 2 900 多个航（车）次，参加巡查人员 8 870 余人次，巡查里程约 82 600 千米，查处水事违法案件 75 起，处理水事纠纷 84 起，制止围垦河道湖荡 62 起。

完善举报受理制度。随着水法律法规宣传的深入，广大人民群众的水法律意识不断增强，能够积极主动地举报破坏水利工程设施的违法行为。为了做好这方面工作，水政监察大队建立了来访接待制度，根据来访者反映和举报的问题落实相关人员负责接待。同时建立电话值班制度，落实专人管理。对来信、来电、来访所反映或举报的问题，做到及时派人到现场调查处理，办理结果及时反馈给举报人，及时归档备案，并对举报文档严格保密，保护举报人的合法权益。1999 年至 2015 年，共接待来电、来信、来访 397 起，处理 325 起。所有查处的案件均按照有关程序和法规规定立案、查处、立卷、归档、按时上报主管部门。

加强执法监督机制建设。一是加强社会监督。向社会公布执法投诉、举报电话和邮箱，建立健全信访投诉处理制度，听取广大干部群众对水行政执法人员的执法行为、执法形象和执法程序等方面问题的反映。二是加强舆论监督，及时听取新闻媒体反映的问题和建议。对干部群众和新闻媒体反映的问题、提出的建议，水政监察大队及时召集会议，对照检查，剖析原因，举一反三，制定和落实整改措施，使行政执法人员始终保持良好的执法形象、坚持公正的执法行为、遵守严格的执法程序。

认真做好一年各一次的汛前和汛期的专项执法行动。根据上级和主管局的统一部署及要求，认真组织开展汛前和汛期专项执法行动，对全市水工程进行摸排，对险工患段和水事案件高发地段进行重点调查和跟踪监察，发现问题及时处理。联合公安、水产、航道等部门对全市骨干河道中设置的鱼簖网箔进行调查登记，并根据引水抗旱和排涝行洪的需要组织突击清除，累计组织防汛清障行动 51 次。2003 年、2006 年、2007 年兴化发生较大雨涝灾害后，水政监察大队会同有关单位累计清除车路河、上官河、下官河、渭水河、西塘港、兴盐界河等主要行水河道上的鱼簖网箔 320 多处，为加快涝水入海速度、缓解排涝压力作出了努力。

在 2003 年水行政执法过程中，水政监察大队以法律为准绳，规范执法行为，坚持公正公平执法和从严执法，把执法过程作为认真宣传水法律、法规的过程，及时纠正两起不依法办事的政府行为。一是戴窑镇政府在收取了开发商的土地出让金后，即同意其在车路河边打桩建房，但该段河道已列入里下河洼地治理规划，将进行拓浚整治。为减少不必要的损失，通过调查了解掌握情况后，即与镇政府领导协调停工，最终得到了镇政府领导的理解和支持。二是开发商在城区昭阳桥附近建房，向卤汀河中倾倒垃圾，水政监察大队接到群众举报后立即到现场进行调查，并得到市经济软环境监测中心同意，向开发商下达了停工通知，纠正了市规划办公室违规审批的行为。

第五节　执法队伍建设

在水行政执法过程中，为了提升水行政执法人员的执法能力和执法水平，市水利(务)部门注重加强水政监察队伍的建设。首先，抓好人员配备和培训。注重人员的文化结构，70%以上人员具有中专以上学历。坚持培训上岗制度，对主任、副主任、专职和兼职的水政监察人员，都按照个人申请、组织审查，先培训后上岗的要求和程序进行聘用。在工作实践中，根据形势的发展和要求，及时抓好水行政执法人员的业务知识更新和再教育。组织人员参加江苏省水利厅和泰州市水利局举办的行政执法人员培训，累计参加省级培训80人次，泰州市培训96人次，本市主管局组织的政治理论和专业知识培训512人次。在2007年组织开展的“五五”普法教育活动中，水政监察大队组织执法人员51人参加了行政法律法规知识培训学习且全部考试合格。2013年，水政监察大队创办了阅览室，陈列了报纸、杂志和各种法律、法规书籍，让大队所有执法人员通过阅览法律书籍加强专业知识学习，加深对《中华人民共和国水法》《中华人民共和国防洪法》《江苏省湖泊保护条例》等法律法规的理解。邀请律师、法官等司法界人士通过以案释法的形式讲授行政执法方面的专业知识，不断提升水行政执法人员的业务工作水平，准确地运用法律调解水事纠纷、查处水事违法事件。采取“走出去、请进来”的方式加强与兄弟县市水政监察大队和本市其他相关部门执法队伍的交流，相互学习，取长补短，共同探讨新形势下提高行政执法能力与水平的方法和途径。由于坚持理论学习与执法实践相结合，水政监察大队行政执法人员的执法技能都有较大的提高。2013年，兴化市水政监察大队组团参加泰州市水利系统执法技能竞赛，取得团体第1名、个人总分获第1名和第3名的好成绩，并于当年年底代表泰州市水利系统参加全省竞赛。同时，积极参加兴化市法制局组织的执法理论考试，也取得了较好成绩。

其次，强化内部管理。讨论制定了《兴化市水政监察大队内务管理规定》《水政监察大队岗位责任制》《水政监察大队人员考核和奖惩办法》等一系列管理制度，并根据形势的发展，不断充实、完善相关内容，做到与时俱进，实现以制度约束人，规范人的行为。在执法过程中，严格执行兴化市政府发布的“五项禁令”，杜绝吃、拿、卡、要及其他有损执法形象的行为发生，着装执法、亮证执法，努力打造一支“阳光执法、文明执法”的队伍。

最后，提供必要的物质基础，努力实现执法装备系列化。配备了水政监察艇和桑塔纳轿车等交通工具，配备了摄像机、望远镜、照相机等勘察工具，给水政监察大队实施管理、巡回检查和行政执法提供了便利。

兴化市水政监察大队较为熟练的执法水平、良好的执法形象得到了上级主管部门的认可和赞扬，被江苏省水利厅表彰为2001年全省水政监察工作先进单位，被兴化市委、市政府表彰为2007年度、2009年度、2012年度全市十佳执行大队，被兴化市委、市政府表彰为2012年度创建省级文明城市先进集体和2013—2014年度文明单位。

第十三章

机构、人事

1977年3月,兴化县革命委员会决定撤销水电局,分别成立供电局、水利局、农业机械管理局。水利局迁入丰收北路13号原治淮工程团办公地点。1988年3月兴化撤县建市后,水利局更名为兴化市水利局。1999年国庆节前经改造扩建后的办公楼落成。建筑面积2 349.76平方米,原值2 249 835.95元。水利局主管全县水利建设、规划、管理等水利行政工作。2001年4月,兴化市水利局与兴化市农业机械管理局合并组建兴化市水利农机局。2001年11月上旬,按照水务管理一体化的要求,经兴化市委、市政府批准更名为兴化市水务局。

兴化市水利(务)局所属事业单位有:兴化市水利工程处、兴化市水利疏浚工程处、兴化市水利物资储运站、兴化市水利车船队、兴化市水利培训中心、兴化市水政监察大队、兴化市河道管理所、兴化市水资源管理办公室、兴化市水利综合经营水费管理站(2001年5月更名为兴化市水工程管理处)、兴化市水务技术指导中心。企业单位为:兴化市水利建筑安装工程总公司、兴化市兴水勘测设计院、兴化市楚水建筑安装工程公司、兴化市经编厂、兴化市振禹工程建设监理有限公司。1983年5月,各公社(乡、镇)建立水利管理服务站(简称水利站)。自1987年起,明确乡镇水利站为全民事业单位、县(市)水利局的派出机构,2001年11月以后,更名为兴化市××水务站。

第一节　市级水行政主管部门

一、机构沿革

1988年3月,县水利局更名为兴化市水利局。2001年4月26日,兴化市政府以兴政人〔2001〕17号文件决定,撤销兴化市水利局、兴化市农业机械管理局,两局合并建立兴化市水利农机局。根据中共兴化市委、兴化市人民政府兴发〔2001〕41号文件《兴化市市乡(镇)党政机关机构改革实施意见》精神,兴化市水利农机局更名为兴化市水务局。2001年11月8日,在兴化友好会馆召开了兴化市水务局成立暨揭牌仪式,江苏省水利厅副厅长陶长生(当时挂职兴化市副市长)、泰州市人大常委会副主任常龙福、中共兴化市委副书记杨杰到会祝贺并发表了讲话。2002年2月1日,兴化市机构编制委员会以兴编〔2002〕41号文件批复了兴化市水务局机构改革“三定”方案,明确兴化市水务局(挂“市农业机械管理局”牌子)为市政府工作部门,正科级建制。2005年3月,根据中共兴化市委、兴化市人民政府《关于印发〈兴化市政府机构改革实施意见〉的通知》(兴发〔2005〕2号)精神,撤销原在市水务局挂牌的“兴化市农业机械管理局”。

二、机构职能

1998年末,根据当时水利部门内部科室的设置,其承担的职能主要包括:

1. 贯彻执行国家和省有关水行政方面的方针、政策、法律、法规,制定全市实施意见,依法治水,依法管水。

2. 组织制定全市水利建设发展战略、中长期规划和年度实施计划。指导全市农田水利基本建设,负责市级水利工程项目的规划和实施。负责全市骨干河道、湖荡、滩地等水域及岸线的综合规划及治理、开发、利用、管理和保护。指导全市农村水利服务体系建设。

3. 主管全市防汛防旱工作,负责市防汛防旱指挥部的正常工作。

4. 统一管理全市水资源。制定全市水长期供求计划、水量分配方案并监督实施。组织实施取水许可制度和水资源费征收制度,归口管理全市计划用水、节约用水工作。负责全市地下水资源的管理保护和凿井管理。

5. 负责全市工农业水费等水利规费的收缴、管理和使用。负责全市水利建设方面的资金安排、管理和使用。

6. 对圩堤、圩口闸、排涝站等水利工程实行行业管理,按照水利行业技术质量标准和设计要求,规范监督。负责对临河、沿河和跨河建设工程项目进行管理。

7. 组织指导水政监察和水行政执法、查处水事违法事件,协调边界水事纠纷。

8. 负责管理全市水利科技、教育、对外经济技术合作,组织水利科学研究,抓好水利新设备、新技术的推广。

9. 承办市委、市政府交办的其他事项。

2001 年 4 月以来,兴化市水利局、兴化市农业机械管理局之间围绕合并、更名、撤销等实施了多次调整,机构职能也随着机构名称的变化而进行了相应的调整。2005 年 3 月中共兴化市委、兴化市人民政府《兴化市政府机构改革实施意见》(兴发〔2005〕2 号)文件发布后,兴化市农业机械管理局从兴化市水务局划出,不再在兴化市水务局挂牌。

2005 年 4 月 18 日,兴化市人民政府副市长顾国平主持召开了市水务局和市农业机械管理局机构及职能调整有关问题会办会,市财政局、市人事局、市水务局、市农业机械管理局等部门负责同志参加了会议。对单位和人员、资产和经费划分形成专项会办纪要,明确原农业机械管理局机关和下属单位及人员除机电排灌职能留在水务局外,其余原则上均划归现农委(农业机械管理局)。

2007 年 2 月 1 日,兴化市机构编制委员会兴编〔2007〕2 号文件明确:为进一步理顺水务一体化管理的职能,决定将由市建设局承担的“城市管网输水、用户用水”管理职能调整至市水务局,兴化市自来水总公司人、财、物一并划归市水务局管理。

2010 年 3 月 26 日上午,市委常委、市长联席会议研究决定,将城市供水管理职能(包括城市供水、城市污水处理、区域供水等)由市水务部门调整至市建设部门。当日下午,市委副书记金厚坤主持召开了专题会办会,市水务局、市建设局、市财政局、市国资委、市监察局等相关部门负责人参加,就交接的时间、程序和纪律要求进行明确。

兴化市人民政府办公室于 2010 年 12 月 6 日印发《兴化市水务局主要职责内设机构和人员编制规定的通知》(兴政办发〔2010〕194 号),对兴化市水务局的机构职能作了明确。

1. 贯彻执行国家、省和泰州市有关水务方面的方针政策、法律法规,拟订全市水务工作的发展战略和规范性文件,并组织实施和监督检查。

2. 组织编制流域(区域)水务综合规划和水资源中长期供求规划,编制全市防洪、水域岸线利用、河口控制、河道湖荡治理和开发的专业(专项)规划,并负责监督实施。组织有关国民经济总体规划、城市规划及重大建设项目的水资源和防洪的论证工作。

3. 组织、协助、监督、指挥全市防汛防旱工作,对重要河道湖荡和重要水务工程实施防汛防旱调度和应急水量调度,编制全市防汛防旱应急预案并组织实施。指导雨洪资源利用的工程建设和管理。组织、指导水务突发事件的应急管理工作。

4. 统一管理和保护水资源,编制水资源保护规划。组织拟订全市水量分配和调度方案并监督实施。组织实施取水(含矿泉水、地热水)许可制度和水资源有偿使用制度,指导再生水等非传统水资源开发利用工作。组织水功能区的划分和监督实施，监测河道湖荡和地下水量、水质，审定水域纳污能力，提出限制排污总量意见。指导全市饮用水资源保护工作，组织论证和按规定报批饮用水源地设置，指导地下水开发利用和城市规划区地下水资源管理保护工作。指导入河排污口设置并参与水环境保护工作。发布水资源公报。

5. 负责生活、生产经营和生态环境用水的统筹兼顾和保障。负责全市节约用水工作，拟订节约用水规范性文件和措施。编制节约用水规划，监督行业用水标准的实施。指导和推动全市节水型社会建设工作。

6. 组织、指导水政监察和水行政执法工作，查处市管河道和规定权限内涉水违法事件，协调并仲裁部门之间和乡（镇）之间的水事纠纷。

7. 拟订水务行业的经济调节措施。负责财政性水务资金的计划、使用、管理及内部审计监督。研究提出有关水务的价格、税收、信贷、财务等经济调节意见。指导水务行业国有资产监督和管理工作。

8. 组织实施重点水务工程建设和质量监督。负责城市水务工程建设。指导水务建设市场的监督管理，编制、审查重点水务基本建设项目建议书和可行性报告。负责重点水务工程建设项目的稽查工作。监督实施水务行业技术质量标准和水务工程的规程规范。

9. 指导全市各类水务设施、水域及其岸线的管理与保护，指导流域和区域骨干河道、湖荡及河口的治理与开发，负责市属水务工程的运行管理。按规定指导水能资源开发工作。

10. 指导全市农村水务、农村饮水和乡镇供水工作。组织协调农田水利基本建设工作。指导农村水务社会化服务体系的建设。指导节水灌溉、乡镇供排水、河道疏浚治理、农村饮水安全等工程建设与管理工作。拟订水土保持规划并监督实施，指导全市水土保持和水土流失综合防治工作。

11. 组织水务科学技术研究和推广，监督实施水务行业技术标准、规程规范。指导水务信息化和全市水务行业对外技术合作与交流工作。指导水务队伍建设。

12. 承办市政府交办的其他事项。

兴化市水利（务）局负责人更迭见表13-1。

表13-1　兴化市水利（务）局负责人更迭表

机构名称	职别	姓名	任职时间
兴化市水利局（1988.03—2001.04）	局长	刘文凤	1987.10—1999.02
		张连洲	1999.12—2001.04
	副局长	单树桂	1990.01—2001.04
		吴祥松	1991.09—2001.04
		常传林	1999.04—2001.04
		包振琪	1999.04—2001.04
		赵文韫	2000.06—2001.04
	总工程师	黄余友	1991.01—2001.04
兴化市水利农机局（2001.04—2001.11）	局长	张连洲	2001.04—2001.11
	副局长	章礼怀	2001.04—2001.11
		单树桂	2001.04—2001.10
		吴祥松	2001.04—2001.10
		周福元	2001.04—2001.11
		赵文韫	2001.04—2001.11
		蔡家祥	2001.04—2001.11
		常传林	2001.04—2001.11
		包振琪	2001.04—2001.11
	总工程师	黄余友	2001.04—2001.11

（续表）

机构名称	职别	姓名	任职时间
兴化市农业机械管理局 （在水务局挂牌） 2002.04—2005.03	局长	张连洲 赵文韫	2002.04—2002.11 2002.11—2005.03
	副局长	周福元 祝康乐 蔡家祥 石小平	2002.04—2005.03 2002.04—2005.03 2002.04—2005.03 2002.04—2005.03
兴化市水务局 2001.11—	局长	张连洲 包振琪	2001.11—2007.06 2007.06—*
	副局长	章礼怀 周福元 赵文韫 蔡家祥 常传林 包振琪 祝康乐 石小平 胡建华 张　明 徐凤锦 刘建才 陈学明 孙翠华 王　敏	2001.11—2002.07 2001.11—2005.03 2005.03—2008.05 2001.11—2005.03 2001.11—2003.04 2001.11—2007.06 2002.04—2007.01 2005.03—2014.11 2006.01—2012.03 2007.10—2013.05 2008.05—2015.04 2008.05—2013.05 2014.11— 2014.11—2015.04 2015.12—
	局长助理	陈凯祥	2009.04—2013.05
	副局级	樊桂伏 杨旭东 黄余友 余志国	2009.04—2019.07 2012.12—2020.09 2013.04—2018.11 2014.08—2021.07
	总工程师	黄余友 陈凯祥	2001.11—2013.05 2013.05—2017.11
	副总工程师	华　实	2004.03—2007.11
	人武部部长	刘建才	2005.01—2017.08

三、内设机构

1989年2月，成立市征收水费综合经营办公室，同年9月撤销，成立市水利综合经营水费管理站。1990年10月，增设水资源股。1995年5月，成立水资源管理办公室。1998年末，兴化市水利局内设机构为人秘股、器材股、农水股、工程管理股、工务股。根据兴化市机构编制委员会兴编〔1998〕100号文件精神，从2000年4月中旬起，水利局内设机构将股改为科，正式启用新的印章，分别为办公室、人事科、财会审计科、农村水利科、工程管理科、基本建设科、水政水资源科。1999年4月20日，经市编委批准，在水政水资源科设"兴化市节约用水办公室"。2000年3月，根据兴化市机构编制

* 因资料缺失，有些任职时间未明确，特此说明。后同。

委员会兴编〔2000〕36号文件，增设兴化市防汛防旱指挥部办公室，股级，为自收自支事业单位。根据2001年4月26日兴化市人民政府兴政人〔2001〕17号文件精神，水利、农机两局合并组成水利农机局。

2001年5月11日，兴化市机构编制委员会以兴编〔2001〕8号文件批复，同意水利局设11个科室：办公室、人事科（挂“纪检监察室”牌子）、财会审计科、农村水利科、工程管理科、基本建设科、水政水资源科（挂“节约用水办公室”“水政监察大队”牌子）、机电排灌科、农机市场科、农机管理科、生产技术科。同日，兴化市机构编制委员会以兴编〔2001〕9号文件批复，同意将“兴化市水利综合经营水费管理站”更名为“兴化市水工程管理处”，与“兴化市河道管理所”合署办公。

2005年6月2日，兴化市机构编制委员会印发的《兴化市水务局机构改革“三定”补充方案》（兴编〔2005〕21号）明确：将原由水务局承担的农机管理、农机推广和监理的职能划出，机电排灌职能仍由水务局承担。至此，水务局内设机构减少农机管理科、生产技术科及农机市场科。2008年4月16日，兴化市机构编制委员会以兴编〔2008〕12号文件批复，同意市水务局增设“工程质量监督科”，在基本建设科挂牌。2008年5月22日，兴化市机构编制委员会以兴编〔2008〕8号文件批复，同意增设行政许可科，在水政水资源科挂牌，扎口管理水务行政许可项目。2009年3月18日，兴化市机构编制委员会以兴编〔2009〕9号文件批复，同意增设城乡供水管理科。2011年6月16日，兴化市机构编制委员会办公室以兴编办发〔2011〕7号文件批复，同意增设湖泊管理科，在工程管理科挂牌，作为湖泊保护专门机构。2012年12月，兴化市机构编制委员会以兴编发〔2012〕28号文件批复，同意增设“规划计划科”。2012年4月2日，兴化市机构编制委员会以兴编发〔2012〕18号文件批复，同意成立“兴化市水务技术指导中心”，为自收自支事业单位，相当于股级，将原水利勘测设计室人员整体划入，为全市水务建设提供技术指导咨询工作。2014年8月28日，兴化市机构编制委员会办公室以兴编办发〔2014〕21号文件批复，同意在水政水资源科增挂“政策法规科”牌子。2014年12月，兴化市机构编制委员会以兴编发〔2014〕35号文件批复，同意成立“水利工程安全质量监督站”，具体负责城市及农村各类水利工程建设安全质量的监督和管理任务。

兴化市水利（务）局内设机构负责人更迭见表13-2。

表13-2　兴化市水利（务）局内设机构负责人更迭表（1999.01—2015.12）

科室名称	职别	姓名	任职时间
办公室	主　任	胡建华	2002.05—2006.01
		杨旭东	2006.09—2013.05
		蔡云鹏	2013.05—2022.09
	秘　书	王树生	2000.01—2005.01
	副主任	胡建华	2000.02—2002.05
		葛进友	2002.03—2003.05
		邵加祥	2002.05—2017.04
		杨旭东	2006.03—2006.09
		顾　鑫	2007.10—2010.04
		乐海霞	2010.06—2015.03
		陈建祥	2010.06—2013.12

（续表）

科室名称	职别	姓名	任职时间
人事科	科　长	顾靖涛 解厚清 樊桂伏 顾　鑫	2000.01—2002.05 2002.05—2006.06 2006.06—2013.05 2013.05—2017.04
	副科长	成建荣 单　祥 柏　宁 戎爱萍	2002.05—2005.03 2006.04—2009.03 2013.12—2015.03 2015.03—2019.03
农村水利科	科　长	刘宝如 华　实 陈凯祥 朱宝文	2000.01—2002.03 2002.05—2005.01 2005.07—2013.05 2013.05—2016.08
	副科长	华　实 王友山 郑广株 樊桂伏 陈凯祥 朱宝文 赵辉远 徐雨竹	2000.01—2002.05 2000.01—2002.03 2002.05—2004.03 2002.04—2004.03 2002.05—2005.07 2004.03—2013.05 2005.01—2010.04 2013.12—2016.12
财会审计科	科　长	李汉厚 陆　斌 吴永乐 钱友同	1999.01—1999.12 1999.12—2004.03 2004.03—2013.05 2013.05—2019.08
	副科长	杨旭东 吴永乐 葛高禄 王　丽	1999.10—2006.03 2002.05—2004.03 2002.05—2005.02 2013.12—2019.08
工程管理科	科　长	赵永继 陆钦亮 魏　华	2002.05—2010.04 2010.04—2013.05 2013.05—2017.04
	副科长	赵永继 胡建华 魏　华 解厚清 朱荣慧 夏本华	1999.10—2002.05 1999.10—2002.05 2004.03—2013.05 1999.01—2001.04 2013.12—2014.10 2015.03—2017.12

（续表）

科室名称	职别	姓名	任职时间
基本建设科	科　长	解厚清	1999.10—2001.02
		夏永钊	2002.05—2010.04
		赵永继	
	副科长	夏永钊	1999.12—2002.05
		沈振益	2005.01—2010.04
			2010.06—2013.12
		余志国	2007.09—2014.09
		唐新华	2010.06—2013.03
		夏红卫	2013.12—2015.03
水政水资源科	科　长	刘建才	2002.05—2005.01
		王帮琳	2005.01—2008.08
		陆钦亮	2013.05—2013.11
	副科长	王帮琳	1999.10—2005.01
		单　祥	2002.05—2004.03
		顾　鑫	2010.04—2013.05
		张曰健	2013.12—2017.04
		朱荣慧	2014.10—2016.04
监察室	主　任	成建荣	2002.04—2005.03
		单　祥	2006.04—2009.03
			2010.06—2013.05
		王龙寿	2013.05—2017.04
	副主任	黄天乐	2010.04—2013.05
		刘　梅	2013.12—2017.11
机电排灌科	科　长	陆钦亮	2003.02—2010.04
		王帮琳	2010.04—2017.04
	副科长	陆钦亮	2002.05—2003.02
		朱建海	2013.12—2017.04
行政许可科	科　长	王帮琳	2008.08—2010.04
	副科长	顾　鑫	2010.04—2013.05
		费卫东	2013.12—2017.04
工程质量监督科	科　长	沈振益	2008.06—2015.03
	副科长	余志国	2008.06—2012.12
城乡供水管理科	科　长	沈振益	2010.04—
	副科长	夏本华	2013.12—2015.03
规划计划科	科　长	余志国	2012.12—2014.09
	副科长	管小祥	2013.12—2016.04
城市防洪办公室	副主任	李金红	2004.07—
		沈振益	2004.07—2005.01
		薛根林	2006.08—2016.04

（续表）

科室名称	职别	姓名	任职时间
防汛防旱指挥部办公室	副主任	解厚清	2006.06—
国有资产管理办公室	主　任	赵加明	2015.11—2017.11
水利工程安全质量监督站	站　长	夏红卫	2015.03—2016.08
	副站长	乐海霞	2015.03—2017.04
信息档案中心	副主任	乐海霞	2008.03—2010.06

第二节　直属企、事业单位

1999年以来，除了原来就存在的企、事业单位外，经兴化市机构编制委员会批准，又增加部分事业单位。水务局也相继组建了部分局属企业单位。

一、兴化市水利工程处

兴化市水利工程处始建于20世纪60年代初，由兴化县拆坝疏浚建桥工程队、兴化县农田水利工程队衍变而来，属经营性服务类事业单位。20世纪70年代，曾建立兴化县水利机械修造厂，属大集体性质，与农田水利工程队合署办公，主要任务是制造仿荷60方绞吸式挖泥船。至90年代，又组建了基础公司，承担高层建筑基础施工任务，与水利工程处合署办公。在过去的几十年中，水利工程处曾为全市的河道疏浚、桥梁建设、农田水利、农电建设和工业民用建筑作出过积极的贡献。但进入21世纪，单位在激烈的市场竞争中渐渐陷入困境。根据兴化市人民政府兴政发〔2003〕232号、233号文件精神，水利工程处被列为“三置换一保障”单位，成建制参加企业养老保险，改制基准日为2004年12月31日。改制前，水利工程处共有事业编制人员210人（包括退休95人、内退和30年以上工龄35人、在职80人），另有企业性质人员36人、编外人员2人。2006年1月12日，兴化市机构编制委员会发布兴编〔2006〕1号文件，决定对已批准转企改制的和未改制的事业单位予以撤销，水利工程处被撤销。

二、兴化市水利疏浚工程处

兴化市水利疏浚工程处于1987年从原兴化县农田水利工程队中划出，专业从事河道疏浚，具备河海疏浚三级施工资质，属经营性服务类事业单位。单位拥有多艘挖泥机船，包括绞吸式、链斗式、油压抓斗、液压抓斗和液压绞吸式等，而且专门成立了一个车间，具体负责疏浚机械设备的维修业务。1998年，固定资产总值达333万元。

根据兴化市人民政府关于经营性服务类事业单位改革的总体部署，兴化市水利疏浚工程处被列为实施“三置换一保障”（置换产权、置换土地使用权、置换职工身份、实行社会保障）的单位。2008年8月12日，兴化市事业单位改革领导小组以兴事改〔2008〕3号文件批准兴化市水利疏浚工程处的改制方案。采取“资产统一处置，职工身份全面置换，单位歇业清算，注销事业法人”方式实施转体改制，单位成建制参加企业养老保险。职工身份置换基准日为2005年12月31日。

截至2005年12月底，水利疏浚工程处共有人员53人，人员构成分三种类型：一是编制内事业人员43人（其中在职23人，退休20人）；二是编制外长期临时人员7人（其中享受事业退休待遇的临时人员2人，企业退休待遇1人，企业长期临时工4人）；三是享受事业单位遗属补助的3人。

经审计评估，水利疏浚工程处账面总资产为6 478 198.11元，总负债为5 525 351.34元，净资产为952 846.77元。

2006年1月12日，兴化市机构编制委员会兴编〔2006〕1号文件决定，撤销兴化市水利疏浚工程处。

三、兴化市水利车船队

兴化市水利车船队成立于1984年4月，是由省治淮指挥部的“治淮2号”船队和扬州地区革委会水利局“兴化1号”船队先后移交给兴化县水利局后组建的事业单位，因其代管水利局机关车船（包括治淮工程团的卡车、机关的吉普车、小轮船、快艇等），故称水利局车船队。在过去的多年中，水利车船队曾为水利物资的调运作出过积极的贡献。随着市场经济的发展，单位难以在激烈的市场竞争中生存和发展，运输业务逐年萎缩，运输成本加大，以致年年亏损。20世纪90年代由车船队创办的兴东加油站，于2000年实施了产权、经营权转让，所得资金用于解除企业人员合同、补缴养老金、偿还个人集资等。经2005年底审计，单位资产总额546 991.21元，负债总额2 647 759.65元，净资产总额为-2 100 768.44元，属资不抵债。单位各类人员31人（包括退休22人，在职6人、遗属3人），生活费主要靠养老保险金返还来维持。

2006年1月12日，兴化市机构编制委员会兴编〔2006〕1号文件决定，撤销兴化市水利车船队。

2007年12月26日，兴事改〔2007〕5号文件批复，同意市水利车船队采取歇业清算的方式实施单位事转企改制，单位成建制参加企业养老保险，注销事业法人资格。职工身份置换基准日为2005年12月31日。

四、兴化市水利培训中心

兴化市水利培训中心始建于20世纪90年代初，曾为提高水利系统干部职工的政治文化和业务素质作出过积极的贡献。曾创办扬州电大工民建专业大专班和扬州市中等专业学校水工建筑班，先后毕业学生共150人。

根据2005年底审计，单位账面资产总额2 562 234.2元，负债总额2 499 481.66元，净资产为62 752.54元。拥有各类人员39人（其中退休12人，在职24人、遗属3人）。

2006年1月12日，兴化市机构编制委员会兴编〔2006〕1号文件决定，撤销兴化市水利培训中心。2007年12月26日，兴事改〔2007〕5号文件批复，同意市水利培训中心采取歇业清算的方式实施事改企改制，单位成建制参加企业养老保险，注销事业法人资格。职工身份置换基准日为2005年12月31日。

五、兴化市水利物资储运站

兴化市水利物资储运站始建于1970年，初为水电局砂石组，1980年4月改为现名，属经营性服务类事业单位。主营砂石、水泥、钢材及预制模板用的木材，并保管部分防汛防旱物资。随着经济体制改革的不断深入和市场经济的发展，单位的工作职能和服务方向发生了变化，在激烈的市场竞争中逐步陷入了困境。曾于1992年创办城东加油站，后因种种原因，实施了产权、经营权转让，所得资金用于解除企业人员合同、补缴养老保险、偿还个人集资等。据2005年底统计，单位共有40人（其中退休15人，退养7人，军转干部1人，支乡五大生1人，企业人员4人，借用1人，其他11人）。资产总额2 605 405.27元，负债总额2 403 481.21元，净资产201 924.06元。

2006年1月12日，兴化市机构编制委员会决定撤销兴化市水利物资储运站。根据2008年10月18日兴化市事业单位改革领导小组兴事改〔2008〕4号文件批复，水利物资储运站采取资产统一处置、收入统筹安排、单位歇业结算方式实施事转企改制，单位成建制参加企业养老保险，注销事业法人资格。职工身份置换基准日为2005年12月31日。

六、兴化市水务技术指导中心

2012年4月2日，兴化市机构编制委员会兴编〔2012〕18号文件批准成立兴化市水务技术指导中心，为自收自支事业单位，相当于股级。将原水利勘测设计室人员整体划入，为全市水务建设提供水务技术指导咨询工作。具体职能为：按照市政府和市水务局的部署，及时安排技术人员参加各乡镇病险圩口闸和排涝站的现场维修测定，并提出修复意见，工程完工后配合市验收督查组参加竣工验收；对上级下达和本市落实的重点水利工程进行技术跟踪指导，并提出合理化建议；组织实施对乡镇水务站工程技术人员业务技术培训；抓好水利新技术、新工艺、新材料的推广，重点对“U”形渠道现场浇筑进行试点和推广。

七、兴化市河道管理所

1991年4月，由兴化县堤防涵闸管理所更为现名，为市水行政主管部门实施河道管理的职能机构。以国家颁发的水法律法规和《江苏省河道管理条例》为依据，对境内的市级骨干河道实施管理。同时对乡镇水务站管理河道工作进行指导。审批跨河、穿河、穿堤及临河的桥梁、码头、道路、渡口、管道、缆线等建筑物。

八、兴化市水工程管理处

2001年5月11日，兴化市机构编制委员会兴编〔2001〕9号文件批复，同意将“兴化市水利综合经营水费管理站”更名为“兴化市水工程管理处”，与“兴化市河道管理所”合署办公。主要任务是对水务系统内各单位的综合经营项目实施管理；按照国家法律法规和有关政策，抓好各类水费征收任务的指标下达和对征收进度的检查督促工作；配合有关科室抓好对水务站的管理。

九、兴化市水资源管理办公室

1995年6月，经兴化市机构编制委员会批准，建立兴化市水资源管理办公室，全民事业性质。与1999年4月20日批准成立的“兴化市节约用水办公室”合署办公。其主要职能为：宣传国家和省颁发的涉水和水资源方面的法律法规；依照法律法规，编制水资源开发、利用、保护等综合规划；拟订水供求计划、水量分配方案，管理全市计划用水、节约用水工作；组织实施取水许可制度和征收水资源费；按照水功能区对水质的要求和水体的自净能力，核定纳污能力，提出限制排污总量意见，依法审批排污口的设置；管理全市地下水开发利用工作，对凿井施工实施预审查。

十、兴化市水政监察大队

1995年8月，经兴化市机构编制委员会批准，成立兴化市水政监察大队，全民事业性质，为市人民政府水行政主管部门依法行政的专业队伍。主要职责是：广泛深入宣传《中华人民共和国水法》《中华人民共和国防洪法》《江苏省湖泊保护条例》等水法律、法规，努力提高广大干部群众的水法律意识；认真贯彻执行水法律、法规，抓好全市河道、湖荡的执法巡查工作，规范执法行为，查处水事违法案件，依法维护正常水事秩序；抓好骨干河道和湖荡的清障工作，制止圈围和占用河湖水域；承办对违反水法规的依法裁定、行政诉讼、行政复议、行政处罚的具体事宜，协调水事纠纷；配合公安、司法机关查处水利治安和刑事案件，指导监督乡镇水政监察员工作。

十一、兴化市城市防洪工程管理处

为加强对已建成的各类城市防洪工程设施的运行和管理工作，经市水务局申请，兴化市机构编制委员会于2006年5月26日以兴编〔2006〕8号文件批复，同意建立“兴化市城市防洪工程管理处”，核定事业编制7人。

批复该单位为自收自支事业单位，但该单位只有管理职能，属公益性服务单位，并不具备自收自支的条件，以致经费无法落实，人员难以到位。后经市水务局领导多次向市领导汇报，市领导同意将人员经费、运行费用和维修养护费用纳入市财政安排后，才得以于2007年春节后开始投入运作。

城市防洪工程管理处的主要职责为：参与城区防洪墙（堤）、防洪闸、排涝站等新建工程的规划选址和施工管理；负责对管辖范围内已建成的城市防洪工程设施的维护、保养、运行和维修等工作；组织好汛期的防汛值班、排涝调度和应急抢险，确保安全度汛。

十二、兴化市水利建筑安装工程总公司

1992年，由兴化市水利工程处、兴化市水利疏浚工程处、基础工程公司、楚水建筑安装工程公司和里下河设计室等5个单位联合组建而成，经江苏省建设委员会批准为全民二级施工单位。具体职能包括：水利水电工程施工总承包二级、桥梁工程专业承包二级、河湖整治工程专业承包二级、房屋建筑工程总承包三级、市政公用工程施工总承包三级、地基与基础工程专业承包三级、工程技术咨询服务等。随着2004年12月31日兴化市水利工程处转企改制，其所辖的基础工程公司和路桥市政公司的解体，2005年12月31日兴化市水利疏浚工程处的转企改制，原来联合组建的单位有3家已不复存

在。目前职能只有水利水电施工总承包二级方面的招投标和工程技术咨询服务。

十三、兴化市经编厂

1985 年 3 月创办，水利局拨款 10 万元作为启动资金，厂址在城区九顷小区，上官河东岸水利物资储运站东侧，属县（市）水利局领导下的集体所有制企业。建厂初期有职工 28 人，主要为安置水利系统部分职工家属子女就业。主要产品为涤纶蚊帐布。1996 年和 1997 年生产形势较好，产值和利税分别达到 53 万元、57 万元和 2.4 万元、3.8 万元。从 1998 年后，由于产品单一，市场竞争激烈，产值和利税呈逐年下降趋势。根据上级关于改革的要求，经水利局党委研究决定，于 2000 年 9 月将经编厂关闭，变卖 3 台经编机，所得资金用于对职工的经济补偿，并终止劳动关系。经编厂厂长先后为陈广富、殷祥、周金泉。

十四、兴化市振禹工程建设监理有限公司

2005 年 5 月，经水务局批准成立兴化市大禹工程建设监理有限公司。2012 年 5 月 21 日，市水务局兴水务〔2012〕76 号文件决定成立兴化市振禹工程建设监理有限公司，企业性质，取代原先成立的兴化市大禹工程建设监理有限公司。主要职能是实施各类水利工程建设过程中的监理，包括圩口闸、排涝站、电灌站、硬质渠道及河道疏浚等。

十五、兴化市兴水勘测设计院

2002 年 7 月，经市水务局批准成立，企业性质，具备水利工程丙级设计资质。具体从事水利工程，包括灌溉排涝、城市防洪、河道整治、中小型桥梁等方面的规划、勘测、设计业务。

兴化市水利（务）局直属企事业单位负责人更迭见表 13-3。

表 13-3　兴化市水利（务）局直属企事业单位负责人更迭表

单位名称	职别	姓名	任职时间
兴化市水利工程处 1962.10—2006.01	主　任	包振琪	—1999.04
		王吉山	1999.04—2002.05
		孙建国	2002.08—
	副主任	李大红	
		刘书德	2005.12—
		顾如鑑	2005.12—
兴化市水利疏浚工程处 1987.03—2006.01	主　任	解厚清	1999.10—2002.05
		蒋和荣	2002.05—2003.09
		翟小平	2004.03—2017.04
	副主任	蒋和荣	2000.07—2002.05
		林振东	2000.07—
		翟小平	1997.12—2004.03
		朱宝荣	2005.04—
兴化市水利车船队 1984.04—2006.01	队　长	黄天乐	1995.09—2006.01
兴化市水利物资储运站 1970—2006.01	站　长	陆如祥	—2000.12
		赵加明	2000.12—2005.12
	副站长	沈银春	—1999.04
		赵加明	1999.04—2000.12

（续表）

单位名称	职别	姓名	任职时间
兴化市水利培训中心 1990. 02—2006. 01	主　任	张亚山 黄天乐	—1999. 10 1999. 10—2005. 12
	副主任	郭玉富 叶　俊 钱友同	1990. 02— 1990. 02— 2000. 07—2005. 12
兴化市水利综合经营水费管理站 1989. 09—2001. 05	站　长	李汉厚	—1999. 01
	副站长	陆　斌 夏翠红 王龙寿 翁雨林 罗朝阳	—1999. 12 1999. 10—2004. 03 1992. 12—2002. 03 1998. 02—2001. 05 1990. 03—2001. 05
兴化市水工程管理处 2001. 05—	主　任	常传林 王龙寿	2001. 05—2002. 03 2002. 03—
	副主任	罗朝阳 翁雨林 肖向华 刘　琴 陆如祥 朱树荣 薛　峰	2001. 05—2003. 06 2001. 05—2003. 05 2004. 03—2021. 01 2006. 08 至今 2001. 05—2008. 04 2008. 04—2017. 04 2012. 12 至今
兴化市河道管理所 1991. 04—	所　长	王帮琳 单　祥	2000. 02—2003. 02 2004. 03—2006. 04
	副所长	华　实 胡建华 葛进友 赵辉远 肖永红 张　红 周金泉	2000. 12— 2000. 12— 2000. 12—2003. 02 2002. 05—2005. 01 2005. 12— 2006. 09— 2007. 02—2017. 04
兴化市水资源管理办公室 1995. 06—	主　任	蒋春顺 蔡云鹏 成永平	2000. 02—2006. 05 2007. 04—2013. 05 2013. 05—2017. 11
	副主任	黄天乐 解厚清 陆如祥 蔡云鹏 赵永继 蔡崇祥 朱树荣 成永平 唐海燕 魏安华 葛　峰	2000. 12—2001. 09 2000. 12—2001. 02 2000. 12—2002. 02 2005. 01—2007. 04 —1999. 10 2004. 06—2006. 08 2007. 01—2013. 05 2007. 01—2017. 11 2010. 06—2017. 04 2015. 03—2019. 12

（续表）

单位名称	职别	姓名	任职时间
兴化市节约用水办公室 1999.04—	副主任	蔡云鹏	2002.07—2005.01
		唐海燕	2005.01—2007.01
		成永平	2006.08—2007.01
		魏安华	2007.01—2010.06
		朱启权	2008.11—
		潘建兴	2010.06—2019.11
		陈　华	2011.08—2019.11
		吴焕霞	2015.03—2019.11
兴化市湖泊管理所 2011.06—	所　长	周金泉	2013.05—2017.04
兴化市水政监察大队 1995.08—	大队长	王蘅传	—2000.02
		刘建才	2000.02—2004.11
		周金泉	2004.11—2017.04
	教导员	王蘅传	2000.02—2002.03
	副大队长	赵永继	2000.12—2002.05
		单　祥	2000.12—2006.04
		蔡云鹏	2000.12—2006.08
		陈世香	—2000.02
		蒋春顺	—2000.02 2002.06—
		殷　祥	2000.12—2002.03
		王帮琳	2000.12—2003.02
		黄贻章	2002.05—2002.05
		刘　洪	2004.03—2017.04
		成永平	2004.03—2006.08
		刘书建	—2007.12
		李玉才	2008.01—2015.03
		滕　彬	2008.01—
		周华萍	2010.06—2021.11
兴化市城市防洪工程管理处 2006.05—	主　任	朱树荣	2007.04—2008.04
		刘书建	2008.04—2019.12
	副主任	朱树荣	2006.10—2007.04
		刘书建	2007.12—2008.04
		周建仁	2012.12—2022.02
		刘广凯	2013.12—
		李　亚	2013.12—2016.08
兴化市水利勘测设计室 1989.01—	主　任	黄余友	—2000.02
		李金红	2000.02—2004.07
		黄余友	2004.07—2009.03
	主持工作	薛根林	2009.03—2013.12
	副主任	陈凯祥	2000.02—2002.05
		沈振益	—2004.07
		冯小勇	2005.01—2012.03

（续表）

单位名称	职别	姓名	任职时间
兴化市兴水勘测设计院 2002.07—	院　长 院　长 主持工作 院　长	李金红 黄余友 薛根林 薛根林	2002.08—2004.07 2004.07—2009.03 2009.03—2010.06 2010.06—2013.12
	副院长	沈振益 冯小勇 刘胜明	2002.08—2004.07 2010.06—2017.06 2013.12—2017.06
	总工程师	邹文泰	2002.08—2011.09
		刘胜明	2011.09—2017.06
	总经济师	王龙寿	2002.08—
	总会计师	顾如镒	2002.08—
兴化市水务技术指导中心 2012.04—	主　任	薛根林	2012.05—2017.04
	副主任	冯小勇 刘胜明	2013.12—2021.01 2013.12—2021.11
兴化市经编厂 1985.03—2000.09	厂　长	周金泉	—2000.09
兴化市水利建筑安装工程总公司 1992—	总经理	陈绍兴 解厚清 黄余友 赵永继 解厚清 黄天乐	—1999.10 1999.10—2000.02 2000.02—2004.07 2004.07—2005.10 2005.10—2013.05 2013.05—
	副总经理	夏永剑 乐　平 黄天乐 薛根林 郭　升	—2000.02 —2008.04 1999.12— 2004.08—2006.08 2013.12—
	总工程师	王蘅传 薛根林	—2011.01 2011.01—
兴化市大禹工程建设监理有限公司 2005.05—2012.05	经　理	沈振益	2005.05—2012.05
兴化市振禹工程建设监理有限公司 2012.05—	经　理	沈振益	2012.05—

第三节　基层水利(务)机构

1989年,兴化市机构编制委员会根据省编委、省水利厅、扬州市编委、扬州市水利局有关文件精神,对46个乡镇水利站进行定员定编。明确机构性质为全民事业单位,为市水利局派出机构(相当于股级),在市水利局和乡镇人民政府双重领导下,具体负责本乡镇范围内水利工程和各类水利设施的建设和管理工作。1998年末,全市共有乡镇水利站46个,定编人员222人,实有219人。

兴化市水利局的领导一直较为重视基层水利站的建设,注重加强组织建设、思想建设、基地建设和制度建设。抓好政绩考核,建立能者上、庸者下的用人机制;抓住政策机遇,发展水利综合经营添后劲;建立激励机制,营造创先争优的良好氛围。由于水利站经济实力的增强,截至1999年上半年,全市有36个水利站兴建了水利综合楼,为水利站人员提供了良好的办公条件,为完成水利建设和管理的各项任务奠定了物质基础。1999年4月20日,省水利厅在兴化召开了苏中片水利站建设现场观摩会。省水利厅副厅长徐俊仁,有关处室领导和扬州、南通、盐城、泰州市水利局以及兄弟县市水利局的领导参加会议,实地参观了垛田、沈坨、陈堡、大垛、老圩、海南、东鲍、徐扬、荡朱、东潭、西鲍、沙沟、周庄、边城、茅山、张郭等乡镇水利站,对兴化市各乡镇水利站建设给予充分肯定。

2000年4月17日,兴化市人事局、财政局、水利局联合发文,进一步明确了机构名称为兴化市水利局××水利管理服务站,性质为全民事业单位。

2001年4月,中共兴化市委、兴化市人民政府决定将水利局和农业机械管理局合并成立水利农机局,乡镇水利站和农业机械管理站也相应合并成立水利农机站。当时对两站合并提出的原则是:精简、高效、稳定、减负、发展。合并以后的机构隶属关系为条块共管,以条为主。坚持五个不变:人员性质不变,职级不变,人员工资标准及渠道不变,工作职能不变,所属单位生产经营方式不变。2001年11月,兴化市委、市政府决定水利农机局更名为水务局,并挂农业机械管理局牌子。兴化市机构编制委员会兴编〔2002〕5号文件明确将各乡镇水利农机站统一更名为"兴化市××水务站",并挂"农业机械管理服务站"牌子。

2005年4月,中共兴化市委、市人民政府决定水利农机两局分设,水务站和农机站也同时分设。

2006年8月28日下午,兴化市人民政府副市长顾国平主持召开乡镇机电排灌职能及人员划转工作会办会。市政府办、市水务局、市农业机械管理局、市人事局、市劳动和社会保障局负责同志参加会议。会议明确,乡镇机电排灌职能一律划归乡镇水务站。同时明确非合并乡镇从农机站在编人员中划转1名至水务站,合并乡镇从农机站在编人员中划转2名至水务站,垛田、林湖、茅山、大邹、昭阳等5个乡镇人员调整待条件成熟后再行办理。会议并对人员基本生活养老保险和市、乡两级补贴也要求及时划转。

1998年12月—2000年2月区划调整前乡镇水利站正副站长任职情况见表13-4。2000年2月—2001年4月乡镇水利站正副站长任职情况见表13-5。2001年4月—2002年5月水利农机站正副站长任职情况见表13-6。2002年5月—2015年12月水务站正副站长聘任情况见表13-7。

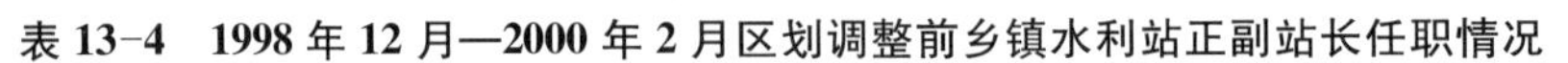

表 13-4 1998 年 12 月—2000 年 2 月区划调整前乡镇水利站正副站长任职情况

乡镇	站长		副站长	
	姓名	任职时间	姓名	任职时间
戴窑	陈荣昌	1998. 12—2000. 02	季锦奇	1999. 05—2000. 02
合塔	陈远来 王如国	1998. 12—1999. 05 1999. 05—2000. 02		
舍陈	陈远金	1998. 12—2000. 02		
徐杨	宋志松	1998. 12—2000. 02		
永丰	陈世忠	1998. 12—2000. 02		
林潭	曹长忠	1998. 12—2000. 02		
大营	邹学银	1998. 12—2000. 02		
新垛	戎宝林	1998. 12—2000. 02	王继权	1999. 05—2000. 02
老圩	杨彩华	1998. 12—2000. 02		
安丰	丁锦荣	1998. 12—2000. 02	陈如云	1998. 12—2000. 02
中圩	陆维坤	1998. 12—2000. 02		
海南	胡正坤	1998. 12—2000. 02	曹义和	1998. 12—2000. 02
海河	陈洪安	1998. 12—2000. 02		
下圩	赵兰书	1998. 12—2000. 02		
钓鱼	赵昌南	1998. 12—2000. 02		
大邹	包德富	1998. 12—2000. 02	沈朝年	1999. 02—2000. 02
沙沟	蒋春华	1998. 12—2000. 02		
周奋	赵临和	1998. 12—2000. 02		
缸顾	顾世林	1998. 12—2000. 02		
中堡	房　平	1998. 12—2000. 02		
李健	陈　辉	1998. 12—2000. 02		
舜生	蔡义忠	1998. 12—2000. 02		
北郊	刘春国	1998. 12—2000. 02	徐增鹏	1998. 12—2000. 02
荡朱	沙福祯	1998. 12—2000. 02	纪恩海	—2000. 02
东潭	孙远香	1998. 12—1999. 02	王德泸	1998. 12—1999. 12
红星	赵爱臣	1998. 12—2000. 02		
东鲍	王永善 赵士俊	1998. 12—1999. 02 1999. 02—2000. 02	翟金和	1998. 12—2000. 02
西鲍	王广鉴	1998. 02—2000. 02		

（续表）

乡镇	站长		副站长	
	姓名	任职时间	姓名	任职时间
临城	袁龙干	1998.12—2000.02		
林湖	朱俊元	1998.12—2000.02		
垛田	张华宝	1998.12—2000.02		
竹泓	曹世达	1998.12—2000.02	余舜宏	1998.12—2000.02
刘陆	陈竹元	1998.12—2000.02		
沈坨	张正伏	1998.12—2000.02		
大垛	石天耕	1998.12—2000.02	侯俊宏	1998.12—2000.02
荻垛	郭洪山	1998.12—2000.02		
陶庄	季爱加	1998.12—2000.02		
昌荣	潘建群	1998.12—2000.02		
茅山	王广宏	1998.12—2000.02	王　平	1999.06—2000.02
边城	谢瑞华	1998.12—2000.02		
周庄	石韫成	1998.12—2000.02		
陈堡	周德义	1998.12—2000.02	方国祥	1999.02—2000.02
戴南	潘高骥	1998.12—2000.02		
张郭	赵信佑	1998.12—2000.02		
唐刘	周崇明	1999.09—2000.02		
顾庄	刘茂余	1998.12—2000.02		
昭阳	孙远香	1998.12—2000.02	王德泸	1999.12—2000.02

注：1999 年 9 月，昭阳镇及其周边的 9 个村与东潭乡合并组建成新的昭阳镇。

表 13-5　2000 年 2 月—2001 年 4 月乡镇水利站正副站长任职情况

乡镇	站长		副站长	
	姓名	任职时间	姓名	任职时间
戴窑	季锦奇	2000.06—2001.04	潘宏根 曹长忠 陈荣昌	2000.06—2001.04 2000.06—2001.04 2000.06—2001.04
合陈	陈远金	2000.04—2001.04	茅庆和 王如国	2000.04—2001.04 2000.04—2001.04
永丰	宋志松	2000.04—2001.04	陈世忠	2000.04—2001.04
大营	周久祥	2000.04—2001.04	张有锁	2000.04—2001.04
新垛	戎宝林 王继权	2000.02—2000.04 2000.04—2001.04		

（续表）

乡镇	站长		副站长	
	姓名	任职时间	姓名	任职时间
老圩	杨彩华	2000.02—2001.04		
安丰	陆维坤	2000.06—2001.04	丁锦荣	2000.06—2001.04
海南	胡正坤	2002.02—2001.04	曹义和	2002.02—
钓鱼	陈洪安	2000.06—2001.04	赵昌南	2000.06—2001.04
下圩	赵兰书	2000.02—2001.04		
大邹	包德富	2000.02—2001.04	沈朝年	
沙沟	蒋春华	2000.02—2001.04		
周奋	赵临和	2000.02—2001.04		
缸顾	顾世林	2000.02—2001.04		
中堡	房　平	2000.02—2001.04	陈建干 程兆兴	2002.05—2014.05 2000.09—2001.04
李中	蔡义忠	2000.06—2001.04	陈　辉	2000.06—2001.04
西郊	沙福祯	2000.06—2001.04	刘春国 徐增鹏	2000.06—2001.04
开发区	赵爱臣	2000.02—2001.04		
东鲍	赵士俊	2000.02—2001.04		
西鲍	王广鉴	2000.02—2001.04		
临城	陈竹元	2000.06—2001.04	袁龙干	2000.05—2001.04
林湖	朱俊元	2000.02—2001.04		
垛田	张华宝			
竹泓	全开岑 曹世达	2000.02—2001.04 —2000.02		
沈坨	张正伏			
大垛	石天耕			
荻垛	郭洪山			
陶庄	季爱加	2000.02—2000.10	顾荣城	2000.10—2013.03
昌荣	潘建群	2000.02—2001.04	李生大	2000.04—2001.04
茅山	王广宏	1994.09—2001.04	王　平	2000.04—2001.04
周庄	谢瑞华	2000.04—2001.04	石春浦	2000.03—2001.04
陈堡	周德义	2000.02—2001.04	张杰旸	2000.06—2001.04
戴南	潘瑞荣	2000.01—2001.04	刘茂余	2000.04—2001.04

（续表）

乡镇	站长		副站长	
	姓名	任职时间	姓名	任职时间
张郭	赵信佑	2000.06—2001.04	周崇明	2000.06—2001.04
昭阳	孙远香	1999.12—2001.04	王德泸	1999.12—2001.04

注：2000年2月—2001年4月，为区划调整后至水利局农机局合并前。任职未变动的不再标注任职时间。

表13-6 2001年4月—2002年5月水利农机站正副站长任职情况

乡镇	站长		副站长	
	姓名	任职时间	姓名	任职时间
戴窑	季锦奇	2001.04—2002.05	潘宏根 曹长忠 陈荣昌	2001.04—2002.05 2001.04—2002.05 2001.04—2002.05
合陈	陈远金	2001.04—2002.02	茅庆和	
永丰	宋志松	2001.04—2002.04	陈世忠	
大营	张有锁 周久祥	2002.01—2002.05 2001.04—2002.01	张碧林	2002.01—2002.05
新垛	王继权	2001.04—2002.04		
老圩	杨彩华			
安丰	陆维坤	2001.04—2002.04	丁锦荣	
海南	胡正坤	2001.04—2002.04	曹义和	
钓鱼	陈洪安	2001.04—2002.04	赵昌南	
下圩	赵兰书	2001.04—2002.04		
大邹	包德富	2001.04—2002.05	沈朝年	
沙沟	蒋春华			
周奋	赵临和			
缸顾	顾世林	2001.04—2002.05		
李中	蔡义忠	2001.04—2002.05	陈　辉	
中堡	房　平	2001.04—2002.05	陈建干 程兆兴	2001.04—2002.05
西郊	沙福祯	2001.04—2002.05	刘春国 徐增鹏	
开发区	赵爱臣	2001.04—2002.02		
东鲍	赵士俊	2001.04—2002.02		
西鲍	王广鉴	2001.04—2002.02		
临城	陈竹元	2001.04—2002.02	袁龙干	
林湖	朱俊元	2001.04—2002.02		

（续表）

乡镇	站长		副站长	
	姓名	任职时间	姓名	任职时间
垛田	张华宝	2001. 04—2002. 02		
竹泓	全开岑			
沈坨	张正伏	2001. 04—2002. 02		
大垛	石天耕	2001. 04—2002. 02		
荻垛	郭洪山	2001. 04—2002. 02		
陶庄			顾荣城	
昌荣	潘建群	2001. 04—2002. 02	李生大	
茅山	王广宏	2001. 04—2002. 02	王　平	2001. 04—2002. 02
周庄	石春浦 谢瑞华	2002. 01—2002. 05 2001. 04—2002. 01	孙家宝	2002. 01—
陈堡	周德义	2001. 04—2002. 02	张杰旸	2001. 04—2002. 02
戴南	潘瑞荣	2001. 04—2002. 02	刘茂余	2001. 04—2002. 02
张郭	赵信佑	2001. 04—2002. 02	周崇明	2001. 04—2002. 02
昭阳	孙远香	2001. 04—2002. 02	王德泸	2001. 04—2002. 02

注：人员任职未变动的不再标注任职时间。

表 13-7　2002 年 5 月—2015 年 12 月水务站正副站长聘任情况

乡镇	站长		副站长	
	姓名	任职时间	姓名	任职时间
戴窑	季锦奇	2002. 05—	潘宏根 陈荣昌 曹长忠 蔡如彪 黄余华	2002. 05—2017. 12 2002. 05—2011. 01 2002. 05—2011. 01 2011. 01—2016. 04 2013. 12—2014. 12
合陈	陈远金 茅庆和	2002. 05—2004. 03 2006. 06—2022. 11	茅庆和 吴京杭 万连荣	2002. 05—2006. 06 2004. 03—2015. 11 2015. 11—2022. 11
永丰	宋志松 周羽成	2002. 05—2004. 03 2004. 03—	陈世忠 周羽成 成庆法 苏　宏 徐正辉 朱长兵	2002. 05— 2002. 05—2004. 03 2004. 03—2017. 12 2012. 12—2014. 05 2015. 11 至今 2014. 06—2017. 12
大营	张有锁 苏　宏	2002. 05—2014. 05 2014. 05—2017. 07	张碧林 徐　明	2002. 05—2014. 12 2012. 05 至今
新垛	王继权 卞卫峰	2002. 05—2015. 06 2015. 06—2021. 09	易仕和	2008. 04—2014. 12

（续表）

乡镇	站长		副站长	
	姓名	任职时间	姓名	任职时间
老圩	熊加和 曹界东	2004.06—2008.11 2009.12—2017.08	周久祥 熊加和 曹界东 范金花	2002.05—2016.06 2002.05—2004.06 2008.04—2009.12 2008.11—2018.10
安丰	陆维坤 熊加和	2002.05—2008.11 2008.11—2017.07	丁锦荣 周永胜 卞卫峰 韩　辉 陈福康 陈亚军	2002.05— 2006.06—2008.11 2011.01—2015.06 2014.12—2017.07 2015.11 至今 2015.11 至今
下圩	赵兰书 周永胜	2002.05—2008.11 2008.11—2016.07	殷家俊 赵　梅	2002.05—2010.12 2013.12—
海南	胡正坤 林支元	2002.05—2013.03 2013.03—2022.10	曹义和 林支元	2002.05— 2012.05—2013.03
钓鱼	陈洪安 赵昌南	2002.05—2010.06 2010.06—2016.04	赵昌南 胡庆明 周玉君	2002.05—2010.06 2008.11—2017.12 2011.01—2016.04
大邹	包德富 沈朝年 陆建文	2002.05—2003.03 2003.03—2014.04 2015.06 至今	沈朝年 陆建文	2002.05—2003.03 2012.05—2015.06
沙沟	姜正喜 张恒茂	2002.05—2004.03 2008.04—2016.08	蒋春华 张恒茂 冯小海 赵玉洁	2002.05—2004.03 2002.05—2008.04 2004.03— 2007.10—2016.08
周奋	蔡春育 赵建东	2002.05—2004.03 2004.03—2016.08	赵建东 周学年 陆凤山 郭　兴	2002.05—2004.03 2004.03—2012.05 2013.12—2018.09 2013.12—2017.04
缸顾	顾世林 罗国波	2002.05—2008.04 2009.11—2018.10	顾广亮 罗国波 刘海兵	2006.08— 2008.04—2009.11 2013.12—2018.10
中堡	房　平 陈建干	2002.05—2014.05 2014.05 至今	陈建干	2002.05—2014.05
李中	蔡义忠 苏爱君	2002.05—2008.11 2008.11—	陈　辉 苏爱君 蔡志勇	2002.05—2017.12 2004.11—2008.11 2009.11—2018.10
西郊	沙福祯 吴传锋	2002.05—2013.03 2013.03—2018.10	吴传锋 杨国锋	2003.06—2013.03 2013.12—2018.10
城东	赵士俊 张有锁	2002.05—2014.05 2014.05—	单红生 李建春 李华平	2003.09 至今 2011.01—2016.08 2015.11 至今

（续表）

乡镇	站长		副站长	
	姓名	任职时间	姓名	任职时间
西鲍	王广鉴 张永国	2002. 05—2014. 04 2014. 04—2017. 05	余德祥 张永国	2008. 11—2014. 04 2011. 01—2014. 04
临城	陈竹元 余德祥	2002. 05—2014. 04 2014. 04—2017. 05	袁龙干	2002. 05—
林湖	朱俊元	2002. 05—2022. 11	瞿同新	2015. 11 至今
垛田	张华宝 桑会明	2002. 05—2011. 06 2012. 05 至今	邵国锦 韩兴华	2008. 11 至今 2012. 05—2012. 12
竹泓	余舜宏 韩兴华	2002. 05—2012. 12 2012. 12—2020. 12	余志国 杜建梅 冯明东	2002. 05—2010. 06 2011. 06—2013. 08 2013. 12—2017. 04
沈坨	张正伏 崔日桂 方秋涛	2002. 05—2007. 04 2008. 04—2012. 12 2012. 12—2021. 11	崔日桂	2005. 04—2008. 04
大垛	石天耕 桑会明 张明元	2002. 05—2007. 10 2007. 10—2012. 05 2012. 05—	翁德胜 张明元 周燕祥	2004. 04—2013. 03 2004. 04—2012. 05 2015. 11 至今
荻垛	郭洪山 高存芳	2002. 05—2005. 03 2005. 03—2020. 12	高存芳 黄余华 高月红	2002. 08—2005. 03 2014. 12—2017. 03 2015. 11—
陶庄	顾荣城 翁德胜	2002. 05—2013. 03 2013. 03—2020. 12	张长荣 沈亚萍	2015. 11 至今 2014. 12—2016. 08
昌荣	潘建群 李生大 董　斌	2002. 05—2004. 03 2004. 03—2013. 08 2014. 12—2017. 03	刘金标	2007. 10—2013. 12
茅山	王广宏 王　平	2002. 05—2003. 03 2003. 03—2021. 04	王　平	2002. 05—2003. 03
周庄	杨　俊 石春浦 孙家宝	2002. 05—2008. 04 2008. 04—2012. 12 2012. 12—2022. 10	石春浦 孙家宝 习德干 周爱进 尚学志	2002. 05—2008. 04 2002. 05—2012. 12 2002. 05—2012. 05 2012. 05—2012. 11 2014. 06 至今
陈堡	周德义 张杰旸 唐新华	2002. 05—2005. 03 2005. 07—2013. 03 2013. 03—2021. 11	方国祥 张杰旸 方秋涛 张文华 冯辉东	2002. 05—2012. 05 2002. 05—2005. 07 2008. 04—2012. 12 2012. 05 至今 2014. 06—2017. 08
戴南	潘瑞荣	2002. 05—2019. 12	刘茂余 任国银 崔应春 沈云飞	2002. 05—2006. 09 2002. 05—2017. 12 2011. 01—2021. 04 2005. 05 至今

（续表）

乡镇	站长		副站长	
	姓名	任职时间	姓名	任职时间
张郭	赵信佑 赵京东	2002.05—2006.06 2006.06—2016.06	周崇明	2002.05—2016.06
昭阳	孙远香 王德泸	2002.05—2004.04 2004.11—2022.05	王德泸 周久余 韩晓红	2002.05—2004.11 2006.09— 2008.04—2017.11
开发区	赵爱臣 吴焕发	2002.05—2010.06 2010.06—	吴焕发 韩乃荣 赵普军	2008.11—2010.06 2011.01 至今 2011.01—2018.09

第四节 党群组织

一、党委系统

1992 年 7 月，中共兴化市委批准成立中共兴化市水利局委员会。2000 年 12 月，水利系统召开党员大会，选举新一届党委会。

中共兴化市水利局委员会（1992.07—2001.04）

书　记　刘文凤（1993.03—1999.03）

　　　　张连洲（1999.03—2001.04）

副书记　赵文韫（1993.03—2000.05）

　　　　单树桂（2000.05—2001.04）

中共兴化市委 2001 年 4 月 26 日兴委组〔2001〕148 号文件决定，撤销中共兴化市水利局委员会和中共兴化市水利局纪律检查委员会、中共兴化市农业机械管理局委员会，同时，建立中共兴化市水利农机局委员会和中共兴化市水利农机局纪律检查委员会。

中共兴化市水利农机局委员会（2001.04—2001.11）

书　记　张连洲（2001.04—2001.11）

副书记　章礼怀（2001.04—2001.11）

　　　　石小平（2001.04—2001.11）

　　　　单树桂（2001.04—2001.10）

中共兴化市水利局纪律检查委员会（2000.12—2001.04）

书　记　顾靖涛（2000.12—2001.04）

中共兴化市水利农机局纪律检查委员会（2001.04—2001.11）

书　记　顾靖涛（2001.04—2001.11）

2001 年 10 月 24 日，中共兴化市委组织部兴组〔2001〕51 号文件决定，中共兴化市水利农机局委员会更名为中共兴化市水务局委员会，中共兴化市水利农机局纪律检查委员会更名为中共兴化市水务局纪律检查委员会。

中共兴化市水务局委员会（2001.11—　）

书　记　张连洲（2001.11—2007.03）

　　　　邓志方（2007.03—2008.01）

　　　　赵中银（2009.09—2014.11）

　　　　包振琪（2014.11—　）

副书记　章礼怀（2001.11—2002.07）

　　　　石小平（2001.11—2005.03）

　　　　顾靖涛（2005.03—2011.03）

　　　　包振琪（2007.06—2014.11）

中共兴化市水务局纪律检查委员会（2001.11—　）

书　记　顾靖涛（2001.11—2011.03）

　　　　王　敏（2014.11—2015.12）

党委办公室负责人

主　任　赵文韫（1992.07—1993.03）

　　　　董桂仁（1999.04—2002.03）

副主任　王树生（1999.12—2005.01）

　　　　葛进友（2000.12—2003.05）

　　　　张　明（　—2004.04）

　　　　张亚山（1998.12—2000.01）

秘　书　张洪民（2005.06—　）

二、基层党支部

1992年7月，中共兴化市水利局委员会成立后，即在机关和直属单位根据党员人数重新调整组建了基层党支部。随着机关部门的增加，党的支部委员会也相应作了增设。在2001年4月水利、农机两局合并前，水利局党委下辖的基层党支部包括：水利局机关支部、水利局农水支部、水利综合经营水费站支部、水政监察大队支部、水利疏浚处支部、水利工程处支部、水利物资储运站支部、老干部支部、经编厂支部。2001年5月，水利、农机两局合并后，对基层支部名称作了变更：水利局机关支部更名为水利农机局机关第一支部，农机局机关支部更名为水利农机局机关第二支部，水利局农水支部更名为水利农机局农水支部，水利局老干部支部更名为水利农机局老干部第一支部，农机局老干部支部更名为水利农机局老干部第二支部。

2001年11月，水利农机局更名为水务局后，基层党支部也随之作了更名：水利农机局机关第一支部更名为水务局机关第一支部，水利农机局机关第二支部更名为水务局机关第二支部，水利农机局农水支部更名为水务局农水支部，水利农机局老干部第一支部更名为水务局老干部第一支部，水利农机局老干部第二支部更名为水务局老干部第二支部。2005年4月，水利、农机两局分设后，原农机局党委下辖的基层党支部仍划归农机局党委。2004年10月成立了水资源管理办公室党支部，2007年1月成立了城市防洪工程管理处党支部。

兴化市水利（务）局党委下辖基层党支部书记（其中农业机械管理局所属党支部的支部书记、副书记任职未列入统计）任职情况见表 13-8。

表 13-8 兴化市水利（务）局党委下辖基层党支部书记任职情况

党支部名称	职务	姓名	任职时间
水利（务）局农水党支部	书 记	刘宝如 华 实 樊桂伏 陈凯祥 朱宝文	2000.06—2002.03 2002.03—2005.01 2005.01—2006.01 2006.01—2008.08 2008.08—2012.08
水利局经编厂党支部	书 记	周金泉	—2000.06
水政监察大队党支部	书 记	蒋春顺 王蘅传 王帮琳 周金泉 王宝佳 李玉才	—2000.02 2000.02—2002.03 2003.03—2005.01 2005.01—2013.12 2013.12—2015.03 2015.03—
	副书记	陈世香 邹爱红	2000.02—2002.03 2007.01—2010.06
水利疏浚处党支部	书 记	蒋和荣 翟小平	2002.05—2004.03 2004.03—
	副书记	万云鹤 冯美玲 柏 清	—2000.07 2000.07— 2014—
水利综合经营水费站党支部	副书记	吴永乐 杨旭东	2000.12— 2000.12—
水工程管理处党支部	书 记	王龙寿	2001.05—
	副书记	罗朝阳 翁雨林 夏翠红 薛 峰	—2003.03 —2003.03 2004.03—2007.01 2010.06—
水利物资储运站党支部	书 记	赵加明	2002.02—
水资源管理办公室党支部	书 记	蒋春顺 蔡云鹏 魏安华	2004.10—2006.05 2006.05—2013.12 2013.12—2018.11
老干部党支部	书 记	曹茂卿 顾靖涛 祝康乐	2001.05—2010.09 2010.09—2015.09 2015.09—
	副书记	郭玉富	2010.12—2012.08
水利培训中心党支部	书 记	郭玉富	—2010.12
水利车船队党支部	书 记	黄天乐	—2010.12
水利车船队、水利培训中心党支部	书 记	黄天乐	2010.12—

（续表）

党支部名称	职务	姓名	任职时间
机关第一党支部	书　记	顾靖涛 樊桂伏	—2006.01 2006.01—
	副书记	邹爱红	2010.06—2017.11
城市防洪工程管理处党支部	书　记	朱树荣 刘书建	2007.01—2008.08 2008.08—
	副书记	陈建祥 周建仁	2007.01—2010.06 2010.06—
机关第二党支部	书　记	朱宝文	2012.08—
水利工程处党支部	书　记	刘书德	
设计水建党支部	书　记	薛根林	2014.05—

三、共青团兴化市水务局委员会

书　记　杨旭东（2002.04—2008.12）

　　　　夏红卫（2009.10—　）

副书记　单　祥（2000.02—　）

　　　　梅　兴（2002.04—　）

　　　　夏红卫（2008.04—2009.09）

　　　　万昌彬（2015.03—2021.05）

四、工会系统

（一）工会工作委员会

兴化市水利局工会工作委员会（2000.12—2001.04）

主　任　刘建才（2000.12—2001.04）

2001年4月26日，兴化市总工会兴工组〔2001〕50号文件发出通知，决定撤销兴化市水利局工会工作委员会和兴化市农业机械管理局工会工作委员会，建立兴化市水利农机局工会工作委员会。同时决定，刘建才同志任兴化市水利农机局工会工作委员会主任，免去其兴化市水利局工会工作委员会主任职务；免去石小平同志兴化市农业机械管理局工会工作委员会主任职务。

兴化市水利农机局工会工作委员会（2001.04—2001.11）

主　任　刘建才（2001.04—2001.11）

根据中共兴化市委、兴化市人民政府兴发〔2001〕41号文件精神，兴化市水利农机局更名为兴化市水务局，工会工作委员会也随之更名。

兴化市水务局工会工作委员会（2001.11—　）

主　任　刘建才（2001.11—2008.05）

副主任　葛高禄（2002.03—2005.03）

　　　　杨旭东（2008.06—　）

（二）机关工会委员会

兴化市水利局机关工会委员会（1999.01—2002.03）
主　席　朱春雷（1999.01—2002.03）
兴化市水利农机局机关工会委员会（2001.04—2002.04）
主　席　葛高禄（2002.04—　）
副主席　潘　纯（2002.04—　）
兴化市水务局机关工会委员会（2001.11—　）
主　席　葛高禄（2002.04—2005.03）
　　　　潘　纯（2005.11—2013.12）
副主席　潘　纯（2002.04—2005.11）
代主席　陈建祥（2013.12—　）

（三）水利系统女职工委员会

1999年1月28日，兴化市总工会兴工组〔1999〕2号文件批准建立兴化市水利局女职工委员会。
主　任　夏翠红（1999.01—　）
副主任　刘　娟（1999.01—　）

（四）机关妇女委员会

主　任　张　红（1999.01—　）

第五节　直属事业单位改制

2000年3月23日，《关于进一步深化直属单位改制工作的实施意见》（兴水利〔2000〕26号）下发，明确了实施办法：按照市场经济要求和精简高效的原则，根据各单位实际，合理确定改制形式，达到企业生产经营市场化、人员管理动态化的目标。

1. 对人数较少、性质单一、已无生产经营能力、债务较重的单位实行关停并转。

2. 对扭亏无望，只能勉强维持职工生活的经营性单位进行出租或出售。

3. 工程施工单位一律实行公开竞标硬化承包或单项工程承包，承包人必须按合同先缴足承包金，后承包经营。

4. 对还债能力差，但有闲置土地、厂房、校舍的单位，通过开发、出售、转让等途径变现，逐步偿还债务。

5. 工程施工单位中比较重要的大中型设备要集中管理、维修，成立设备租赁公司，推向市场。

同时，对人员流向提出了意见：为解决人浮于事的问题，各单位要通过优化组合大力裁减冗员，减轻企业负担。

1. 企业性质的职工或合同制职工原则上可以一次性买断工龄，与单位解除劳动关系。

2. 到达法定退休年龄的职工，应及时办理退休手续。退休和内退职工的工资水平视单位的经济效益可以按档案工资适当下浮。

3. 在职职工如没有生产、经营任务，实行下岗。下岗期间，享受不低于最低生活保障线生活费标准。各单位要多方拓宽就业渠道，妥善安置下岗职工，同时鼓励下岗职工自谋职业，自我发展。下岗职工在没有重新就业之前，享受下岗生活费。

4. 对工作表现不好、不服从管理的职工，可根据劳动管理条例的有关规定给予必要的处分甚至除名。

5. 各单位的局管干部如没有正常的管理岗位，即自行下岗，其职务自行免除。

按照这一文件精神和水务局党委的统一部署，水利工程处对部分设备作价转让给个人承包，所得资金用于偿还债务和职工集资；水利车船队对创办的兴东加油站的产权、经营权进行了转让，解除了部分企业性质人员的合同；水利物资储运站也对创办的城东加油站的产权、经营权实施了转让；水利疏浚工程处解除了部分企业性质人员的合同；经编厂则实施了关闭。这些在一定程度上为以后的转体改制减轻了压力。

2002 年 5 月 16 日，兴化市水务局以兴水务〔2002〕46 号文件发出通知，成立水务系统改革领导小组，切实加强对改革工作的组织领导。组长由局长张连洲担任，祝康乐、常传林、石小平、郭道坤为副组长，胡建华、解厚清、袁月鉴、葛高禄为成员。

2003 年 9 月 24 日，兴化市人民政府分别以兴政发〔2003〕232 号和兴政发〔2003〕233 号文件发出《关于市属经营性服务类事业单位转体改制工作意见》和《关于市属经营性服务类事业单位改制的若干政策意见》，指出凡经营性服务类事业单位，都要积极借鉴国有集体企业“三置换一保障”的做法，进行产权制度改革，也就是置换产权、置换土地使用权、置换职工身份、实行社会保障。根据这两个文件，对全市经营性服务类事业单位转体改制进行了全面部署。市水务局按照文件精神，对下属的经营性服务类事业单位逐步进行了事转企的转体改制。

为确保改制过程中国有资产不流失，2004 年 3 月 4 日，市水务局以兴水务〔2004〕14 号文件发出通知，成立国有资产管理办公室，明确祝康乐为主任，顾靖涛等人为副主任。

2006 年 1 月 12 日，兴化市机构编制委员会以兴编〔2006〕1 号文件，对已批准转企改制的和未改制的事业单位予以撤销，水务局下属的水利工程处、水利车船队、水利物资储运站、水利勘测设计室、水利疏浚工程处等 5 个单位被撤销。水利勘测设计室由于性质难以界定，经请示市委、市政府后，暂缓实施改制。

一、兴化市水利工程处转企改制

兴化市水利工程处始建于 20 世纪 60 年代，由拆坝疏浚建桥工程队、农田水利工程队衍变而来，属自收自支的经营性服务类事业单位。在过去的几十年中，该单位曾为全市的河道疏浚、桥梁建设、农田水利和农电事业的发展作出过积极的贡献。但是，随着经济体制改革的不断深入和市场经济的逐步发展，单位在激烈的市场竞争中渐渐陷入困境，生产经营困难，严重资不抵债，虽经多方努力，效果并不明显，单位已达难以维持的境地，转企改制已是势在必行。

（一）改制前的基本情况

1. 在册人员多，且结构老龄化。截至 2004 年 12 月底，单位共有事业编制人员 210 人，内含退休人员 95 人，内退和 30 年以上工龄人员 35 人，在职 80 人。另有企业性质 36 人，编外人员 2 人。

2. 执行工资低，且无正常来源。退休人员一直维持 1998 年事业单位人员工资标准，人均月工

资804元，占应发数的60%左右，内退人员人均月工资439元，占应发数的40%左右，在岗人员人均月工资504元，占应发数的45%左右；待岗人员人均月生活费232元，占应发数的20%左右。按上述发放水平测算，全年需发放各类人员工资120万元左右。单位除从事业养老保险机构每月轧差返还3.5万元和部分网点的租金外，无其他收入来源，加上医疗药费等必需的费用，每年缺口近百万元。

3. 单位债务重，且类型繁杂。单位累计负债800多万元，其中农行20万元，工行50万元，建行34万元，财政20万元，职工集资款及利息107万元，欠发工资63万元，陈欠药费60多万元，欠项目承包人工程款和其他费用440多万元。各类债务偿还化解无望，矛盾十分突出。

（二）改制的实施

水利工程处是水务系统摊子较大、人数最多的单位，也是情况最复杂、矛盾最集中的单位，改制难度较大。因此，水务局领导决定先行对其实施改制，把水利工程处的改制作为水务系统下属单位改制工作的突破口，并由此取得经验，以推动和圆满完成系统内其他经营性服务类事业单位的改制任务。

水利工程处的改制工作从思想发动入手，单位领导组织全体职工认真学习兴化市人民政府兴政发〔2003〕232号和兴政发〔2003〕233号文件，宣传政策，讲清意义，做好思想政治工作，特别是做好做细信访工作，分析形势，讲清利弊。在此基础上，单位领导多次讨论研究改制方案，并多次召开职工代表会议，反复征求意见，基本形成共识，于2004年8月20日向市水务局出具了参加企业养老保险实施改制的方案。兴化市水务局改革领导小组经过认真讨论，认为水利工程处出具的改制方案基本可行，于是向市委、市政府出具了《关于兴化市水利工程处事业人员参加企业养老保险实施改制的请示》。2004年12月21日，市长吴跃主持召开事业单位改革领导小组成员会议，专题讨论兴化市水利工程处转体改制工作，常务副市长金厚坤、副市长顾国平以及市人事局、市编办、市体改办、市财政局、市劳动局、市国土局、市水务局负责人参加，并形成了会议纪要。兴化市事业单位改革领导小组于2005年1月14日以兴事改〔2005〕2号文件作出《关于同意兴化市水利工程处实施改制的批复》，原则同意市水利工程处转体改制实施方案，改制基准日明确为2004年12月31日。

改制的具体做法：

1. 兴化市水利工程处成建制参加企业养老保险，在职人员1987年至1994年间应补交的养老保险金，按历年社会平均工资为缴纳基数予以补交，具体按市劳保局核实的数额为准。

2. 对在2004年底前距法定退休年龄不足5年或工龄达30年的职工，实行内部退养，生活费按不低于最低生活保障标准发放。养老保险费按企业养老保险标准由单位缴至法定退休年龄。退休时由劳动部门按企业养老保险办理退休手续，养老金实行社会化发放。对在2009年底前符合退休条件办理退休手续的，其企业养老金与单位现执行的1998年事业标准计算退休金的差额部分由单位按逐年递减的方案实行定额补差。

3. 除内退人员以外的在职职工全部解除劳动关系。企业人员按单位原定办法实行经济补偿，并按规定领取失业保险金。事业性质人员由于单位未参加失业保险，由单位按相当于失业保险的标准增加补偿，实行基数（4 152元）+工龄补偿的办法，由劳动部门按规定发放就业证。解除劳动关系后的职工养老保险由个人自行交纳。

4. 对2004年前办理退休手续的人员，由劳保局按照企业职工退休养老金标准进行套改，由社保机构实行社会化发放。

5. 对符合条件的退休人员，按兴政办发〔2003〕48号文件规定参加困难企业退休人员基本医疗保险。

（三）关于改制资金问题

经测算，水利工程处转体改制共需资金1 800多万元，改制前已将大部分设备作价转让给个人，改制时已无资产可行评估。唯一可变现的23.48亩土地由国土局收储。经过水务局负责同志多次向市委、市政府领导请示汇报，2015年4月25日上午，市委常委、常务副市长顾跃进主持召开会办会，对水利工程处土地收储问题进行专项会办。市水务局、市国土局、市建设局、市财政局、市地税局、市规划办负责人参加了会议。经研究，形成了专项会办纪要，同意市国土局对水利工程处23.48亩土地进行收储，收储价格为32万元/亩。同时明确收储资金存入财政专户，由财政局监督使用，主要用于置换职工身份补偿、补缴劳动保险和偿还职工集资。2005年11月1日，兴化市国土资源局以兴国土资源字〔2005〕25号在《江南时报》对该地块发布土地使用权挂牌出让公告。2006年9月7日，兴化市水利工程处与兴化市土地开发储备中心签订了土地移交协议书。

（四）关于财务审计程序问题

根据兴政发〔2003〕232号、233号文件精神和统一部署，对经营性服务类事业单位转企改制必须先审计后改制，弄清资产和负债情况，为筹集改制所需经费做准备。但是，水利工程处情况比较特殊。一方面，该单位债务重，且类型复杂，累计负债800多万元，各类债权债务化解无望，属严重资不抵债，矛盾十分突出。另一方面，该单位自组建以来，特别是20世纪70年代初几度撤并、重建，直至1973年4月成立兴化县农田水利工程队后才基本稳定。因此，单位财务上基本未进行过审计。如果先审计，好多历史遗留问题一时难以理清，矛盾将进一步激化，改制也就无法进行，且会影响到整个系统大局的稳定。在这种情况下，水务局领导多次向市委、市政府领导请示对该单位实行先改制后审计。市长吴跃先后三次召开会议听取汇报，水务局领导承诺该单位改制一结束，即主动请审计部门审计，对审计中发现涉及个人的问题其责任由个人自负，按照有关法律法规处理。至此，市事业单位改革领导小组才同意市水务局的请示，批复了改制方案。

二、兴化市水利疏浚工程处转企改制

兴化市水利疏浚工程处于1987年从原农田水利工程处中划出，具备河海疏浚三级施工资质。主要从事河道疏浚、码头疏浚、庄台吹填和吹填造地以及疏浚机械维修等业务，为兴化市水务局下属的自收自支经营性事业单位。

第一，基本情况。

截至2005年12月底，兴化市水利疏浚工程处共有各类人员53人，人员结构分三种类型：一是编制内事业人员43人（其中在职23人，退休20人）；二是编制外长期临时人员7人（其中享受事业退休待遇的临时人员2人，企业退休待遇1人，企业长期临时工4人）；三是享受事业遗属补助的3人。

经兴财会计师事务所审计、评估，账面总资产为6 478 198.11元，总负债为5 525 351.34元，净资产为952 846.77元。土地面积34.7亩，其中有证土地20.7亩，无证土地14亩。

水利疏浚工程处改制的总体思路为：依据兴化市委、市政府经营性服务类事业单位转体改制的有关文件精神，将水利疏浚工程处所有资产依法出售、转让，所得资金用于单位改制和偿还债务。改制后所有人员按规定与单位解除劳动关系，将“单位人”身份一律置换成社会自然人身份。

第二，改制的实施办法。

兴化市水利疏浚工程处于2004年11月26日制定并上报了《兴化市水利疏浚工程处转体改制实

施意见》,兴化市水务局改革领导小组经认真讨论后向上级报送了《关于兴化市水利疏浚工程处经营性事业单位实施转体改制的请示》。2005 年 8 月 12 日,兴化市事业单位改革领导小组以兴事改〔2005〕3 号文件对该请示进行了批复,同意市水利疏浚工程处转体改制方案。

首先,明确了改制的形式。同意水利疏浚工程处采取"资产统一处置,职工身份全面置换,单位歇业清算,注销事业法人"的方式实施转体改制,单位成建制参加企业养老保险。按照市原定统一部署,职工身份置换基准日为 2005 年 12 月 31 日。

其次,明确了职工身份置换办法和标准。

1. 对基准日前已办理退休手续的人员由劳保部门按企业职工退休养老金标准进行套改,实行社会化发放。按企业标准套改后养老金与单位现行执行的事业标准工资之间的差额由单位实行定额补差。

2. 对基准日后工龄达 30 年或工龄达 20 年且距退休年龄不足 5 年的在编在职人员实行内部退养,内退期间单位为其缴纳养老保险、医疗保险及退休时一次性医疗保险等费用,并按 300 元/月标准发放生活费直至退休,退休时养老金由劳动保障部门按企业养老保险标准实行社会化发放;对在 2010 年 12 月 31 前符合退休条件办理退休手续的内退人员,养老金与单位现执行的 2000 年事业退休金差额部分由单位实行定额补差,补差标准为:2006 年退休的为补差的 90%,2007 年退休的为补差的 70%,2008 年、2009 年、2010 年退休的分别为补差的 50%、30%、10%,2011 年及以后退休的不再补差。

3. 其他在职人员全部与单位解除人事、劳动关系,并给予一次性经济补偿,补偿标准为 300 元/工龄。事业人员解除劳动关系后,可委托人事管理部门实行个人人事代理。因未参加失业保险,解除人事、劳动关系人员可由单位参照事业保险金标准按 4 152 元/人给予计发,劳动部门按规定发放就业登记证。对在规定时间内签订解除人事、劳动关系合同的人员可给予适当奖励。

4. 对 3 名长期临时工退休人员,可按现标准提留费用后,由单位按月发放;对未达退休年龄的 4 名长期临时工可由单位为其补缴养老保险或给予一次性补偿,解除用工关系。

5. 军转干部在缴足相关费用后按有关规定执行。

6. 其余人员全部一次性解除供养关系。

第三,水利疏浚处事业转企业补缴的 1987—1994 年度养老保险按历年工资标准计算;退休职工参加困难企业基本医疗保险,应由单位缴纳的 20% 部分由劳保局协调解决。

第四,水利疏浚处改制实施时间与职工身份置换基准日相差两年多,对该期间职工养老保险金、生活费等由单位给予适当补偿。

三、兴化市水利培训中心、兴化市水利车船队转企改制

兴化市水利培训中心始建于 20 世纪 90 年代初,是实行自收自支的事业单位。单位的功能是为水利(务)系统大型会务活动提供场所,为水利(务)系统干部职工的政治教育和业务培训提供基地,曾为提高水利(务)系统干部职工的政治文化水平和业务素质作出过积极的贡献。

截至 2005 年 12 月 31 日,单位共有各类人员 29 人,其中,退休 12 人(事业退休人员 9 人,企业退休人员 1 人,经水务局批准参照同类人员 2 人),在职 14 人(距退休年龄不足 5 年和 30 年工龄以上 7 人,其他在职 7 人),遗属 3 人。

根据兴财会计师事务所审计报告,截至 2005 年 12 月 31 日,账面资产总额为 2 562 234. 2 元,负债总额为 2 499 481. 66 元,净资产为 62 752. 54 元。由于水利培训中心招待所资产抵押在银行,加上规划问题暂时无法出让,水利培训中心大楼由水务局收回,所需改制费用在水务局其他出让资产中统

筹安排。

兴化市水利车船队始建于20世纪70年代初,是实行自收自支的事业单位。20世纪70年代,车船队主要承担水利建筑物资(包括水泥、黄砂、块石、石子及钢材)的运输任务。改革开放以后,除继续承担部分水利建筑器材物资运输任务外,更多的则是自主经营、自找业务。在水上运力过剩、陆上运输发展较快的情况下,水利车船队很难在激烈的市场竞争中生存与发展,运输业务逐年萎缩,以致连年亏损,举步维艰。1997年初,水利局党委研究决定船队停航,拖轮及部分驳船作价出售,部分驳船承包给个人从事水上运输,自负盈亏,部分人员分流,剩余人员的生活靠兴东加油站维持。由于加油站负债重,2000年经局党委研究决定转让加油站产权、经营权,资金用于企业人员解除合同、补缴养老金、偿还个人集资等。此后,车船队退休人员等生活费靠养老保险金返还来维持。

截至2005年12月31日,车船队共有各类人员31人,其中退休22人,在职6人(距退休年龄不足5年的5人,其他1人),遗属3人。

据泰州嘉和会计师事务所审计,截至2005年12月31日,车船队资产总额为546 991.21元,负债总额为2 147 759.65元,净资产为-1 600 768.44元。

2007年12月26日兴化市事业单位改革领导小组以兴事改〔2007〕5号文件批复,同意市水利培训中心、水利车船队两家单位转企改制实施方案。

第一,明确改制形式。

同意两家单位采取歇业清算的方式实施事转企改制,单位成建制参加企业养老保险,注销事业法人资格。按照市统一部署要求,职工身份置换基准日为2005年12月31日。

第二,职工身份置换办法及标准。

1. 对基准日前已退休的事业编制人员由劳动保障部门按照企业职工退休养老金标准进行套改,并由社保经办机构进行社会化发放。按企业标准套改后的养老金与单位2005年12月31日实发工资标准之间的差额由单位实行定额补差。

2. 对基准日距法定退休年龄不足5年或工龄达30年的职工实行内部退养,内退期间,单位按企业标准为其缴纳养老保险、医疗保险至退休,并按300元/月标准支付生活费,退休时养老金由劳动保障部门按企业标准实行社会化发放;对在2010年12月31日前符合退休条件办理退休手续的,其养老金低于改制前事业退休人员计发养老金的差额部分,可由单位实行定额补差。补差标准为:2006年退休的补差额的90%,2007年、2008年、2009年、2010年退休的依次补差额的70%、50%、30%、10%,2010年以后退休的不再补差。

3. 其他在职人员全部与单位解除人事、劳动关系,并给予一次性经济补偿,补偿标准为300元/工龄。事业人员解除劳动关系后,可委托人事管理部门实行人事代理。因两家均未参加失业保险,解除劳动关系人员由单位参照失业保险金标准按4 152元/人给予计发,劳动部门按规定发放就业登记证。

4. 两名编外退休人员,按现标准提留费用后,由单位按月发放。

5. 军转干部在缴足相关费用后按有关规定执行。

6. 其余人员全部一次性解除供养关系。

第三,两单位事转企补缴的1987—1994年度养老保险按历年工资标准计算;退休职工参加困难企业基本医疗保险,应由单位缴纳的20%部分由劳动局协调解决。

第四,两单位改制实施时间与职工身份置换基准日相差近两年,该期间职工养老保险金、生活费等由单位给予适当补偿。

第五,水利培训中心大楼资产由水务局收回,两家单位改制成本由水务局负责筹集,水务局在统

筹收入中安排两家单位改制费用的支出。

四、兴化市水利物资储运站改制

兴化市水利物资储运站始建于1970年,时称水电局砂石组,1980年4月改为现名。20世纪70年代,该单位在全县水利建设、防汛防旱工作中发挥了一定的积极作用。随着市场经济的逐步发展,单位的工作职能和服务方向发生了变化,在激烈的市场竞争中逐步陷入困难境地,难以维持正常运行。根据兴化市人民政府兴政发〔2003〕232号、233号文件精神和统一部署,水利物资储运站被列为经营性服务类事业单位实施了转体改制。

单位基本情况:截至2005年12月底,单位共有40人,其中退休15人,内部退养的7人,军转干部和支乡五大生各1人,借用1人,企业4人,其他11人。经过审计,单位资产总额为2 605 405.27元,负债总额为2 403 481.21元,净资产为201 924.06元。

2008年10月18日兴化市事业单位改革领导小组以兴事改〔2008〕4号文件批复了水利物资储运站转企改制实施方案。

第一,改制形式。

采取资产统一处置、收入统筹安排、单位歇业清算方式实施转企改制,单位成建制参加企业养老保险,注销事业法人资格。职工身份置换基准日为2005年12月31日。

第二,职工身份置换办法及标准。

1. 对基准日前已退休的事业编制人员由劳动保障部门按照企业职工退休养老金标准进行套改,并由社保经办机构进行社会化发放。按企业标准套改后的养老金与单位现执行的工资标准之间的差额由单位实行定额补差。

2. 对基准日距法定退休年龄不足5年或工龄达30年的职工实行内部退养,内退期间,单位按企业标准为其缴纳养老保险、医疗保险至退休,并按单位现行的生活费标准支付生活费,退休时养老保险金由劳动保障部门按企业标准实行社会化发放;对在2010年12月31日前符合退休条件办理退休手续的,其养老金低于按改制前事业退休人员计发养老金的差额部分,由单位实行定额补差。补差标准为:2006年退休的补差额的90%,2007年、2008年、2009年、2010年退休的依次补差额的70%、50%、30%、10%,2010年以后退休的不再补差。

3. 其他事业人员全部与单位解除人事、劳动关系,并给予一次性经济补偿,补偿标准为300元/工龄。事业人员解除劳动关系后,可委托人事管理部门实行人事代理。因单位未参加失业保险,解除劳动关系人员由单位参照失业保险金标准按4 152元/人给予计发,劳动部门按规定发放就业登记证。

4. 企业编制人员,仍按城东加油站原定办法执行。

5. 借用人员按借用期限给予适当补偿。

6. 军转干部在缴足相关费用后按市有关规定执行。

第三,水利物资储运站事转企补缴的1987—1994年度养老保险按历年工资标准计算;退休职工参加困难企业基本医疗保险,应由单位缴纳的20%部分予以缓缴。

第四,由于改制实施时间与职工身份置换基准日相差近3年,该期间职工养老保险金、生活费等由单位给予适当补偿。

第五,水务局在统筹收入中安排储运站改制费用的支出。

五、妥善处置事改企单位负责人的待遇

2005 年 11 月 16 日，兴化市水务局召开专题会议，所有在职的正副局长和纪检书记参加。会议除对本系统经营性服务类事业单位改革总体时间部署作了明确外，重点对改制单位负责人的待遇问题作了讨论和研究落实，并形成了会议纪要。

会议认为，为加强对改制工作的组织领导，充分调动改制单位负责人的积极性，解决现任领导班子人员的后顾之忧，决定对现任各经营性服务类事业单位的主要负责同志，待改制结束后聘任为水利工程建设安装总公司副职，继续负责原单位遗留问题的处理。其工资待遇按照高于企业、低于事业的标准确定。聘用期间为其缴纳养老保险和医疗保险费。退休时待遇按退休的方法执行。

对改制单位现任领导班子副职人员，参加改制置换身份后继续聘用的，工资待遇按现行标准执行，直至到龄退休。

改制后返聘的人员，其置换身份的补偿金暂不发放，待离开工作岗位时再领取。

第十四章

先进集体　先进个人

1999年以来，兴化市水利（务）系统广大干部职工在水利工程建设和管理、水资源管理、水政监察、防洪抗灾和机关作风建设等方面做了大量的工作，并取得了一定的成绩。为了弘扬他们的精神，现将县（市）以上党政领导机关、上级水行政主管部门表彰、嘉奖的先进集体、先进个人记述于后（括号内为表彰机关和表彰时间）。

第一节　先进集体

1. 1999年度泰州市水利工作突出贡献单位（泰州市水利局）
   兴化市水利局
2. 全国农村水利先进集体（2000年3月，水利部）
   兴化市荡朱水利站
3. 2000年度全市农田水利建设先进单位（中共兴化市委、兴化市人民政府）
   永合区　沙沟区　大垛区　周庄区
   戴窑镇　大营乡　下圩乡　中堡镇　东鲍乡
   临城镇　林湖乡　大垛镇　陈堡镇　张郭镇　昭阳镇
4. 2000年度泰州市水利工作突出贡献单位（泰州市水利局）
   兴化市水利局
5. 全省水政监察工作先进单位（2001年3月，江苏省水利厅）
   兴化市水政监察大队
6. 泰州市水利“四三”工程建设先进集体（2001年5月，泰州市人民政府）
   兴化市水利局
7. 2001年度全市水利宣传工作先进单位（泰州市水利局）
   兴化市水务局
8. 2002年度全省水利系统文明服务水务站（江苏省水利厅）
   兴化市陈堡水务站
9. 2003年度全市水利系统先进单位农村水利奖（泰州市水利局）
   兴化市水务局
10. 2003年度全市水利信息工作先进单位（泰州市水利局）
    兴化市水务局
11. 2004年度全市水利信息工作先进单位（泰州市水利局）
    兴化市水务局
12. 创建省级文明城市先进集体（兴化市人民政府）
    兴化市水务局
13. 2005年度全省水利工程水费工作先进单位（江苏省水利厅）
    兴化市水务局
14. 2005年度全市水利工程水费工作先进单位（泰州市水利局）
    兴化市水务局

15. 兴化市2006年度党委系统信息工作先进单位三等奖（中共兴化市委）
    中共兴化市水务局委员会
16. 全省防汛防旱先进集体（2007年3月，江苏省防汛防旱指挥部）
    兴化市防汛防旱指挥部办公室
17. 2006年度“五城同创”先进集体（中共兴化市委、兴化市人民政府）
    兴化市水务局
18. 2006年度全市水利工作目标管理综合先进二等奖（泰州市水利局）
    兴化市水务局
19. 2006年度泰州市水利经营工作先进单位（泰州市水利局）
    兴化市水工程管理处　兴化市林湖水务站
20. 兴化市2006年扶贫工作先进集体（中共兴化市委、兴化市人民政府）
    兴化市水务局
21. 2007年度城区抗洪抢险先进单位（兴化市人民政府）
    兴化市水务局
22. 2005—2006年度兴化市文明机关（中共兴化市委、兴化市人民政府）
    兴化市水务局
23. 2007年度城市绿化工作先进单位（兴化市人民政府）
    兴化市水务局
24. 2007年度创建省级文明城市、园林城市先进集体（中共兴化市委、兴化市人民政府）
    兴化市水务局
25. 2007年度全市水利系统目标管理优胜二等奖（泰州市水利局）
    兴化市水务局
26. 2007年度水利系统水资源管理先进单位（泰州市水利局）
    兴化市水务局
27. 2007年度全市水利系统人民满意站所（泰州市水利局）
    兴化市林湖水务站　兴化市戴窑水务站　兴化市李中水务站　兴化市海南水务站
28. 2007年度全市水利系统先进单位（泰州市水利局）
    兴化市水工程管理处　兴化市水务局农村水利科
29. 2007年度机关作风建设十佳人民满意机关（中共兴化市委、兴化市人民政府）
    兴化市水务局
30. 2007年度十佳执法大队（中共兴化市委、兴化市人民政府）
    兴化市水政监察大队
31. 2007—2008年全市先进基层党组织（中共兴化市委）
    兴化市水工程管理处党支部
32. 2008年度泰州市百佳基层站所（中共泰州市委办公室）
    兴化市海南水务站
33. 2008年度机关作风建设十佳人民满意机关（中共兴化市委、兴化市人民政府）
    兴化市水务局
34. 2008年度十佳乡镇事业单位（中共兴化市委、兴化市人民政府）
    兴化市海南水务站

35. 2008 年度全市水利系统目标管理优胜一等奖（泰州市水利局）
兴化市水务局
36. 2008 年度全市水利系统先进单位（泰州市水利局）
兴化市水务局农村水利科　兴化市水资源管理办公室　兴化市大禹工程建设监理有限公司
37. 2008 年度水利新闻宣传工作先进集体（江苏省水利厅）
兴化市水务局
38. 2008 年度全市水利系统人民满意基层站所（泰州市水利局）
兴化市张郭水务站　兴化市戴窑水务站　兴化市竹泓水务站　兴化市林湖水务站
39. 2009 年度创建环境优美乡村工作先进集体（中共兴化市委、兴化市人民政府）
兴化市水务局
40. 2009 年度全市水利系统目标管理优胜二等奖（泰州市水利局）
兴化市水务局
41. 2009 年度全市水利系统目标管理工程管理先进单位（泰州市水利局）
兴化市水务局
42. 2009 年度全市水利系统先进单位（泰州市水利局）
兴化市水务局农村水利科　兴化市兴水勘测设计院
43. 2009 年度全市水利系统人民满意基层站所（泰州市水利局）
兴化市张郭水务站　兴化市李中水务站　兴化市竹泓水务站　兴化市林湖水务站
44. 2009 年度全市水利建设先进市（泰州市水利局）
兴化市
45. 2009 年度十佳执法大队（中共兴化市委、兴化市人民政府）
兴化市水政监察大队
46. 2009 年度十佳乡镇事业单位（中共兴化市委、兴化市人民政府）
兴化市张郭水务站
47. 2009 年度安全生产先进部门（兴化市人民政府）
兴化市水务局
48. 2009 年度脱贫攻坚工作先进集体（中共兴化市委、兴化市人民政府）
兴化市水务局
49. 2010 年度环境保护工作先进集体（兴化市人民政府）
兴化市水务局
50. 2010 年全市水利系统目标管理优胜单位二等奖（泰州市水利局）
兴化市水务局
51. 2010 年全市水利系统目标管理城市水利建设先进单位（泰州市水利局）
兴化市水务局
52. 2010 年度全市水利系统先进单位（泰州市水利局）
兴化市水务局农村水利科　兴化市水资源管理办公室　兴化市大禹工程建设监理有限公司
53. 2010 年度城市建设先进集体（兴化市人民政府）
兴化市水务局
54. 2011 年度全市水利系统目标管理优胜单位一等奖（泰州市水利局）
兴化市水务局

55. 2011年度水利系统目标管理农村水利建设先进单位(泰州市水利局)

兴化市水务局

56. 2011年度全市水利系统先进单位(泰州市水利局)

兴化市水务局农村水利科　兴化市兴水勘测设计院　兴化市城市防洪工程管理处

57. 2012年度服务中心工作先进单位(中共兴化市委、兴化市人民政府)

兴化市水务局

58. 2012年度全市水利系统目标管理优胜单位二等奖(泰州市水利局)

兴化市水务局

59. 2012年度基层站所作风建设四星级单位(中共泰州市纪委)

兴化市李中水务站　兴化市戴窑水务站　兴化市周奋水务站　兴化市张郭水务站

兴化市茅山水务站

60. 2012年先进基层党组织(中共兴化市委)

兴化市水资源管理办公室党支部

61. 2008—2009年泰州市水利系统信息宣传工作先进集体(泰州市水利局)

兴化市水务局

62. 2012年度十佳执法大队(中共兴化市委办、兴化市政府办)

兴化市水政监察大队

63. 2011年服务中心工作先进单位(中共兴化市委、兴化市人民政府)

兴化市水务局

64. 2011年度全市水利建设先进市(泰州市水利局)

兴化市

65. 2012年度创建省级文明城市先进集体(中共兴化市委、兴化市人民政府)

兴化市水政监察大队

66. 2012年度基层站所作风建设五星级单位(中共泰州市纪委、泰州市监察局、泰州市纠风办)

兴化市李中水务站

67. 2012年度基层站所作风建设四星级单位(中共泰州市纪委、泰州市监察局、泰州市纠风办)

兴化市戴窑水务站　兴化市周奋水务站　兴化市张郭水务站　兴化市茅山水务站

68. 2013年先进基层党组织(中共兴化市委)

兴化市水资源管理办公室党支部

69. 2013—2014年度文明单位(中共泰州市委、泰州市人民政府)

兴化市李中水务站　兴化市水政监察大队

70. 2013—2014年度创建文明单位工作先进单位(泰州市文明建设委)

兴化市戴窑水务站

71. 2013—2014年度文明单位(中共兴化市委、兴化市人民政府)

兴化市水政监察大队　兴化市水资源管理办公室　兴化市西郊水务站

兴化市昭阳水务站　兴化市荻垛水务站　兴化市缸顾水务站

72. 2014年度十佳机关效能建设先进单位(中共兴化市委、兴化市人民政府)

兴化市水务局

73. 2014年度创建国家卫生城市工作乡局级先进集体(中共兴化市委、兴化市人民政府)

兴化市水务局

74. 2014 年度创建国家卫生城市工作基层先进集体（中共兴化市委、兴化市人民政府）
兴化市城市防洪工程管理处
75. 2013—2014 年度全市内部审计先进集体（泰州市审计局）
兴化市水务局财会审计科
76. 2015 年先进基层党组织（中共兴化市委）
兴化市水资源管理办公室党支部
77. 2015 年度全省水利宣传工作先进单位（第三层次）（江苏省水利信息中心）
兴化市水务局
78. 2015 年度环境保护工作先进单位（兴化市人民政府）
兴化市水务局
79. 2015 年先进基层党组织（中共兴化市委）
兴化市水务局党委
80. 2015 年先进党支部（中共兴化市委）
中堡镇水利农机党支部　兴化市水务局机关第一党支部

第二节　先进个人

1. 泰州市水利“四三”工程建设先进工作者（泰州市人民政府）
张连洲（兴化市水务局）　赵信佑（兴化市张郭水务站）　蔡义忠（兴化市李中水务站）
2. 泰州市水利“四三”工程建设先进工作者（泰州市人事局、泰州市水利局）
单树桂（兴化市水务局）　胡建华（兴化市水务局）　郭洪山（兴化市荻垛水务站）
3. 2000 年度泰州市水利政务信息工作先进个人（泰州市水利局）
梅兴（兴化市水务局）
4. 2000 年度农田水利建设先进个人（中共兴化市委、兴化市人民政府）
陈殿奎　单华柏　王大银　丁延山　苏俊香　李德成　姜洪海　罗春雨
谢佳社　赵金升　赵友怀　余永美　袁世根　王如明　冯春华　张秋宏
曹　阳　赵文韫　包振琪　华　实　周久余　夏永剑　单　祥　王友山
宋志松　陆维坤　包德富　赵临和　王广鉴　张正伏　谢瑞华　赵爱臣
5. 全省 2001 年度先进个人（江苏省水利厅）
张连洲（兴化市水务局）
6. 2001 年度全市水利信息宣传工作先进个人（泰州市水利局）
梅兴（兴化市水务局）
7. 2002 年度全省水利系统先进个人（江苏省水利厅）
张连洲（兴化市水务局）
8. 2003 年度全省水利综合经营工作先进个人（江苏省水利厅）
郭道坤（兴化市水务局）

9. 2002—2003 年度优秀共产党员(中共兴化市委)
   王龙寿(兴化市水务局)
10. 2003 年度全市水利系统先进个人(泰州市水利局)
    赵文韫(兴化市水务局) 蒋春顺(兴化市水资源管理办公室)
    季锦奇(兴化市戴窑水务站) 沙福祯(兴化市西郊水务站)
11. 2003 年全市水利系统宣传工作先进个人(泰州市水利局)
    张洪民(兴化市水务局)
12. 2003 年度全省淮河流域抗洪先进个人(江苏省防汛防旱指挥部、江苏省人事厅)
    赵文韫(兴化市水务局)
13. 2004 年度全市水利系统信息宣传工作先进个人(泰州市水利局)
    夏红卫(兴化市水务局)
14. 2005 年度全省水利综合经营管理先进个人(江苏省水利厅)
    王龙寿(兴化市水务局)
15. 2005 年创建省级文明城市工作先进个人(兴化市人民政府)
    张连洲 石小平 周金泉(兴化市水务局)
16. 2006 年度全省水利系统先进个人(江苏省水利厅)
    张连洲(兴化市水务局)
17. 2006 年度兴化市党委系统信息工作先进个人(中共兴化市委)
    夏红卫(兴化市水务局)
18. 2006 年度兴化市共青团工作先进个人(共青团兴化市委)
    杨旭东(兴化市水务局)
19. 2006 年度全市三个文明建设先进个人(中共兴化市委)
    邓志方(兴化市水务局)
20. 2005—2006 年度人大代表建议、政协委员提案办理工作先进个人(兴化市人大常委会办公室)
    张洪民(兴化市水务局)
21. 2006 年度全市水利系统先进个人(泰州市水利局)
    赵文韫 吴永乐 樊桂伏 乐海霞 周久余(兴化市水务局)
22. 2006 年泰州市水利综合经营工作先进个人(泰州市水利局)
    余舜宏(兴化市竹泓水务站) 沈朝年(兴化市大邹水务站)
23. 2007 年度城区抗洪抢险先进个人(兴化市人民政府)
    赵文韫 顾靖涛 黄天乐 赵辉远 吴永乐 蔡云鹏
    王帮琳 陆如祥 赵永继 侯春祥(兴化市水务局)
24. 2007 年度城区绿化先进个人(兴化市人民政府)
    刘建才(兴化市水务局)
25. 2007 年度全市信息工作先进个人(中共兴化市委办公室、市政府办公室)
    夏红卫(兴化市水务局)
26. 2007 年度全市水利系统先进个人(泰州市水利局)
    赵文韫 杨旭东 吴永乐 陆钦亮 蔡云鹏(兴化市水务局)
27. 2008 年全省农村水利工作先进个人(江苏省水利厅)
    陈凯祥(兴化市水务局)

28. 2008年度全市水利系统先进个人（泰州市水利局）
张明　樊桂伏　吴永乐　陆钦亮　朱宝文（兴化市水务局）
29. 2008年度水利新闻宣传工作标兵（江苏省水利厅）
杨旭东（兴化市水务局）
30. 信访工作先进个人（中共兴化市委、兴化市人民政府）
祝康乐（兴化市水务局）
31. 2006—2008年创建省级园林城市先进个人（兴化市人民政府）
薛根林（兴化市水务局）
32. 2009年度全市水利系统先进个人（泰州市水利局）
石小平　陈凯祥　樊桂伏　杨旭东　吴永乐（兴化市水务局）
33. 2008—2009年度泰州水利系统信息宣传工作先进个人（泰州市水利局）
杨旭东　夏红卫（兴化市水务局）
34. 2009年度安全生产先进个人（兴化市人民政府）
夏永钊（兴化市水务局）
35. 2009年度脱贫攻坚工作先进个人（中共兴化市委、兴化市人民政府）
苏爱君（兴化市李中水务站）
36. "十一五"期间人口和计划生育工作先进个人（中共兴化市委、兴化市人民政府）
樊桂伏（兴化市水务局）
37. 2010年度全省水利新闻宣传工作先进个人（江苏省水利厅）
杨旭东（兴化市水务局）
38. 2010年度全市水利信息宣传工作先进个人（泰州市水利局）
杨旭东　夏红卫（兴化市水务局）
39. 2010年度全市水利系统先进个人（泰州市水利局）
顾靖涛　杨旭东　吴永乐　沈振益　朱宝文（兴化市水务局）
40. 2010—2011年度农村水利工作先进个人（江苏省水利厅）
朱宝文（兴化市水务局）
41. 2012年度优秀共产党员（中共兴化市委）
朱宝文（兴化市水务局）
42. 2012年度考核记功嘉奖优秀人员（兴化市人民政府）
记功人员：石小平（兴化市水务局）记三等功
嘉奖人员：魏华　陆钦亮（兴化市水务局）
43. 2013年度考核嘉奖优秀人员（兴化市人民政府）
管晓祥　蔡云鹏　李玉才（兴化市水务局）
44. 2014年度考核嘉奖优秀人员（兴化市人民政府）
包振琪　孙翠华　管晓祥　刘书建　蔡云鹏（兴化市水务局）
45. 创建国家卫生城市工作先进个人（中共兴化市委、兴化市人民政府）
蔡云鹏　周金泉（兴化市水务局）
46. 创建国家卫生城市工作嘉奖人员（中共兴化市委、兴化市人民政府）
夏本华（兴化市水务局）
47. 2015年兴化市劳动模范（兴化市人民政府）

沈振益(兴化市水务局)

48. 2013—2014 年全市内部审计先进个人(泰州市审计局)

王丽(兴化市水务局)

49. 2015 年度全省水利宣传工作先进个人(江苏省水利信息中心)

夏红卫(兴化市水务局)

50. 2015 年市乡机关年度考核优秀记功人员(三等功)(兴化市人民政府)

蔡云鹏　孙翠华(兴化市水务局)

51. 2015 年度市乡机关年度考核嘉奖人员(兴化市人民政府)

单祥(兴化市水务局)

52. 2015 年度优秀共产党员(中共兴化市委)

余德祥(兴化市临城水务站)　孙家宝(兴化市周庄水务站)　夏红卫(兴化市水务局)

《兴化水利志》2001 年 12 月版第十章先进集体、先进个人补遗:

全国水利系统优秀干部(水利部,1996 年 11 月 17 日)

刘文凤(兴化市水利局)

全国水利系统先进工作者(水利部,1998 年 12 月)

刘文凤(兴化市水利局)

1998 年度全市“十佳公仆”(中共兴化市委、兴化市人民政府)

刘文凤(兴化市水利局)

第十五章

治水人物

兴化人杰地灵，群英荟萃。但由于地处里下河腹部的特殊地理位置，周边高、中间低洼的特殊地形特点，水旱灾害频发。兴化历届地方官员和有识之士都以治水为己任，前赴后继地投入治水兴利造福人民的伟大事业，涌现了一批治水先贤，留下了不少动人的故事以及水利古迹。这些都是人文遗产，是兴化人民的宝贵财富，理应受到珍惜和爱护。

第一节　古代治水人物传略

一、李承

李承（722—783），赵郡高邑（今河北高邑）人，兴化旧志及《宋史·河渠志》谓“李承式”“李承实”，唐吏部侍郎李志远之孙，国子司业李畲之次子。唐代宗大历年间（766—779）任淮南西道黜陟使。德宗时累迁山南东道节度使、湖南都团练观察使等职。他任淮南西道黜陟使期间，筑楚州常丰堤（又名捍海堤），以御海潮。海堤北起阜宁沟墩，南抵海陆界（今大丰刘庄），长142里，为唐代修筑苏北海堤规模最大、历时最久、收效最为显著的一次，“屯田瘠卤，岁收十倍”。

二、范仲淹

范仲淹（989—1052），字希文，苏州吴县（今属苏州）人，北宋著名政治家、文学家。其父范墉，任武宁军节度掌书记。范仲淹两岁丧父，家境衰落，但他从小勤奋好学，且胸怀远大的政治抱负，以天下为己任。宋真宗大中祥符八年（1015），考中进士。天禧五年（1021），到西溪盐仓任监官，目睹海潮肆虐、淹没田庐、毁坏亭灶、民不聊生的状况，上书建议修筑苏北海堤。江淮制置发运副使张纶大力支持，并推荐其为兴化县令，负责海堤工程。天圣二年（1024），范仲淹“调四万余夫修筑”，“起自海陵东新城至虎墩（即今小海），越小淘浦（即今安丰）以南。值隆冬，雨雪连旬，潮势汹涌，兵夫在泥泞中，死者二百余人”。由于施工艰难，不得不暂停筑堤。天圣五年（1027）秋再次动工，次年春竣工。堤长143里，为斜坡式土堤，基宽3丈，顶宽1丈，高1.5丈。堤身版筑坚固，砖甃周密，外围以叠石加固，延伸出防护坡。堤建成后，江淮沿海有60多年没有出现过潮灾的记载。后人为纪念范仲淹带领民众筑堤的功绩，遂将苏北海堤称为“范公堤”。范公堤筑成后挡潮御卤效益显著，影响很大，沿海各地知府、县令纷纷仿效，兴筑和修复海堤，使海堤南延至通州吕四，北至阜宁场，总长达800里。苏北沿海“泻卤之地化为良田”，民众安居乐业。

范仲淹纪念馆

三、詹士龙

詹士龙，字云卿，固始（今河南信阳固始）人，宋都统詹钧之子。南宋开庆元年（1259），其父镇守渠、巴诸州，在抗击元兵中丧身。其母胡氏携3岁士龙北迁。士龙后被元朝名将中书左丞董文炳收养，勤奋好学，长大后被董文炳推荐为兴化尹。元至正元年（1341），兴化尹詹士龙了解到范公堤抗击海潮已运行多年，水毁严重，报请上级批准，动员九郡人夫，兴工16个月，修筑加固范公堤300余里，使范公堤恢复了挡潮御卤功能。

四、黄万顷

黄万顷，南宋绍兴元年（1131）赴任兴化知县。在职期间安抚人民，修葺县治，创建学校，修建仓库，疏浚河道，兴筑盘塘，成绩显著。兴化地形西低东高，西部湖荡，东部农田。每年汛期，里下河地区是淮河滞洪区，兴化境内一片汪洋；汛后里运河堤坝封堵，里下河失去源头，干旱无水。建炎元年（1127），高邮、兴化、盐城三县联手兴筑高邮至兴化的南塘以及兴化至盐城的北塘。"塘"即盘塘，俗称河塘，又称"堰"，就是现在的大堤。南塘自兴化城老坝头，经八里、魏家庄、胥宦家至河口，与高邮沿北澄子河筑的大堤相接，就是原来的兴邮公路。北塘自兴化北闸桥，经平旺、文远、孙家窑、北芙蓉、仇家湾、芦家坝至大邹东，与盐城南官河沿河大堤相连。南北两塘在兴化境内长约105里。南北两塘修筑历时13年，于绍兴十年（1140）由知县黄万顷主持告竣，故称"绍兴堰"。南北塘筑成后，汛期拦蓄淮河洪水，保护东部农田免遭灾害，汛后确保农田灌溉和水上航运的水源，效益显著。正如明（胡）志所载："此堤一创，蓄泄以时。旱则上河有灌溉之资，涝则下河免垫溺之患，民生利赖无穷矣。"南北塘筑成后，兴化有了通往高邮和盐城的唯一陆路交通要道。

五、刘廷瓒

刘廷瓒，明进士，成化十六年（1480）任兴化知县，到任后了解到南北塘（绍兴堰）已运行300多年，水毁严重，效益衰减，灾害不断，立即发动群众整修南北塘，利用冬季枯水季节，浚河取土，加高培厚南北塘，河成堤成，得到民众拥护以及上级和邻县的支持。大堤修复后，次年发挥效益，兴化连续三年农业喜获丰收，民间百姓将绍兴堰称为"刘堤"。之后逐步配套石闸、石础，适时拦蓄，大水蓄洪，枯水灌溉，堤上交通，堤西湖泊，堤东农田。南北塘的修复，促进了兴化县城对外陆路交通的发展。兴化先后在南塘上建成八里铺、贾庄铺、孟家窑铺、河口铺4座驿站，北塘建成平望铺、火烧铺、仇家湾铺、界首铺（大邹）4座驿站。驿站设铺舍，配专职铺卒，备快马或蹚夫，负责官府文书和军事情报的传递。南北塘又称官塘、官道。

六、李安仁

李安仁，北直隶迁安（今河北迁安）人，明进士，隆庆六年（1572）任兴化知县。任内带领兴化民众浚河筑堤，蓄洪河水，民利赖之。初步形成兴化境内海沟河、白涂河、车路河等东西向主要泄洪河道，沿河两岸的堤防为后来形成圩里地区十大圩区打下了基础。

七、胡顺华

胡顺华，字宾甫，湖广武陵（今湖南常德）人，明进士，嘉靖三十六年（1557）任兴化知县，在任5年，后升任南京兵部主事。胡顺华在兴化时，主要功绩是筑城御倭、保护百姓、纂修兴化县志、续修南北塘、拓浚行洪河道，并以"以工代赈"的方法取得兴修水利、赈济灾民一举两得之效。

附知县胡顺华申请筑堤文本：

本县知县胡顺华申请筑堤，兼盐院依准事宜。

嘉靖三十八年，知县胡顺华，为恳乞修筑河防，以备旱涝，以通运道事：

切见本县，地势西下东高，连年灾馑，水旱俱扁。盖因南北官塘，久失修葺，一遇水泛，中无防阻，直奔西流，下河顷刻为湖，东乡立成旱道。十秋九空，额坐钱粮，倾家赔纳。又丁奚、小海、草堰等均场船，俱从本县车路、白涂等河经过，直抵高邮交卸过坝，赴仪秤掣，见今久旱水涸，盐船停泊陆地。先年蒙钦差盐发御史洪，发银修筑，将及十年，民受其利。及今年久坍塌，本县欲乘此水涸之时，起土增筑，但工程浩大，财用无出，且本县先经修筑城垣，财力以竭。天时久亢，穷民恐为不堪。而一方水赖之利，尤所当兴。合无轸念地方，俯赐酌处动支挑河夫银，协济工力，深浚河塘，高筑堤障。旱则蓄积水利，以灌上河田禾；涝则堤防水患，以免下河淪漫，且运道疏通商贾不绝，地方受利于无穷矣。等因备申。

钦差巡按、直隶监察御史李蒙批，仰本县掌印官亲诣前项河塘、堤岸处所，逐一丈勘。要见某处应该深浚，计工若干，合用工料，钱粮若干；某处应该高筑，计工若干，合用工料、钱粮若干，通共该银若干。及修筑有无于救荒有补，云云。

本县遵依申呈：本县南闸起丈量，至河口镇本州界止，计四千二百二十丈。自北闸起丈量，沿白涂、车路河至丁溪场止，计一万六千八百丈。南北两处，通共量过，二万一千二十丈。其河塘每丈根脚阔一丈五尺，结顶一丈；北闸迤东一带河阔三丈，深五尺。每丈议算工价银三钱，共约估计银六千三百六两。即今地方灾疲，虽非劳民动众之时，然乘此河塘干涸，取土方便。倘蒙本院给发钱粮，顾募饥荒之民兴工挑浚，不惟堤防易完，亦于穷民所济，运道可通，旱涝咸备，一举而众善集矣。

八、魏源

魏源（1794—1857），字默深，湖南邵阳人，道光二年（1822）举人，清代著名的思想家、史学家、文学家。道光二十九年（1849）六月，魏源任兴化知县。兴化地处苏北里下河地区，历史上明清两代为保护运堤安全、保持运河水位、保证漕运畅通，在里运河东堤上设置五座归海减水坝。每当运河水位超过警戒线，开启五坝，里下河滞蓄淮河洪水，兴化顿成泽国，需要三四个月甚至更长时间洪水才能退尽，兴化受灾最大。四月至六月，大雨连旬，高邮湖、运河水位猛涨，河督杨以增主张开启归海坝泄洪。里下河七县农民闻讯，齐集运堤保坝。双方对峙，气氛紧张。魏源上任刚三日，亲赴高邮各坝察看水情，研究对策，认为可以暂不开坝。他一面敦促士兵百姓日夜加强防守，一面亲赴两江总督陆建瀛行署击鼓，为民请愿，请饬河员迅开运河东岸24闸，分路宣泄。当时风狂雨急，暴雨下了两天两夜，情势十分危急。在这关键时刻，魏源不顾泥泞，俯伏在堤坝上痛哭，愿以身殉职，与堤坝共存亡。百姓见之，无不感动，他们不要工酬，齐心协力护堤抢险，日夜防守，终于保住堤坝安全。是年秋，里下河地区七县粮食喜获丰收，农民将收获的稻谷喜称"魏公谷"，并请盐城举人葛振之撰写"保障淮扬"四字匾，悬于兴化县衙大堂。同治十一年（1872），奉旨入祀高邮州名宦祠。

九、张謇

张謇(1853—1926),字季直,号啬庵,江苏南通人。清光绪二十年(1894)考中状元,授翰林院修撰。民国时期,他先后在北洋政府担任导淮督办、农业总长兼两淮盐政总理、农商总长兼全国水利局总裁、江苏运河督办等职。张謇的家乡南通地处江淮尾闾,清代灾害连年不断。他年幼时就感受到水旱灾害之苦。青年时代,又随通州知县孙云锦查勘淮安渔滨积讼案,接触淮河水患,后又到开封,查勘黄河在开封十堡决口情况,进一步认识到黄淮灾害的严重性,于是立下导治淮河的志向,注意搜集、钻研明清以来我国治水专家的著作,增长了水利专业知识,为他今后考中状元和从事实业打下了基础。光绪二十年(1894)由会试第六十名经殿试一举成为状元。这次殿试首先策问的是水利河渠历史要旨,由于他夙习水利历史,条陈独详,准确无误,得到清王朝最高统治者的赏识而高中。从关键性的殿试对策主要试题角度看,张謇是我国第一位"水利状元"。张謇中魁后,兴办实业、心系淮河,做了大量的水利基础和教育工作,成为我国封建社会状元中唯一研究水利的专家,也是近代中国引进西方水利技术、开创水利事业新局面的先驱者之一。

张謇对中国水利,特别是对淮河水利所作出的贡献主要有:

引进西方先进技术,全面系统地实测淮河、运河及沂沭泗河道地形、水文流量、雨量、水位和含沙量等,这是中国水利史上首次流域性水文、地形测量工作,为全国各流域治理和水利工作开了先河,为全国江河治理作出了示范。

创设江淮水利测量局,以 1912 年 11 月 11 日下午 5 时的低潮位为基准面,设置为水准点"零点"——"废黄河零点",又称"江淮水利局零点",使淮河流域有了统一的基准点,并一直沿用至今。同时在淮河的重要节点如老子山、盱眙、蒋坝、高良涧等设立了水位站,便于对河流湖泊进行观测、研究,积累水文资料。

引进一大批专家学者如李仪祉、郑肇经、汪胡桢等水利科技泰斗,创建河海工程专门学校(河海大学前身),为我国开展一系列水利科技研究和我国水利建设事业发展培养造就了一批批水利科技人才,促进了水利科技发展。

倡导"江海分疏""沂沭兼治",主张淮河"七分入江,三分入海"的导淮方案,对中华人民共和国成立后的治淮具有很大的指导意义,为开创治淮新局面起了巨大的推动作用。

张謇兴办实业,废盐兴垦。在沿海滩涂上修筑海堤、兴建挡潮闸,把捍海堤由范公堤向东推进了 30 千米,彻底根除里下河地区卤水倒灌的隐患,把沿海滩涂开垦成农田,植棉兴纺,新开了王港、新洋港,整治了斗龙港,打开了里下河地区的泄洪通道,改善了里下河腹部地区的行洪条件。

第二节　现代治水人物传略

一、殷炳山

殷炳山

殷炳山(1923—1982)，江苏兴化下圩乡人，一生与水结下了不解之缘。历史上兴化水灾频发，殷炳山从小就感受到水乡百姓所受水患之苦。1942年他参加革命，巧妙地运用水乡的河、湖、港汊与敌人展开游击战，机智勇敢，立下很多战功。经过血与火的洗礼，殷炳山从一名基层党员逐步走上领导岗位。中华人民共和国成立后先后担任兴化县县长、扬州专员公署副专员、中共扬州地委副书记、兴化县委书记等职，后调任江苏省建筑工程局党组书记、局长。殷炳山在兴化、扬州任职期间，带领人民群众治水兴利，倾注了毕生精力，先后组织和指挥过多次治淮水利工程建设，取得显著成效，作出很大贡献。

（一）建立海河大圩

中华人民共和国成立初期，兴化全县共存有清乾隆至嘉庆年间在县境东北部地区建立的老大圩八个，还有西部低洼地区民国年间建立的烧饼圩、合心圩，每年汛前封堵圩口，挡御淮河洪水。其余全部是面积几十亩至一二百亩的小子圩，每年汛期各家各户利用“三车”(洋车、脚车、手牵车)、“六桶”(粪桶、大榄子、小榄子、揣桶、面桶、脚桶)排除田间积水，抗灾能力差，农业产量低、不稳定。1949年，淮河流域发大水，兴化水位达2.96米，全县受灾严重，损失较大。灾后，时任县长殷炳山通过调查研究，探索出建立联圩、建立抗洪战线和排涝阵地的里下河治水新路子，亲自动员和组织海河、大邹和钓鱼三个区的民力5 300人，自1950年12月起，奋战一冬春，挖土方60.28万立方米，筑成南起海沟河、北至兴盐界河，东起渭水河、西至上官河(朱腊沟)总面积12万亩的海河大圩。联圩建成后，每年汛期提前打坝堵口，阻挡客水于圩外，减少排涝水量，减轻排涝压力，取得了较好的抗洪排涝效益。此举为兴化洼地治理、防洪保安提供了新思路，拉开了兴化联圩、并圩，加强圩区建设的序幕。

（二）治理范公堤，修建挡潮蓄淡石闸

据志书记载，北宋天圣二年(1024)，时任兴化县令范仲淹带领民众修筑捍海堰，同时设石闸，一为纳潮，二为通航。经明清两朝多次维修、扩建，形成丁(溪)、草(埝)、小(海)、白(驹)、刘(庄)5场12闸29孔。中华人民共和国成立后，与兴化相对应的兴化境内有9座23孔石闸。这些闸是分泄里下河洪水入新洋港、斗龙港、王港、竹港、川东港等五港排入黄海的主要通道，也是东阻卤水倒灌、西蓄淡水灌溉农田的主要水利设施。因年久失修和战争破坏，至中华人民共和国成立前，刘庄八灶、大团2闸已全部毁坏，其余大部分破损严重。市境东部圩里地区形成流水不畅死水区，洪涝排不出，春天水变质无水育秧。时任县长殷炳山了解情况后积极向苏北行政公署反映，得到了上级支持，行署拨出

专款修理范公堤一线石闸。1951年春，成立范公堤石闸修理办事处，殷炳山任主任，县政府秘书沈道周、建设科科长刘永福任副主任，抽调县区干部10多名，组织老圩、合塔两区民工600多人参加施工，县武装大队派出56名战士负责安全保卫，配合施工。民工负责开挖和疏浚石闸上下游引河，闸室通过公开招标由曾万兴营造厂和丰华营造厂中标承建。工程自5月11日开工，对报废老闸在原址上重建，对危闸进行大修改建，对病闸进行维修。所有石闸都增加了上下游翼墙，进行护坦、护坡、护岸，新建了闸房以存放叠梁闸方，配备专职管护闸工。经过4个多月的艰苦努力，实际新建和修复石闸11座31孔，配备闸方550块。随着行政区划的调整，沿海新建了台北县，刘庄、白驹、草埝等地划归台北县管辖。由于台北县与中国台湾台北县同名，1951年8月台北县更名为大丰县，沿范公堤一线石闸遂划归大丰县管理。后来，大丰沿海新建了高标准海堤，入海港口先后建成挡潮闸，按照省订规划，范公堤以东至沿海建成独立引排的沿海垦区。范公堤一线石闸也因204国道改扩建，于20世纪80年代初由大丰县交通局拆除建桥。兴化的排水出路改向东北排入斗龙港、新洋港、黄沙港和射阳河。

（三）修筑苏北灌溉总渠

1951年8月，国家召开第二次治淮会议，确定新辟一条西起洪泽湖高良涧、东至黄海扁担港，全长168千米的苏北灌溉总渠，引洪泽湖水灌溉淮河下游的农田，遇洪涝灾害时，排洪泽湖洪水入黄海。1951年初冬，时任兴化县长殷炳山接到上级指令后，火速组织46 100名民工，日夜兼程提前赶到工地，到达指定位置安营扎寨，投入中华人民共和国成立初期首次治淮工程建设。施工期间，殷炳山在食宿工地和群众打成一片，组织热火朝天的劳动竞赛和“踩坯倒土、层层打硪夯实”，确保工程质量和施工进度。兴化的施工管理经验在整个治淮工地上推广。他亲自培育和树立的先进典型“鲍玉才班”，日工效是普通班的近两倍。班长鲍玉才是个有名的“鲍大担”，被评为全省治淮模范，受到毛主席的亲切接见，并参加抗美援朝慰问团赴朝慰问志愿军。鲍玉才所在的村被命名为“中朝村”。兴化民工挖河床土筑两岸大堤，10多千米工段河成、堤成，春节前提前放工回家过年。节后复工民工增加到54 400人，二期工程于1952年5月竣工。前后两期工程，实做工日310万个，完成土方423万立方米，提前6天通过竣工验收，兴化施工队也是整个工程中唯一提前竣工的施工单位。竣工后，殷炳山发扬团结治水精神，组织5 583名民工支援泰兴，帮助泰兴完成土方10万立方米。

（四）主持治理里运河

京杭大运河历经沧桑，在中华人民共和国成立初期时百孔千疮。京杭大运河淮扬段又称里运河，此段运河又浅又窄，高邮至界首段河面宽仅20米左右，最窄的界首至马棚弯有“船翘屁股狗跳河”之说，枯水季节经常断航。里运河河底高程3.0米，高出兴化平均地面高程1.2米，东堤堤顶高程9~10米，每遇淮河大水年份，高邮湖水位9.0米以上，里运河大堤岌岌可危，严重威胁里下河地区人民生命财产安全。1956年，水利部批准江苏治淮总指挥部《里运河（西干渠）工程设计任务书》，扬州专区成立了里运河整治工程指挥部，专区行署副专员殷炳山任指挥部党委书记兼总指挥，决定对里运河扬州段用5年时间分三期工程进行整治。1956年11月，扬州地区组织民工10.1万人，整治高邮至界首段26.5千米，拓宽运河、新筑东堤、加固西堤。次年7月1日竣工，一期工程共完成土方2 078万立方米，做到河成堤成，新运河底宽70米，高程3.0米，新东堤顶宽10~14米，高程10.5~11.5米，西堤顶高程9.3米。1958年10月，扬州地区动员21.8万人实施第二期整治里运河南段工程，于邵伯湖东侧开河筑运河西堤，1959年4月裁减11.8万人回乡春耕生产，保留10万人继续实施高邮镇国寺以南23千米和高邮四里铺至宝应胡成洞10.7千米新西堤筑堤任务。1959年10月至1961年10月动员39.3万名民工，实施里运河第三期整治工程，完成里运河北段宝应胡成洞至叶云洞28.55千米整治任务和南段邵伯东堤改线2.3千米、邵伯湖航道改造10.1千米，新开南段瓦窑铺至都天庙运河段19.6千米的任务。三期工程共完成土方1.2亿立方米，大运河除保留中埂待后清除，其余均满足了当时通航要求，东西两堤按标准一步到位，成为里下河地区的防洪屏障。在里运河整治过程中，总指挥殷炳山坚持实事求是，走群众路线，及时纠正了当时上级有关部门制定的人工挑抬每天6立方米土的高定额和大运河两个五年计划中的施工任务在“二五”一步实施的浮夸风，提出了高标准筑好里运河东西大堤，保护里下河安澜，运河暂时保留中埂待后清除的建议，既满足当时的通航要求，又减少工程量，不超出社会承受能力。与此同时，殷炳山一锤定音保住了高邮镇国寺和古塔，二者现位于里运河西侧一小岛上，寺庙配古塔成为高邮一景。

（五）力陈抽水站移址江都

为改变“淮水可用不可靠，长江有水用不到”的状况，妥善解决苏北地区灌溉水源问题，中华人民共和国成立初期江苏制定治淮规划时，同时制定了江水北调规划，并于1958年冬组织民工抽干邵伯湖水，建设超大型水闸和大型抽水机站，组成邵伯大控制，取代归江十坝。后因工程浩大，1959年汛前无法建成，将影响淮河行洪，政府下令立即下马并调整规划，改为归江河道分散控制，在廖家沟、太平河、金湾河、芒稻河、运盐河和邵仙引河等河道分别建设万福闸、太平闸、金湾闸、芒稻闸、运盐闸、邵仙闸和褚山洞7座大中型水闸“挹江控淮”。万福闸西侧建设大型抽水机站，定名为滨江抽水站，枯水季节抽长江水补充苏北灌溉水源。1959年10月万福闸工程开工建设，1960年冬滨江抽水站开工建设。时任扬州地区行署副专员的殷炳山分管水利工作，对省级重点水利工程给予极大关注，经常带领工程技术人员深入工地调查研究，协调解决施工中的矛盾和困难。在调查研究中，殷炳山发现滨江抽水站建成后可能出现工程效益单一、利用率低的情况。如果移址江都，抽水站在满足向徐淮补水的同时，还能兼顾里下河地区抗旱引水和涝水抽排，将使受益范围进一步扩大，工程综合效益更加显著。殷炳山勤奋务实、刻苦钻研、联系群众、坚持原则，他带领工程技术人员对所提方案反复论证，亲临现场勘察，召集行家深入座谈，形成了一整套抽水站移址方案。经扬州地委专题会议研究同意后，殷炳山先后两次赴省水利厅力陈建议，得到了厅领导和有关专家的认同。厅领导立即通知在建的滨江抽水站停工，重新编报江都抽水站设计文书和工程设计，最终使得举世闻名的大型抽水站落户江都，既能最大限度地实施跨流域调水，又确保了里下河地区抗旱排涝。江都水利枢纽工程被称为“江淮明珠”。当年负责全省水利规划的老专家徐善琨回忆起这段历史时动情地说：“没有殷炳山，就没有江都站。”

二、黄书祥

黄书祥

黄书祥（1927—2014），江苏如皋张庄人，1943年3月参加革命工作，先后任如皋县财经局办事员、科员，税务所所长、渡军井区财经局主任，副区长、区长，县政府支前科科长、民工支前政治部主任等职。中华人民共和国成立后，先后担任泰州地委工作队支部副书记、土改工作队支部副书记、农工部副部长，湾头区委书记、扬州地委农工部副部长，兴化县委第二书记、兴化县生产指挥组副组长、县革委会副主任，兴化县委书记，扬州地委副书记、行署专员，扬州市委副书记、市长、扬州市人大常委会主任等职。

黄书祥自1960年1月任兴化县委副书记，至1981年5月从兴化县委书记岗位上调任扬州市市长，在兴化工作22年，始终把农村工作放在首位，组织广大干部群众兴修水利，努力改善农业生产条件，提高抗灾能力；研究和调整农村经济政策，调动农民积极性；大力推广农业新品种新技术等，使兴化农业快速发展，农民生活水平迅速提高。

黄书祥在兴化任职期间，针对兴化地势低洼、四水投塘、引水无源、易旱易涝的特点，自始至终把治水兴利、提高抗灾能力作为全县工作的重中之重。在他的关心和支持下组织实施的水利工程主要是：1965 年至 1967 年，组织精兵强将，整治斗龙港，西起兴盐界河、东至黄海边，新辟一条入海水道。市境内新开了雌港、雄港，将斗龙港接通车路河，为兴化东部地区新辟了一条宽直、流畅的入海大通道。

视察农田水利

“四五”至“五五”期间（1971—1980 年），兴化用 10 年时间先后组织民工 8.05 万人次，分 8 期分段施工，共完成土方 933 万立方米，新开了纵贯全市南北的渭水河、西塘港两条市级骨干河道 112.4 千米，大力推动水系大调整，改自然形成的水向东流的水系为南北流向的水系。与此同时，全市整治和新开了边城至沈坨的通界河、荡朱北沙至沙沟的李中河，构建了全市“五纵六横”市级骨干河道新框架；各乡镇采用每年组织群众冬春突击治水加专业队伍常年施工的形式，建成乡级新河网。市、乡骨干新水系的建成，为引江灌溉、防洪排涝构建了新框架，随着通榆河和三阳河的开挖，形成了灌溉南引北流东西调度、排涝南抽北泄东西分流的新态势，使全市工农业生产有了稳定的长江水源，提高了抗洪排涝的能力。狠抓防洪圩堤建设，努力构建防洪排涝的阵地。圩里地区将历史形成的八个老大圩进行开河分圩、圩外地区将零星分散的小子圩联并成 5 000~10 000 亩规模的大联圩，全县形成联圩 400 个，圩堤总长 3 600 千米。圩堤的标准按防御 1954 年最高水位 3.06 米设计，圩顶高 4.0 米，顶宽 3.0 米，简称“四三”式。同时因陋就简加快圩口防洪闸配套建设，减轻汛前打坝、汛后拆坝的压力，组建了机电排灌办公室，集中财力、物力配套排涝站，努力提高抗洪排涝能力。全县掀起了持续十多年的农田基本建设高潮：改造塘心田、改造盐碱地，平田整地、三沟配套（排水沟、隔水沟、导渗沟），大搞条田方整，把低洼冷筋田“抬起来”种，将中低产田改造成稳产田，将 150 多万亩老沤田改造成稻麦两熟的高产田，将近 40 万亩荒草田水系配套开垦成良田。

黄书祥带领兴化人民坚持不懈狠抓水利建设，使兴化的面貌发生了巨大变化，基本上实现了遇旱引水、遇涝排水、能灌能降、调度自如的目标，一个个圩区成为独立的排涝阵地，做到了“四分开两控制”（内外分开、高低分开、水旱分开、荒熟分开，控制内河水位、控制土壤含水量），促进农业的旱涝保收、增产增收。兴化粮食生产 1960 年单产 287 斤、总产 6 亿斤，1979 年上升到单产 1 696 斤，总产 20.201 7 亿斤。兴化成为优质商品粮基地，全国粮食生产标兵县。兴化人民摆脱了贫穷，温饱有了保障，加快了致富奔小康的步伐。

三、朱栋臣

朱栋臣，1928 年生，江苏靖江人，1947 年参加革命工作，历任共青团靖江县委书记，县委农工部部长，区委书记、公社党委书记，组织农民土地改革、走合作化道路，积累了丰富的农村工作经验，后来调任高邮县委副书记，宝应县委书记，兴化县委书记、县人大常委会主任及扬州市农委主任等职。

1982 年春，朱栋臣调任兴化县委书记、人大常委会主任，正值全国开展县乡机构改革，兴化也将

朱栋臣

一大批年轻化、专业化、知识化、革命化的专业技术干部提拔到县、乡领导岗位上来，组建了新的县委、县政府、县人大、县政协四套班子，使得县乡领导机构充满了生机和活力。为了提高一大批新手的领导水平和业务能力，朱栋臣身先士卒，有计划、有步骤地开展工作，出点子让干部一级做给一级看、一级带着一级干，使得刚走上领导岗位的年轻干部明确每个时段工作的任务、目标，有压力、有动力，迅速提升领导水平。

朱栋臣善于调查研究。他到兴化工作之初，跑遍了兴化46个乡镇，熟悉情况、认识人头。通过调研，他了解到兴化土地资源、滩地水面资源、劳动力资源三大优势突出，发展农村经济前景广阔；兴化地势东西高低相差1米以上，西部地势低，夏熟作物宜渍、秋熟作物易涝，东部地势高经常闹干旱，东西百里，水位比降大，用水难错峰，春天经常出现东部无水育秧、西部三麦受渍的现象；兴化河网密布，无船不行，全县仅有兴邮、兴盐和钓安一条半公路、11个乡镇通汽车。县委县政府每开半天会，乡镇领导往返县城需跑一天路，交通闭塞也是制约兴化经济发展的重要因素。通过调查研究、集思广益，朱栋臣找到了振兴兴化经济的"命门"——兴修水利、发展交通。他提出整治车路河，利用河床土筑成兴东（兴化至东台）公路，提高全县引水和排涝的东西调度能力，同时新添一条横贯全境东西的公路干道，为全县乡乡通公路创造条件。为把美好的设想变为现实，他多次召开县委常委会、常委扩大会，统一思想、民主决策、形成决议；组织水利工程技术干部实地测量，编制实施方案和可行性研究报告；明确资深的县委常委、常务副县长万云亮具体负责工程的申报立项及其他事宜。兴化整治车路河、兴筑兴东公路的重大举措得到省政府领导的重视和关心，省政府办公厅组织省计委、水利厅、交通厅等有关部门会办审批，将车路河整治工程定为重点地方基建工程，落实用地计划，解决建设资金500万元（水利300万元、交通200万元）。筹备工作就绪后，1983年3月中旬实施第一期工程，全县动员2.4万人，在西起冲子口、东至湖东口的得胜湖中抽干湖水开河筑路，4月中旬工程告竣。得胜湖南侧开成了工长4.05千米、底宽40米、河底高程-3.0米、河口宽73米的大河，河口两岸分别筑成高程2.5米、宽10米的青坎，河北青坎北侧筑成防洪大堤，河南青坎南侧筑成顶宽12米、高程4.5米的二级公路路基，做到河成、堤成、公路路基成。一期工程是穿湖工程，起到突击难段、技术练兵的作用。1983年秋天，朱栋臣书记像指挥一场大战役一样，精心组织了车路河整治工程的实施。首先，全县总动员，先后召开多次会议，统一县、区、乡、村四级干部思想，运用一切宣传手段宣传整治车路河、兴筑兴东公路的意义，真正做到"二十万人上工地、百万人总动员、各行各业齐参战"，使全县男女老少都认识到车路河工程的重要性。"整治车路河，造福后代人"深入人心。其次，用一个月时间突击准备。沿河乡镇突击清除施工区域内的一切障碍物，戴窑镇、昌荣唐子镇、林湖湖东口，二镇一庄拆迁量大，施工区域内的1 500多间房屋被提前拆除，他们突击兴建瓦房1 200多间以安置动迁户。商业、物资、供销部门抢在施工前调运、备足猪肉48万斤、解放鞋14万双和施工所需的柴油300吨，照明煤油127吨、煤炭700吨以及毛篙、毛竹、工棚器材、大锹扁担等施工工具。与此同时，县里成立了车路河整治工程总指挥部，朱栋臣亲自挂帅任政委，万云亮任总指挥，治

视察车路河工地

水经验丰富的水利局局长顾彪任常务副总指挥。各区成立分指挥部，各乡镇成立工程团，书记、乡（镇）长亲自领阵靠前指挥。秋播一结束，除留一部分劳动力留守后方抓好社会治安、搞好三麦田间管理外，其余精壮劳力全部开赴工地，自带粮草、自搭工棚，在西起卤汀河、东至串场河的42.5千米的车路河工地上摆开战场，分段包干、开河筑路。整个工地人山人海、红旗招展、紧张有序，号子声、广播喇叭声响彻云霄。干部群众心往一处想，劲往一处使，夜以继日团结奋斗。自11月15日打坝截流、排水施工，仅用38天时间就完成了700万立方米土方施工任务，开成了横贯全境东西的车路河，筑成西连兴邮公路、东接204国道的兴东公路路基。

车路河整治后，水源调度自如，洪涝排泄通畅。1984年水利、交通两部门突击架桥20座，新建圩口闸26座，当年腊月二十四夜，十多辆吉普车开到戴窑，拉开了里下河“锅底洼”村村通汽车的序幕。车路河大会战凝聚了人心，磨炼了广大干部群众艰苦创业的意志，提升了各级领导干部的精气神，加强了各行各业的团结合作。“艰苦奋斗团结协作的车路河精神”成为兴化人民宝贵的精神财富，推动了全市各项事业的快速发展。兴化1985年实现粮食总产、农副工三业总产值两个二十亿，兴化的经济建设和社会事业逐步走上了快车道。

四、胡炼

胡炼（1935—1995），江苏扬州人，1950年参加工作，1956年被选派到华东水利学院学习，1961年大学毕业后被分配到兴化水利局，先后任技术员、工程师、工务股副股长、水利局副局长。1981年起，先后任兴化县人民政府副县长、县长，兴化市市长、市人大常委会主任。1995年因病逝世。

胡炼

胡炼勤奋好学、技术精湛、为人谦和，他先后参与了兴化县水利建设第二个五年计划至第五个五年计划水利规划的编制，设计了桥梁、防洪闸、排涝站、高压电线跨河电杆，深入施工现场指导和参与施工。他所设计的水工建筑物遍布兴化全县（市），为全县（市）生产交通、引水灌溉、抗旱排涝设计出了技术先进、造型美观、造价低廉、牢固实用的水利工程设施。

1962年，胡炼设计的钢筋混凝土7孔水泥桥架设在西郊荡朱庄，成为“全县第一桥”，尔后他设计出各种规格的桥板、桥桩等一整套定型图纸，实行工厂式预制、现场装配式安装，全县先后建成装配式水泥桥一万多座。1963年，胡炼设计了排涝站，当时没有定型水泵，县领导组织兴化水泵厂（兴化拖拉机厂前身）技术干部，按照胡炼设计的图纸研制出直径90厘米的兴排Ⅰ型和兴排Ⅱ型排涝泵图纸，生产成样机，经华东水利学院模拟试验后，将水泵设计定型，由省水利厅审核批准，下半年在西鲍公社平旺试点，先后于西鲍三角圩建成兴排Ⅰ型排涝站1座，设计流量2米^3/秒，对岸的兴中圩建成兴排Ⅱ型双泵排涝站1座，单泵设计排涝流量1米^3/秒。同时架设了输电专线，胡炼设计了平旺跨上官河两岸一对高杆，高出地面16米，成为兴化第一跨河高杆。西鲍、平旺建成两座里下河地区第一的

研究水利规划

排涝电站，排涝效益十分显著。省有关部门把大流量的排涝泵定型批量生产，大流量的轴流泵也先后问世，县里成立了机电排灌办公室，机电排涝站在全县推广。1963年下半年，胡炼精心设计了“丁”字式圩口防洪闸图纸，1964年“丁”字式圩口防洪闸建在竹泓志芳圩尖沟村，成为兴化联圩防洪第一闸。后来还陆续设计了混凝土箱格装配式、桥台式、断面式等圩口防洪闸系列图纸，至1980年底全县新建圩口防洪闸500多座，解决了很多地区每年汛前打坝、汛后拆坝的难题，大大方便了圩区防汛排涝。胡炼在设计和推广桥梁、闸、站中的突出表现，加速了全县水利工程配套，推动了全县水利工程建设。应水电部邀请，顾彪、胡炼二人出席了1965年全国设计工作会议，受到了毛主席的亲切接见。

胡炼走上县级领导岗位后，十分重视全县（市）水利建设，亲自主持制定了全县（市）“六五”至“八五”水利建设规划，高起点规划，高标准实施，完善全县（市）水系调整，推行联圩定型，全面配套高标准圩口防洪闸、排涝站，全面推广农村电网化，提高了全县（市）抗旱排涝能力，使兴化县（市）水利建设提高到一个新的水平。

1981年，胡炼当选县人民政府副县长，分管大农业，他通过调研，得出兴化三十年的水利建设使水位得到有效控制，全县正常水位由1.8米下降至1.2米，一大批荒田荒滩露出水面，柴草退化，鱼虾等水产品减少。胡炼组织水产、水利、农业等有关部门负责人和技术干部，按照“宜粮则粮、宜林则林、宜水则水”的开发原则，制定出三种开发模式：地面高程高出常水位的荒田，周边筑圩，配套闸站，开发种粮；地面高程在正常水位以下0.5米以内的荒田荒滩，开发成“林垛渔”模式，垛田栽水池杉，林下种蔬菜，河沟养鱼；地面高程低于0.5米的荒滩荒水，一律开发成精养鱼池。规划制定后，胡炼带领有关部门负责人上扬州、赴南京，千方百计争取上级有关部门的支持，解决了一批滩地造林资金、农业资源开发资金和黄淮海开发资金，使得有序的开发有了资金的支撑。经过五六年的艰苦努力，沙沟王庄、严家舍一带，西郊梁山荒、临城浪家荡、垛田竹泓九里港两岸和陈堡卤汀河畔荒滩荒水全部开发成连片的、规格化的精养鱼池；海南西荡、南北蒋，西鲍土桥河一带，舜生苏宋等一大批数万亩低荒田开发成“林垛渔”模式；荡朱徐马荒、东鲍北大荒、李中河两岸的大荒田全部开垦成农田。土地资源的合理开发，使兴化农业跃上了一个新台阶，全县（市）粮食总产20亿斤变为现实，水产品总量位居全省第一。李中“水上森林公园”就是当时开发形成的，经过多年的配套完善，现已成为兴化热门旅游景点和兴化名片。

1991年，兴化遭遇百年未遇特大洪涝灾害，梅雨期长，梅雨量达1 310.8毫米，雨日集中，仅6月29日至7月11日的13天中，连降10次暴雨和大暴雨，雨量916.5毫米，日平均降雨量70.5毫米，短历时强降雨使兴化水位猛涨，最高水位达3.35米。面对突发的特大洪涝灾害，市长胡炼冷静面对，沉着应战。6月29日召开指挥部成员单位负责人紧急会议，全面动员、研究对策、明确责任、严明纪律，全面部署防洪抗灾工作。7月1日，市委、市政府两办和水利、农机、物资、交通、民政、预备役团等有关单位24小时合署办公，搜集传递雨情、水情、灾情信息，编写抗洪救灾简报；调运抢险物资器材，组织专业人员突击抢险；接待上级领导和各媒体记者，向他们通报情况，争取外援；狠抓卫生防疫，防止疫情发生和蔓延；组织和接受社会捐赠，支持灾后重建。胡炼坐镇指挥部，在大暴雨袭击期间，有好几天24小时连续工作，困了就趴在桌上打个盹。胡炼指挥有方，指挥部紧张有序地开展工作，全市抗洪抢险工作卓有成效。

7月3日，兴化普降特大暴雨，兴化雨量204毫米，竹泓雨量238.4毫米，4日上午兴化水位越过2.5米，总指挥下令城区防洪指挥部转移城区周边低洼区域居民，城区12所中小学腾出教室215间，安排593户2 000多名受灾群众。

7月4日，兴化水位2.72米，全市中西部地区粪坑沉没，粪便漫溢，总指挥胡炼立即组织卫生防疫部门在全市范围内狠抓饮水消毒、卫生防疫工作。

7月9日，兴化水位3.3米，指挥部下令转移安置低洼地区围水群众30多万人。

7月10日，大雨如注，东鲍周蛮村南河口大坝崩塌，指挥部收到讯息后，胡炼亲自打电话请刚刚到兴化的江苏武警总队连云港支队300名官兵支援，并派遣抢险队及时送去抢险物资，经过6个多小时苦战，决口终于堵住了。

7月11日，风雨交加，水位猛涨，外贸冷冻厂告急，医药公司仓库告急，盐业公司盐库告急……总指挥胡炼电请来兴化救灾的舟桥部队支援，及时转移了外贸出口商品、药品和食盐。

7月13日，城郊垛田跃进河决堤，洪水像脱缰的猛兽扑向前进圩10个村庄、6家工厂和上万亩农田，胡炼电请连云港武警官兵援助，300多名官兵冲进雨帘直奔现场，和指挥部抢险突击队、当地群众一起突击抢险了8个小时，终于堵住了决口、加固了险段。

胡炼在总指挥部二十多天里夜以继日地指挥、工作，使全市抗洪救灾工作紧张有序、有条不紊地开展，把全市灾害损失降到最低，灾后重建、生产工作也有序开展。

五、陆兆厚

陆兆厚

陆兆厚(1917—1997)，兴化新垛人。1941年参加革命，先后任乡农会会长，老圩区农会会长、区长、区委书记，兴化解放后任兴化县人民政府副县长。

陆兆厚长期分管水利工作，为治水兴利造福人民，年复一年冬天带领兴化民工参加治淮工程施工；春天带领兴化人民浚河道、修圩堤，兴修小型农田水利工程，努力改善农业生产条件；夏秋抓防汛、搞排涝，努力争取“锅底洼”农业丰收。

20世纪50年代，陆兆厚几乎包揽了兴化治淮工程的总领队一职：

1951年11月至1952年1月、1952年2月至6月，陆兆厚两次任兴化总队副总队长，作为殷炳山的助手，先后带领兴化民工4.6万人和5.5万人兴修苏北灌溉总渠。

1953年2月至6月，陆兆厚带领兴化7 996名民工，参加三河闸工程施工。

1954年7月，带领兴化47 000名民工，参加苏北灌溉总渠抢险工作。

1955年3月至6月，带领兴化12 519名民工，参加淮河入江水道凤凰河拓浚工程。

1956年11月至12月，带领兴化34 616名民工，整治里运河。

1957年2月至6月，带领兴化31 075名民工，整治里运河。

1958年3月至5月，带领兴化12 277名民工，整治新洋港。同年11月至12月，带领兴化85 000名民工，组成兴化治水民兵师，新建邵伯大控制，后因工程规划变更，工程下马。

1959年1月至7月，带领兴化57 331名民工，整治京杭大运河。

1959年11月至1960年10月，带领兴化19 000名民工，参加万福闸工程施工。

……

中华人民共和国成立初期，国家各项事业百废待兴，为了根治淮河水患，政府想方设法地增加对治淮的投入，在二十世纪五六十年代，江苏新建了一大批水利工程。所有这些大型水利工程都由兴化民工“唱主角”，陆兆厚副县长挂帅领阵，可谓“阵阵不离穆桂英”。当时水利工程建设条件十分艰苦，冬天施工天寒地冻，干部民工住工棚吃咸菜饭，土方全靠自挖自挑，混凝土采用人工拌和。干部民工全凭治水兴利、造福后代的一腔热情，用一个个肩膀挑走、一双双手搬走数亿土方，新开一条条大河，筑成挡御洪水的一条条大堤，建成遇旱引水、遇涝挡水排水的一座座大型水闸和泵站。

陆兆厚出身于贫苦农民家庭，后来当了副县长，仍艰苦朴素、勤奋好学，他待人和蔼亲切，办事严谨认真、雷厉风行。1953 年春节刚过，接到上级要求兴化组织民兵参加三河闸施工的指令，全县挑选了 7 996 名精兵强将，分乘千条大木船，带足工棚器材、粮草炊具、工具行李，以区集中，由总队长陆兆厚带队，组成浩浩荡荡的治水大军，摇橹荡桨，日夜兼程开往三河闸工地。当时宝应没有船闸，他带领民工乘坐大船翻过运河大堤，经大运河、苏北灌溉总渠入洪泽湖，经过五天五夜风餐露宿、风雨兼程，在规定的时间内赶到目的地投入施工。兴化民工主要负责三河闸上游切滩、下游复堤，要搬走三河闸上、下游砂礓土墩，开成上、下游引河，改善水闸的行洪流态。砂礓坚硬如石，挖土方塘拥挤，每人工段平均 2 厘米，挖得深、爬得高、运距远，每担土运距 300~400 米，任务十分艰巨。陆兆厚发动群众群策群力，用大锤敲、钻子钻的“钢钎劈土法”，以“蚂蚁啃骨头”的精神，搬走了砂礓土；用“龙翻身挖土法”解决了方塘拥挤问题；用起早带晚延长工作时间来提高工效，硬是苦干加巧干，在工四个半月，出色完成了施工任务，受到工地嘉奖。

陆兆厚还是引江灌溉的积极倡导者。针对里运河大堤废除归海五坝，大堤除留沿运自流灌区的渠首闸洞，全线封闭，里下河腹部灌水无源，形成“淮河之水不可靠，长江有水用不到”的态势，陆兆厚利用一切机会向地、省有关专家和领导提出建议，要求引长江水灌溉里下河农田，并且提出长江水源充足，水浑浊，有机质含量高，肥水灌溉有利于里下河水稻生长和水产养殖等充分依据。他的建议引起上级重视，后来省里新开了新通扬运河、三阳河，新建了江都翻水站，实施了引江灌溉的规划方案。

陆兆厚分管水利期间，与水利局领导和技术干部打成一片，积极倡导圩里地区开河分圩、圩外地区联圩并圩，领导整治和新开全县南北向骨干河道规划，加速水系调整，为全县水利建设作出很大贡献。

六、万云亮

万云亮，1925 年生，兴化老圩万家人。1944 年参加革命，先后任安丰区区长，平旺区区长、区委书记，茅山区委书记，唐刘公社党委书记，西鲍公社党委书记，兴化县人民政府副县长、县委常委、常务副县长等职。

万云亮

万云亮长期从事农村工作，带领当地干部群众兴修水利，努力改善农业生产条件，积极推广沤改旱，促进农业耕作制度的改革，千方百计壮大集体经济致富农村、致富农民。

1982 年，县委、县政府确定整治横贯县境东西的车路河、浚河取土兴筑兴东公路，明确时任常务副县长的万云亮全权负责申报立项、筹备配套资金、组织工程实施等有关事宜。工程规模较大，拓浚河道 42.48 千米，兴筑公路 45 千米，工程总土方 800 万立方米，需要动迁民房 1 694 间、挖废土地 1 223 亩，利用劳动积累工组织农民挖土方，施工排水和工程配套需要 778.48 万元，这在当时是天文数字，财政难以负担。常务副县长万云亮偕同水利局副局长柏乐天，拿着《车路河整治工程可行性研究报告》找省有关部门审批立项，但终因投资规模巨大，超越有关部门的审批权限，无果而返。万云亮是个办事认真、有恒心的人，他去了南京十几趟，反复向有关部门领导说明车路河整治工程的必要性和紧迫性以及兴化县委、县政府治理车路河的决心。与此同时，他找到兴化县委老书记，时任扬州市委副书记、市长黄书祥，说明来意，得到了黄书祥的支持。他拿着黄书祥的亲笔信找到省政府主持常务工作的副省长周一峰，功夫不负有心人，省政府及有关部门高度赞赏兴化县委、县政府整治车路河的气魄和决心。兴化万副县长百折不挠为民办实事的精神终于感动了上级领导，省里特批了兴化整治车路河兴筑兴东公路项目，周副省长亲自召开了有省计划委员会（现为省发展与改革委员会）、省水利厅、省交通厅等相关部门参加的会办会，研究通过挖深河道、填塘复垦、冲减挖废面积，将挖压废地面积控制在省政府批准权限内；通过水利、交通搞“拼盘”的方法落实车路河配套资金。会后，省水利厅分立基建项目200万元、农水项目100万元，又一次以“拼盘”方式落实车路河整治工程投资300万元；省交通厅当时还没有地方公路建设投资项目，就采用变通的办法：从全省公路养路费中挤出200万元支持兴化兴东公路的建设。省水利、交通两家共落实工程配套资金500万元，省计划委员会妥善地解决工程建设用地，为车路河整治工程上马创造了条件。

给学生介绍车路河工程概况

1983年，万云亮任车路河整治工程总指挥，组织领导车路河整治工程的实施。

春天，组织2.4万人，在4.05千米的得胜湖南侧开河筑路，经过1个多月的施工，于4月中旬完成土方102万立方米，做到河成、路堤成，圆满地完成施工任务。

夏天，组织水利工程技术人员对车路河全线进行精准测量放样，做好施工的一切准备工作。

秋天，研究制定了拆迁补偿政策和土方工程负担政策，精心组织车路河施工范围内的民房拆迁安置工作，一气呵成地完成林湖湖东口、昌荣老唐子和戴窑镇老镇南侧的车路河线内的拆迁户的按时签约让房，有关房屋全部按时拆迁到位工作。

冬天，秋播一结束，组织24万名民工拓浚车路河，兴筑兴东公路，奋战38天完成土方700万立方米，将原来浅窄的小河拓宽浚深，形成口宽80米、底宽40米、河底高程-3.0米，西起卤汀河、东至串场河一线顺直的大河，筑成顶宽12米、高程4.0米的二级公路路基。

1984年，组织水利、交通两局施工队伍大会战，突击1年时间建成大中桥梁20座，闸桥26座，完成车路河和兴东公路桥闸配套施工任务。当年腊月二十四日，10多辆吉普车由兴化直开戴窑，拉开了全县村村通公路的序幕。

车路河整治后提高了水源引排调度能力，将航道等级提升为3级，改善了水路运输条件。建成后的兴东公路成为全县陆路交通大动脉，改写了兴化“无船不行”的历史。

七、顾彪

顾彪

顾彪（1931—2012），兴化边城人，1949年5月参加工作，历任兴化县花顺区团工委书记，中堡区委副书记，扬州专署水利局工管科副科长，兴化县水利局副局长、局长和兴化市交通局局长等职。

顾彪的一生与水结下了不解之缘，早年在农村参加工作，农村地势低洼，每年带领群众抗洪排涝。调任水利部门后，自1958年起先后15次带领兴化治淮民工奋战在水利建设工地上，南起扬子江边、北至淮河两岸，西起六合峻岭、东至黄海之滨，到处都留下了他的足迹。

1959年10月，带领10 000名兴化民工在扬子江畔建设大运河上的施桥船闸，次年10月底工程竣工。

1963年11月，顾彪夫人临盆前夕，顾彪接到上级指令，要求他整治射阳港上游戛粮河，他立即组织8 000名民工赶赴工地。他走后，夫人生下爱女，顾彪全然顾不得回来探视，直至工程竣工才回家，并给爱女起了个具有纪念意义的名字——“戛粮”。

1965年10月至1966年3月，顾彪带领30 000名民工整治斗龙港一期工程。

指挥车路河结工放水

1969年春末夏初，省水利厅将淮河入江水道上的大汕子隔堤测量任务交给兴化，并委任顾彪负总责。顾彪带领测量队伍开进高宝湖，驻扎湖滩，在芦苇丛中放导线，涉水搞测量，用1个月时间艰难地完成了测绘任务。夏天，先期组织和带领民工开进工地，食宿在船，夜以继日地用镰刀割去施工区域内的芦苇杂草，清除施工障碍。秋天，带领先头部队1万人分乘2 000艘农船开赴工地，在湖滩水中取土筑成施工围堰，排水清淤，做好大部队大会战的准备。冬天，带领兴化2万名民工在高邮湖水面上安营扎寨，在柴滩上取土、在淤土上筑堤，经过一个冬春的艰苦努力，完成土方356万立方米，于1970年4月完成施工任务。顾彪在高邮湖畔度过一年时光，春天钻芦林，夏天顶烈日，冬天战严寒，在恶劣的环境气候下，团结一班人出色地完成了施工任务。

1970年10月初，顾彪带领兴化7 000名民工分乘1 200条农船，开进邵伯湖东滩的太平河口，农船夜晚用于民工住宿，白天用于运土打拦河大坝，提前打好施工坝、排干湖水。10月27日，大批民工集结在邵伯湖畔切湖滩、拓浚上凤凰河。兴化民工在顾彪的指挥下紧张有序地施工，用7个月时间将上凤凰河入湖口开成河底宽600~965米的大喇叭口，改善了淮河入江水道行洪条件。1971年6月结工返乡。

1971年10月至1972年4月，带领15 000名民工加固运河西堤。

1972年11月至1973年2月，带领9 200名兴化民工新辟滁河马汊河分洪工程。

……

1980年7月至8月，带领兴化4 000名民工参加大运河高邮段西堤抢险加固工程，全体干部、民工顶烈日、战高温挖土复堤，以碎石垫层、块石护坡、乱石压脚，外筑青坎、内建戗台。7月下旬一天夜晚，狂风大作，暴雨如注，工地上所有的工棚被狂风掀翻，人们的所有衣物被暴雨淋湿，全体干部民工光着膀子度过了这个风雨交加的夜晚，第二天抢搭工棚，继续施工，仅用两个月就突击完成了运河西堤抢险加固任务。

1982年11月，带领兴化20 000名民工参加大运河宝应段中埂切除工程，兴化承担了宝应城南4.5千米的施工任务。中埂是运河原来的东堤，堤上建有古石闸2座、石柜石坝1.4千米，还有历史上堵口抢险的多处柴石梱，这些都成为施工障碍。顾彪亲自组织以人武部爆破专业人才为骨干的3个爆破小组，奋战16个夜晚，用8 419个雷管、1 644公斤炸药，清除了所有石闸、石坝等施工障碍；派遣兴化水利工程安装队，组成4个拔桩组，拔除了中埂下面4万多根长度5米左右的木桩，为顺利施工创造了条件。兴化民工仅用35天时间就搬走石方2万多立方米，完成土方97万立方米，搬掉了大运河中的中埂，扩大了运河通航能力，同时加固了运河的东西大堤。现在，大运河已建成二级航道，运河东堤已建成一级公路。

车路河是兴化市境腹部的调度河道，西起卤汀河、东至串场河，全长42.48千米。1983年，兴化动员24万名民工抽干河水，拓浚河道，挑土800万立方米，将原来弯曲浅窄的小河拓宽成底宽40~50米、河底高程-5.0~-3.0米、口宽80~120米的大河，利用河床土筑成兴化至204国道45千米长的兴东公路，提高了兴化境内水源东西调度能力，改善了水陆交通。顾彪作为水利局局长，抓住机遇向领导提出整治车路河、兴筑兴东公路的水利建设规划；作为常务总指挥，他周密地制订施工方案，妥善地处理施工中的难题，把540米宽的东门泊缩窄成120米宽的河面，把河挖深至-5.0米，在王家塘、垛田翟家和杨花造地三块，总面积达24万平方米，为兴化城市建设增加了土地资源，使东门泊旧貌换新颜；将车路河线保持基本顺直地穿越湖东口大村庄、劈开唐子老集镇，拓宽了戴窑镇区老河段，使沿河村庄集镇面貌焕然一新。现在车路河与整治的川东港相衔接，升格为里下河地区的第五大港，大大改善和提高了里下河腹部地区的泄洪能力。

八、朱恒广

朱恒广（1923—2011），兴化林湖人，1945年参加革命工作，历任草冯区、大垛区区长，兴化县委宣传科副科长，水利科长、水利局副局长等职。

朱恒广

朱恒广自投身水利事业以来，钻研业务，勤奋工作，几十年如一日地奋战在水利第一线。他亲自组织和领导的大中型水利工程有几十个：

1959年11月至1960年10月，配合分管县长陆兆厚，带领兴化19 000名民工新建万福闸。

1964年2月至5月，带领3 500名民工整治卤汀河、盐邵河。

1968年10月至1969年2月，任兴化水利工程团团长，带领39 000名民工新开新通扬运河，在里下河地区南端新辟一条东西向引水排洪新河道。

1969年10月至1970年1月及1977年11月至1978年1月，先后组织和带领17 800名民工分两期工程新开雄港河。

1972年10月至1973年2月，组织和带领15 600名民工整治雌港河，使兴化东北部地区新增一条南接车路河、北连斗龙港的排涝泄洪大通道。

1970年10月至1980年2月，先后组织44 800人分五期新开和拓浚西塘港，共挖土方628万立方米，在兴化中心位置增添了一条纵贯南北全境、全长59.9千米的市级骨干河道，实施了里下河地区水系调整规划，改里下河地区水的东西流向为南北流向，为利用江都抽水站抽引长江水灌溉农田和抽排里下河涝水创造了条件。

1971年11月至1976年4月，先后组织民工35 700人分三期新开渭水河中、南段，完成土方305万立方米，北段利用钓鱼至大邹的渭水河老河段，在市境西部形成一条南引北流、南抽北泄，与西塘港平行的市级骨干河道。

1978年4月至1979年2月，任兴化水利工程团团长，带领5 000名民工远征江都，实施江都西闸切滩、新建送水闸、配合新建江都第四抽水站，配套完善了江都水利枢纽工程。

1979年11月至1980年1月，任兴化水利工程团团长，带领29 600名兴化民工拓浚新通扬运河西段，提高新通扬运河的引排能力，使其与江都水利枢纽工程的引排要求相适应。1982 年 11 月至 12 月，任兴化水利工程团副团长，作为顾彪的参谋助手，参与京杭大运河宝应段中埂切除工程。

朱恒广虽然是工农干部出身，但刻苦钻研业务、善于调查研究，是内行的水利局局长。他手不离兴化地图，坐船不进船舱，兴化的每条大河、每个联圩、每个大的村庄他都了如指掌，是兴化的“活地图”。1962 年兴化发生大的洪涝灾害，灾后他到地势低洼的竹泓志方蹲点半年之久，通过现场查勘、多次座谈，制订出联圩并圩规划方案。秋后，组织群众建成 1.2 万亩的志方大联圩，为全县圩区治理探索出一条成功之路。1970 年至 1980 年正值全国掀起大兴水利热潮，当时水电局分工，朱恒广分管水利，他组织水利技术干部制定了全县水系调整的第四个五年计划和第五个五年计划。朱恒广除亲自组织和发动新开西塘港和渭水河市级骨干河道外，还在全县范围内掀起了联圩并圩和圩里地区开河分圩的大兴水利的群众运动。通过 10 多年的不懈努力，全县形成了市级骨干河道、乡级骨干河道（分圩河）和圩内河道三级河网，同时建成了 400 个大联圩。联圩面积 5 000~10 000 亩不等，圩堤总长 3 600 千米，标准为“四三”式，即堤顶高程 4.0 米、顶宽 3 米。朱恒广是兴化水系调整和联圩并圩的主要领导者之一。

第十六章

水文化

第一节　水利典故及传说

一、斗龙港

斗龙港是里下河地区排涝泄洪入海的主要港口，西起兴盐界河兴化新垛，东至大丰斗龙港闸，全长60千米。流经盐城大冈及大丰的三圩、龙堤、新丰、方强、金墩、三龙、斗龙7个乡镇，流域面积4 428平方千米。

斗龙港西团向西、南分两支干流，一支向西南为五十里河，至草埝镇接串场河，与兴化白涂河相衔接；另一支向西为三十里河，至白驹与兴化海沟河相沟通。西团向东北九扭十八弯为老斗龙港，流经新丰、龙王庙（大丰三龙），至下明闸入海。

关于弯弯曲曲的斗龙港河道，民间有一传说。

据传，白驹镇一户姓薛的人家养了一头大白牛，大白牛生了一头小牛。一天，大白牛望着东海流眼泪，突然说起话来。它说："东海有条凶恶的黑龙，要借助七月大风，兴风作浪，黑浪所到之处，狂风暴雨，危及百姓生命安全，农田绝收，土地荒废。"主人一听这话心里就慌了，忙问大白牛："可有办法化解？"大白牛说："办法是有的，你帮我打两把锋利的尖刀，到时候绑在我的角上，我可以和恶龙斗争。"果然不出大白牛所料，七月十五日这天，但见东北风一阵紧似一阵，海潮借助风威，恶浪翻滚，铺天盖地，天昏地暗。主人见此情景，料定黑龙来了，忙将两把尖刀绑在大白牛的两只角上。大白牛昂首疾步，双眼圆睁，看准了黑龙冲来的潮头，奋不顾身跃进恶浪，与黑龙打斗起来。七七四十九个回合后，黑龙被大白牛角上的尖刀戳得遍体鳞伤，败阵而逃。大白牛一鼓作气，追上前去，小牛见它妈妈向黑龙追去，跟在后边"哞、哞"直叫，大白牛听见小牛的喊叫，连连回头，深情地望着小牛，小牛叫一声，大白牛就一回头，一回头就是一个弯。从白驹到龙王庙，长达100多里的海滩上从此留下了一条弯弯曲曲的河，形状似龙，所以人们把这条河称为"斗龙港""牛弯河"。

其实斗龙港系自然河道，是洋流运动、海潮长期冲刷而自然形成的一条形似盘山公路的弯曲河道。白牛斗龙的故事反映了人民群众征服自然、战胜邪恶的美好愿望。

二、范公堤

里下河腹部洼地与沿海垦区之间有一条北起阜宁、南至海安的串场河，全长150多千米，河的东岸大堤就是历史悠久的范公堤。后来大堤上筑成了通榆公路，改革开放后，公路往东延伸建成现在的204国道。

范公堤的形成，有一个真实而感人的故事。

早在唐大历年间（766—779），淮南地方官李承调动民夫沿海岸沙脊筑成捍海堤。宋开宝年间（968—976）又修过一次，称"常丰堤"。此后由于海潮常年冲刷，年久失修，堤坝多处溃决，逐渐崩塌，损毁严重，失去挡潮作用。宋天圣元年（1023），范仲淹任西溪（今东台）盐官时，目睹海潮肆虐、民不聊生之情形，向发运使张纶建言重新修筑捍海堤。张纶奏请朝廷，朝廷任范仲淹为兴化县令，范仲淹奉旨主持修堤。因旧堤已塌,海岸线变迁,海堤位置需重新勘定。其时科学技术尚不发达,一无技术资料,二无测绘仪器,范仲淹亲自到沿海查勘,组织群众备足稻壳,在大潮到来前将稻壳均匀撒向大海沿线,海潮将稻壳推向岸边,退潮后留下一条金灿灿的黄色纹带。第二天施工人员沿线钉下木桩,作为施工导线和水准点。而后,调集通、泰、海、楚州县四万民夫全线开工筑堤。施工中遇到天文大潮、狂风暴雨、淤土流沙等多种困难,范仲淹亲临工地督工巡查,并将海潮卤水的灾难和筑堤挡潮的意义编成歌谣,让自己的女儿到工地上巡回演唱,激发民工的劳动热情。几经曲折,大堤终于筑成,为里下河地区东部沿海增设了一条坚固的南北屏障,"束内水不致伤盐,隔外潮不致伤稼"。堤东煮海为盐,堤西桑麻遍地,到处呈现出安居乐业的新景象。人民群众赞颂范仲淹的功绩,将捍海堤定名为"范公堤"。兴化在范仲淹当年所在的旧丞署中建造了"景范堂",镌刻了他的"先天下之忧而忧,后天下之乐而乐"的名句,供后人瞻仰。

盐城建立了"范公祠",东台新建了"三贤祠",内有范仲淹、张纶、胡令仪塑像,供后人缅怀。此后范公堤经维修加固,不断向南北延伸,成为北起阜宁、南至吕四港,延绵150多千米的巍巍捍海长堤。

三、龙王庙

古代科学尚不发达,人们认为天上有玉皇、地狱有阎王、海里有龙王,世间万物皆由这些王(皇)来主宰。特别是农耕时代,抗御自然灾害能力差,人们仰仗龙王施舍,给予人间风调雨顺,把龙卷风说成是黑龙现身,把局部性的强降雨说成是白龙嬉水,把台风暴雨说成是龙王发威……百姓将自然现象神化,把农业丰收归结于龙王爷的恩赐,于是一座座龙王庙拔地而起,一些关于龙的传说、龙的故事和祭拜龙王的庙会应运而生。

在古代,兴化县域辽阔,南起蚌蜒河,北至兴盐界河,西起高邮界,东至黄海边。周边高、中间低洼的特殊地形,每逢降雨四水投塘,同时西有淮水压境,东有海潮侵袭,兴化境内水灾频发,民不聊生。兴化民众把建龙王庙、供龙王会作为民间治水降灾的主要措施。兴化境内建成龙王庙数以百计,遍布城乡。安丰、竹泓、中堡等闻名古镇,镇镇都建有规模不小的龙王庙,一年四季香火鼎盛。不少沿河、临河的大村庄还建有青龙庵、龙行庵等作为龙王"行宫"。

兴化城内历史上建有大大小小的龙王庙五六座,其中规模最大的建在龙珠岛,也就是兴化东方自来水厂原址。兴化古城九河交汇、垛岛遍布,其中以龙珠岛为龙眼,东门大码头向东的小河为龙舌津,东门外大尖、小尖等地形地貌构成了活灵活现的龙头,以上官河畔的龙津河为主体,北门窑厂为龙尾,构成了栩栩如生的真龙腾飞图。历史上人们赞誉兴化城为"真龙地"。明朝晚期,龙珠岛上建有龙球院,院内设有龙王殿,住持木陈大师是广东人。清光绪年间兴化遭遇严重旱灾,木陈大师求雨成功,兴化普降喜雨,光绪帝册封兴化龙王为"利泽",并在龙球院一侧增建龙王庙,规模为三进三院,主殿挂上"利泽"牌匾,龙王庙、龙球院合二为一,成为兴化城"九大丛林"之一。兴化龙津河畔还建有一座规模一般的龙王庙。兴化城东得胜湖龙王庙建在得胜湖东南角湖东口车路河北岸,全庙为四合院式,有北殿、南殿、东厢、西厢,北殿为正殿,高大雄伟,供奉着东海龙王神像,南殿则供奉着龙太子和龙臣、虾兵海将,东西厢房为守庙僧人的生活用房。

明清时期,兴化最大的龙王庙建在斗龙港入海滩涂上。整座庙宇为三进二院四厢房的封闭式合院:第一进供奉着"风调雨顺"四大金刚,第二进供奉着东海、南海、北海龙王三兄弟,第三进是禹王殿,供奉着大禹王。龙王庙一年四季香火鼎盛。此庙是当时里下河地区最大的龙王庙。后来,祭拜人逐渐在那儿定居,形成村庄,龙王庙也就成了地名。民国时期,张謇任导淮局督办,他倡导废灶兴垦,使里下河地区沿海滩涂得到全面开发,并组织大批移民在兴化串场河以东的地域新组建了大丰县,龙王庙、斗龙港入海口、龙卷风频发区逐渐发展成“三龙镇”。

每年农历五月份，是里下河地区水稻插秧期。为了让老天下雨，能及时泡田插秧，农民便把五月十三日作为龙王会日。这一天，成群结队的农民手捧熟猪头、公鸡和鲜活鲤鱼，来到龙王庙供奉，烧香磕头叩拜，祈求龙王降雨。然后，八人大轿抬着龙王塑像敲锣打鼓，四处游行，所到之处人们沿街烧香磕头，鸣炮祭祀，这就是龙王会的一般程序。

中华人民共和国成立后，党和政府领导群众破除迷信、解放思想，治水兴利发展生产，水听从人的调度，做到了遇旱引水、遇涝排水。如今龙王庙已经全部拆除，成为人们的历史记忆。各乡镇都成立了舞龙队，每逢重大节日或庆典活动，人们手舞长龙，载歌载舞，欢庆节日。沙沟段式板凳龙已被列为江苏省非物质文化遗产。

四、蚌蜒河

蚌蜒河是兴化市境南部一条东西向的市级骨干河道，西起老阁庄南卤汀河，与盐邵河相接，东至东台出串场河，全长36.5千米。历史上，蚌蜒河南岸筑有圩堤，挡御淮河洪水，故蚌蜒河以南称为圩南地区。

蚌蜒河的由来，有一个美好而神奇的传说。

很久以前，里下河地区一马平川，缺少一条贯通东西的大河。干旱年份土地返碱，白茫茫一片；发起大水，遍地洪水，白浪滔天。人们期盼着有一条能灌能排的入海通道。据传，洪泽湖里住着一个修炼了五百多年的河蚌精，她乐善好施，计划新辟一条大河救助兴化百姓，遇旱引水，遇涝排水。旱魔知道这个消息后非常恼火，将河蚌精打得遍体鳞伤后关入魔窟。一天傍晚，河蚌精趁旱魔外出，收缩身体，逃出魔窟，直奔里下河，在老阁庄前现出原形，潜入小河，向东蜿蜒而行，掘土开河。由于伤痛，她中途几次昏迷，醒来后又继续蜿蜒而行，直至东方拂晓时才到了东海边，最终筋疲力尽昏死过去。第二天一早，人们惊喜地看到一条大河仿佛从天而降，汩汩河水向东奔流。人们沿着新河向东寻找，在海边找到一具巨蚌尸骸，大家奔走相告河蚌精蜒行开河的故事，并把这条新河取名叫蚌蜒河，永作纪念。美好的传说在民间广泛流传，时刻提醒人们要积德行善、助人为乐。

蚌蜒河的真名可能是“驳盐河”，它是沿海各大盐场驳运食盐的水上通道。食盐运至陵亭镇（今老阁），经盐官检验，然后分别运往扬州和泰州。由于河道弯弯曲曲，好像河蚌精蜒成的一样，人们便把驳盐河说成了与之谐音的蚌蜒河。

五、车路河

车路河位于兴化腹部，西起兴化城，南接卤汀河，东至大丰丁溪镇入串场河，全长42.5千米，与里下河地区入海第五港——川东港相接，是全市东西向水源调度、排泄洪涝的主要河道和水上交通运输要道。

车路河

关于车路河的形成，也有一段感人的故事。

相传东海边有一个聪明能干的小伙子，他独自到西乡打工，帮助人家做农活，与西乡一位美丽的姑娘相识、相恋，并结为伉俪。婚后，小两口绕道长江边，沿着江堤、海堤回到老家，当起了烧盐的盐工，生了孩子，过着幸福美满的生活。一晃三年过去了，西乡女子想家，东乡小伙子趁着春天枯水季节荒田草枯无水，用运盐的独轮车推着老婆孩子在大荒田里直向西走。他们饿了就吃自带的干粮，渴了就喝荒田沟里的水，在一望无际的大荒田里走了一天一夜，终于回到了阔别三年的西乡丈母娘家。这位东乡小伙子在茫茫大荒田里摸索出的一条通往兴化的捷径，后来成为盐商们运盐的一条主要车路，车子走多了，荒田就被压成宽阔平坦的路槽。然而水力大如山，淮河发大水，运堤五坝齐开，滔滔洪水奔流而下，沿着低洼的车路路槽下泄东海，车路被洪水冲刷成小河。淮河年复一年的行洪泄洪、年复一年的冲刷，小河逐渐变成大河，后来人们就把冲刷车路形成的大河叫作“车路河”。

六、兴化垛田

兴化城东、南郊散布着上万个小岛，这些岛屿大小不等，大的几亩，小的不足一分地，兴化人称之为垛田，又称垛岸。它四面环水，“五面种植”，一年四季为兴化城区居民提供新鲜的瓜果蔬菜。由垛田组成的乡镇名为垛田镇，总耕地面积 22 000 多亩，由数以万计的小垛岛组成，是个名副其实的“万岛之乡”。历史上垛田冬天栽种油菜，曾经享有“垛田油菜，全国挂帅”的美誉。春天万岛菜花黄，美不胜收，招徕八方游客观光游览。现在菜农们从经济效益考虑，改种香葱、龙香芋，使兴化成了享誉海内外的香葱之乡和龙香芋之乡。

兴化垛田

关于垛田的来历，有一个美好的传说。

据传，大禹治水后，为了检查验收治水成效，到全国各地巡查。当他巡视到里下河地区，看到兴化城周边白茫茫一片，兴化城好像荷叶漂浮在水面上，城四周遍布小船，船民们无地耕种，就取鱼摸虾，食宿在船，因此污染水源。大禹心生慈悲，就把腿上、脚趾缝里的泥块扒下来撒向湖泊。大禹治水后功成名就，成了神人，他把泥巴撒向哪里，哪里的泥巴就在水中慢慢地长成小岛，于是形成了里下河地区锅底洼中的万岛奇观。

其实，垛田是历史上群众治水的见证。宋代朝廷推行一系列发展农耕的政策，冬春枯水季节，先民们利用滩地露滩的机会，年复一年掘土造田、垒土筑垛，历时数百年，才形成如今的万岛垛田。垛田形成后，勤劳的垛田人常年用渣罱子罱泥渣浇盖垛岸，推行水肥并施，确保蔬菜冬天保暖、夏天保湿，茁壮生长，四季丰收，既增加了收入，又使垛田年年长高扩面。历史上垛田的垛面高程在 5 米以上，成为大水淹不掉的高垛。与此同时，兴化市境西北部湖荡地区，沙沟镇周边、吴公湖南侧、平旺湖北侧等许多低洼滩地也建成 20 000 多亩的垛田。

20 世纪 80 年代初期，时任兴化县副县长胡炼分管大农业，他成功运用先民垒土造田的经验，利用上级下达的农业资源开发资金，分别在东鲍、西鲍、海南、舜生、周奋、缸顾等地开发荒滩，建成万亩“林垛渔”基地，垛上造林，林下种菜，河里养鱼。现在的李中“水上森林公园”就是在当年建造的人工垛田的基础上逐步完善而形成的。

七、得胜湖

渔舟唱晚

得胜湖位于兴化城东垛田、林湖、东鲍三乡镇交界处，距兴化城约5千米。湖区呈东西扁长的椭圆形，西起垛田湖西口，东至林湖湖东口，东西长5.7千米，南起林湖戴家舍，北至东鲍湖北庄，南北宽2.7千米。湖区水面滩地总面积15.39平方千米，垛田芦洲位于湖的西南角。得胜湖湖面广阔，湖岸曲折，水港交错，集名胜古迹、人文景观、自然风光于一体，“胜湖秋月”历史上被列入“昭阳十二景”之一。

得胜湖周边滩地筑成垛田，湖边一个个垛岸，就像老鳖的头伸向湖中，当湖水上涨，垛岸淹没，恰似老鳖全部缩头，故又名“缩头湖”。南宋绍兴元年（1131），抗金英雄张荣为了阻止金兵南下，从水泊梁山转战至骆马湖、淮安潭湖，最后率兵与兴化一带渔民义军郑握、孟威、贾虎汇合，来到缩头湖，结成“水浒寨”。他们充分利用缩头湖湖广水多、蒲草丛生、河港四通八达的地形优势，组织义军和四乡八村的乡民，除留几个活口门外，将湖内和通湖河道全部打下“闷头桩”（就是将木桩打入水中，不露顶梢），组成“迷魂阵”。“水浒寨”人熟悉入湖路线，在湖中畅通无阻，外地人以及当地的一些农民入湖则寸步难行。湖泊周边一个个互不相连的垛岛组成“八卦阵”，张荣边战边退，从湖西口诱敌深入。金兵5 000多人追击张荣，见到大湖拦住去路，就从湖西一带强征民船200多条，载兵入湖搜寻。当金兵进入湖中，张荣义军四面封湖，擂鼓出击。金兵原是一群“旱鸭子”，在小船上一晃悠，一个个晕头转向，行船船受阻，登岸路不通，四周万箭齐发，金兵全军覆没。战后，为了纪念抗金胜利，乡民们把缩头湖更名为“得胜湖”。

得胜湖原来湖区面积很大，它的变迁经历了三个阶段：

在历史长河中，里下河长期蓄洪泄洪，白涂河、梓辛河由滩涂小沟经洪水冲刷变成大河，将湖区与南北大片荒田分隔。宋代以后，历时数百年垒土筑垛，湖区周边建成了互不相连，四面环水、五面种植的垛田，形成了总面积达20多平方千米的独特的湖岛景色。

中华人民共和国成立后，经兴修水利调整水系，垛田镇于湖区西侧新开了南北向的跃进河，湖区东侧新开了市级骨干河道渭水河，使得胜湖四周有骨干河道将湖田分隔。“文化大革命”期间，林湖公社党委书记黄三海同志带领林湖群众在垛田、林湖两乡的湖中分界线上筑成南北大堤，将湖分成东、西两湖，当地群众将大堤定名为黄三海隔堤。1983年，横贯全市的车路河工程穿湖而过，自此得胜湖被堤、河纵横分割成大小不等的四片。

改革开放的年代里，人们更加注重经济效益，把水土资源的开发利用摆到重要位置。林湖、垛田、东鲍三乡镇分别成立了得胜湖水产养殖场，短短几年时间，得胜湖被全部开发成优质高产的精养鱼池，城乡水产品供应品种更加丰富，取得了较好的经济效益。

随着城镇化建设进程加快，得胜湖南侧和西侧建成了高等级公路，西侧建成了物流园区，在城市规划中，得胜湖已和城区连在一起。随着物质文化生活水平的不断提高，人们更加注重生态环境的改善。市政府制定了得胜湖退渔还湖规划，并按规划实施，得胜湖以崭新的面貌与美丽的兴化新城相依相伴。

八、中堡庄和南北湖

相传，兴化城正北约 20 千米处有一座城叫大挡城。大挡城内有一名孝子，名叫中堡子，他年幼丧父，与母亲相依为命。中堡子靠卖水营生，养活母亲，每顿饭都是先让妈妈吃饱了，然后他才吃，经常忍饥挨饿。

一天观音菩萨预料到大挡城将要发生地陷，为了拯救心善之人免遭灭顶之灾，她化装成民妇下凡，来到大挡城卖烧饼。凡来买烧饼的，她都问声买给谁吃，买饼人回答的大都是买给儿孙们吃，或者自己和家人吃，观音菩萨一边卖饼一边叹气。这时，中堡子来买烧饼，观音菩萨问他买烧饼给谁吃。中堡子说买给妈妈吃。观音菩萨听了满心欢喜，悄悄尾随想去看个究竟。果然中堡子一粒芝麻也不碰，小心翼翼地把烧饼递给妈妈，等妈妈吃完了他才出门。第二天，中堡子又来买一个烧饼，观音菩萨就把中堡子叫到旁边，并悄悄地告诉他："中堡子，大挡城马上就要地陷三尺、洪水漫天了，若你看到祠堂门口的石狮子眼睛红了，说明洪水就要到了。那时你赶紧回去背着你妈妈往南跑，记住了不要回头看，不要告诉别人。"说完后，观音菩萨就不见了。从此，中堡子每天都到祠堂去看好几次。

大纵湖（北湖）上渔家妹子

祠堂里设了一座学馆，好多小孩在这里读书，学生们看到中堡子每天都来好几趟，并盯着石狮子的眼睛看，就很好奇，问他什么他也不说就跑走了。这天，中堡子又来看石狮子，几个大一点的学生按照事先商量好的计划，悄悄地将中堡子的扁担藏了起来，逼问中堡子每天看石狮子的原委。中堡子卖水心切，忘记了观音菩萨"不要告诉别人"的嘱咐，就把事情一五一十地告诉了在场的几位学生。当天晚上，这几个小孩就用毛笔在教书老先生的朱砂盒里蘸了朱砂，把一对石狮子的眼睛涂红了，准备戏弄中堡子。第二天一大早，中堡子挑着水担子来到祠堂前一看，石狮子的眼睛通红通红的，中堡子吓了一跳，扔下挑水担子拔腿就往回奔，一口气跑到家，背起老妈妈就往南跑，只听见后边隆隆炸响，天崩地裂，洪水滔滔。中堡子背着老妈妈拼命奔跑，跑了五六里路实在跑不动了，就在一座高墩子上把老妈妈放下来歇口气。这时只见洪水腾空而起，跃过头顶，飞泻到前方，很快前面的农田也塌陷下去，被洪水所淹没，形成一个大大的湖泊。中堡子四周都是湖泊，他歇脚的地方像一个岛屿，后来演变成中堡庄。

中堡庄前面的湖叫南湖，又称前湖。后来宋代隐士吴高尚隐居湖畔，人们便改称南湖为吴公湖。中堡庄北湖是大挡城沉陷的地方，数万民众葬身湖底，人们便把此湖定名为大众湖，又称后湖。随着时光流逝，为了忘却这段令人伤心的历史，人们把大众湖改称为大纵湖。中堡庄前后都是湖，大家都认为这是块风水宝地，因此吸引了大量移民。安徽合肥罗氏、湖北武汉邬氏、山西邢氏、泰兴张氏、苏州钮氏先后定居中堡，投资兴业，使得中堡经济发达，市场繁荣。"中堡庄的银子动担挑"享誉大江南北，中堡庄一跃成为中堡镇。镇中一条河纵贯南北，直通两湖，河两旁商店林立，十分繁华。河上自北向南排架着东西向的青龙、太平、益隆、凤鸣、兴隆、回龙、安乐七座跨河桥，桥梁有木、砖、石三种结构，风格各异，绘就了"双湖胜境""七桥美景"的水乡风景画。

蜈蚣湖（南湖）

九、郭正湖

郭正湖位于兴化市沙沟镇境内，西与宝应潼河相连，南与周奋时堡毗连，东与花粉荡一圩之隔，北至金星村，面积达5 000余亩，已被列入江苏省湖泊保护名录。

说起郭正湖的湖名，还有一段传说。据传元朝末期，朝廷派兵征讨朱元璋，激战于苏北扬淮一带，结果元兵屡战屡败。计穷力竭的元兵竟丧心病狂地开挖了上河高家堰大坝，倾放淮河洪水，意图淹没背水扎营于运河以东的朱元璋兵营，幸被朱元璋的谋臣刘伯温及时发现。朱元璋急令移兵于淮安城内，紧闭城门，城头上加土包，将城头增高三尺以拦洪水，幸免于洪水之灾。

这次洪水殃及里下河地区，使这里成了汪洋泽国，当时有民谚曰“开了高家堰，扬淮二府不见面”，因此苏北地区长时间荒无人烟。

“洪武赶散”后，汤庄、桂庄有了人居住，先人们靠打鱼摸虾度日，后来人越来越多，便插草为标，划分水面，便有了庄名湖名。汤庄、桂庄把靠近两庄的白水荡划分了，靠近桂庄的一段叫“东湖”。东湖又分大湖和小湖，小湖后来叫花粉荡，大湖也就是后来郭正湖的前身。

改“大湖”为“郭正湖”是在清乾隆年间。传说有一名两科进士姓郭名永龙，山东曲阜县郭家巷人氏，此人刚直不阿，一身正气，专替穷人打抱不平，深得百姓敬重。但他不幸遭奸人陷害，全家103口被诛杀，只逃出他母子二人。一路上，郭永龙和母亲颠沛流离，历经千辛万苦，最后漂泊流落到距家千里之遥的高家庄。到了高家庄，在当地好心人的帮助下，母子二人有了安顿之所。郭永龙以行医为生，用土方草药为庄民治病，他收钱很少，遇有孤寡老人或家庭困难的庄民，他分文不取。他因如此济世救难的诚心，深得百姓爱戴，在大湖一带很有名气。很长一段时间以来众人只知道他姓郭却不知他的真名，更不知他的底细。但人们从他的举止谈吐中看出些许端倪：此人虽是一介江湖郎中，却非等闲之辈。人们尊敬地称他为“郭老爷”。

郭正湖

一年后郭母因年老体弱，加之冤恨在心，长期积郁，不幸辞世，郭永龙怀着万分悲痛的心情料理了母亲的后事。母亲辞世后，孤单一人的他并没有消沉下去，而是苦读诗文，奋笔疾书，一心要为社稷效力。一日，他辞别高家庄的乡亲们，雇一木舟踏上前往京城赶考的漫漫之途。谁知天公不作美，船行湖中突然天空中乌云翻滚，陡起一阵狂风，随即波涛汹涌，三尺高的浪头一下子掀翻了小舟，郭永龙不幸遇难。

山东有一书生是郭永龙的得意门生，书生到处打听他的下落。这年京城开科，他赴考前听说先生在某处某庄，便不远千里来到高家庄，却得知郭老爷已经遇难，万分悲痛。后来这位考生做了官，在赴苏北巡按途中特意造访高家庄，意在怀念恩师。为纪念郭老爷，弘扬他廉洁清正、济世救民的精神以及一身正气，书生接受高家庄父老乡亲的建议，将郭老爷遇难的大湖改名为“郭正湖”。此后，高家庄的父老乡亲将郭老爷的塑像供奉在庙堂中，以示怀念。

［撰文：颜国强］

附:郭正湖的故事

兴化西郊草荡中有个居住着百十户人家的郭兴庄,庄上有个道士积德行善,闻名乡里,受到人们尊重。后来,道士到沙沟西南湖边隐居,得道成仙,郭兴庄从此便更名为郭仙庄,且庄上建起了“仙堂”以供奉仙人,一年四季香火不断。古代人们称仙家为“真人”,道士隐居附近的湖泊便定名为郭真湖。中华人民共和国成立后测绘地图时,由于口音关系,调绘人员把郭真湖误写为郭正湖,并一直沿用至今。

郭正湖原来面积很大,湖荡相连,周边荒田成片,每年汛期发水时白浪滔天,水天一色,一望无边,几个大庄子像一座座孤岛漂浮在水中。中华人民共和国成立初期,党和政府带领群众筑堤圈圩,垦荒种粮,发展生产。沙沟镇在郭正湖西侧、北侧的湖荡中把高庄、桂庄、汤庄、董庄、官庄五个大庄子匡成一个大圩子,总面积25.27平方千米,定名五庄圩。“文革”期间,为了团结治水,解决宝应排水出路问题,当地政府于1967年新开了潼河直通郭正湖,将五庄圩一分为二,南为高桂圩,北为武装圩。与此同时,周奋乡位于子婴河以北的时堡、仲家寨两个大村庄在郭正湖南侧建立了12平方千米的子北圩,沙沟渔民们在陆上定居,又在郭正湖北侧建成了沙沟水产村,之后郭正湖面积仅剩不足5平方千米。

十、平旺湖

平旺湖原名平望湖,位于城西北原李健、缸顾两乡镇交界处,下官河穿湖而过,湖心有岛名“观音山”,南侧湖畔有黑高庄,故又称黑高荡。

历史上平旺湖与蜈蚣湖几乎完全相通相连,平旺湖除了东侧的东旺南北庄和北侧的东罗西罗庄外,其余都是沼泽地,东北与蜈蚣湖连成一片,东部和东南部一直延伸至西鲍的斜河和土桥河。南侧下官河两岸也是沼泽地。早期这一带百姓为了生存,垒土筑垛,把沼泽地改造成垛田,人们也经历了由渔民向农民的转换,现在的千垛菜花风景区就是当地群众筑土垒垛的遗存。沼泽地全部开发成了垛田,平旺湖仅保留不足4平方千米的深水湖泊,湖东东旺南北庄、湖西陆家庄、湖南黑高庄、湖北东罗西罗庄,四至清楚,四庄平湖,史书上简称“四望平”,此湖则称平望湖。后来,人们期盼兴旺发达,“望”“旺”同音,且东侧湖畔有东旺庄,故将湖名改为平旺湖。

平旺湖湖心观音山

改革开放时期,平旺湖全部被开发成精养鱼池,湖泊已从地图中消失。目前政府正全面推进退渔还湖,恢复平旺湖生态环境,并将之纳入千垛菜花景区统一规划,打造成风格独特的旅游风景湖。

十一、乌巾荡

兴化城北郊的乌巾荡,历史上曾是兴化“五湖八荡”之一,当时烟波浩渺,碧波荡漾。官庄村是一座湖中小岛,像一颗绿色的明珠镶嵌在湖的中心。严家庄形似半岛伸向湖中。北门的“窑窑尾”,是传说中兴化“真龙宝地”的龙尾巴,伸在湖中样子,形如真龙出水。乌巾荡曾是一个天然渔场,年复一年,一年四季为兴化数万居民提供鲜活的鱼虾蟹等丰富的水产品,养活了乌巾荡及其周边的渔民。现在乌巾荡是一座平原水库，汛期调蓄洪水，控制水位，减轻西部低洼地区的排涝压力，常年调节和净化城乡用水的水源，是城区调节温度、湿度的天然大“空调”。

乌巾荡还是一部史书，记载了兴化的历史变迁，记录了兴化城的发展过程。

历史上乌巾荡的总面积有10多平方千米，当时兴化的常水位在2.0米以上，周边联圩尚未形成，很多田地还是沉浮于水中的荒滩荒地，和乌巾荡连成一片。1954年上半年，李健区在区委书记姚沂领导下，在乌巾荡西侧烧饼圩的原址上建立了李健大圩，在抗御当年的特大洪涝灾害中发挥了巨大作用，当时的“烧饼圩”成为汪洋中的一片绿洲。当年秋冬，县政府推广了李健区建立大联圩的经验，在乌巾荡北侧建成了三角圩，东侧建成了新中圩。自此，乌巾荡四至明确：北起三角圩南侧的鹅尚河，南至拱极台北城墙外，西起烧饼圩外西荡河，东至新中圩外下官河，总面积5.1平方千米。

乌巾荡

1956年建成的国营水产养殖场把乌巾荡的南端全部纳入。1962年，北门窑尾向西修筑了一条东西大堤，大堤以北是湖荡，北坡全部用块石护坡，保护着大堤以南的精养鱼池、漂花池和鱼种池，使乌巾荡面积缩小了近四成。1972年新建的兴盐公路，穿过水产养殖场，当年11月又将公路南侧鱼池填平，建成长途汽车站和体育场。

1992年11月，市区过境公路又一次从乌巾荡中穿过，路南被辟为乌巾荡公园。至1998年底，乌巾荡实际水面积仅存2.1平方千米。

进入21世纪后，城市化进程不断加快，过境公路南侧当年的水产养殖场已经全部建成住宅区，融入兴化主城区，公路北侧建成上方寺、游乐场和风景区，原先广袤的乌巾荡已所存无几。

回顾乌巾荡的变迁史，人们既为兴化城市建设日新月异、快速发展而喝彩，也为乌巾荡的“缩身变瘦”，甚至将来会逐步消失的命运而惋惜。有人或许还记得，20世纪80年代初期首次兴化城市建设规划论证会上，水利部门曾提出全部保留乌巾荡，新的城建规划以乌巾荡为中心向四周拓展，建成环湖路和环湖风景带，打造南京玄武湖式的城中风景区的建议。如果水利部门的上述建议被采纳，兴化城将成为江苏少有的水城，将极大地改善城市生态环境，大大提升城市品位，兴化将是一座名副其实的具有水乡特色的城市。然而因种种原因，相关建议未被采纳，这不能不说是一大遗憾！

关于乌巾荡名称的来历，众说纷纭，这里主要介绍几种：

一说“乌巾题诗”。兴化籍作家沈光宇先生在《兴化民间故事》一书中记载了书生李凡的故事。他十年寒窗三度赶考，仍名落孙山，隐居湖畔，足不出户，情绪低落，不思茶饭。渔家父女得知详情，凌晨收网，渔女赠鱼挂在门外，供这位书生滋补身体。书生食鱼后精神渐好，想知道原委便深夜探视，少女身影感动书生，乌巾题诗挂在柴门。渔翁知情后登门相劝，鼓励书生苦学应试。书生醒悟，专心致志，一举高中荣任府官，清正廉洁，服务民众，流芳百世！从此，湖荡以乌巾命名，传为美谈。

二说“乌金沉荡”。相传古时候兴化城北湖中有一打鱼人，一天打鱼时一网打上了一根铁绳，一头在网里，一头沉在水中，被湖水沤得乌黑。渔翁收起渔网，拽住铁绳往船上拖，当铁绳拖至一半时，铁绳将船头压得闷在水中，渔翁无奈，只得将铁绳推入水中，只留下一节在船舱内。渔翁拿着一节铁链左看右看，颜色乌黑像生铁，但比铁沉，便好奇地拿到街上给人看。一个识货的商人欲以低价购买，精明的渔翁就到银匠店请老银匠鉴定，原来是值钱的乌金。老银匠还讲述了乌金沉湖的典故：兴化有一文人在朝为官，荣任阁老，家乡亲人赴京探视，受到热情接待。临别返乡时，阁老赠送铁绳一挂，铁绳实为乌金，为保途中安全而铸成铁绳状，阁老打算待亲友到家后以书信详告实情。阁老亲友返程途中船行至兴化城郊北湖，偶遇大风浪，眼看着小船即将下沉，阁老亲友便埋怨阁老以铁绳相赠太小气，为保安全就将铁绳推入湖中，当后来得知铁绳是乌金铸造，后悔莫及，便把兴化城北湖定名为“乌金荡”。

三说“岳飞抗金”。据传，当年岳飞追杀金兀术，金兀术人马慌忙渡湖，岳飞无舟可渡，张弓搭箭，将金兀术包头的乌色头巾射落荡中。从此，人们便把兴化北湖叫作乌巾荡。也有人说，头巾不是岳飞射的，岳飞驻军旗杆荡，是张荣四义士得胜湖大捷后，追杀金兵败将挞赖，一箭将挞赖的乌色头巾射落荡中。挞赖是金兀术的战将。以上两则说的都是抗金的故事。

四说“隐士乌巾”。据传，古代有一位文人雅士隐居湖心岛，整天写诗作画，钓鱼戏水。此人常年头戴乌巾，看着很显眼，从此渔民们就将此湖叫作乌巾荡。

当代以郭保康先生（兴化城人）为代表的历史文化研究者还认为，“乌巾”在古代当为“乌旍”，意为玄旗（玄，黑色），源于道教典籍中北方玄武“皂纛玄旗，披发跣足”之说。按古代星象五行学说，北方为水，其色为玄，乌巾荡地处古城北郊，正应其说。

乌巾荡虽面积不大，但历史悠久，自然景观和人文景观优美！

十二、花粉荡

沙沟镇以西、周奋乡时堡村以北、郭正湖以东、金炉庄以南有一湖荡，名曰“花粉荡”，面积达5 400亩。

花粉荡

花粉荡内春天鸟语虫鸣，鱼翔浅底；夏天芦苇丛丛，蒲草青青，鳜鱼肥嫩；秋天荷花飘香，藕白蟹黄；冬天荻花飞舞，野鸭成群。自古以来，这里被人们赞誉为水乡胜景。这样一片芦苇蒲草遍生、鱼蟹野鸭成群的湖荡为何以“花粉”命名呢？

相传，明朝兴化南门有一高阁老，他膝下有一千金叫玉轩。玉轩从小天资聪颖，琴棋书画样样精通，是个如花似玉的大家闺秀。这样才貌双全的小姐，芳龄二十了还待字闺中。只因为小姐从小与京城刘丞相次子定亲，不幸公子未及弱冠便因病夭折了。高阁老想为女儿另攀高门，无奈同僚中人皆以小姐生来命薄、不是富贵之命而拒绝联姻。偏偏小姐性格倔强，眼界高，一般的人家她还看不上，高阁老夫妇为此伤透了脑筋，到处请人为小姐张罗亲事。后来有人上门提亲，是盐城县石梁镇的姜氏望族姜福员外之子姜文学。

姜福员外是石梁镇的大户人家，住在镇南溪河东、姜氏家庙西北侧。姜家在本镇和周边乡村有良田千亩，店面百间。公子姜文学是个秀才，知书达理，在一年一度的石梁镇文庙赛诗会上屡屡夺魁。姜文学满腹经纶，身材高大，浓眉方脸，可谓是一表人才。高阁老了解到姜家的情况，同意了这门亲事。两家按当时的规矩经过了“纳采、问名、纳吉、纳征、请期”五道礼仪后，接下来就准备“亲迎”，也就是操办小姐出嫁的事了。

良辰吉日这天，姜家的花船早早到了兴化南门码头，花轿礼仪队一路吹吹打打来到了阁老府。阁老府内也已张灯结彩，人来人往，好不热闹。接亲的人等呀等呀就是不见小姐上轿，轿夫们闲得待在一边说家常话。

闺房内玉轩小姐哭哭啼啼，迟迟不肯上轿，丫鬟妈子左劝右哄还是不顶用，仆佣只得禀报老爷。

阁老心想：我为女儿备好了陪嫁品，金银饰件、古玩玉器、绫罗绸缎、生活用品一应俱全。连家中的传家之宝——铂金锭也给了她六十六锭，对她也算不薄了，究竟是什么原因使丫头不肯上轿呢？无奈，只得和太太来到闺房。母亲为女儿擦干泪水，将女儿拉到一旁，细问缘由。原来玉轩小姐有自己的心事：虽然石梁镇姜家也是大户人家，可与自家的相府身份还是不甚般配；再说自己身为相府千金，从小生活在城内，现在却下嫁到了集镇，属于降低身份。玉轩小姐也是识大体的人，事到如今心中虽有委屈，但哭闹也无用，不妨再找借口和父母要点硬正（即值钱的东西）东西，以便日后嫁到夫家享受富贵生活算了。这时门口唢呐声又响起，阁老开始急了，太太向老爷附耳："吾儿说家里东西是陪得不少，可胭脂花粉钱还没给哩。"老爷一听，女儿临出门再要个胭脂花粉钱也不为过，连忙说："老爷我在石梁镇毗邻的时堡以北有一湖荡，也作为嫁妆陪给你，算作给你的胭脂花粉钱吧！"小姐一听，苦脸变成了笑脸，深情地向父母作了一揖，便在丫鬟妈子的左拥右搀下上了花轿。

后来，高阁老陪嫁给女儿的湖荡就被叫作"花粉荡"了，作为姜家世世代代的地产。若干年后，这支姜氏后人由于此荡产草而成为专业草农，他们以草为业，以草为生。中华人民共和国成立后，以这支姜氏后裔为主体的生产大队叫作"南星村"，后与垛田村合并为石梁村，成为村属"南星责任区"。

20世纪70年代设在镇上的水产村重建大队部，在挖房基时挖到一只瓦罐，内有数十锭疑似"银元宝"，后上交兴化银行银库保存，经专家鉴定为白金锭。有老年人说，大队部所在处就是姜福员外家的宅地，这家人家就是当年"花粉荡"的主人。

花粉荡现已列入江苏省湖泊保护名录。

［撰文：颜国强］

十三、癞子荡

癞子荡

癞子荡在垛田镇芦洲村西，高家荡、杨家荡以北，S351省道以东，东与林湖戴家村前龙山文化遗址的南荡相连，面积约4平方千米。荡内多芦滩，四周垛岸星罗棋布，河沟纵横交错，古时为人们渔猎的理想之所。

癞子荡原名来子荡。据传，明末清初，从江南来了一对渔民夫妇，他们居住在一条小渔船上，进入癞子荡以捕鱼为生。他们风里来、雨里去，日出而作，日落而息，小日子过得还算不错。可惜的是，小两口膝下无子。有一天，他们卖完鱼回家，在经过芦洲村南大悲庵时，听到庵里木鱼声声，丈夫对妻子说，眼看我俩这么大年龄了，到目前为止还没有一子半女的，不如到这庵里去求求菩萨。妻子想想也是，于是夫妻俩把船靠岸，带着卖鱼换来的米走进了庵中。庵里当家师海量法师听了他们的来意后，见他们衣着简朴，没有接受他们的米，便帮他们诵经求子，夫妻俩非常感激。

说来也真灵验，第二年这对渔家夫妻喜得一子，给孩子取名为"来子"，周围的人以及与他们相熟的人就把他们居住的荡叫作"来子荡"。一晃三五年过去了，这来子身上不知什么原因长满了癞疮，夫妻俩四处求医抓药都未能治好孩子的病，最后，孩子还是夭折了。后来人们又把"来子荡"改名为"癞子荡"。

除此说外，关于癞子荡的来历还有一个更古老的传说。古时癞子荡内多生癞圆（一种类似于甲鱼的动

物)，大者有如磨盘，常常浮于水面抓鱼吃，小者只有铜钱大。芦滩边、田埂上随处可见。古人认为它是神物，不敢捕食，因此繁殖日盛，布满了整个湖荡，所以四周的乡亲就把这个荡称为“癞子荡”。

现在癞子荡中一只癞圆都不见了，但荡内鱼虾蚌螺蟹等水产品十分丰富，当地百姓把捕鱼摸虾当成副业，大大增加了经济收入。荡内芦滩自20世纪70年代起，有的被当地百姓挖成了鱼塘，有的被垒成了垛，种上了香葱、芋头。古老的癞子荡散发着青春活力的气息。

［撰文：王一兆］

十四、旗杆荡

旗杆荡距兴化城6千米，现在垛田镇境内，芦洲以西、张家庄以东，北宽南窄，呈三角形，北和车路河相通。荡内芦滩片片，河沟九曲回环，四周垛岸星罗棋布，河道纵横交错，宛如迷宫一般。全境南北长、东西短，退可守、攻可战，是古时天然的用兵之地。

旗杆荡

旗杆荡，又名旗干荡（见《兴化县志》）、旗盘荡（见《扬州府志》）。明嘉靖三十八年（1559）兴化知县胡顺华主修的《兴化县志·古迹》记载：“旗干荡，在县东南，岳武穆战逐金虏时驻师于此……”《宋史》云，建炎四年（1130）九月九日，为救援刘世光楚军，岳飞先驻守承州（今高邮）以东几十里的三墩（今高邮三垛）。楚军失败后，楚地失守，金完颜挞懒调重兵南下，向驻守三墩的岳家军猛扑。岳飞接到撤退的命令后，为避敌之锋芒，退兵兴化城东，驻扎在缩头湖（今得胜湖）之南的车马路边一个犹如八卦阵的小湖荡里，竖起岳家军的大旗，多次与金兵激战，歼灭金兵大量有生力量。由于岳家军在荡中竖起过大旗，故后人将此荡定名为旗杆荡，并一直沿用至今。

后来不少文人雅士在过岳武穆祠或游览旗杆荡时，留下了许多诗词歌赋以颂扬岳家军的壮举。嘉靖戊子北畿举人，河南永城令，改调浙江缙云令王繗民，在回兴化过岳武穆祠时写诗赞道：“百战金人百倒戈，须臾恢复旧山河。那堪奸宄输家国，却使英雄罹网罗。五国游魂空怅望，中原弱主任蹉跎。可怜一点孤忠恨，地久天长总不磨。”清代诗人王熹儒在游览旗杆荡时也为岳飞抗金事迹所感动，赋诗云：“海滨曾驻鄂王营，至今湖水留其名。晴霞射波作五色，参差如见旌旗明。”据旗杆荡西的张家庄人讲，清代庄上曾有一对夫妻在旗杆荡里看到过旗杆墩。

古之旗杆荡为先民渔猎之乐园、兵家常用之地，近现代又成了抗击日本侵略者的战场。1941年5月15日，新四军一师二旅六团三营官兵在此伏击了一艘由东台开往兴化的日军汽艇，剿灭日寇20多人，俘获日寇2人。

今之旗杆荡水域面积约3平方千米，当年的车路在明嘉靖三十八年（1559）被开挖成泄洪河之后，旗杆荡就成为天然的蓄水库，极大地发挥了泄洪作用。1976年垛田人在此开挖了一条人工河——跃进河，建起了渔村。1977年垛田公社在旗杆荡建起了高级中学，后改为多种经营技术学校、兴化市第二职业技术学校。2009年改为垛田镇初级中学。在无工不富的背景下，垛田人又在此兴建了五福酱品厂、纸箱包装厂、车辆配件厂、塑料发展公司、信友食品公司等。

［撰文：王一兆］

第二节　水利古迹

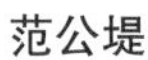

范公堤

范公堤碑亭

范公堤古闸

第三节　兴化河名文化探源

兴化全市共有大、中、小河道 12 124 条，总长 10 527 千米。其中市级骨干河道 24 条，总长 650 千米；乡（镇）级骨干河道（分圩河）327 条，总长 911 千米；圩内河道（中心河、生产河和村庄河道）11 773 条，总长 8 966 千米。这真是：兴化水乡，万条河道；三级河流，交织成网；引排灌航，鱼米之乡；人杰地灵，全国百强。

兴化的河道都有名称，且文化内涵丰富，有的反映了河的成因，有的注明了河的功能，有的明确了河的区位，有的包含了许多典故。初步归纳，兴化的河名有五大来源和特点。

一是以河的成因取名，历史悠久。

兴化地处苏北里下河腹部，历史上经历了海湾、潟湖、沼泽、平原的漫长演变过程。西起西鲍、东至大丰白驹，全长48.9千米的海沟河，远古时就是黄海滩涂上的小海沟。因多年行洪泄洪，河床被洪水冲成口宽百米、河深5米的大河，取名海沟河。里下河成陆以后，兴化腹部地势低洼，兴化城以东延伸到大丰草埝王港全是连片大荒田，由于历史上是海边滩涂，土壤含盐量很高，东鲍、海南东西荡南北蒋、林湖魏庄、昌荣草冯庄、安丰大邹耿家舍、戴窑韩董、大丰草埝都是白茫茫的滩涂。兴化至大丰丁溪，原来是扬州盐商从沿海盐场用车辆往扬州运盐的车路，车子走多了，荒田被压成宽阔平坦的路槽。后来淮河年复一年大流量行洪泄洪，在平坦的路槽上冲出了一条大河，就叫车路河；低洼的白色滩涂上冲出了一条大河，就叫白涂河。

卤汀河南起泰州、北至兴化城，全长49.8千米，其中兴化境内33.8千米。由于历史上海水倒灌，卤汀河里的水含盐量较高，加上卤汀河是一条运盐河，来往繁忙的运盐木船渗漏的卤水倾泻下河，使得河水非常咸，撑船时篙子一拖，河水白沫像条火龙直冒，于是人们把水咸得像卤汀子的河称为卤汀河。后来，卤汀河成了南北水上交通运输要道，人们又称之为南官河。“官”是公家、公共的意思，“南官河”意指兴化城以南的公共交通河道。

塘港河原是北起兴盐界河、穿过安丰镇、南至边城的纵贯兴化南北的河道。“塘”指河岸河堤，“港”指入海入江的中小河道，取土筑堤形成的河道称塘港。安丰镇至盐城大岗的河道叫东塘港，它是筑老圩西堤、中圩东堤形成的河道。黄庄至兴盐界河的河道叫西塘港，它是筑中圩西堤、下圩东堤形成的河道。随着永丰圩、林潭苏皮圩和昌荣福星圩浚河取土筑堤，塘港由安丰接通到唐子，并逐步向南延伸经大垛包徐、许堡、娄庄、沈坨关口与蚌蜒河交汇，继续向南经顾庄佘湾、茅山姜家庄至边城腾马。这就是塘港河的由来，塘港河是里下河地区沼泽地上圈圩造田形成“圩田”的产物。20世纪70年代，在全市水系调整期间，地方政府用10年时间，先后动员民工4.48万人次，分5期工程，把西塘港向南新开和拓浚至兴泰界河，并跨过界河接通泰东河，成了贯穿兴化南北、全长59.9千米的河网中轴线，西塘港也由中小河道升格为市级骨干河道。

二是以河的功能取名，河的作用一目了然。

兴化的河道功能主要是引排灌航，但在特定历史条件下也有一些专用河道，以功能取名，河的作用一目了然。

兴化东部边界有一条北起阜宁、南通海安，全长150多千米，纵贯里下河的串场河。古代因取土筑范公堤而形成一个个土塘，为方便运盐，把土塘整治成一段段堆河，随着盐业发展，盐运需求迫切，将堆河全线贯通，便成了人工运河——运盐河，又称抻盐河，它的功能主要是把沿海各大盐场串连起来，后来改名为串场河。

市境西部的李中、周奋、沙沟一带，在20世纪70年代以前还是一望无际的连片大荒田，荒田长柴草，又称草田，当时农民以打鱼、卖草营生。由于草多，李中镇政府所在地称为草王，又称草堰港。当时刘沟向东通往夏广沟出下官河的一条河，全长6千米，是荒田对外的主要通道，担负着柴草外运、粮食内调的主要功能，所以叫粮草河。后来编制兴化地图，按照航摄图调绘时，由于“粮”“穰”音相似，出现口误，办事人员遂将粮草河写成“穰草河”，其实当时这里一根穰草都找不到。纵贯南北的李中河，建成了高标准圩堤和水利设施，河道东岸利用圩堤新筑了兴沙公路，河的北岸大堤建成大(丰)兴(化)金(湖)省道，水陆交通四通八达，抗御洪涝灾害的能力显著提高，昔日荒田、荒滩、荒水全部得以开发，建成了高标准农田和一方方精养鱼池，粮草河使命至此已经完成。优质的农产品和丰富的水产品源源不断地通过公路运输，满足很多大中城市的市场需求。

位于大纵湖和吴公湖之间，将吴公湖水排入大纵湖的人工引河称中引河。吴公湖与大纵湖两湖相距3千米，历史上由于没有大河相沟通，两湖汛期水位相差0.3米多。大纵湖有蟒蛇河通新洋港，汛期排水快，而吴公湖每年汛期的高水位需要持续到年底才能排完。例如1957年汛期，吴公湖水位高出大纵湖38厘米，直至12月底两湖水位差仍达27厘米。为了开拓两湖通道，加大吴公湖排洪流量，1958年春，县政府组织沈坨、中堡两乡民工，将原有12米小河开成口宽70米的大河，使大纵湖与崔垛至中堡的东西大河大溪河相沟通，大溪河以南有许多垛岸间的小沟与吴公湖相连。后来，由于联圩并圩，吴公湖北侧大溪河以南新建成郯家大圩，使两湖又被隔开。1987年底，市水利局启动了三湖连通工程，分开郯家圩，疏通中引河上游郯家河道，扒开平旺湖与吴公湖之间的大丁沟，使平旺湖、吴公湖、大纵湖三湖沟通，共同调蓄，加速外排。现在的三湖连通河道全长8千米，河名仍沿用中引河。

城南十里亭（临城镇政府所在地）以东、郭家庄一带是临城粮食主产区，郭家庄至十里亭的一条大河是四乡八舍运输粮食的唯一通道，所以叫运粮河。后来，为了方便刘陆乡运粮，把运粮河由郭家庄向南拐弯延伸7.2千米，穿过浪家荡开到刘陆砖场，仍定名运粮河。

三是以河的位置取名，河的区位明确。

历史上有很多老河以起讫地点或河道区位定名，简单明了。例如：兴化与盐城分界处，西起大纵湖、东至串场河，全长39.5千米的一条河叫兴盐界河，就是以区位定名；兴化至姜堰的途经刘陆、沈坨、茅山、顾庄的一条通航河道叫兴姜河；沈坨向南穿过茅山朱南，通往边城界沟，接兴泰界河的南北向河道叫通界河。水系调整期间，新开了一大批市、乡（镇）骨干河道，不少河道以位置取名，如李健、中沙两区合开的河叫李中河。1958年水利建设规划中，北起盐城、南接靖江，纵贯里下河的盐靖河，由于南北两头没有实施，兴化境内于1994年结合新筑宁靖盐一级公路，拓浚与路平行的全长54千米的河道，定名为盐靖河。1979年盐城市组织所辖各县民工拓浚、整治了南起沙沟、北至建湖黄土沟，全长17.3千米的东塘河，其中兴化境内7.7千米，把东塘河按照起讫地点更名为沙黄河。

“四五”“五五”期间，各乡（镇）在水系调整、开河分圩期间，新开了一大批乡（镇）级骨干河道：顾庄乡新开纵贯全乡的南北中心河，全长8.2千米，取名顾中河；南起戴南、北至唐刘出蚌蜒河的南北河，全长11.8千米，因唐刘先开，戴南后开，取名唐戴河；陈堡新开了西起校庄、东至沈阳，全长10千米的东西河，使卤汀河、渭水河、通界河三河沟通，取名校阳河；徐扬乡新开了南起白涂河、北至海沟河，贯穿全乡南北的中心河，因地处永丰圩东侧，与雄港平行，故取名永东河；西北部地区，缸顾劈开九庄圩，新开了缸顾至夏广入下官河的东西河，取名缸夏河；缸顾、中堡两乡（镇）使缸夏河穿过吴公湖向东延伸，接通海河、钓鱼两乡洋汊河，取名缸洋河；大邹、海河、钓鱼三乡镇联合新开的南起海沟河、北至兴盐界河，全长14千米的老海河大圩的中心河，与东西向洋汊河十字交叉，将老大圩分开，使水系串通搞活，取名兴海河。后来编制地图时由于笔误，将“兴”写成了“新”，所以成了现在的新海河。分圩河甚多，这里就不再一一列举。

四是以开河的时代特征取名，政治色彩浓厚。

兴化整治河道，曾在“大跃进”时期、“文革”期间和“农业学大寨、普及大寨县”时期出现过三次高潮，当时新开和整治河道的名称，大部分带有浓厚的政治色彩。

“大跃进”时期，大搞河网化，当时新开了一批河道，由于摊子铺得太大，有些未能及时完工，在后来多年的工程续建中先后完成了原来的规划，这批河道仍沿用原河名，如垛田乡南起孔戴接兴姜河、北通湖西口出白涂河，全长8.8千米的跃进河。大邹超纲河、大垛跃进河、下圩跃进河、海南跃进河、舍陈跃进河等都是1975年前后续建整治完工的河道，河名仍沿用原名。

“文革”期间，勤劳淳朴的兴化农民治水不停步，农业生产迈大步，新开了一批新河、大河。他们按照时代特征给新河起名，如边城、茅山两乡镇联合新开了南北全长9.2千米的朝阳河。周庄朝阳河、沈坨朝阳河、老圩前进河、下圩前进河、中圩前进河、边城向阳河等，都成为乡镇引排灌航的骨干河道。有的乡镇起的河名政治色彩更是鲜明，如舍陈1966年新开的南起塔子河、北接王家港的中心河定名为红卫河，老圩乡新开的横贯全乡腹部的东西干河取名为反修河。后来舍陈、老圩两乡镇分别将两河更名为塔子河和老圩河。

在"农业学大寨、普及大寨县"时期，广大干群在治水活动中迸发出了极大的积极性，掀起了水系调整、水利建设的热潮，这期间新开和整治的河道大部分被命名为大寨河、团结河、龙江河、幸福河、"四五"河、"五五"河等。例如，舍陈、合塔、戴窑在三乡镇交界处联合新开了全长11千米的红旗大寨河；在永丰、林潭两乡交界处新开了永林大寨河；陶庄乡于1975年，举全乡之力新开了南起蚌蜒河、北至车路河，全长15千米的南北大河，定名为幸福河。幸福河现在已经作为泰东河影响工程，向南延伸至泰东河，全线得到高标准整治，升格为市级骨干河道，成为全市东部地区引水干河。

五是以历史典故取名，文化内涵丰富。

兴化的每条河都有故事，特别是一些老河的河名深藏历史典故，细细探究这些河名典故，意义深远，让人回味无穷。

渭水河是纵贯兴化市境中部，北起大邹镇东侧出兴盐界河、南至边城东板坨西侧入兴泰界河，全长52.5千米的市级骨干河道。关于它河名的形成，有一个传说。宋元时代，姜氏家族由苏州阊门迁居兴化北乡，以务农为生。姜氏后代怀念始祖，便在庄东河畔东侧建庙，庙前东侧河边设立钓鱼台，后来兴化的文人雅士把由庙东通往大邹的一条小河定名为渭水河。把渭水河与钓鱼台联系起来，反映了当时的文人崇尚历史、崇敬文王，河名巧妙运用周文王求贤若渴、在渭河边寻访直钩钓鱼的姜子牙的历史典故，启迪后人尊重人才、尊重知识。后来，兴化人民不断兴修水利、调整水系，将原来7.5千米的渭水河拓宽浚深，并新开河道向南延伸，从而形成了现在的渭水河。

上官河、下官河是历史上里下河地区的主要通航河道。上官河是盐城至镇江的盐邵线主航道，下官河是建湖至高港的建口线主航道，分别是兴化洪水下泄新洋港和黄沙港的行洪通道。

上官河南起乌巾荡、北至大邹吉耿西侧出兴盐界河，全长20.6千米，与盐城新洋港支流朱沥沟相接；南端乌巾荡东侧由航道部门疏浚，向南延伸至东门泊与车路河沟通接卤汀河。下官河南起乌巾荡、北至沙沟王庄，全长26千米，北端由沙沟王庄向北分东、西两个支流，西支通宝应西射阳，称西塘河；东支至建湖黄土沟，称东塘河。南端向南穿过乌巾荡西侧与城区西荡河相接，由西鲍鹅尚折向东与上官河相接。

民间传说历史上兴化城是块"真龙宝地"，人才辈出。据初步统计，考中进士的达105人之多，出的官员较多。有时大小官员上任卸任的官船相遇，经常为争走上首而发生争执，后来，宰相李春芳定了一个规矩，凡上任官船走东河航道赴任，河名定为上官河；凡是回乡探亲、卸任的官船走西河航道回兴化，河名定为下官河。这一做法相当于现在的公路分道行驶。这一民间传说已无法考证真伪。古代民间以东为上首、西为下首。"官"是公共的意思，东边的一条公共交通航道称上官河，西边的一条公共交通航道称下官河，"上官河""下官河"河名可能来源于此。

雌港位于兴化原8个老大圩之首的老圩境内，是老圩圩内的一条南北向中心小河，南起海沟河、北至兴盐界河，口宽22米左右，总长8.5千米。雄港原为永丰圩内的南北向中心小河，南起白涂河、北至海沟河，河道弯曲浅窄，口宽不足20米，全长10.7千米。

雌港和雄港河名由来说法不一，无从考证。一种说法是：上下首，阴阳说。在古代，东、南为上首，西、北为下首，人们习惯称上首为阳、下首为阴。雄港在南，是上首为阳，称雄港；雌港在北，是下首为阴，称雌港。传说雌、雄若相连、相通，则必遭大水灾，因此雄港北端的坝头历史上总是封闭着的。

另一种说法是“鸭说”。雄港北端河东海沟河畔有一个村庄叫葛垛营,因为雄港、雌港、海沟河的螺蛳多,养的鸭子肥且产蛋又多又大,所以葛垛营及周围村庄养鸭人很多,但是,海沟河南的雄港河里养的鸭子产蛋孵化出来的雄鸭多,而海沟河北的雌港河里养的鸭子产蛋孵化出来的雌鸭多,人们无法解释这种奇特现象,把一切归结为“河”的原因。雄港、雌港两河原本无名,人们便将产雄鸭多的河称为雄港,产雌鸭多的河称为雌港。

关于雌、雄港河名的由来,说法众多,没有定论。

现在的雌、雄港,经过1958年、1962年、1965年、1966年、1969年、1972年和1977年共7期工程整治,已经成为兴化东北部地区南起车路河、北接斗龙港,全长23.7千米的南北排水大通道,南引北泄、东西调度,综合效益十分显著。

百里水乡,万条河道,河名甚多,举不胜举。有些河叫溪河、荡河、横泾河,还有少数河叫鲤鱼河、麻雀河、五塘港、九里港、老龙河等。圩内河道更是名目繁多,沟、港、河、湾种类齐全,一、二、三、四、五等数字,东、南、西、北、中、上、下、前、后、左、右等方位,以及赵、钱、孙、李、张、王、刘、陈等姓氏几乎全都用上,如庄前河、东大沟、董家港、刘家河、第五沟、三里湾、伍深港、吴岔河、九龙口、十八河、蚂蝗沟等,无法一一列举。河名不仅是河的名称符号,而且内涵十分丰富,有的深藏历史典故,有的富有传奇色彩,有的体现了民众的美好愿望,有的反映了时代特征,充分展示了兴化的水文化。认真品味河名,可谓余味无穷,研究和探讨河名文化,对于传承历史、传承文明有着深远的意义。

第四节　诗赋

一、记水灾

1. 隆庆己巳(1569)大水纪灾二首

［明］陆典

（一）

田野黄云烂不收,风尘渺渺忽生愁。
浪倾山势从天下,日抱河流接地浮。
木末有巢居泛泛,天涯无路水悠悠。
桑田转眼成沧海,只恐鱼龙混九州。

（二）

老泪纵横望转赊,城头落日乱翻鸦。
秋风方战桐无影,冷雨强催菊有花。
一夕水天星在罶,五更霜落月横槎。
春来乔木巢春燕,顾我飘零尚有家。

2. 苦　雨

［清］夏之蓉

吾乡号泽国,灾祲亦屡遘。厥土惟涂泥,河淮莽相凑。

今年复苦雨，占晴失丁戊。蜗涎上短壁，鸠妇鸣长昼。
晻晻阴晦凝，沸沸檐牙溜。淋漓溅榻儿，出入缩颈脰。
灶沉但悬釜，床移或穿霤。有时看盆翻，无人补天漏。
腹空人口饥，蹙頞两眉皱。愁霖势岂支，积潦理难究。
侧闻下河田，垂实正繁茂。沮洳连沟塍，屈注逮井甃。
渔艇系桑颠，蚁穴徙墙右。危栏偃瘦牛，荒陇窜饥鼬。
薪湿老妇哗，屋塌痴儿诟。北风不扫除，昏垫恐莫救。
焚香告天公，稽首祝川后。愿放太阳光，毋使困昏瞀。

3. 纪　灾

[清]夏之蓉

洪湖水漫漫，后为黄水胁。奔腾注下流，直与淮阳接。建瓴势易崩，其祸在眉睫。云胡治河者，坚闭不启闸。上河已在惊涛中，茫茫一片成蛟宫。蒸云老雨不肯住，更兼西北号长风。断木架高阁，数钱买行灶。势若累卵危，夜半人语噪。有司作计良周章，四门遍塞增保障，忽闻上游坏堤防，刘家堡嵇家闸同日决，饥不暇食心皇皇。到此五坝同时泄，洪波滚滚恣荡潏。可怜下游人不知，顷刻沟中作鱼鳖。道旁白骨相撑排，扶羸载瘠吁可哀。榆糜作食息残喘，竹筐低挂啼婴孩。盐城兴化诸邑，饥民相望于道。藉非仁圣协尧禹，委弃岂有余黎哉。民依轸念恤疮痏，不惜仓储发流水。负薪楗石与更始，愿锁支祁海门底。

二、咏水利工程

1. 运　河

[清]张曾勤

水势滔滔注运河，时更三伏岸平波。
人居釜底浑忘险，帆影常看屋上过。

2. 诗咏大运河

郭金标

古运奔流千载长，燕京直下到钱塘。
吴王首拓邗江道，隋帝重修淮左浜。
引水雍丘滋稻菽，输盐楚甸济工商。
交通排涝功劳大，促进三农更富强。

3. 范堤牧笛

[明]单一凤

此地当年浪里眠，於今壅筑万家田。
春风牧笛横牛背，千载令人颂大贤。

4. 范堤烟柳

[清]颜宕

碧柳依依拂晓风，古堤逶迤去如龙。
先忧后乐人何在？棠咏千秋忆范公。

5. 探春慢·兴化范仲淹纪念馆落成

翟一槐

南极潇湘，北达巫峡，岳阳楼下江水。把笔吟书，谈吐胸墨，送目凭栏千里。先天下忧乐，笑豪语，已成空志。任芳留臭遗，自有后人评记。

客旅昭阳旧事。休忘了、田淹家毁。汹涌茫茫，雷声不许，欲把苍穹捣碎。泽畔晴光月，来照取、长堤如此。慰有今天，瞻仰范公旧址。

6. 下河叹

［清］爱新觉罗·弘历

下河十岁九被涝，今年洪水乃异常。
五坝平分势未杀，高堰一线危骑墙。
宝应高邮受水地，通运一望成汪洋。
车逻疏泄涨莫御，河臣束手无良方。
秋风西北势复暴，遂致冲溃田禾伤。
哀哉吾民罹昏垫，麦收何救西成荒。
截漕出帑赖大吏，无遗宁滥丁宁详。
百千无过救十一，何如多稼歌丰穰。
旧闻河徙夺淮地，自兹水患恒南方。
复古去患言岂易，怒焉南望心彷徨。

7. 里下河区庆有余

金子平

一熟沤田人拽犁，改成稻麦两收宜。
雨涝畅泄归江海，洪泛坚防有坝堤。
万闸千圩凭水涨，四分两控任人移。
浚河筑路车船便，鱼米飘香乐盛时。

8. 车路河

倪为荣

三更冰笋结茅檐，一夜北风啸寒天。
万根扁担冒热汗，千年河道锹下迁。
东门泊上擂旗红，串场河口机声隆。
赤脚书记战风雨，茅山号子唤青龙。
长笛一声报海讯，车路百里生风烟。
地冻霜寒心不冷，三九胜过二月天。

9. 兴化防洪工程赞

潘仁奇

鼍舞百花摧，涛掀四海悲。
衔镇精卫魄，疏浚禹王才。
长堰凭浇筑，狂澜赖拒回。
欣看风雨后，浪里彩霞飞。

10. 咏防洪堤

曹宝义

眺望大堤无尽头，蜿蜒曲折绕城周。
一方福泽工程浩，排涝防洪不用愁。

11. 漫步长堤(二首)

史秉法

(一)

阳光和煦沐晨曦，步履轻盈入坝堤。
两岸垂杨轻曼舞，清清流水绕桥基。

(二)

铁壁铜墙万世基，人民力量好神奇。
安居铭记党恩泽，从此洪魔远别离。

12. 得胜湖怀古(古风)

杨朱森

打渔波烁烁，获在水中央。
武穆三军勇，金朝驸马亡。
升平渔父乐，战祸楚阳荒。
开国华章谱，苇花依旧芳。

13. 挖泥船

丁文彬

活水清淤待问津，清援长臂罱泥深。
何期更有通天力，铲尽人间腐秽根。

14. 印象沧浪河

唐永贵

沧浪河水清又纯，碧透倒映天上云。
月色降临星光灿，嫦娥水中秀神形。
沧浪河岸多风情，亭台楼阁好斯文。
茂林修竹春意浓，鸟语花香配佳人。

15. 上善若水

顾开华

低海拔的里下河，平原和森林一样广阔
锅底洼的楚水地，河湖和星星一样密布
水做的家乡，村庄安静、船队扬帆
还有水上的大片杉木和菜花辉映
浣洗母亲曙光的水
供养庄稼血脉的水
抚育村庄城市繁衍生息的水
在时光暗得深沉沉的日子
泛滥出大片的白，望不到边的白
吞噬了父亲的船头，母亲的纺车

那只伴我童年歌唱的布谷鸟
在高高的天空找不到休憩的枝头

一水辽阔
祖辈、父辈、年轻的我辈
披星戴月，夜以继日
从昨天到今天，从原野到街道
从肩扛担挑到机器轰鸣
车路河似玉带东西贯通
防洪墙如巨龙环绕城市
还有那，千座站、万座闸
防洪抗旱，吞吐自如
当国家扩大内需的号角吹响
新世纪的水利人，抓机遇、迎挑战
南水北调，中小河治理
湖荡退出干净自由的水面
还有父老乡亲饮水安全
一件件工程有条不紊
一个个音符和谐向上
水，为我而生，为我而用，为我而绿
我看见，田野中的禾苗深情拥抱太阳憧憬杨花
我看见，小区中的老者安然踱着方步染红黄昏
是谁，把里下河的情歌一唱再唱
是谁，把古老的城市年青出靓丽的容颜
是谁，在天蓝岸绿的大地
载起过往、现在和明天
管水、治水、引领好水
书写下剔透的上善若水

16. 幸福河

顾维萍

幸福河

她是我家乡的一条河
她流经我的家乡
她就在我的家乡
她是家乡的人们
用双手创造出的一条人工河
徘徊在河边的往事
如令人心动的少女
在夏日美妙地流淌
在流水与浪花的轻吻中

我也想流淌成
一条幸福河了
熟悉的歌谣从时间的浪尖上盘旋而来
让我在一朵花的芳香里
倾听童年的天真
翠竹森森的林子
曾藏着少年羞涩的爱情
幸福河
如梦中的一朵莲花
让我坐在幸福的光芒里
熠熠闪烁
幸福河
用纯洁温柔的乳汁
丰润我每一片平凡的日子
从此我的心灵上便帆影点点
伫立在你的身边
我看见
一棵棵朴素的庄稼
在乡人汗水的淋浴中
盛开着勤劳与善良
幸福河
你曾是我阳光下骄傲的花朵
你曾是我月光下最温柔的语言
你是我绿树下真实而苍凉的故事
你是我夕阳里悠扬动人的吉他
你流淌着长长的爱恋
托起幸福的船只
让日子丰满
让岁月精彩
幸福河
你用平静的目光告诉
生命中不能缺少河流
就像生活里不能缺少温情
她使我们豪气顿生
幸福河
我故乡的河
你是我记忆中最生动的部分
你是我一生一世永恒的坚守

（幸福河是我老家大顾庄一条开发较早的人工河，伴我度过了童年、少年、青年时光）

三、治水赋

兴化人民　治水丰碑

刘文凤

兴化水乡　全国百强　水产夺魁　国家粮仓
历史兴化　洪水走廊　百里泽国　十年九荒
民不聊生　悲惨凄凉　追根溯源　水患创伤
一九四九　全国解放　兴化人民　一心向党
大兴水利　禹风弘扬　百万人民　奋发图强
半个世纪　南征北战　北修总渠　西固堤防
南建四站　东治四港　导淮分淮　入海入江
整治河道　三级河网　田间工程　能灌能降
九七之春　市委主倡　圩堤达标　浇铸铜墙
三年建成　无坝之乡　闸站配套　洪涝能挡
新的世纪　再创辉煌　治水兴利　统筹城乡
整治干河　新辟五港　南抽东排　引排通畅
城市防洪　历史首创　以河划块　分区设防
三年任务　两年完成　水乡兴城　洪涝无恙
乡镇供水　城乡联网　划分四片　供水城乡
污水处理　分乡建厂　集中处理　达标排放
退渔还湖　力度加强　先退三湖　恢复原样
调蓄洪涝　滞水阻涨　生态美景　落户水乡
环境整治　转入正常　落实责任　明确河长
岸绿水清　永驻水乡　泽被后世　青史流芳

第五节　涉水著作

一、兴化纪河——费振钟

1925年前后的记录，兴化四十五条河。

邑乘志河渠，分列四正四隅，东曰龙舌津头、得胜湖、芦洲河、旗杆荡、车路河、避风港、义亭河、西塘港、东塘港、古子河、横泾河、塔寺河、千人湖、串场河。西曰山子河、楮文溪、海陵溪。南曰南官河、南溪、王家港、龙垂港、北昌家港、新庄港、崩墩河、沙家港、院庄河、贾庄河、杜家沟、蚌蜒河。北曰乌巾荡、瓦子沟、千步沟、北官河、和尚河、刘家河、仲家河、孙家河、蒋家河、吴家沟、赵家河、土桥港、海沟河、平望湖、滑石庄河、韩家河、吴公湖、凤凰河、玉琼河、既济河、仇家湾、大纵湖、卢家河、陈图河、兴盐界河。东南曰何家垛港、梓辛河、竹泓港、白沙湖、博镇河。西南曰孟家窑河、运河。东北曰白涂河、鲫鱼湖、精阳溪、渭水河、官河、屯军河、纪家港河。西北曰新沟河、下官河、涝水泓、鹤儿湾、龙树港、丁沟、武陵溪。总计湖、荡、沟、河、津、溪、湾、港名目计有八类，名称都共七十七种。实则五场之流域与各庄之小沟河概不在内，即轮航必经之朱沥沟亦无可考，将来当详考其名而别表之。

清点这段文字，只得河名四十。其中东西经河六条，从北向南排列为兴盐界河、海沟河、白涂河、车路河、梓辛河、蚌蜒河，余下都可以看作纬河。这些河流，赋予它们确当的命名，是一个长期的历史性事情。它的重要性，甚至不是为了标识地理与水文，而是为了从河流之上展开关于兴化的想象和叙事。1684 年，来兴化任职的学者兼官员张至立将它想象为“水势回绕，风气之秀，发为人文科目之盛”，于是我们见闻了会聚唐宋以来千年的文影书香；而二百多年过去，水利专家金栻用务实的比喻，还原了它的本来面目“水道如网，触处皆通”，于是大小不计其数的村庄和舟船，土地和谷场，房屋、烟囱、码头、桥梁、渡口，以及那些因河而设的客栈、作坊，它们之间的相互通联，演示了兴化所有的历史可能性。

显然，无论是《兴化县志》的作者、《兴化河渠志》的作者，还是后来继他们而执笔撰作的业务与专业修史人，都曾经试图解释兴化四十五条河流中的每一条河流，他们甚至通过对河流深度的丈量，努力从兴化“陆沉”的确定数据中，测定它深藏于水底的形态。我读相关地方文献时，心里总忍不住怀着对这些史志先辈们的崇敬之意，他们中有人还不是兴化人，他们对河流中的兴化给予的全部关心与描述，完全因于一种道义和知识冲动。

那么，对我们经验中兴化的河，怎么表达呢？

我很想作一幅兴化河图，用那种最古老的方式。我指的不是那种张择端式的工笔细绢，而是带有玄秘性的抽象线条，真正的“河图洛书”。我不要实体的形象描写，只要那种由时间呈示出来的一种图式。正如那一年(仿佛年纪还小)，我坐在东塘港河渡口，看到河流借着薄暮下的阳光穿过村庄，一线如笔划过。而如此简洁的线条，蕴含和展开了多少时间与故事！也许，我现在回想起来，河流中的兴化，呈现于我，就是这种具有启示性的时间图式。它迫使我们往后的岁月，沉入到深邃的解释之中，亦如易卦之有象有数，然后需要一个读解的系辞。

当然，我还想如郦道元作水经注，用“江水又东”式的写实文字，描写兴化河流。但“河水又东”会怎么样呢？河水又东，这六十里水路奔着东边的大海，带去了多少兴化的岁月和日子，有灾有利，有难有福，有苦有甜，有悲有喜，有幸亦有痛，怎么能够注得出来？又需要多少文字才能注得出来？所以，四十五条河就这样地流着，从大唐流到大宋，从大明流到大清康熙、乾隆、咸丰，一路流过来，却只有图表而没有文字叙说，终让后来人扼腕叹息。所以，我在“河水又东”的那个夏季(应该上中学了)，坐在我们村庄南面蒋家坝，看水流无声而下，至今仍能清楚回忆那种无知无觉的状态。

而我知道，经验可作复述，但我宁愿放弃复述，只将这些复述变为我们的所有生活念想。当四十五条河从我们的日常生活中流过时，我要让我们的念想成为其中一尾鱼，一条河草，一枝芦苇，一片漂在水上的萍花；也可以让我们的念想，成为滴落春水中的一粒种子，秋水中的一点星光，或者为夏水所冲刷，或者为冬水所凝结。然后，从念想中将四十五条河，聚为永恒之河。这河，叫兴化河。它在我们所有人的念想中，不改不变，不塞不壅，不干不涸，不消不失，有信有义。

如是之故，我将把 1972 年的一段经历作成念想，写在下面，以为兴化河纪：

才过过春节，家里来了陌生亲戚。亲戚将他们的小木船，靠在村庄东码头，在杨树下系好船桩，就走进我们家来了。

我祖父对我说，这是你桂珍大大。桂珍大大的到来让我心动，我从不知道我们还有这么一个亲戚。祖父说桂珍大大他们这一支也是我们老六房的，三十年前迁徙到远乡去了。他在家族中，与我们最近，却长久不曾走动。因为桂珍大大的到来，我初次接触到了我们的家族之树。虽然桂珍大大只是这棵树的一根枝条，但我显然触摸到了这棵树的存在，由此引起心里的一阵感动之情。在这之前，我总觉得我们是孤独的，单薄的，无依无助的，桂珍大大到来这一天，我开始明白，事情也许并非如此。尽管我还没有足够的能力理解它，不过我已相信一个家族的存在对于我们的后援意义。而我们的家族或许就分散在四十五条河流以及它们的支流之间。无须寻找，我相信，某一时刻，会有人顺着河流接引我们，虽然这一天突然而至的桂珍大大，叫我多了一重惊奇。

我的桂珍大大，这次不单单来走亲戚。他带他的大儿子一起，捧了一只红漆喜盒。喜盒里一挂面条，一方肉，都封了红纸。桂珍大大恭恭敬敬呈上喜盒，请他的堂叔老大人去喝喜酒，他的小儿子、我的小堂哥哥要结婚了。

吃过一碗蛋茶，一碗葱花面条，我和祖父随了桂珍大大上船。我们坐在船舱里，木板上新油的桐油散发出清冽冽刺人的香味，桂珍大大双手划桨，船平稳地在河水中前行。现在是午后，春阳照在河面上，也照在我们棉袄上，透进身子里暖酥酥的。我们要走五六个时辰，傍晚才能到达桂珍大大那边的家。想象那时候鞭炮铺天盖地，想象唢呐奏出欢快的乐调，想象新郎欢天喜地把新娘迎进洞房，想象一席一席筵席上那些肥大的鱼、圆滚滚的肉坨子，想象大碗热腾腾的头菜，心里极是热切。但大人们都沉着，祖父一管又一管吸水烟，桂珍大大也是一边划船，一边咬着旱烟袋，我有点讪讪地不好意思，就只好由着小木船，走过蚌蜒河，再进入不知名的河流，但朝绿树和炊烟的村庄逶迤而去。

桨声水声欢然与我同行，两岸有无限喜气相随。我愿意，在河之上，这一行，这一生，永远这样，没有悲伤怨苦，只有欢天喜地。

二、兴化抗洪大写实——刘仁前

雨，暴雨，如瓢泼，似盆倾，铺天盖地，无休无止。

水，洪水，如海潮，似猛兽，汹涌而至，势不可挡。

素有苏北里下河“锅底洼”之称的兴化 2 393 平方千米的土地上，自 1991 年 5 月下旬以来，连遭特大暴雨袭击，至 7 月 11 日 12 时止，累计雨量已达 1 255 毫米，为常年梅雨量的 5.5 倍，是历史最高的 1954 年梅雨量 616 毫米的 2 倍。

6 月 14 日，兴化水位越过 1.8 米的警戒线。

7 月 8 日 11 时，兴化水位突破 1954 年 3.06 米的历史最高水位。

从 6 月 29 日至 7 月 11 日共 13 天，雨日 12 天，雨量达 906.1 毫米，降雨范围之广、强度之高、持续时间之长为历史罕见，两日雨量、三日雨量、五日雨量、十日雨量均大大高于历史极值。

7 月 15 日 20 时，兴化水位已高达 3.34 米，地势低洼的荡朱乡水位已高达 3.45 米。

兴化 192 万亩农田危急！

兴化近 150 万人民的生命财产危急！

兴化全境险情迭起，全面危急！危急！

面对兴化百年未遇、历史罕见的特大洪涝灾害，兴化市委、市政府向全市人民发出了紧急动员，市委、市人大、市政府、市政协四套班子领导同志，以及市直机关各部门负责同志 200 多人，火速奔赴全市 55 个区乡镇，指导抗洪救灾工作。我随市委负责同志赴抗洪救灾第一线，协助工作开展。在抗洪救灾第一线的那些日日夜夜，我记下了自己的所见、所闻、所感，于是便有了下面这几则日记。

（7 月 2 日）

天倾东南，暴雨如注。地面平均真高仅 1.5 米至 2.2 米的兴化顿成“水乡大泽国”。

兴东公路两旁出现大片沉田；

兴盐公路两旁出现大片沉田；

兴沙公路两旁出现大片沉田；

……

曾是绿油油的稻田，曾是枝繁叶茂的棉花，曾是绿树掩映的村庄，曾是大片大片的绿色，那赏心悦目的绿色。眼下，竟是苍苍茫茫的白，一望无际的白，那纯纯粹粹的惨白，白得，直叫人锁眉，揪心。

全市地势低洼的西部地区，沙沟、荡朱、周奋等 6 个乡镇，被淹农田达 10 万亩。

到今天上午，市防汛排涝指挥部已有了如下记载：

全市有 123 万亩农田围水受淹；3 690 亩鱼池沉没；300 多间房屋倒塌；9 万多只家禽家畜死亡；6 条卖粮船沉没，损失小麦 1.2 万公斤；29.25 万公斤粮食受潮；2 根万伏电杆被刮倒；5 座农桥被冲毁。

无情的暴雨，无情的洪涝，袭击着“锅底洼”，蹂躏着“锅底洼”，妄想征服“锅底洼”，毁灭“锅底洼”。

（7 月 3 日）

暴雨又降，水位猛涨。至 22 时，兴化境内最高水位已达 2.8 米。

暴雨不断，水位仍在上涨，形势十分严峻。

随着市委、市政府的一声紧急号令，敢于擒水妖、搏洪魔的兴化人民，以上九天、下五洋的英雄气概，在农村，在城区，在圩头坝上，在田头村上，在险工患段，在机关后方，在全市 2 393 平方千米的每一寸土地上，用“三车六桶”，人工刮水，到处都摆开了与洪涝灾害作斗争的战场。

今天，市防汛排涝指挥部统计表上，有这样一串数据：全市关圩口闸 800 座、打坝 3 700 个，29 个乡镇有 166 条联圩排涝，开启排涝站 980 座，船机排涝 5 900 条，共 8.2 万马力，2.2 万千瓦，投入排涝人数 6.5 万。

这数据，不再纯粹是一种记载，一种统计；这数据，浸透着“锅底洼”人的汗水，书写着“锅底洼”人的抗争；这无声的数据，是一场波澜壮阔的抗洪大征战。

（7 月 4 日）

“锅底洼”，四季水汪汪。

“锅底洼”人，祖祖辈辈没少跟水打交道。

“锅底洼”里那座小城，原本是浮在水上的一叶荷。

“锅底洼”纯纯粹粹，一个水的世界。

“锅底洼”人，于是便有了水一般的性格，柔韧、刚毅，百折不挠。

面对本世纪未遇的大洪大涝，“锅底洼”人，勇猛无畏，挟“水妖”，降“洪魔”，挥舞着如椽巨笔，重新书写着兴化抗洪斗争的历史。一个个可亲可敬的形象，映入脑际；一桩桩可歌可颂的事迹，铭刻心田。

（7 月 5 日）

一个党员就是一面旗帜。

在抗击大洪大涝中，这旗帜飘得更高，扬得更远，猎猎有声，强劲有力。它飘扬在抗洪救灾每个战场，它飘扬在人民群众的心坎上……

在垛田。“闸门冲崩了！快来人哪！”清晨，兴东公路旗杆荡路段上传来一声声呼喊。那喊声撕心裂肺，震荡着四周的村庄。张西闸崩，落差 1.5 米的洪水咆哮着，猛兽般扑向内圩。“格炸！”一条水泥船被折断。“格炸！”又一条水泥船被折断。圩内 10 多个村庄 4 万人的生命财产危在旦夕，近万亩农田面临灭顶之灾……险情就是命令。刹那间，邻近 5 个村数百名群众闻声而动，奔到现场。洪水发了疯似的，势头越来越猛，水流越来越急，几次抢堵闸均未成功，形势越来越严峻。就在这万分危急之时，市委书记来了！市长迅即调动人马和物资，火速奔赴现场。在场的党员干部奋不顾身，纷纷跳入急流之中，手挽手组成人墙，沉船堵口，竖木排抵挡洪水，一时间，装满泥土的麻袋、草包、编织袋似充满仇恨的炮弹，纷纷投向“洪魔”的血盆大口——崩裂的闸口……6个小时过去了，闸口堵住了，圩内人民生命财产保住了。

在周奋。湍急的洪水冲击着圩坝，涌向内圩。时堡5个村200多名群众带着抢险工具，从四面赶来。水流太急，泥袋扔下水就被冲走。“在上游筑人墙！”有人提议道。但缺口处水深浪涌，十分危险。怎么办？“筑人墙！”乡党委副书记顾国平坚定地说着，第一个跳入急流之中。近视眼镜被洪水冲掉了，他全然不顾。紧接着，“扑通，扑通”，20多名党员、干部纷纷跳入水中，一起手挽着手，组成了一道人墙。水势减弱了，岸上的人快速装好600多个泥袋，堵住了缺口。2个小时的激战，时一村坝头又筑起了一道坚固的河堤。

（7月6日）

“锅底洼”大洪涝，猎猎有声的旗帜下，走来了一批又一批“斗妖擒魔”人。

他，顾桂喜，分管兴化农业的市委副书记，十多年来，每年都有两三百天在农村转。抗洪救灾以来，他始终在第一线，没睡过一个整夜觉，没吃过一顿安稳饭。有时连续十几个小时点食未进，有时通宵达旦奋战在险工患段。

她，蒋英，荡朱乡徐官村一位年逾古稀的女党员，从7月3日至7月5日夜12点，总共睡眠时间不足8个小时，日夜和广大干部群众战斗在抗洪排涝第一线。

她，11岁的儿童徐爱粉，当竹泓镇志方村崩闸时，竟出现在抢险现场，绷袋口给70多岁的奶奶装土。

他，沈坨乡华谈村机工组组长陈明亮，刚为落水而死的3岁儿子办完后事，又出现在李默圩轰隆隆的抽水机旁。

他，徐德忠，一名普通的村总账会计，在本村闸坝出现险情时，毫不犹豫地将家中准备建房的14根木料和1.5立方米木板全部扛到抢险现场。

还有他们，许多普通人，在抗击这场大洪涝中，做出了许许多多并不平常的事。

不是说，沧海横流方显英雄本色吗？在与洪魔顽强战斗中，勤劳朴实的兴化人民展现出可贵的坚韧与刚毅，显示出难得的勇猛无畏与百折不挠。

无情的暴雨，征服不了“锅底洼”。

无情的洪涝，毁灭不了“锅底洼”。

（7月7日）

狂风暴雨再度袭击兴化。灾情恶化。

日降雨量95.6毫米。水位陡涨至3.04米，超过警戒水位1.23米，大大超过1962年大灾的最高水位。

兴化在风雨中顽强地承受着大自然的灾难：全市沉淹农田180万亩，损失粮、油菜籽7 800万斤；城乡有980个村被洪水围困，倒塌民房6.41万间；120个市属企业厂房全部进水，无法生产；直接经济损失达数亿元。

市防汛排涝总指挥胡炼多次向全市百万人民发表广播讲话，紧急动员，号召大学联合起来抗击特大洪涝灾害。

市委、市人大、市政府、市政协“四套班子”的领导同志全部奔赴抗洪救灾第一线。

45名副局级以上机关干部服从调遣，纷纷赶赴抗洪救灾第一线。

100多名机关干部职工按指定地点，火速到达抗洪救灾第一线。

兴化人，誓与“洪魔”比高低。

（7月8日）

暴雨。大暴雨。

到23时，兴化水位突破历史最高纪录。早已是茫茫泽国的兴化，洪水遍地，一片汪洋。

在市二招，洪水早已齐膝，市防汛排涝总指挥部设在这里，气氛十分紧张，决策者们火速协商之后，再次向江苏省委、省政府，扬州市委、市政府紧急求援。灾情通过无线电波，冲出暴雨包围着的兴化，传到扬州，传到南京。

江苏省委副书记曹克明来了。

江苏省副省长季允石来了。

扬州市委书记姜永荣来了。

扬州市代市长李炳才来了。

扬州市委副书记黄翠玉来了。

省、市有关部门的负责同志也纷纷来了。

在兴化百万人民生命财产受到严重威胁，十分危急的紧要关头，他们来了！

他们来了，带着党和政府对灾区的关怀！

他们来了，带着全省人民对灾区的慰问！

他们来了，既当指挥员，又当战斗员，和灾区人民肩并着肩，手挽着手，投身抗洪救灾。抗洪抢险的战场上，有他们深深的足迹；灾民的家中，有他们可亲的身影……

（7月9日）

理智与感情并不总是同向的。当理智与感情相逆时，背离感情而作出理智的抉择，无疑是痛苦的，但这是为了不永久地痛苦。

市防汛排涝指挥部里，市四套班子负责人和区委书记紧急碰头会议，一连串沉甸甸的数字：

全市近1 000个村、30万户、100万人被洪水围困。农村严重进水的有875个村、7.8万户，最深达2.15米；城区严重进水的居民住房有8 129户，占城区总户数的24%，最深达1.8米。需撤离人数达80万。

近日来，老天发了疯一般，暴雨更猛，暴雨量达236毫米，水位高达3.30米。整个兴化危在旦夕，万分危急。

怎么办？会议室里，参加会议的决策者们，一个个神情异常严肃。

静。沉静。

短暂而紧急的研究之后，决策者们坚决果断地作出了“缩短阵线，破圩滞洪，突击转移，确保人命”的重大决策。这决策，意味着什么，市里领导清楚，每个区委书记也都清楚。

“锅底洼”积水已达2亿立方米，水位居高不下，仍在暴涨。只有主动放弃一些圩堤，破堤就地滞洪分洪，才能缓解险情，确保人民生命财产安全。

几小时后，破堤滞洪、分洪在全市施行。

垛田新旗圩600亩蔬菜，周奋夏广圩1 500亩鱼池，林湖积粮圩2 000亩水稻，东潭王家圩2 324亩农田，周庄中心东圩6 400亩、孙祁圩5 464亩、团结圩1 467亩，破堤滞洪、分洪……

拼命保到今天，却又只能亲手为洪魔打开缺口，听凭无情的洪水吞没那大片大片的庄稼，漫上一片一片的绿洲。

朴实的兴化人，从大局出发，不怕困难，不怕牺牲。

一夜之间，全市主动破圩36个，滞洪分洪面积达21万亩。

（7月10日）

兴化的灾情，同样牵动着人民子弟兵的心。昨天中午，南京军区舟桥部队出动17辆大卡车和冲锋舟，满载着180名人民子弟兵以及一批抢险物资，抵达兴化灾区。

今天凌晨，江苏省武警部队两个连200多名官兵，风雨兼程，从南京开赴兴化，支援抗灾。

在灾区兴化，子弟兵和人民群众用鱼水深情，携手筑起了一道牢不可破的防洪大堤；用冲天斗志，谱写着一曲团结抗洪的正气歌。

（7月11日）

"江总书记也在关注兴化的灾情啊！"

这消息，像插了翅膀，迅即传遍城乡，传到抗洪救灾的每个战场，传到每个普通家庭。

今天上午10点，江苏省委书记沈达人给扬州市委书记姜永荣打电话，转达了总书记对扬州灾情的关注："里下河地区地势低洼，下起暴雨来不得了，必须尽快采取果断措施，确保受灾群众的生命财产安全。"

平易的话语，亲切的关怀，深厚的情意，博大的胸怀……

许许多多的人，听着收音机里的消息热泪盈眶；许许多多的人，交谈着交谈着泣不成声；许许多多的人，心头掀起阵阵热浪……

在红星。崔宗村新加固的800米堤坝上，出现了"紧跟共产党，建设新农村"的醒目对联。

在普通百姓家里。群众吟起了这样的顺口溜：

"地上哗哗响，

河水不断涨，

抗洪保家园，

多亏共产党。"

总书记，家乡人民感谢您！您请放心吧！

"把保护人民生命财产安全摆在第一位！"兴化市委、市政府向全市城乡各级党政组织发出命令。至此，"水乡泽国"数万人战略大转移形成高潮。

在城区。市里成立了受淹灾民转移工作领导小组，抽调78名市直机关干部和昭阳镇办事处、居委会干部，全力转移城市灾民。12所在城中小学校，迅速腾出教室215间，安置593户近2 000名受淹群众。市区防汛指挥部及时调整抗灾部署，对老鸦塘、小岛区域2 000多户进水居民住宅进行围坝排水。

城南小学有间"产妇室"。室内住着一位最年轻的公民——李水生。小水生7月2日来到人世间，头一眼便是茫茫大水，和妈妈从医院出来，已经有家无法归了。热心的乡亲们把他们母子俩接到城南小学，镇政府特殊照顾，专门安排一间教室，写上"产妇室"三个大字。水生的爷爷激动得不知说什么好，逢人便讲："我家三代多亏有共产党！"

到今夜零点，全市累计完成了36.1万人大转移。

昭阳镇水产村86岁的周福美，这位曾亲历过1931年大水的老人，感慨万千："多亏共产党护着老百姓，要在从前，可能早没得命了！"

1931年，里下河遭水灾，洪水、饥荒、瘟疫，三害并发，饿殍遍野，万户萧疏，7.7万人丧生。

1991年，60年大轮回。里下河又遭水灾，党和政府将人民生命安全放在首位，在短短几日内，完成了数十万人的战略大转移。

这不能不说是一个壮举！

"锅底洼"人，写下了兴化抗洪斗争史上辉煌的一页！

（7月12日）

有这样一封短信，小学二年级学生沈荔7月7日写给市委书记的一封信，一封随信寄有8元1角5分汇款的信。抄写如下：

“我是实验小学二（2）班的学生。在平时学习中dǒng得了爱祖国、爱集体、爱家乡的道理。最近兴化连jiàng bào雨，许多地方都被大水yān没了，给农民伯伯带来很多困难。我是一名少先队员，应该为大家着想。请您把我平时节省下来的零花钱转给受灾最严重的地方，略表一个少先队员的一点小小的心意。”

这封夹杂着汉语拼音的信，是婴孩呼唤母亲的稚音，是一片纯净明朗的天空，是一颗稚嫩无瑕的童心。

洪涝无情人有情，一方受灾八方援。

山西淳阳部队某部12名兴化籍战士拍来慰问电，并捐款110元。

兴化市人民医院副院长张筱霖及其爱人张佩捐赠500元、粮食500斤（粮票）。

其时在陕西汉中地区工作的兴化市前任市委书记丁解民，听说兴化受灾，日夜兼程，连夜赶到兴化农村，察看灾情，慰问灾民。临行前，强忍眷念之情留下了100元捐赠灾区。

兴化市直机关干部纷纷捐款，达8.4万元。解放军三总部送来了39箱价值万余元的药品。

靖江、泰兴、泰州、仪征等兄弟县市和徐州、邻省山东也纷纷送来灾民急需的食品和抗洪救灾物资。

江苏省人民医院和省防疫站的10名专家，赶赴兴化到乡到村开设门诊，送医到灾区。

江苏省农林厅领导和江苏农学院的12名专家，多次赴兴化帮助调运水稻、荞麦、绿豆等种子，深入灾区逐田块鉴定稻、棉受灾程度，具体指导补救、把管技术，支持灾区生产自救。

国务院赴江苏抗灾救灾工作苏北组来兴化视察灾情，慰问灾民，带来了党和政府对灾区人民的深情厚谊和亲切问候……

7月21日，国务院总理李鹏在省委书记沈达人、省长陈焕友的陪同下，顶炎热，冒酷暑，亲临兴化灾区视察，给灾区人民带来了党中央、国务院的亲切问候和无微不至的关怀，大大激发了兴化人民抗击大洪涝、重建新家园的冲天斗志。

几则日记，很快就翻完了。请相信吧，无情的暴雨，征服不了兴化，无情的洪涝，毁灭不了兴化！

（本文有删节）

三、中堡湖——毕飞宇

1976年夏，我的家搬到了一个叫中堡的镇子。中堡镇是特殊的，它的前身和后身分别有一个湖。就地理意义而言，这两个湖都不算大，然而，它们很辽阔。辽阔自然有辽阔的硬指标——从这头望不到那头。

从这头望不到那头，对一个12岁的少年来说，它的意义弥足珍贵。某种意义上说，这样的望不到头是一个好东西，它充满了积极的暗示性——彼岸是有的，未来是有的，所有的一切都在对面，再阔大的水面都无法改变这个事实。

1976年的夏天，我时常驻足在湖边，那是我第一次拥有如此巨大的空间，我发现了目光的长度。借助于湖面，我知道了无垠。这是一种从未拥有的经验，它让我欣喜。世界在远方。

在后来的岁月里，我无数次梦见中堡的湖，没有飞鸟，没有浊浪排空，我无数次梦见同样的东西，它叫浩瀚。回过头来想想，还有我的渺小。

是哪一年呢，反正那一年我已经读大学了，我有机会再一次回到了中堡。湖水没有了，湖没有了，我看到的是一个又一个鱼塘，它们一个连着一个，实实在在。有人破坏了一样东西，我再也不能从这头望不到那头。我的浩瀚，你在哪里？庸俗的现实充斥了我的眼眶。

作为一个出生于1964年的人，我当然熟悉一个口号，叫作“人定胜天”。在这句伟大的口号面前，大自然是人类的小媳妇，它听话，安顺，你叫她向东她不会向西。

是的，大自然在某些时候的确是听话的，辽阔的湖面可以变成一个连着一个的鱼塘。然而，大自然绝不是小媳妇，这是常识。在命运面前，人类的“伟大力量”注定了逃不脱“江湖”规则：出来混总是要还的。

好吧，我现在不谈江湖规则，只谈目光。在一个又一个鱼塘面前，我想替中堡的孩子们提一个问题——我们的目光还能那么放肆么？世界为什么失去了它的彼岸？在我们取之不竭的梦里，那个叫浩瀚的东西它飞到了哪里？

大自然一旦失去了它的暗示性还能是什么呢？是一个鱼塘，再一个鱼塘，又一个鱼塘，如此而已。

四、河工（外一篇）——李明官

正午时分，民工们歇晌了，喧腾的工地忽然冷清了下来。纵眼望去，大锹林立、泥担横陈，仿佛在默默诉说着劳动的艰辛。

挑河工，乃强劳力，数以万计的民工硬是凭着自己的一双粗砺的大脚板，在松软的田地上蹚出一条条路来。他们从凌晨五点钟便开始上工了，天还只是麻麻亮，寒气逼人，清霜锁道，这些厚道朴实的劳动者个个已是单衣薄衫，额角冒汗了。他们紧闭厚厚的嘴唇、吭哧吭哧地埋头扛担子，没有一句怨言，即便粗茶淡饭时一声戏谑的“自己的扁担压自己的腰，自己的公路自己挑”也压抑不住一种神圣的主人翁感。

百十华里的工地上，人头攒动，笑语喧天，红旗猎猎，喇叭声震，播音员一忽儿用清脆的嗓音报道着工地上的好人好事，一忽儿又播送着雄浑昂扬的歌曲，应和着一阵阵此起彼伏的号子声，真是壮阔非凡。由取土区往路基，十几趟下来，个个身子热了，气也粗了，而担子一担压着一担，脚头却慢不下来，随着一阵嘹亮的歇号声，民工们释下重负，都歇坐于田埂河坎，密密麻麻的民工队伍，能望上一眼，很容易使人领略到什么叫作人山人海。

这时，附近村庄卖馒头、卖橘子的便乘隙而至，他们挑着小箩筐在工地上来回逡巡叫卖。挑馒头的多半是粗手大脚的大嫂，一筐热气腾腾的馒头雪白雪白的，挺赢人的眼，招惹得民工们来不及披好棉袄，左一批右一批地哄抢着来买。卖橘子的常在下午，民工们挑得口渴，带的开水又喝光了，加之冬日太阳懒洋洋的余威，生意便相当好。卖橘子的小媳妇挎着竹篮，满面春风，一路甜润地叫着，不消十分钟篮子便见了底，遇有开玩笑的民工，卖橘女嘻嘻一笑，伶牙俐齿地回敬去，让对方吃个软亏，不失阿庆嫂的风度。

龙沟里的水哗哗地往外河里排着，村干部们正赤脚挽腿挥着大锹在清理浚深着淤泥沙土，老河工们都知道，淤泥是拖垮人的祸根，而挖不好龙沟就会形成一层又一层的人造淤，那局面如同下棋般，一着不慎，全盘皆输，是怎么也难以收拾得了的。一个偌大的土方工程竟因为一场人为的失职而功亏一篑，这种责任谁也担当不起。故，三锹下去，地下稍有水痕渍出，每个人的心都会揪起，同时迅速闪过一个念头：排龙沟。

傍晚，收工了，浩浩荡荡的民工队伍流水般从一条条田塍涌向各自的工棚。身后，随风飘送着高音喇叭里优美的歌声。一曲《步步高》让人心眼儿往外溢着喜悦；“在那遥远的地方”又让多少人忆起久远的往事，忆起远方的家园。他们暗暗替自己鼓劲；明天得多扛大担头，早点结工，回去亲亲宝贝儿女，看妻子在灶头忙上忙下，让家庭特有的温馨包裹着整个身心。

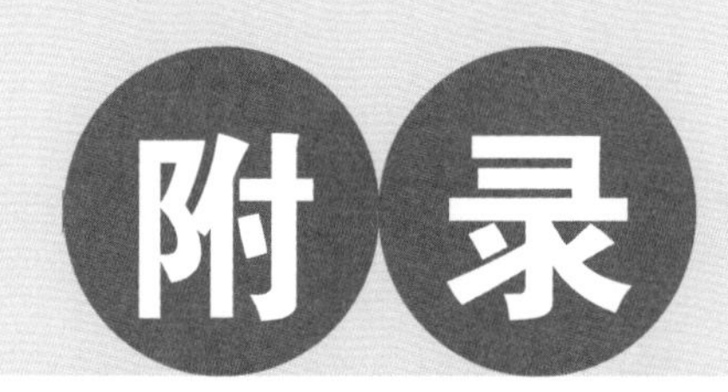
附 录

一、领导题词、贺电、贺信

1. 中共江苏省委原书记陈焕友为兴化无坝市工程纪念碑题写碑名

兴化无坝市工程纪念碑

陳焕友

一九九九年九月

2. 江苏省人大常委会副主任、兴化市委原书记丁解民为《大禹新歌》新书题词

治水千秋業
造福萬代人

賀文鳳先生大作大禹新歌出版
丁酉之夏　丁解民書於金陵

3. 水利部原副部长、江苏省水利厅原厅长翟浩辉为《兴化治水五十年》题写书名

兴化治水五十年

翟浩辉

4. 泰州市委原副书记丁解民为《兴化治水五十年》一书题词

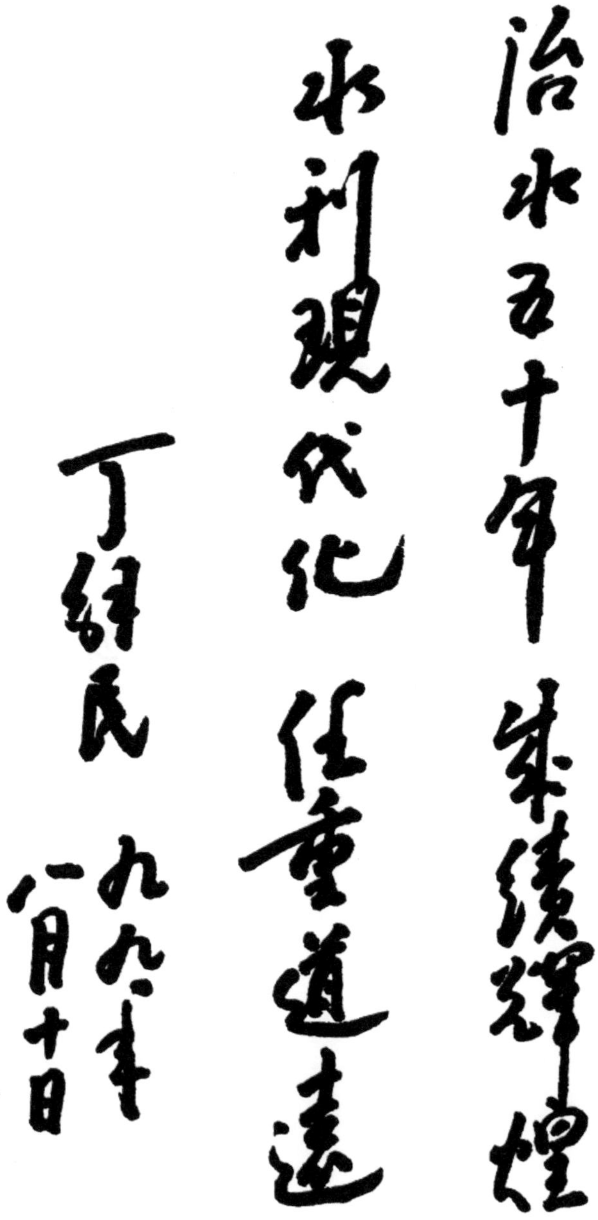

治水五十年 业绩辉煌
水利现代化 任重道远

丁解民
九九六年八月十日

5. 泰州市委原副书记张文国题词

治水千秋世

造福万代人

张文国

一九九九年九月

6. 泰州市水利局原局长董文虎题词

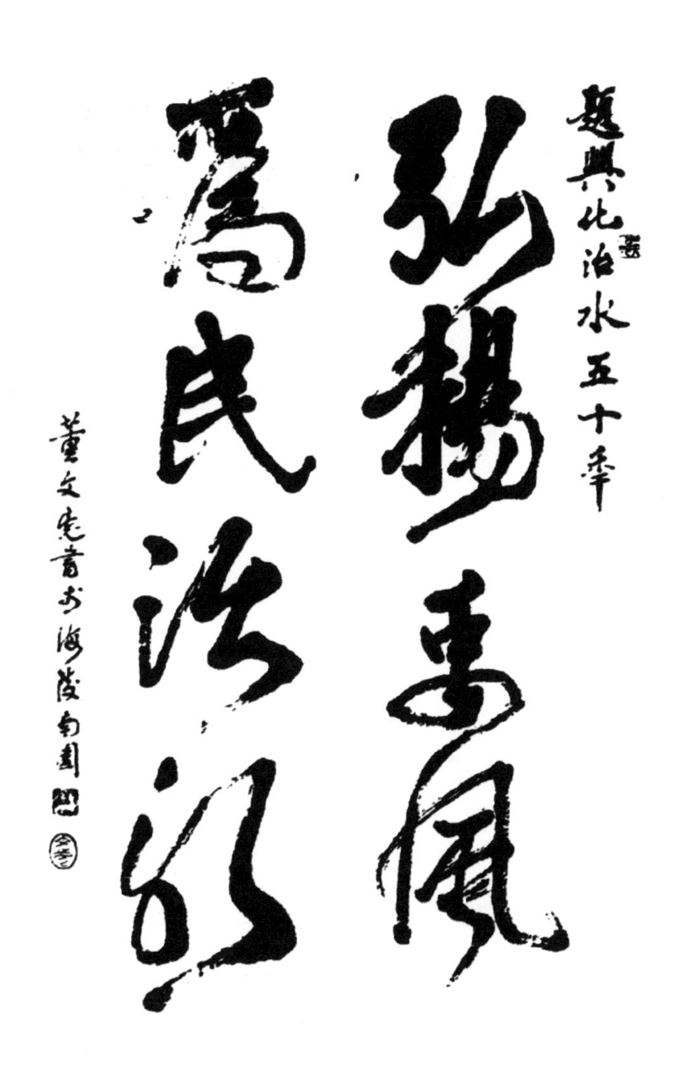

7. 泰州市水利局原局长董文虎为《大禹新歌》题写书名

大禹新歌 文虎

8. 江苏省水利厅为兴化实现无坝市发来的贺电

传真电报

江苏省水利厅 发电专用章

发往地址　　　　签批盖章

等级　　部门号苏水传发（1999）93号苏机号

贺　电

中共兴化市委、兴化市人民政府:

正当全国各族人民以无比喜悦的心情庆祝祖国50华诞的时候，欣闻贵市经过三年的艰苦奋斗，胜利实现了无坝市，省水利厅特致电表示热烈的祝贺！

兴化地处里下河腹部，是有名的“锅底洼”。历史上洪涝灾害一直是兴化人民的心腹之患，1991年江淮流域发生特大洪涝灾害，兴化市直接经济损失达17亿元之多。为了抗御洪涝灾害的侵袭，兴化市委、市政府遵照省委、省政府提出的“大灾后反思，反思后大干”的要求，动员全市人民坚持不懈地大搞农田水利基本建设，

— 1 —

（共　　页）

取得了丰硕成果。特别是1997以来，兴化市委、市政府总结历史的经验教训，从战略的高度，把防洪的生命线工程——圩堤建设作为农村工作的一项重点来抓，切实加强领导，千方百计筹集资金，精心组织，科学安排，掀起了轰轰烈烈的无坝市建设活动。经过3年奋战，投资1.5亿元，兴建了1684座圩口闸，建成了无坝市。勤劳智慧的兴化人民以自己的辛勤劳动结束了“汛期打坝，汛后拆坝”的历史，在兴化水利建设史上写下了新的篇章，也为全省河网洼地圩区治理积累了经验。这一成绩的取得，是兴化市各级党委、政府正确决策、精心组织的结果；是150万兴化人民齐心协力、艰苦奋斗的结晶。

我们相信，兴化市委、市政府一定会以建成无坝市为契机，继续带领全市人民艰苦奋斗，团结拼搏，进一步加大水利建设力度，强化工程管理，充分发挥水利基础设施的作用，保障兴化社会稳定，经济建设顺利发展。

祝兴化市各项事业兴旺发达，祝兴化人民幸福、安康！

江苏省水利厅

一九九九年九月二十九日

— 2 —

9. 泰州市人民政府为兴化实现无坝市发来的贺信

泰州市人民政府

贺　信

兴化市人民政府：

欣悉你市今天召开无坝市工程建设总结表彰大会，隆重庆祝三年建成无坝市目标，这是兴化市 150 万人民在党和政府领导下，自力更生、艰苦创业的结果，是向国庆五十周年献上的一份厚礼。市政府特致电向大会表示最热烈的祝贺！

兴化市是国家重要的农产品生产基地。但由于特殊的地理位置，长期以来，洪涝灾害一直是威胁兴化市人民生命财产安全和社会经济发展的心腹大患。今天，无坝市工程的如期建成，为兴化市抗御旱涝灾害提供了一道有力的屏障，标志着兴化市的水利建设跃上了一个新的台阶，从而为今后兴化经济的腾飞和社会事业的全面发展打下了坚实的基础。

水利是国民经济的基础设施和基础产业。水利兴，百业兴。兴化市过去的经济和社会发展在很大程度上得益于水利建设，在今后迈向现代化的征途中，仍需要更加现代化的水利工程体系的有力保障。市政府希望你们把无坝市工程的建成作为新的起点，百尺竿头，更进一步，继续加大水利投入，搞好各项配套工程，充分发挥无坝市工程的效益，特别是要把水利建设的重点转移到兴化涝水的外排出路和现代化农田基本建设上，为兴化市以至整个泰州市经济社会发展提供更好的水环境，为实现跨世纪的宏伟目标作出新的更大的贡献！

祝兴化市无坝市工程胜利建成！

祝兴化市经济建设和社会事业更加繁荣昌盛！

一九九九年九月三十日

二、调研文章

1. 水上长城——兴化圩堤发展史

刘文凤

百里水乡——兴化，地处里下河腹部。为了抗御频发的洪涝灾害，兴化人民祖祖辈辈“水来土掩，筑堤挡水”，以抗御洪涝，保卫家园：北宋兴筑范公堤挡海潮；南宋在市境西侧筑成南北塘，挡御淮洪；明代组织大批移民，圈圩垦荒建农田；清代建成圩里地区十大圩；民国筑成 8 000 多个小土圩……中华人民共和国成立以来，兴化人民在中国共产党的领导下，科学规划、综合治理、团结治水，筑成了顶高 4.5 米、结顶 4 米、长 3 256 千米的堤坝，建成了 359 个圩区。每年汛期，各个圩区根据水情和各自地势，及时按照既定预案关闭防洪闸、排涝站开机排涝，确保圩内工农业生产有序开展，群众安居乐业。现在不少圩堤堤顶都铺成水泥路或柏油路，成为通乡公路或乡村大道，堤坡青坎植树绿化，成了名副其实的防护林、林荫道，农村中的景观带，抗御洪涝的水上长城。

兴化的圩堤是抗洪的屏障，排涝的阵地，经济建设和社会事业发展的保障线，人民群众的生命线。圩堤建设和发展经历了六个阶段。

古代圈圩造田

根据《淮河志》记载，远古时代里下河地区和大运河以西的高宝湖湖泊群连成一片，属黄海浅海海湾。长江、淮河上游带来的大量泥沙在入海口由于海水顶托，淤积形成江河两岸沙嘴，并逐年向东延伸。江河年复一年行洪，泥沙在江河口年复一年淤积，加上海潮搬运、海浪堆积，串场河一线逐步形成沙丘沙坝，浅海海湾终成潟湖。605 年，隋炀帝为了发展漕运，下令开凿大运河，将潟湖一分为二，形成运西白马湖、宝应湖、高邮湖和邵伯湖，运东里下河地区。1194 年，黄河下游决堤，造成“黄龙摆尾”，夺去淮河入海尾闾，在长达 661 年时间里，里下河地区成为黄泛滞洪区，大量泥沙淤积，潟湖逐渐演变成沼泽平原。

里下河地区地处沿海，雨量充沛，气候宜人。潟湖时期开始移民，人们到湖荡里打鱼摸虾，垒土筑垛，繁衍后代。陆成以后，政府组织移民，在沼泽地上插草为标，圈圩造田。垒土筑垛和圈圩造田是先民群众性治水的创举：垒土筑垛，把终年沉入水底的浅滩建成垛田；圈圩造田，把荒滩改造成农田。这就形成里下河中心地区的万岛之乡和近万个土圩子的奇特景象。

清代建成十大圩

明清时期，淮河下游洪泽湖的高家堰筑成了石墙，形成洪泽湖大堤，同时建成“仁”“义”“礼”“智”“信”五坝，称为“上五坝”，汛期开坝放水，确保洪泽湖安全度汛，汛后封闭五坝，蓄水保运河漕运、保灌溉。里运河（京杭运河扬州至淮阴段称里运河）大堤建成昭关、车逻、南关、中坝、新坝五座归海坝，简称“下五坝”。淮河流域每遇洪涝灾害，洪泽湖泄洪，打开里运河归海五坝，滔滔洪水通过兴化境内的梓辛河、车路河、白涂河、海沟河、兴盐界河五条河，下泄到与之对应的川东港、竹港、王港、斗龙港、新洋港五个入海港口，注入黄海，形成了里下河腹部“上有五坝、中有五河、下有五港”的东西向水系。淮河频繁地泄洪，里下河白浪滔天，灾害频发，兴化的万垛万圩难以抵抗大水灾，于是勤劳善良的兴化人民就想出了抬高庄台、筑高垛、建大圩的办法，逐步形成了兴化村庄庄基 4 米以上、垛岸高 5 米左右和圩里地区建大圩的新景象。高庄台、高垛田和建大圩充分体现了群众治水的智慧。

兴化十大圩的建设始于18世纪30年代。清乾隆二十年(1755),政府发动民众在县境东北部地区以现在老圩、新垛和大营三乡镇范围,筑成一个总面积达20万亩的大圩子,叫老圩。老圩南起海沟河,北至兴盐界河,东起串场河,西至东塘港,四角皆有集镇:东南白驹镇、西南安丰镇、西北大冈镇、东北刘庄镇。圩堤的标准是圩顶高程5.5米,顶宽4米,圩内主要交通河道通往外河的圩堤上留有活口门,每年汛前打坝、汛后拆坝,确保汛期挡水和汛后内外河水上交通运输。

大圩子是低洼地区抗御洪水的有效措施,在挡御淮河洪水中发挥了显著效益,兴化东部地区出现了“政府出钱,群众出力”建设大圩的热潮,用151年时间先后建成了合塔圩、永丰圩、中圩、下圩、花园圩、丰乐圩、林潭圩和苏皮圩八个大圩,受益面积达40多万亩。后来人们习惯把这片区域称为圩里地区,圩里以外的区域称为圩外地区。

在建设大圩的最后阶段,唐子镇(今昌荣镇)也建成了福星圩,但由于标准偏低,大圩先后毁坏报废。

蚌蜒河当时是兴化与溱潼的界河,蚌蜒河以南属溱潼县,蚌蜒河南岸相继筑成一条大堤,称蚌蜒圩,又称大象圩,人们习惯把蚌蜒圩以南地区称为圩南地区。中华人民共和国成立初期进行区划调整时,圩南地区被划归兴化县,溱潼划归泰县(泰县后更名为姜堰市,即现在的泰州姜堰区)。

民国时期筑成的小土圩

民国时期,兴化经济是一家一户的小农经济,以农耕经济为主体。因此,古代形成的小土圩又有了新发展,人们将原来的小土圩加高培厚,沿河筑堤,全县形成8 672个小土圩。每个圩子面积小的几十亩,大的五六百亩,平均300亩左右,兴化人称这种单个的小土圩为子圩,每个子圩由群众联户四周筑堤而成,土圩圩顶高程3米,顶宽1.5米。子圩内一般没有河道,以小沟渠灌排,以洋车、脚车、手牵车为灌排工具,因此抗御洪涝灾害的能力极差。全县农田绝大部分为一年一熟的老沤田,每年种植一季早熟水稻,抢在汛前收割,正常年景每亩产量三四百斤,人民群众过着“糠菜半年粮”的贫困生活。

子圩及拦河坝

中华人民共和国成立以来的联圩并圩、开河分圩

中华人民共和国成立后,农业走上合作化集体化的道路。合作化、集体化极大地促进了农业生产的发展。兴化的小土圩在经历了1954年和1962年两次较大的洪涝灾害后,暴露出抗灾能力差、遭灾损失大、不能适应集体化大生产新要求的局限性。自20世纪60年代始,全县圩外地区和圩南地区全面推广联圩并圩,即将若干个子圩联并在一起,将防御1954年型3.09米洪水水位作为防洪标准,四周筑成堤顶高程4米、顶宽3米的圩堤。圩内主要河道通往外留活口门,每年打坝防洪,逐年建闸。新建成的圩子称为联圩,平均规模在五千亩左右。

开河分圩

圩里地区针对圩内农田面积过大,地面高(一般高程2.5米以上),土壤砂性,圩内河道淤浅严

重，遇洪难挡、遇涝难排、遇旱引水困难、易涝易旱的弊端，全面开河分圩。新开纵横各乡镇的分圩河，口宽30米以上，作为乡（镇）级骨干河道，做到以河定向，开河筑圩，河成圩成，圩堤定型，每圩面积数千亩乃至上万亩。与此同时，整治圩内河网，开河挖沟，新建"丰"字形或"井"字形圩内新水系，实现条田方整、沟渠路配套，新鲜水引得进、灌得上，建成地下水降得下、圩内水排得出的高标准农田。

兴化全县上下经过近20年的艰苦努力，于20世纪80年代初建成联圩403个，筑成"四三"式圩堤3 649千米，全市村庄和农田都得到有效保护。兴化人民坚持不懈治水兴利，实现了遇旱引水、遇涝排水的目标，促进了工农业的全面发展，昔日"锅底洼"建成"米粮仓"。兴化摘得了"江苏农业第一县"的桂冠。

20世纪90年代建成无坝市

1991年，兴化遭受特大洪涝灾害，6月下旬至7月上旬短短20多天时间里，降雨量超过常年全年三成多，水位涨至3.35米，全境一片汪洋，损失惨重。灾害发生时，水利部门除了全力抢险救灾外，还组织工程技术人员进行洪水验算和现场调查，为灾后治理做准备。通过充分论证，大家一致认为1991年成灾的主要原因是短历时强降水，超过水利基础设施的承受能力。水文计算结果表明，兴化如果不破圩、不沉田，副业圩不滞涝，水位将是3.98米，原设计的"四三"式圩堤是无法抗御的，更何况水利投入不足、欠债太多，圩口闸不配套、排涝动力严重不足，这些都是成灾的因素。因此，在灾后重建工作中，水利部门主动调整圩堤规划，将小联圩适当联并，将联圩由403个调整为农业圩335个，缩短防洪战线190.4千米，同时提出将兴化圩堤标准提升到"四点五·四"式，即堤顶沉实高程4.5米、顶宽4米，并加快闸站建设，建成无坝市。水利部门提出的方案，尽管被前前后后争论不休，但在搁置6年后终被领导所采纳。

兴化无坝市工程纪念碑

1997年1月中共兴化市委八届二次全体（扩大）会议作出了《关于加强水利工作，努力实现三年圩堤达标建成无坝市的决定》。经过全市百万人民的艰苦努力，三年内全市3 256千米圩堤全面按"四点五·四"式标准加修，共完成土方6 000万立方米，新建圩口闸1 688座，使圩口闸总数达3 120座，基本实现了无坝市，结束了每年汛前打坝、汛后拆坝的历史，向国庆50周年献上一份厚礼！

新世纪的城市防洪工程

当历史进入21世纪，兴化水利建设又有新的跨越：加快防洪闸站的更新改造，进一步巩固了无坝市工程建设成果；实施民生水利工程，狠抓农村饮水安全，实行城乡统一供水，城乡居民家家户户吃上了安全水放心水；城乡掀起了面广量大的水环境整治，启动了城乡污水处理工程和退渔还湖等一系列生态水利工程；水利进入城市，城市防洪工程全面上马，按照以河划块、分区设防的治理原则，将兴化城市规划区划分成八大块，建成高标准防洪堤47千米，新建闸站结合的防洪闸站49座，安装排涝泵67台，总装机5 154千瓦，排涝能力102米^3/秒，结束了兴化城不设防的历史。现在卤汀河、车路河、兴姜河、白涂河、上官河、下官河、大溪河、油坊港等骨干河道在兴化老城区呈放射状向周边伸展。兴化城186平方千米的规划区被划分成八大块，每块周边建成高标准的防洪堤，闸站配套，形成八个独立的防洪区，担负起全城的防洪保安重任。现在当你走在城市防洪大堤上，只见绿树成荫、碧水畅流，巍巍长堤成为城市景观带、人们休闲的好场所,风格各异的闸站等城市防洪工程建筑和近水景观公园等,将水乡兴化装点得更加美丽。展望未来,兴化人民将以实施水利建设第十三个五年计划为契机,以水利现代化为目标,努力把水上长城打造成防洪保安的铜墙铁壁,实现防洪圩堤硬质化、防洪闸启闭机电化、防汛调度程序化、防洪设施景观化,为实现中国梦作出新贡献。

2. 兴化农田灌溉发展史

刘文凤

宋代为提高粮食产量,从越南引进优良品种占城稻,在江南地区推广。风车、脚车等传统灌溉工具在当时十分普及。

风车由立轴立帆风车球风动装置、站轴地轴传动装置和槽桶拂榷提水装置三部分组成,风车随风转,带动站轴地轴连轴转,拉动拂榷通过槽桶提水灌溉农田。风车虽然一次性投资大,但稳定牢固,管理方便,起动风力小,不受风向限制,微风、小风、大风都能使用,提水效率高,每部风车可灌溉农田 100 亩左右。以往殷实富裕的大户人家使用得较多。

提水灌溉

一般农户农田较少,也无力购置风车,就用一副槽桶、拂榷和踏车轴、踏枕、车担棒等组成脚车,通过四人(圩南田高有的六人)脚踏车拐转动车轴水拨,拉动槽桶内的拂榷提水灌溉农田。每部脚车可灌溉农田 10 亩左右。

风车投资大,脚车劳动强度大,能工巧匠们对风车进行了改装,将水平方向转动的风车球改制成垂直方向迎风转动的风车球,风车球由人字木(又称叉木)和四脚凳支撑,其余传动装置和提水装置不变,改制后的新型风车结构简便、用料少,人们称为洋车。每部洋车可灌溉农田 30 亩左右,适用于种田规模中等的农户,使用时需一人看管,有风扯(叉)篷无风落篷,风小扯(叉)满篷、足篷,风大少扯(叉)篷、扯(叉)半篷,并随时根据风向调整人字木,确保篷帆正对风向(垂直风向)。

西部地势较低、提水扬程低的小型农户,还用拨车、手牵水车作为提水工具,提水灌溉农田。

1958 年后,木材、毛篙、桐油等农用物资缺乏,洋车、脚车制造和维修比较困难。1961 年,时任县委书记殷炳山提出“以铁代木,改制风车”,并组织木工朱荣国和农机厂技术员徐福顺等 7 人组成风车改制小组,按照其亲自绘成的草图、徐福顺绘制的蓝图,赶制一部铁木结构样机在城南张家试用。试用后听取各方意见,加以改进,赶制出第二部纯铁结构的风车,仍在城南张家使用后再与第一部进行比较。后来,综合各方意见进一步改进,制成图纸,生产 20 部风车分送李健、临城、城南三乡试用。经过 20 多次座谈,10 多次改进,又制成 3 部铁木结构和 1 部纯铁结构的风车,同时竖在九顷圩子。请了李健、下圩、顾庄三乡 4 名有二三十年管车经验的老农常住九顷,管理使用铁风车,工程技术人员和老农相配合,对铁风车进行使用比较、总结改进、方案定型。1963 年 4 月,经江苏省机械工业厅鉴定定型,批量生产了 2 600 部铁风车,在全县推广使用,取得了较好的效果。经过多年使用,铁风车显示出成本相当(与木结构洋车相比较)、经久耐用、轻便灵活、灌水效率高等特点,每部铁风车可灌溉农田 50 亩左右。

1958 年,兴化县委提出“一年实现水利化”的口号,要求实现“一年无雨保灌溉,日雨 500 毫米不成涝”的奋斗目标。1959 年冬至 1960 年春,全县兴建灌区 94 个,其中机灌区 86 个、电灌区 8 个,每个灌区建机(电)灌站1座,安装3至5台20英寸混流泵,每台泵以60马力柴油机或55千瓦电动机作动力,灌区规模0.8万亩至3万亩,总面积近90万亩。由于制定灌区规划时照搬照抄平原地区的模式,忽略了水网圩区河网密布的特点,输水渠道较长,跨河建筑物多,难以配套,打坝筑渠,扰乱了水系,堵塞了水上交通,使得水质变坏,影响农业生产和群众生活。同时灌区规模偏大,合塔董港灌区、舍陈桂山灌区都在万亩以上,最大的兴南灌区灌溉面积达5万亩,渠道分干、支、斗、农、毛五级,渠系太长,渠系建筑物面广量大,一时难以配套,提灌的水源在渠道内无法控制,使得渠首漫溢,渠尾无水,浪费严重,灌溉成本高。1961年10月,除保留7座较好的灌区外,其余的纷纷被迫下马。

20世纪60年代后期,随着联圩并圩,圩里地区开河分圩,兴建排灌两用泵站,小灌区得到推广。1969年末,全县建成小灌区200个,每个灌区于分圩河畔建一座PVA50轴流泵站,以60马力柴油机或50千瓦电机拖带,灌溉面积2 000亩左右,实行干、支两级渠系。渠道采用半挖半填形式,断面小、占地少、渠系短、水头损失少,灌溉效果好,而且一村(大队)一站,便于核算,小灌区在集体化大生产的特定时期发挥了积极作用。

农用船安装柴油机,拉动水泵,组成抽水机船,抽水灌溉农田,这一形式由来已久。1939年,西鲍庄林东明购置无锡产16马力柴油机1台,配10英寸离心泵灌溉农田,开了兴化机械灌溉的先河。1949年,兴化农场由苏北行署投资购置15马力柴油机1台,配8英寸离心泵。1953年,江苏省水利厅调拨柴油机4台、混流泵4台,配置机船4艘,给永丰、舍陈二乡,支持刘长山、万春高、刘学富等农业合作社的生产,并将其作为示范进行推广。1955年,陶庄、张郭、戴窑、严家、大垛、周庄等乡镇纷纷购置抽水机船,发展机械灌溉。1956年,全县有抽水机85台,1 707马力,灌溉面积7.53万亩。1961年,经县人委批准,县水利局组建机船队,购置抽水机船30艘,643马力。1963年,机船队更名为国营兴化抽水机站,迁址安丰,抽水机发展到80台。1964年,扬州专区在兴化设立抗旱排涝四中队,拥有抽水机船112台套,2 442马力。与此同时,省人委从武进柴油机厂无偿调拨柴油机64台支持兴化,兴化的机械灌溉有了长足的发展。抽水机船用于农田灌溉,虽然一次性投资较大,但使用时灵活机动,省工节本,出水量大(每小时300~400立方米),灌溉及时,深受群众欢迎。抽水机船在全县迅速推广,对当时的农业生产起了很大的促进作用。

“高射炮”到处调

20世纪80年代,农村推行联产承包责任制,一家一户的生产方式取代集体化大生产,抽水机船以其灵活性、好核算等优势迅速取代灌区渠灌,农民自己投资购置抽水机械,全市在1998年底抽水机保有量达8 663台套,其中一半以上为农民私人所有。至此,农田灌溉方式发生了根本性变化,洋脚车全部淘汰,灌溉全面实现机械化,农民说抽水机船像“高射炮”到处调!实行灌排分开,排涝以排涝站当家,原来的排灌两用站改建成排涝站,圩里、圩南、圩外三个地区分别按照0.8、0.9、1.0米^3/(秒·千米^2)的排涝模数,逐年配套电力排涝站。站房焕然一新,采用群泵组合,每个排涝站安装

1~4 台 ZLB70 轴流泵,配套 55 千瓦立式电机,做到一站多泵、闸站结合,便于管理。截至 1999 年底,全市排涝站有 1 019 座/1 291 台,总装机 36 966 千瓦,排涝能力 1 028 米^3/秒,基本达到日雨 150 毫米两天排出不受涝的要求。

光阴荏苒,当历史进入 20 世纪 90 年代,社会主义市场经济已经深入人心,富裕起来的农民增强了商品经济意识,一手提高农副产品的品质和产量,追求商品率,一手降本节支,提高经济效益。市水利、农机、农业、农业综合开发等有关部门,利用上级各种支农资金分片建设农业领导工程示范方,大力推广节水灌溉小电站。采用 10 寸轴流泵,配 10 千瓦电机,硬质防渗渠道,实现座机渠灌。每个小灌区 100~200 亩,基本上一个小子圩一座站或一个村民小组一座站,不搞跨河建筑物,投资省、上马快、渠道占地少、灌溉效益好,每亩灌溉费用节省一半以上。至 1999 年底,全市建成节水灌溉小电站 21 座,总装机 210 千瓦,灌溉面积 3 200 多亩。小电站小灌区节水节本,深受群众欢迎。全市全面推广小电站小灌区的序幕已经拉开。

3. 昔日"锅底洼"　今日"鱼米乡"

——兴化市农田基本建设历史纪实

刘文凤

兴化市地处江淮之间,苏中里下河腹部,总面积 2 393 平方千米,境内湖荡密布、河道纵横,水域面积占兴化总面积的 26.2%。里下河地区是个周边高、中间低的碟形洼地,周边地面高程 3~5 米,兴化全市平均地面高程 1.8 米,因此俗称"锅底洼",是个洪、涝、旱、碱频繁发生的重灾区。

中华人民共和国成立后,党领导人民治理淮河,新建引江工程,疏浚入海五港,里下河地区彻底解除了淮河洪水威胁。备受水患之苦的兴化人民在兴修水利的人民战争中,迸发了极大的积极性,坚持规划引领,大、中、小型水利工程并举,科学治水、团结治水,调整水系,整治三级河道,建设防洪圩堤,新建圩口闸排涝站,建成遇旱引水、遇涝排水的防洪排涝工程体系,形成了挡得住、排得出、引得进、灌得上及地下水降得下的新型水环境。与此同时,兴化人民把治水与兴利相结合,以愚公移山的精神,狠抓以治水改土为中心的农田基本建设:通过开沟爽水建成田间沟网,把田"抬"起来种,将 110 多万亩一年一熟的老沤田改造成稻麦两熟的高产农田;通过开沟爽碱、淋盐洗碱,将圩里地区 13 万亩盐碱地改造成高标准农田;通过开河圈圩水系配套,将腹部和西部湖荡地区的近 40 万亩荒草田垦植成良田;通过河、沟、路、林四网配套,将全市中低产农田全部改造成一头出河、一头通路、三沟配套、四面脱箱式的稳产高产农田。

兴化人持续几十年治水改土,引进农业新品种,推广农业新技术,在水乡大地上创造出惊人的奇迹:全县建成稳产高产农田 180 万亩,粮食单产由 1949 年的 199 斤快速攀升至 1973 年超纲要,粮食单产 833 斤,总产 13.11 亿斤;1978 年全县亩产超千斤,粮食单产达 1 129 斤,总产 16.83 亿斤;1983 年全县粮食总产突破 20 亿斤;1986 年全县亩产过双纲,粮食单产达 1 662 斤,总产 22.63 亿斤;2010 年全市粮食生产提高到亩产吨粮,是 1949 年的 10.05 倍,总产 28 亿斤,是 1949 年 2.7 亿斤的 10.37 倍。按照宜粮则粮、宜经则经、宜渔则渔的原则,全市荒水荒滩改造成高标准精养鱼池 80 万亩、果蔬田 20 万亩。2015 年全市粮食总产 28.3 亿斤,连续 13 年荣获国家粮食生产先进县;水产品总量 29.3 万吨,产值 75.8 亿元,连续 25 年荣获江苏淡水养殖第一县(市)。兴化成为名副其实的"江苏农业第一县(市)"、全国百强县(市)。昔日"锅底洼",今日"鱼米乡",现在的兴化河道纵横,岸绿水清,农田方整,农林成网,蔬果满园,鱼蟹满塘,楼房别墅,城乡一样,建筑新颖,风格多彩,农村处处通汽车,乡乡村村达小康。

里下河腹部的穷乡僻壤

里下河地区历来是淮河的洪水走廊和下游的滞蓄洪区，淮河流域每次发大水，上、中游洪水下泄洪泽湖，高家堰（洪泽湖大堤）“仁、义、礼、智、信”上五坝开坝泄洪，滚滚洪流奔腾而下，使得白马湖、宝应湖、高邮湖、邵伯湖连成一片，白浪滔天。民间流传着“倒了高家堰，淮扬不见面”之说。那时的京杭大运河淮扬段称里运河，没有西堤，河湖相连，运堤上建有昭关坝、车逻坝、中坝、新坝、南关坝等专门用于淮河向里下河泄洪的滚水坝，称下五坝。当高宝湖水位超过一定高度，危及里运河大堤安全时，开启下五坝，向里下河地区泄洪，里下河一片汪洋。由于下游受黄海海潮顶托，滔滔洪水在里下河地区往往需要滞留半年之久才能泄完。

每年汛后，上、下五坝都要填堵封闭，使里下河地区失去了长流的水源。当时入海港口无闸控制，河湖水无法拦蓄，泄完了河湖水再遇干旱年份，里下河地区又将是“河干成道，赤地千里”。

里下河地区有溱潼、兴化、建湖三大洼地，兴化地处里下河中心地带，西有淮河洪水为患，东有黄海卤水倒灌，是个四水投塘的洼中洼，兴化常年水位一直保持在 2.0 米左右。因地理位置特殊，自然环境恶劣，土地荒漠生产力低下，粮食年单产 300 斤左右，遇到“风调雨顺”的年景也仅有 400 斤上下。庄户人家种上七八亩田，一年到头，留足种子，扣除农本所剩无几，养不活一家老小，只能靠捕鱼摸虾或外出逃荒维持生计。兴化有民谣曰“有水先淹，无雨先旱，先淹后旱，挟棍讨饭”，就是当时兴化人民苦难生活的真实写照。兴化农村广大群众，住的是草房，吃的是糠菜。每年一年一熟早稻一收，土堡封门，一家老小一条小木船上江南，年轻力壮的给人家做长工、打短工，老弱病残的沿途乞讨……寒冬腊月，兴化农村人烟稀少，一片荒凉，是当时闻名大江南北的穷乡僻壤。

改造千年老沤田　推广稻麦两熟制

中华人民共和国成立初期，兴化全县有老沤田（一年四季浸泡在水里的农田）112.4 万亩，每年生长一季早籼稻，清明下秧，立夏栽插，抢在秋季发水前收割，每亩单产仅 300 斤左右，如遇秋天发水早，则颗粒无收。早稻收割后，沤田需要耕翻沤泡，每年秋、冬、春耕翻三至四次。耕翻沤田是熟化土壤、提高土壤肥力的关键着子，大户人家用水牛耕翻，一般人家用人拉犁，一人扶犁二人拉犁，每天耕翻三亩左右。人工拉犁是强体力劳动，人在水中行走，淤泥齐膝，水至大腿，举步维艰。冬天和早春拉沤田，寒风刺骨，头上冒汗、腿上冒血，苦不堪言。很多人拉犁耕翻沤田患上关节炎，落了个“老寒腿”，甚至导致残疾。

农民在沤田里耕作

很多有识之士关心农民疾苦，体谅农民拉沤田的辛酸，想方设法帮助解决这一难题。原多种经营管理局副局长、客籍知识分子秦伯玉，时任原农业局畜牧股副股长、县兽医站副站长，于 1958 年正月初八召开全县兽医站长大会，当天下午组织与会人员到东潭乡陈堡村赤脚下田拉沤田，使大家深切体会到农民拉沤田的艰辛，坚定繁育耕牛的决心，开展全县农村耕牛繁殖工作，力图以牛耕田取代人工拉犁。县委书记殷炳山曾组织农机科技人员研制电犁船，用于老沤田电耕田。然而这些都只能是权宜之计，只有改造老沤田，才能降低劳动强度，提高生产力。

兴化的老沤田是先民治水的历史遗迹。据史料记载，宋代由越南引进占城稻，在福建及两广试种获得成功，后继续在江淮流域推广。兴化先民在湖泊周围滩地上筑埂圈田、耕翻沤泡、试种成功，生产的稻子称为占稻，米就叫占米。占稻生长期短、成熟期早，一般年景都能赶在汛期前收割，很适合里下河地区的季节特点。兴化全县地面高程2.5米以下的农田都逐步种上水稻，老沤田遍布全县，总面积超过150万亩。

开挖三沟

灌排两用的渠道

中华人民共和国成立后百废待兴，党中央把发展农业生产、改善人民生活作为治国安邦的大事，制定了《农业发展纲要四十条》和“土、肥、水、种、密、保、工、管”的“农业八字方针”，为农业的发展指明了方向，明确了措施，提出了目标。兴化县县长殷炳山率先响应，联系兴化实际提出了“沤改旱、土改良、籼改粳”的三改思路，带领群众建成了海河大圩，为沤改旱提供防洪保障。以当时的海河区为试点全面推广沤改旱，将一年一熟旱稻的老沤田改成稻麦两熟，夏粮种大、小、元麦（统称三麦），秋粮栽种水稻。1950年，全县圩南、圩里、圩外三大片扩大试点面。老沤田由于常年沉睡水底，加上每年不断地耕翻沤泡，土壤结构发生了变化，沉在水中像“脂油”，捞出水面像“糍粑”，晒干了像“钢片瓦”。因此，种麦不发根，产量低、农本高，稻麦两熟不如老沤田一熟水稻省事，“沤改旱必讨饭”的舆论遍及全县。20世纪50年代末60年代初，全县沤改旱出现了大面积回潮现象。

1960年，时任扬州地区行署副专员的殷炳山调任兴化县委书记，农民出身的殷炳山善于观察，勤于思考。他任副专员期间分管水利，高标准加固了运河大堤，根除了里下河地区淮洪威胁，力促江都翻水引江工程上马，解决了里下河地区涝水抽排和引江灌溉的大问题，使里下河地区常年水位由2.0米下降到1.2米，为里下河地区大面积沤改旱创造了条件。他走马上任兴化县委书记，通过调查研究，意识到沤改旱不仅是耕作制度上的改革，而且涉及水利、土壤改良、引进良种、改进作物栽培技术等多方面内容。他组织水利、农业技术人员到地面高程稍高的圩里地区蹲点，在高田地区率先强力推行沤改旱，喜获成功，及时总结出沤改旱夺取三麦高产的经验：兴修水利做到“四分开、三控制”，即建立圩堤达到里外分开，新开隔水沟（或隔堤），做到高低分开、荒田熟田分开、水旱分开；田间开挖灌水沟、排水沟、隔水沟等外三沟，田内开挖横墒、顺墒、腰墒等内三沟，达到控制内河水位、控制地下水位、控制土壤适宜的含水量，为三麦生长创造良好的水利条件。农业部门总结出普施磷肥、重施草木灰改良土壤和推广三麦优良品种的经验。

李健乡（公社）是兴化西部湖荡地区的小乡，全乡18个行政村（大队），2.5万亩耕地，平均地面高程1.5米，除部分垛田外，80%以上耕地为一年一熟的老沤田。陆家村（大队）位于李健乡（公社）东北角的平旺湖西岸，全村（大队）12个生产队，260户农户1 100人，有老沤田1 800亩，荒田200多亩，村（大队）支书郭道坤同志带领全村干部群众，自1969年开始用3年时间圈圩筑堤、开沟爽水、重施磷肥、改良土壤，在地势低洼的李健乡率先进行全面沤改旱并获得成功。接着，积极推广三熟制，夏熟油菜籽每亩收成350斤，秋熟中稻亩产800斤左右，晚秋栽慈姑每亩可收2 000斤以上，壮大了集体经济，群众普遍得到了实惠。陆家村甩掉了连续10多年进驻县委工作组的落后村的帽子，村里草房泥巴墙换成了砖墙瓦封山，庄上铺上了水泥路，河上架起了水泥桥，河边建起了水泥码头，全庄在西北部地区率先安装了电灯。陆家村沤改旱的成功经验给李健乡和西北部湖荡地区起到了示范作用。肖岚同志任李健公社党委书记后，大刀阔斧地推广陆家经验，并提拔郭道坤同志任公社管委会副主任（后任公社党委副书记），组织群众新开了李健河和黄邳河，将全乡耕地分成三个圩子，每个圩子6 000多亩，做到洪能挡、涝能排。圩内新开了中心河和生产河，实现了条田方整、三沟配套，天落水排得出，地下水降得下，巩固了沤改旱的成果，全乡连年喜获丰收，粮食产量逐年提高，为全县树立了样板。郭道坤同志后来继任李健公社党委书记，坚持不懈狠抓水利建设，促进农林牧副渔全面发展，取得了骄人的成绩，李健乡被表彰为全省水利建设先进乡。

在样板示范带动下，在正确经验指导下，全县加大了沤改旱的力度，县领导带领水利、农业技术干部分工到乡、蹲点到村，组织和指导群众沤改旱，每年冬天联圩并圩、开河分圩，全县建成五千至万亩规模的圩堤403个，大搞农田内外三沟配套，把田“抬”起来种，为沤改旱创造良好的水利条件。县城兴办了磷肥厂，为沤改旱提供了充足的肥源。经过15年连续不断的艰苦努力，至1976年底，全县一年一熟的老沤田全部改造成稻麦两熟田。现在的兴化，老沤田已成为历史的记忆，全市各地看不到一点老沤田的痕迹，昔日的老沤田已经成为夏粮单产超纲要、全年亩产超吨粮的稳产高产农田。

改造盐碱地

兴化市东部圩里地区东临范公堤，历史上是广袤的黄海海滩，受黄海大潮影响，堤西的永合、老圩一带经常出现卤水倒灌。卤水是含盐量很高的海水，卤水倒灌的后果是大面积土地盐碱化。经过海水浸泡的农田，土壤含盐量很高，且长期滞留在土壤里难以退去，轻则农作物难以生长产量极低，重则荒不长草熟不长粮。中华人民共和国成立初期，圩里地区有盐碱地13万多亩，其中盐碱荒地1万多亩，主要集中在串场河西侧一线。重碱地往往太阳一晒冒盐霜，一场大雨水汪汪，只长盐蒿不长粮，人称“兔子不拉屎的盐碱荒”。轻碱地长出的水稻叶尖泛红叶面黄，满田的穇子和柴榔（稻田中的野草），河坡处处冒白霜，河水就像绿豆汤。赶上风调雨顺好年景，每亩只打300来斤粮，农业产量极低，改造盐碱地成了圩里几代农民的历史重任。

中华人民共和国成立初期，改造盐碱地的主要措施是推广“三三制”，轮作轮休，大种绿肥、春沤压碱、改良土壤。夏粮是农田三分之二的面积种三麦、三分之一的面积种绿肥。绿肥中大面积推广耐旱拔碱的苕子（苜蓿），春天将绿肥耕翻沤泡，增加土壤有机质，使盐碱下压，促进土壤改良。秋熟作物是农田三分之二的面积种水稻、三分之一的面积种棉花。棉花既耐旱又抗碱，棉花田晚秋套种绿肥。轻碱地采取生物工程和轮休轮作措施，取得明显成效。然而，大家却对重碱地束手无策。

舍陈幸福圩总面积4 400亩，地面高程2.5米，是圩里地区的一片洼地，与西侧的邓桥圩，南侧的戴窑东古圩、丰乐圩和东侧合塔的红旗圩、红卫圩统属于兴化千人湖的遗址，地势低洼，是卤水倒灌的重灾区。经过数十年的土壤改良，20世纪60年代末幸福圩内扬沈和吕舍之间仍有千亩不毛之地，白茫茫一片像飞机场。1969年冬，舍陈公社采取群众运动与专业队相结合的办法，在这片处女地上打了一场盐碱地歼灭战。当年秋冬，舍陈公社动员5 000多名劳动力突击40个晴天，挑土45万立方米，在幸福圩内新开南北向中心河一条、东西向生产河七条，生产河间距250米，使原来整巴掌一块的幸福圩形成“丰”字形的新水系，两条生产河之间筑成机耕路和灌溉渠。次年春天，组成400人的专业队，在幸福圩内开挖导渗沟、隔水沟、排水沟，大搞田间工程，新建圩口闸排灌两用站和配套渠系建筑物，经过大半年的施工，幸福圩内的农田全部实现土地平整化、农田规格化。每块农田均呈南北向，长120米、宽25米，面积4.5亩，每四块农田一方，三面有沟、一头出河、四边脱箱，排水爽碱。排灌两用站建在分圩河畔，遇洪涝灾害抽圩内水排入外河，降低圩内水位；农田灌溉时抽外河新鲜淡水灌溉农田，洗碱压碱，淡水套碱。农田内加大内三沟密度，每隔2米一条南北顺埫，田两端有横埫，中间有横向腰埫，顺埫深30厘米、横埫深45厘米，组成农田内三沟沟网，埫通沟，沟通河，每逢降雨淋盐洗碱，雨停沟干，及时把田间卤水排入外三沟，流入生产河。碱随水来，碱随水去。卤水倒灌造成大面积土地盐碱化，舍陈人运用“漂洗”的原理，创造了治水改土的成功经验，通过开沟爽碱、淋盐洗碱、淡水洗碱、套碱压碱等综合措施，使土壤含盐量逐年下降，盐碱地得到了彻底改造。幸福圩整治后的第三年粮食单产超纲要，第五年亩产过千斤，第八年达双纲，“盐碱荒”建成了“米粮仓”，幸福圩内的百姓真正过上了幸福生活。

为了总结推广舍陈幸福圩治水改土的成功经验，扬州地区和兴化县先后召开有公社党委书记参加的现场会，推动了全地区的农田基本建设。兴化圩里地区全面推广舍陈公社改造盐碱地的经验，各公社每年开展群众治水改土突击月活动，专业队伍常年不散，全面推广幸福圩模式，五年五大步，使13万亩盐碱地得到彻底改造。

开垦荒田　扩面增粮

根据史料记载，里下河地区经历了海湾、潟湖、沼泽、平原的演变过程。经过漫长时间的开发利用，至20世纪60年代末，兴化仍有五大片荒田荒滩，总面积近40万亩。其中：东鲍以北沿兴盐公路，东接昌合公路一线称为草冯大荒田；舜生蒋鹅至沙沟王庄严家舍的兴沙公路沿线称为广洋荒；兴化城西大溪河一线连片大荒田东称梁山荒、西有徐马荒。三大片荒田面积30多万亩，涉及城东、海南、林湖、昌荣、安丰、李中、周奋、沙沟、西郊、昭阳10个乡镇。另外两片是：渭水河北起湖东口、南至竹泓舒余舍两岸都是荒田荒滩；卤汀河东岸临城浪家荡和老阁至陈堡宁乡的卤汀河两岸也都是连片的荒田荒滩。这两片面积稍小且分散，涉及林湖、垛田、竹泓、临城、陈堡5个乡镇。

荒田的地面高程一般在1.1~1.7米，局部2.0米左右。荒田中有界墩，产权明晰，荒田主派专人管理，禁止放牧、禁止割草，管理者较为凶悍，人们称其为“荒田虎”。荒田主以荒田柴草为经济收入来源，正常年景荒田在春、夏、秋三季沉入水中，利于柴草生长，冬季和早春荒田露滩，柴草收割，所以荒田也称为田，这是荒田与荒滩的本质区别。荒滩是终年沉入水中的浅水湖泊，以生产鱼虾为主，属于集体所有。

荒田有着光荣的革命历史。抗日战争和解放战争年代，共产党以荒田中茂密的柴草作掩护，与敌人展开游击战。新四军一师三旅七团团长严昌荣、兴化县县长李健、宝应县副县长袁舜生和沙沟市市长周奋等一批革命干部带领广大民众，先后在大荒田里与日本侵略者浴血奋战。为了纪念这些革命先烈，这些荒田所在地分别以烈士名命名，称昌荣镇、舜生镇、李健乡、周奋乡等。

荒田盛产柴草，柴草落叶在水中腐烂，逐渐在荒田表层堆积了厚厚一层腐殖质，使土壤变得肥沃，柴草生长进入良性循环。当地勤劳的民众将优质柴编织成芦席、芦帘等产品，形成柴草产业，人们也就把盛产柴草的地方定名为“草王镇”“草冯庄”。草冯庄曾经是昌荣镇政府所在地，草王镇现为李中镇政府所在地。

随着里下河地区建设了一系列水利工程，里下河地区常年水位由2.0米下降至1.2米，且水位处于可控状态，为里下河地区农业发展提供了便利条件。由于荒田露滩、柴草蜕化，原来三四米高的优质柴现在都蜕变成“大头墩”，编织无法用，烧火不熬火。

周奋乡仲家寨是兴化、高邮两县交界处有着一千多户人家的大庄子，全庄当时划分为4个大队，庄北大荒田与郭正湖连成一片，庄南大荒田一望无边。眼看柴草退化直接影响家庭经济收入，仲寨人垦荒种粮自谋出路，他们先在庄北的荒田里圈圩子开荒种粮，尝到甜头后，又在郭正湖里的东菱塘、西菱塘里围湖造田。位于子婴河南的仲寨二大队把庄南大荒田全部开垦成粮田，同时采用以工换荒田的办法，帮助邻庄傅家堡圈大圩，换取500亩荒田开发种植权。由于荒田土中有柴草柴根的腐殖质，土壤通透性好、肥力足，荒田开垦后第一年单产达600斤，第二年亩产超纲要，第三年亩产过千斤。仲二大队在年轻的仲从干支书领导下，通过艰苦奋斗开垦荒地，扩大粮田面积，增加粮食产量，从靠吃国家返还粮的落后大队一跃成为全县“农业学大寨”的先进典型。从此，开垦荒田扩大粮田面积，成为提高粮食单产、增加粮食总产、超额完成国家粮食合同订购任务的“核武器”。人们还从垦荒种粮的实践中总结出三条经验：一是建大圩、闸站，确保开荒田洪水挡得住、涝水排得出；二是水系配套，做到内河水位好控制、地下水降得下；三是推广大中型拖拉机用于开垦荒田，其耕翻进度快，柴根草根除得干净。有了周奋仲二垦荒种粮的经验，全县掀起了“垦荒热”。1970年至1980年全县新开了纵贯全境的县级骨干河道西塘港和渭水河，就从草冯大荒田的东西两侧穿过，改善了全县的引排条件，也助推了腹部地区的荒田开垦。

林湖公社在得胜湖南荒田里建成新圩，取名积粮圩，在魏家庄后大荒田里建成魏东圩和魏西圩；昌荣公社在草冯庄后大荒田里建成了存德圩；安丰建成了刘耿圩、万明圩；海南建成了东南圩、娄子圩和明理圩；东鲍建成了塔西圩、湖北圩、灶陈圩和新北圩等。兴化中心的10多万亩连片大荒田全部建成一个个圩子，被开垦成粮田。

1975年秋冬开始，李健区和中沙区用两年时间联合新开了南起大溪河、北至沙沟镇的李中河，全部从广洋荒田中心穿过，把连片的大荒田分成东、西两片，紧接着李健区新开了东西向的李健河、舜生河，整治了粮草河，周奋整治了子婴河，原来的大荒田以李中河为轴线，划分成若干个圩子，促进了荒田开垦。兴化地区的“开荒热”持续了十多年，至党的十一届三中全会前夕，凡能种粮的大荒田全部被开垦成粮田，兴化县也荣膺“全国粮食生产先进县”称号。

与此同时，按照宜粮则粮、宜林则林、宜经则经的原则，将地面高1.0米左右的低荒田进行滩地造林。通过开河取土、垒土筑垛，垛上栽树、林下种菜、河中养鱼等措施，兴化形成了独特的“林垛渔”式的垛田地貌。海南东西荡、西鲍土桥河两岸、舜生苏宋圩等地形成连片滩地造林13万亩，现在的李中森林公园就是当时滩地造林的一部分。从此，兴化连片的大荒田消失了，兴化的荒田沼泽成了历史。

竹泓振南圩——兴修水利、改造中低产田的典范

兴化人通过坚持不懈的治水，根除了淮河洪水威胁，降低了里下河的常水位，促进了沤改旱，推动了耕作制度的改革，扩大了全县粮田面积，使兴化的农业生产上了一个台阶，全县粮食总产由中华人民共和国成立初期的3亿斤一跃升为15亿斤。为了在全省武进、吴县、兴化三个农业大县中率先突破粮食总产20亿斤大关，兴化人铆足劲，继续做好治水改土的大文章，从20世纪70年代中期用足力抓好中低产田的改造。

兴化的中低产田遍布全县，主要有三大片：圩里地区的盐碱地、圩南地区的塘心田、圩外地区易涝易渍的冷筋田。自舍陈公社党委书记沈志高1969年起在盐碱地重灾区的幸福圩治水改土淋盐洗碱取得大突破，圩里地区就全面推广舍陈经验，成效显著。与此同时，县委在戴南陈北召开现场会，上起县委书记，下至各公社党委书记，全部拿起大锹、挑起担子，挖土开河，改造塘心田，拉开了全县改造塘心田的序幕。然而，“圩外地区面广量大的冷筋田如何改造”成为全县中西部地区广大干部群众面临的一个新课题。一时间全县上下议论纷纷，有些人主张小址圩当家，全面吸取先辈的经验，而初生牛犊不怕虎的高家桐书记，带领处于低洼地区的竹泓人民建大圩、闸站，建设高标准农田，创造了闻名全国的竹泓振南圩经验，推动了全县中低产田的改造。

竹泓公社地处兴化中部，全社33个大队，人口35 000人，集体耕地34 700亩，平均地面高程1.4米，水面积占总面积的三分之一还多，是个典型的水网地区，“河多田低土贫瘠，荒熟夹杂难种植，垛

田分散不成片，高低相差七八尺，年年汛期年年涝，十年就有九不收”就是当时的真实写照。竹泓人种田打的粮食不够本地人吃，每年国家供应 1 000 多万斤返还粮。竹泓人还学木匠钉木船、学泥瓦匠四处挣钱以养家糊口。

1965 年县委任命高家桐同志为竹泓公社党委书记，就是寄希望于他带领竹泓人民打翻身仗，改变竹泓贫穷落后的面貌。

竹泓排灌站

高家桐，钓鱼南赵人，从小勤奋好学，在党的培养下从儿童团长到民兵中队长、大队长，从青年团委书记、乡指导员到公社党委副书记、书记，一步一个脚印地成长为出色的地方党委主要领导干部。

人民公社是中国特定历史条件下的农村政治体制。公社既是乡（镇）政府政权机构，又是经营农林牧副渔的经济实体；集体经济、集约化经营、集体化大生产，实行公社、大队、生产队三级所有；以生产队为核算单位。每个生产队由二三十户农户组成，耕种一二百亩农田，农民出勤按照劳动实绩记工分，年终按照各人劳动实绩分配粮食和现金，实行各尽所能按劳分配，多劳多得、少劳少得、不劳动者不得食的社会主义分配原则。生产资料公有制，集体化大生产，冲破了私有化的禁锢，为农田水利基本建设、农业新品种引进、新技术推广扫除了体制机制障碍，创造了有利条件。同时也对公社三级干部的领导水平、经营管理水平和广大干群的思想觉悟提出了新的更高的要求。

高家桐在竹泓工作期间，咬定改善生产条件、壮大集体经济、提高群众生活水平这个大目标，用先进思想武装干部群众，用大公无私一心为公、艰苦朴素勤政为民、说干就干雷厉风行的作风影响和感化了广大干部群众，带出了艰苦奋斗、勤政为民、雷厉风行、作风过硬的公社党委领导班子，竹泓公社上上下下一批大公无私、苦干实干的“高家桐式”的领导干部脱颖而出。高家桐的名字在竹泓家喻户晓，高书记的指示掷地有声，竹泓三级干部落实公社党委的决策雷厉风行。这一切都为竹泓治水兴利、改造自然打下了坚实的思想基础和组织基础。

兴化县水利局当时了解到竹泓群众要求治水兴利改变贫穷落后面貌的意愿和公社党委改天换地的决心，及时组建了以资深老局长顾彪挂帅，水利局主要技术骨干胡炼、柏乐天等为成员的工作队。工作队进驻竹泓一年多，通过调查研究、测量计算、群众座谈，拟定了竹泓公社圩堤闸站建设规划和分年实施计划、振南圩中低产田改造规划等一系列水利规划。高家桐书记拿到规划文本如获至宝，先后召开党委会和有各村支部书记参加的党委扩大会，学习规划文本，坚持走群众路线，征求大家意见，进一步完善规划内容，统一思想。同时，研究制定了团结协作、按劳出工、按亩负担等一整套治水政策，既体现了相互支持团结治水，又确保了合理负担不搞平调，极大地调动了群众治水的积极性。

竹泓人有个犟劲：穷则思变，说干就干。从 1970 年起，每年秋冬上足 4 000 多人大搞圩堤建设。圩内通过开挖环圩河一次性将圩堤加固达到“四三”式标准，即圩顶高程 4.0 米、顶宽 3.0 米，经过五年的艰苦努力，共完成土方 210 万立方米，新做和加固圩堤 103.3 千米，使志方圩、振南圩、东白高圩、东南圩、三角圩 5 个主体联圩和毕榔、渭西、西白高、解家、白沙、青龙、尖北、前进、双联、苏高 10 个与外乡镇结合的小联圩全部做到了联圩定型和圩堤达标。与此同时，将竹泓木匠、瓦匠等能工巧匠组成圩口闸施工专业队，因陋就简新建圩口闸，2 年建成圩口闸 68 座，新建排涝站 25 座，排涝能力达 52.3 米^3/秒，在里下河地区第一个建成圩堤达标无坝乡镇，完成了第一阶段的目标。从此每年汛期提前关闸闭口，排涝站及时开机排涝，形成圩外洪水浪滔滔，圩内一片好庄稼的景象。全社广大干群一致叫好，竹泓的老沤田全部顺利完成沤改旱，5 000多亩荒田全部开垦成良田，竹泓公社从此甩掉了农民种田吃返销粮的帽子，每年还提供给国家商品粮3 000多万斤。

1975年，竹泓的水利建设进入第二阶段：高标准整治振南圩。

振南圩位于竹泓公社中心位置，九里港河南，总面积18 100亩，圩内有14个自然村庄，8个行政村，总人口8 780人。当时全圩的情况是：荒熟夹杂田零碎，零星分散不成片，高垛低田草滩多，河宽沟多弯曲浅。6 400亩耕地被河沟分割成1 765块。十年九涝，无涝渍害，道路不通，无船不行，生产力极其低下，打下的粮食勉强自给。1975年至1977年，竹泓动员全公社力量，实行群众运动大会战，专业队伍常年施工。每年秋冬组织一次大突击，动员全公社50%的劳动力开新河填老河，削高垛填沟塘，搞一片成一片。常年保持1 200人的专业队伍，筑路渠，架桥梁，平整土地，新建田间沟网。用三年时间以愚公移山的精神，平河造田，筑路开渠；用改天换地的方式，将1 765块零星分散、高低不平的土地，整理成条田方整、规格一致的高标准农田。三年来，共挖土方224万立方米，填平大小废河186条，造田1 340亩；削高垛1 460块，填废沟2 920条，造田520亩；利用废河沟改造鱼池109个，养殖面积380亩，使全圩水面积由原来的21.3%降至10%，加上开垦荒田、改造荒滩，扩大耕地面积近2 000亩。

整治后的振南圩四周有17.87千米的高标准圩堤，圩口上建有20座防洪闸、6座排涝站，排涝能力为19米^3/秒，实现了3.5米洪水挡得住，日雨200毫米2天排出不受涝的目标。圩内建成“三纵九横”新水系，将8 000亩整齐划一的农田分割成23块。其中，南北向中心河3条，间距1 000米，总长8 800米，主要承担圩内引水排水和水上生产运输任务；东西向生产河9条，总长21 800米，主要承担每块农田运肥、运把和排水降渍任务。生产河与生产河之间间距250米，中间是东西向的机耕路和灌溉渠，确保拖拉机开到每块田，外河的新鲜水灌到每块田，不灌圩内的“回笼汤”。每块农田南北向，南北长120米，东西宽20米，规格大小一样，两田一条隔水沟，控制土壤含水量，真正做到：一方农田，两头排水，三沟配套，四面脱箱，排灌自如，路河通畅。

整治后的振南圩旱涝保收效益显著，农林牧副渔全面发展，粮食产量快速攀升，全圩粮食整治前亩产600斤，整治后一年超纲要（800斤），二年过千斤，三年达双纲（1 600斤），最先整治的赵家村1976年全村粮食亩产1 685斤。

整治后的振南圩真正达到了：河沟路渠标准化，建筑配套规格化，农田方整园田化，水位高低人控化，耕作排灌机械化，作物品种纯良化，作物栽培模式化，连片种植规模化，实现农田林网化，圩内处处景观化。面貌一新的振南圩成为水利建设样板区、农业科技示范区、乡村旅游新景区。北京电影制片厂拍摄的新闻纪录片《水乡大寨花》在全国放映，引起很大轰动，一时间各大报纸新闻记者纷至沓来，大报小报纷纷刊登竹泓人民治水改土、改天换地的事迹和经验，北京、长春、上海、峨眉、八一等各大电影制片厂纷纷派专人到竹泓蹲点采风。著名摄影家吕厚民，著名相声表演艺术家马季、唐杰忠、姜昆、李文华等先后到竹泓体验生活，拍照、创作。当时正值“农业学大寨、普及大寨县”时期，为了推广竹泓兴修水利、改造中低产田的经验，国家水利部、农业部及中共江苏省委、扬州地委先后在竹泓召开现场会。上海市10个县、黑龙江、乌苏里江三角区和军垦农场的负责同志，先后多次带领所属基层单位负责人来竹泓参观考察。兴化是个农业大县，正是得到了县领导的关心支持，竹泓人才敢于放手大干，创造出竹泓振南圩的奇迹。县委及时总结推广竹泓经验，全县迅速掀起了学习竹泓经验、狠抓中低田改造的热潮。各公社集中力量先抓好一个样板圩，然后总结经验、全面推广，从那时起各公社都成立了治水专业队，坚持常年治水、推磨转圈、改造中低产田，全县一个个样板圩应运而生，如林湖姚家圩、戴窑东古圩、老圩王好圩、钓鱼公社钓鱼圩等一大批样板圩纷纷建成，面积大、标准高、效果好，对全县农田水利基本建设起到了推动和促进作用。经过十多年的努力，至1983年底全市中低产田基本上都得到了有效治理。兴化的粮食总产也率先在全省突破20亿斤大关。兴化的农村干部每当回顾这段历史时都感慨万千：推广竹泓振南圩的经验，使兴化的面貌发生了翻天覆地的变化。兴化的未来只要坚持不懈抓治水，稳固农业基础，“锅底洼”必将建成“聚宝盆”。

开发荒滩荒水　走水路念水经发水财

荒滩荒水是湖荡、沼泽的一部分，地面高程比荒田沼泽低，常年泡在水中，但水深比湖荡浅，生长蒲草和大头墩柴草，长草不成材、有鱼无法捕，故称荒滩荒水。20世纪70年代兴化有很多连片的荒滩荒水，主要分布在林湖湖东口至竹泓舒余段的渭水河两岸、卤汀河老阁以南至陈堡宁乡的沿河两岸、城西大溪河与横泾河之间和临城浪家荡一带，以及西北部地区的湖荡周边，沙沟以北东塘河、西塘河两岸。

陈堡镇位于圩南地区卤汀河畔，是20世纪70年代全市“农业学大寨”的先进典型。全镇43个村48 000人，集体耕地60 000亩。时任公社党委书记徐长卿同志，当时是全县最年轻的党委书记，他敢作敢为、思维敏捷、精明强干、勤奋敬业。他带领全镇广大干部群众认真抓好农田基本建设、引进农业新品种、推广农业新技术，使全镇东部地区南起蔡堡北至袁庄，建成十里丰产片、万亩吨粮田、十座大猪场，饲养万头猪和羊；镇政府所在地抓住“四陈”（陈南、陈北、陈东、陈西四个村），开放“四门”，处处丰产方，到处是现场；西部地区南起宁乡北至唐庄，千亩鱼池万亩放养，鸡成群鸭成趟、鱼虾满池塘，荒田成牧场。全镇农林牧副渔全面发展，成为全县领头羊，以全县三十分之一的耕地，生产了全县二十分之一的商品粮，赢得了上级信任和群众赞誉。1977年，徐长卿敏锐地意识到荒滩荒水是宝贵的资源，现有的牧场是粗放型经营，开发利用荒滩荒水是壮大集体经济、使农民致富的有效途径。他立即组织人员测量计算、拟订规划，研究制定投劳投资开发和收益分配政策，层层统一思想，利用冬闲季节，组织全乡劳动力大会战，把卤汀河畔南起宁乡、北至唐庄的所有荒滩荒水全部开发成精养鱼池，并组建水产大队，引进养殖新技术，落实承包责任人。当年是十亩鱼池万元户，荒滩荒水开发后成了当地群众的“致富池”“聚宝盆”。陈堡镇荒滩荒水的开发利用在全县首开先河，为全市开发利用水土资源树立了样板。

随着党的十一届三中全会的召开，历史跨入了改革开放的新时代，兴化人的思想观念也发生了深刻的变化，他们更加注重经济效益，加快致富步伐，凡有荒滩荒水资源的乡镇纷纷仿效陈堡的做法，开发利用水土资源，全县圩外地区先后掀起了持续十多年“走水路、念水经、发水财”的开发热。1985年，临城浪家荡全部开发成精养鱼池。1986年，东潭梁山荒全部开发成精养鱼池，荡朱九里焦荒滩开发成鱼池……东鲍、西鲍、海南、林湖、竹泓、垛田、李健、舜生、中堡、沙沟、周奋等乡镇，凡是荒滩荒水都先后进行开发利用，全县精养鱼池总面积达80万亩。

滩地资源的开发利用，促使兴化特色产业——水产业快速崛起，兴化很快形成了集水产养殖、科技服务、饲料供应、设备购销、水产品加工销售等完整的产业体系。全市拥有14家水产生产规模企业，数万个养殖专业户；13家水产品批发市场，数千个销售经纪人；数百人的科技服务队伍，创造了数十个特色水产品。2014年水产品总量为29.3万吨，创产值75.8亿元。水产业成了兴化农业的半壁江山。“江苏省淡水养殖第一县”“全国河蟹养殖第一县”等诸多荣誉名落兴化，提高了兴化的知名度，不少知名工业企业慕名而来，落户兴化，推动了兴化由农业强县（市）向工业强县（市）的转变。

鲜活优质的鱼虾蟹等水产品每天由上百辆活水大车，源源不断地运往沪宁线各大城市，满足了沪、宁、苏、锡、常、镇、泰、扬等大中城市的市场供应，丰富了居民们的菜篮子。兴化河蟹市场是全国河蟹市场的“大哥大”，年销售优质大闸蟹10万吨。兴化红膏大闸蟹、兴化银鲫、兴化青虾、兴化鳜鱼、兴化龙虾等很多水产品知名品牌誉满全国。兴化现在全面推广轮捕轮放的养殖模式，确保水产品均衡上市、常年供应。

兴化通过对荒滩荒水的开发利用，使水产业迅速成为致富农村、致富农民（渔民）的新兴产业。很多农民抓住机遇，承包鱼池，钻研养殖技术，实现了由农民向渔民的角色转换，发家致富；很多头脑灵活的农村青年刻苦学习有关业务知识，由外行变内行，积极从事水产养殖的产前、产中、产后服务，形成一条完整的产业链，既促进了水产业的良性发展，又取得了丰厚的报酬，加快了致富奔小康的步伐；兴化历史上的渔民们更是发挥传统优势，在水产养殖和水产品销售的全过程中充当主力军，起到了领头羊的作用，得到了丰厚的实惠。这个祖祖辈辈以船为家、漂泊在河湖港汊，以取鱼摸虾营生的群体中，不少人家现在住别墅，开汽车……昔日的“鱼花子”成为腰缠万贯的新富豪。

高标准现代农田建设

20 世纪 80 年代农村全面推行联产承包，采用“四统一分”模式，即统一品种布局、统一栽培模式、统一农机服务、统一植保管理，分田到户联产承包，农村生产方式发生了新变化，农田水利建设一度呈现出低迷状态。为了研究新情况、拓展新思路、解决新问题，让兴化的水利建设迅速走出低谷，水利局领导联想到时任大垛区委书记曹茂卿曾多次倡议把大垛东风圩建成兴化高标准的样板圩，遂于 1988 年春带领技术干部组成调研组到大垛蹲点调查，深入管阮、陈卞、阮中、包徐、包刘等村与干部群众座谈研讨。管阮村顾同义、包徐村孙必胜、陈卞村朱成太等三位支部书记，都在村支书岗位上干了 10 多年，肯学习善动脑，看问题有独特的见解，工作上很有建树。座谈中他们一致认为尽管生产方式发生变化，但致富农村、致富农民的目标不能变；我国人民要吃饭要穿衣，农业生产粮棉油这个任务不能变；兴化地势低洼，几十年的水利建设打下了今天的基础，粮食单产已经达双纲，今后要建成高标准农田继续抓好水利建设的重要措施不能变。大家还分析了农业现状：抗洪无闸打坝头，排涝靠抽水机船往外抽，小洪小涝好对付，大洪无法挡、大涝排不出，一般年份圩内水位能控制但地下水难以降；农村交通缺桥梁，拖拉机下田用船装，村民出行开挂桨；多年栽树不成林，光光秃秃一大片，刮起大风像冒烟，庄稼一倒一大片……通过一个多星期的调研，与会同志朴实的话语打开了参加调研同志的思路，下一阶段的治水目标更加清晰，并且基层干部的要求与水利部门的设想一拍即合。调研组的同志在大垛安营扎寨，起草规划、计算工作量、拟订实施计划、编制工程概算，经过一个星期夜以继日地辛勤工作，大垛东风圩以“四网八化”为主要内容的综合治理规划和实施计划诞生了。“四网”就是河网、路网、沟网、林网，“八化”就是圩堤公路化、排灌机械化、水利设施配套标准化、农田林网化、土地方整化、农田作业机械化、栽培模式化、品种纯良化，将以水利为带头的高标准农田建设内容具体化。规划形成后，大垛公社党委和东风圩各村分别召开会议学习规划文本，讨论完善规划内容，同时也统一了实施规划的思想。水利局领导把大垛东风圩综合治理规划向市委、市政府主要领导汇报后，得到了领导的肯定和支持。东风圩位于全市中心位置，车路河、兴东公路南侧建成综合治理样板圩，示范、辐射作用很大，成为兴化农业展示的窗口，有利于推动全市高标准现代农田建设。

1988 年 8 月 8 日，市委在大垛镇召开了以水利部门为带头的农口部门和交通局参加的大垛东风圩综合治理规划说明会，拉开了兴化高标准农田建设的序幕。

大垛东风圩位于大垛镇北，周边四河环抱，北边车路河、南边五塘港、东边东塘港、西边西塘港，全圩由阮中、管阮、包刘、包徐、盛家、吴家、陈卞和苏扬 8 个村组成，昌荣唐子村 2 个组的耕地也在东风圩内，总耕地面积 13 455 亩，总人口近 1 万人。1988 年秋播结束后，东风圩内 8 个村掀起了新一轮的高标准现代农田建设，将圩堤加固成公路，整治圩内河道筑成田间机耕路网，完善田间沟网，形成条田方整。

东风圩的农田水利工程有一定的基础，经过一个秋、冬、春的突击会战，全面完成土方施工任务，将南圩和东圩拓宽加固，建成长度8.5千米、顶宽7.0米、高程4.5米的新堤。交通部门通过铺设二灰夹石路基，再铺上沙石路面建成乡村公路。东风圩北堤是兴东公路的一段，西堤是通往集镇的支线公路，东风圩东西南北四堤总长13.6千米全部实现了公路化。圩内8个村都由支线公路相连，东风圩1989年在全县第一个实现村村通公路。水利部门新建圩口闸9座，新建和改建排涝站7座，闸站结合的1座，加上原来北堤、西堤已建的圩口闸10座，全圩有圩口闸19座、排涝站8座，形成无坝圩，结束了“汛期打坝、汛后拆坝”的历史。排涝能力15米^3/秒，万亩耕地排涝能力11.14米^3/秒，东风圩真正建成了“4.0米水位挡得住、日雨200毫米雨后一天排出不受涝”的高标准圩子。

大垛东风圩在整治圩内河网时，本着“因地制宜、不搞一刀切”的原则，充分利用老河，适当改造连接，达到新老沟通，形成“五纵十二横”的新水系，将全圩90%以上的农田打造成通河通路、沟网配套、灌排自如的规格化农田。

县政府绿化委员会和多种经营管理局按照有河有树、有沟有树、有路有树的要求，组织圩内各村全面植树绿化。将四周公路圩堤的青坎、堤坡、路边统一栽上七二、六九意杨；圩内中心河、生产河、机耕路和农田外三沟全部栽上成材快、树冠小不遮阴的水池杉。东风圩很快建成农田防风林、调节气候的生态林和美化农村环境的景观林。

农业部门帮助东风圩引进小麦和水稻抗倒伏、抗病毒的优良品种，推广农业新技术；农机部门引进中型耕作机械、大型收割机械、新型适用的栽插机械和植保机械，组建机械专业队，培育机械专业户，努力提高农业机械化水平。

随着水利设施全面配套，东风圩抗灾能力迅速提高，真正做到了遇旱引水、遇涝排水，新鲜水灌得上、地下水降得下，浅水勤灌、引排自如。随着农业新品种、新技术的全面推广，农民科学种田的水平有了很大提高，加上机械化程度不断提高，促进了农业的快速发展。1990年全圩三麦亩产过纲要，水稻亩产超纲半，全年亩产达吨粮。

随着农业的旱涝保收，农村生产力的解放，致富门路的不断拓展，东风圩内的农民富了，衣食住行都发生了巨大变化，家家户户住上了大瓦房，新盖了很多小别墅，村庄变美了，农民的幸福指数高了很多！

1991年，兴化遭受了百年未遇的特大洪涝灾害，全境一片汪洋，损失巨大。大垛东风圩经受住了严峻的考验。起初，经连续性暴雨袭击，东风圩因没有及时关闸开机排涝而一度陆沉。7月4日，扬州市水利局李朝枢陪同兴化市委书记吕振霖下乡视察灾情，水利局工会主席随行摄像，晚上于指挥部把全天录像给水利局全体局长播放，当播放到大垛东风圩时，李朝枢的一句“噢！大垛东风圩淹掉了”对大家刺激很大。大家通过讨论分析认为：良好的水利设施，还需要强有力的领导合理调度、科学运用，才能发挥工程效益。大垛东风圩之所以一度被淹，除了短历时强降雨的自然灾害一时难以抗御外，更主要的是缺乏强有力的领导及统一指挥，人心不齐，思想麻痹。水利局领导当即研究决定委派水利局党总支书记曹茂卿到东风圩加强领导，指挥东风圩的抗洪斗争。

曹茂卿同志系中华人民共和国成立初期参加工作的老党员、老干部，曾长期担任大垛区委书记，组织观念强、办事果断，在群众中有很高威望。派曹茂卿坐镇东风圩统一指挥就是充分发挥他的“三余”作用，即行使余权、施展余威、在抗洪斗争中发挥余热。曹茂卿很乐意接受这项任务，5日凌晨就赶到现场，召开东风圩联防会议。他明确提出东风圩抗洪救灾要实行“四统一”，即统一领导、统一行动、统一开机排涝、统一负担排涝费用，并严明纪律，抗洪排涝系准军事行动，没有特殊情况未经批准擅自停机者要承担一切后果。会后所有圩口闸一齐关闭，8个排涝大站一齐开动，并组织一支巡逻队日夜巡逻，当发现兴东公路陈下段有一涵管通外河时，立即组织力量及时堵闭。东风圩圩堤闸站标准高，开机排涝后圩内水位下降很快，开机24小时内河水位下降1.0米，解除了险情。为了不过高拉大内外河水位差，防止威胁闸站安全，全圩转为间断式开机排涝。7月8日晚至9日凌晨，当又一次特大暴雨袭击时，东风圩经短时降雨189.6毫米仍安然无恙。

由于水利基础设施标准高，指挥有方，措施得力，仅两三天时间大垛东风圩就出现转机，劳动力全部投入水稻棉花的田间管理，农作物生机盎然，形成了"周边乡村一片汪洋，东风圩内庄稼长势喜人"的巨大反差。

这一年，大垛东风圩以大灾之年"四不减"（即粮棉单产不减、总产不减、完成国家合同订购不减、上缴国家农业税不减）的辉煌业绩，在全市中心位置高高竖立起治水兴利、战胜特大洪涝灾害的一面大旗。

在大垛东风圩样板示范带动下，1995年圩南地区建成周庄中心东圩，1996年圩外地区建成钓鱼镇钓鱼圩，全市掀起了新一轮建设高标准现代农田的热潮，为全市农业再上新台阶、建成吨粮田打下了坚实基础。

现代农业的升级版

当历史跨入21世纪，随着农村改革的深入，农村、农业、农民都发生了深刻的变化。土地分到户，土地使用权属农民所有若干年不变；免除农业税，农民种粮国家补贴；农民享受医疗保险和养老保险；农民种地以经济效益为中心，不再片面追求单产；农业生产基本上实现耕作、排灌、收割机械化，大型农机进入农家；大面积推广免耕机条播、化学除草，种田以化肥当家；年轻农民进城打工赚钱，种田成了妇女、老人的专利；土地逐步向种田大户流转，农村中新的经济体——小农场、合作社、农业企业不断涌现，并将成为新的农业经营形式；城镇化步伐加快，农民进城进镇，老村庄老宅基地将成为新的土地资源。

针对变化了的新情况新趋势，新一代的水利人以新理念、新思维，立足多年水利建设基础，引入多元化投入机制，重新布局高标准农田建设。小电站座机渠灌、硬质化节水防渗渠道、硬质化农田路网正在兴化农村全面、有序推广，逐步实现了节水型农业灌溉、农村路网硬质化。据初步统计，至2015年底全市建有节水灌溉小电站1 724座，灌溉面积达34.5万亩。新型灌溉方式如喷灌、滴灌、窨灌已经落户兴化，传统农业正向大棚农业、工厂农业、园林农业、景观农业、生态休闲农业迈出新的步伐。

大棚农业　稳粮增效

陈堡蒋庄村位于蚌蜒河与卤汀河交汇处的南北两岸，地势低洼，地面高程2.0米左右。全村由3个自然村庄组成，3 400人口，5 000亩耕地。面对完好的水利设施，农业旱涝保收稳产高产，蒋庄人做足了稳粮增效的文章，自20世纪80年代起家家户户购置了钢架塑料大棚，在秋熟水稻收割后，在稻田里架起大棚，充分利用大棚保温保湿的特点，反季节种植蔬菜，既满足了市场供应、丰富了人们的菜篮子，又取得了较好的经济效益。通过多年摸索，他们总结出科学合理的做法，形成自己的独特模式：一是粮经结合，稻蔬两茬，每年亩产千斤稻谷、万斤番茄，既不影响粮食生产，又能提高农业产出率和经济效益；二是采取轮作轮茬、增施有机肥等方式，减少作物的病虫害，探索出生态、环保、无公害的农业新路；三是挂靠科研院所，聘请专家当顾问，培育出"红富堡"西红柿新品种，个大圆润、通体透红、色泽光亮、口感鲜嫩，在国家工商总局注册了商标，获评农业部"一村一品"的品牌农业。该村村民吴加太，2015年已是71岁高龄，子女外出打工赚钱，老两口种5亩大棚番茄，2015年总收入11万元，扣除大棚折旧费和成本费1.5万元，纯收入9.5万元，秋熟稻谷总产6 000斤，纯收入0.84万元，全年纯收入10.34万元。

老实憨厚的水乡农民在中国特色社会主义市场经济中经受了洗礼,增强了市场经济意识,摆脱了单一的生产粮棉油的老路子,采用新的农业技术、新的经营模式,使得兴化农业总产年年增效益。

农业“工厂”直通超市

坐落在钓鱼镇北、兴盐公路西侧的绿园蔬菜园区,更像一座工厂,由渭水河畔钓鱼粮库向北数百米便是绿园蔬菜园区的东大门,大门北侧高高竖立着一块宣传牌,上面绘制了园地全景。进了大门,路北整齐排列着四座规模较大的钢架大棚,占地20余亩,好似一座大型工厂的车间,这是绿园蔬菜育苗的厂房,实行立体式育苗、微喷灌调湿、自动化调温,滴灌窨灌保持土壤适宜的含水量,一年四季培植各种蔬菜苗。路南整齐划一地排列着的塑料大棚,和西侧大棚连成一片,形成1 100亩蔬菜生产基地。棚内采用喷灌、滴灌技术,现代化调温调湿,反季节栽培,一年四季生产无公害时令蔬菜,统一包装后由专车运输至苏锡常等城市。园区内还封闭式保留100亩稻田,不施化肥不打农药,生产无公害优质粳米。这座2009年投资1 560万元建立的绿色企业,总面积1 225亩,聘用生产和管理人员92人,年平均产值2 000多万元,创办10多年来取得了较好的经济效益和社会效益,堪称节水型农业的典范。

新型农庄　休闲游乐

近十几年来,一些有成就的企业家另辟蹊径,纷纷在集镇周边和公路沿线把废沟塘整治成鱼池,把零星垛岸建成果蔬园,“种、养、加”结合。园内建成长廊和亭台楼阁,栽种奇花异草,建筑造型奇特,形成集垂钓、采摘、休闲、游乐、餐饮于一体的新型农庄,既扩大了就业门路,又为人们休闲游乐提供了好去处,同时也取得了较好的经济效益,真是一举多得。贵宾楼大酒店老板姚小琴,在临城兴泰路东办起了楚香阁山庄,宾馆、酒店可以接待中等规模的会议和培训,酒店大厅可以接待安排婚礼宴席。农庄中果蔬满园、鸡成群、鹅鸭成趟、鱼虾满池塘,既是乡间游乐园,又是大酒店绿色无公害副食品基地。

兴泰路东依次有桃花岛、泓膏生态园,陈堡境内颐鹤林、合陈镇龙泉饭庄、大邹镇梓里农庄等都是规模相当、风格各异、功能齐全、品位较高的新型“农庄”,成为服务农村、服务农民的“三产”,也是现代农业对外展示的窗口。

景观农业　旅游观光

李中森林公园,是已故老市长胡炼于20世纪80年代初分管农业时,充分利用国家滩地造林项目资金,在舜生苏宋圩建成的“林垛渔”式的万亩滩地造林的基础上形成的。随着树木成林,林下蔬菜无法种植,“林垛渔”的比较效益低于精养鱼池,现在公园的西侧和北侧大片林木已被砍伐,建成鱼池。经市委领导及时制止才保留现有的4 000亩,经过七八年的精心打造,现已建成风格独特、景色秀美的AAAA级水上森林景区,2016年1—5月共接待游客20万人次,门票收入900万元。

缸顾千垛菜花景区位于缸顾乡东旺圩,总面积近万亩,由大大小小3 000多个小岛组成的垛田景区,是缸顾先民垒土筑垛、群众治水的遗迹。自2007年起,通过合理规划、精心打造,如修建木栈道,新建观光塔、观花楼等,已经建成闻名全国的千垛菜花AAAA景区,每年接待游客50万人次,门票收入达2 000万元。

随着物质生活水平的不断提高,人们对精神、文化生活的需求也在不断提升,乡村旅游方兴未艾。西郊镇科学规划,正准备将万亩徐马荒打造成生态旅游区;大邹镇正在沈五村(长艮)建设万亩药材健康产业基地,同时充分利用垛田岸圪弯曲、四周环河的有利地形,利用药草花疗的特性,将之打造成休闲健身景区。可以想象,通过兴化人坚持不懈的努力,“兴化风景美如画、到了兴化不想家”的日子为期不远了。

产业园区　展示方向

沿着兴泰路由兴城北上，进入钓鱼镇境内，高高耸立的兴化万亩高产高效粮食产业园的牌子十分醒目。进入产业园中心，就像进入了一所科研院所，这里集聚着众多兴化农业战线上的科技精英，他们在此研究农业的新课题、新技术，首先在园区内试验示范，获得成功后全面推广。正是他们的辛勤劳动，使兴化的农业科技在全省保持领先地位，为兴化建成全省第一粮仓作出了贡献。园区办公楼里有一个宽敞的智慧农业展示厅，宽大的屏幕以优美的画面、精辟的解说词和翔实的数据，向参观者直观形象地介绍兴化农业的辉煌成就和兴化人民对美好未来的展望，使大家印象深刻。通过电脑操作，园区农田的农作物长势和农民劳作情况就能在屏幕上显现，方便参观者直观地了解园区的真实情况。

兴化万亩高产高效粮食产业园是国家级现代农业示范区，总面积 11 000 亩，是兴化在上级支持下，集聚农业项目资金，用现代装备武装农业，培育家庭农场和专业化服务组织，创新粮食生产经营机制的一项重大举措。园区体现出“十化”，即农田标准化、作业机械化、科技集成化、管理智能化、品种纯良化、种植规模化、农民职业化、服务专业化、经营产业化、环境生态化，充分展示出兴化农业的发展方向。

总投资 8 000 万元建成了“九横四纵”田间硬质干道和节水灌溉系统，形成布局合理的路网渠网；通过吹填造地、土地整治实现农田方整化；实施电网改造工程，以太阳能发电满足园区用电需求。园区内建设农事服务中心，实现从种到收全程机械化，建成智慧农业控制中心，实现智能化灌溉控制、田间“五情”自动化监测、农机作业智能化管理、智能化喷药、农产品质量智能化追溯。产业园区将依托科研院所，推动先进科技成果转化，逐步实现水肥一体化，引领全市粮食生产整体水平的提升。

兴化万亩高产高效粮食产业园是兴化涉农工作者和兴化农民的奋斗目标，是兴化农业发展前景的缩影。

兴化的明天更美好

历经六十多年的水利建设，里下河地区已经建成南引北流、南抽北泄、东西调度的新水系，兴化的三级河网万里河道，犹如人体的动脉浇灌着兴化的每块农田，使兴化大地生机勃勃、美丽富饶，滋养了兴化百万人民，使他们实现致富奔小康。兴化城乡一体建设同步，建成的高标准防洪圩堤闸站像抗击洪魔的士兵，保卫着改革开放以来的胜利果实、保护着兴化城乡百万人民的生命财产安全，使兴化人民过上了旱涝无忧的生活。党的十八大以来，党中央更加关心农业、农村和农民，加大了以水利为主体的农村基础设施的投入，2010 年底国家投入 14 亿元，用 4 年时间整治了南起新通扬运河、北至兴化城区的卤汀河，使卤汀河引水和行洪能力由原来的 50 米^3/秒、60 米^3/秒，分别提高到 106 米^3/秒和 490 米^3/秒。2014 年开工的川东港工程，国家计划投资 27.29 亿元，拓浚整治全长 54.5 千米的老川东港并向西延伸车路河段 9.16 千米至雄港河口，使里下河地区新增入海第五港，兴化车路河通过川东港泄洪能力将提高到 200 米^3/秒。卤汀河和川东港的整治使兴化直接受益，实现了大引大排大调度的新目标。

兴化的农田基本建设目前正瞄准田间路网硬质化、农田灌溉节水化的新目标，采用投资渠道多元化、多部门搞拼盘的办法，统一规划、统一标准、统一实施，以搞一片成一片的形式在全市全面铺开，标准之高、进度之快、效益之好都是史无前例的，深受广大群众欢迎，一种更高标准的现代农业类型已初现端倪。之后的目标是农村土地经营集约化、农田作业机械化、灌水渠道管道化、农业灌溉工厂化。

随着人民群众物质生活水平的提高，环境保护、生态文明建设提到重要议事日程，“十二五”以来，市政府投入巨资兴建自来水厂 4 座，铺设供水管道 1 641.35 千米，实现城乡供水一体化，分四片全天候统一供水，全市家家户户喝上、用上了安全水、放心水。与此同时，全市各乡镇都在新建规模相当的污水处理厂，逐步实现生活污水、工业废水统一收集、集中处理、达标排放。水环境经过多年集中整治，实现了岸绿水清的阶段性目标后，现已进入常态化。全市全面推行河长制，分片分段落实河面保洁承包责任人，定期检查，合理奖惩，有效地保护了水环境。市政府自2012年起投入巨资，实施了大纵湖、得胜湖、平旺湖的退渔还湖，通过合理补偿，三湖的养殖承包户已经解除承包合同，全部撤出湖区，目前正在拆除池埂、浚深湖区。按照景观化的要求，三湖景区建设的大幕已经拉开，不久的将来三湖将以水乡特色旅游景区的新面貌展现在世人面前。

"十三五"以来，兴化的经济建设和社会事业发展进入了快车道，百里水乡四通八达，城乡面貌日新月异，处处展现出现代化的新气象。水乡人民谱新章，水乡旧貌换新颜，兴化的明天将更加美好！

4. 卤汀河：一泓清流源大江

赵文晖

卤汀河南起泰州，经兴化城向北，东支为上官河，至兴盐界河出境，由朱沥沟入新洋港；西支为下官河，至沙沟严家北出境，入东塘河，经射阳河、黄沙港入海。卤汀河原名浦汀河，又称滷汀河，即海陵溪，老阁至兴化城段又称南官河。

卤汀河本为运盐河，属官河，串场河以东盐场所产之盐经串场河转车路河入卤汀河至老阁西进，驳运至运河东堤坝，进入运河经漕运北上进京。因水面宽大，长年运盐，水中略有咸味，故称卤汀河。兴化建县之前属海陵县，建县后又短暂撤县改为昭阳镇时仍归海陵，其河又达海陵县治所在，故称为海陵溪。老阁原称陵亭，陵乃高地之意，取该地显著高于河面之形，亭乃一阁，系接官亭（古代县官赴兴上任之接官亭）。卤汀河北到兴化城后分上、下两官河，故卤汀河兴化至老阁段又称为南官河。有关资料甚至还有卤汀河又称浦汀河的记载。卤汀河从泰州新通扬运河到兴化昭阳镇，长达47.1千米，周庄以北属兴化，长29.1千米，输水能力100米^3/秒，河底高程-1.0米，底宽30~50米，边坡达1：2，水面宽一般在100米左右，最宽处达126米，为兴化第一河道水面宽度（1998年调查数据），是里下河腹部地区主要引排与通航的干河，也是20世纪50年代至80年代里下河腹部地区"五纵五横"水系中的"一纵"，同时又是目前里下河地区水利规划中"六纵六横"水系中的"一纵"。1968年至1969年春，在续建新通扬运河时，浚深泰县朱庄以南至新通扬运河，拓宽泰县朱庄狭窄段，切除泰县港口南、港口北及桑湾垛三个狭窄段并建朱庄桥，以利引江与排涝。

民国《续修兴化县志》曰："海陵溪不见于今图，然据张梁志，此水经泰（州）、兴（化）、高（邮）、宝（应），实系巨流。""张志"指康熙《兴化县志》，县令张可立纂修。"梁志"指咸丰《重修兴化县志》，县令梁园棣修。梁志被认为是兴化几部县志中质量最佳之志。清地理学家顾祖禹在地理巨著《读史方舆纪要》中记载："海陵溪，在县西十五里，自泰州北浦汀河流经县西，又西北经宝应县界入射阳湖。县东北为白涂河，西接海陵溪，东经平望湖，又东合串场河，亘百二十里。"现代中国历史地理权威学者、已故复旦大学知名教授谭其骧先生主编的《中国历史地图集》中唐、宋、元、明、清、民国等时期，包括里下河地区在内的区域舆图上均可见卤汀河的河道位置。打开现在的泰州市水系图，昭阳向南，高邮北澄子河与南澄子河均汇入卤汀河，主要在江都境内的斜丰港与卤汀河于老阁处以45°夹角相交。卤汀河在江都境内两段约长15里。自老阁向南与原河线延长线略呈30°角偏东向南，至姜堰港口向西转一弯南下接泰州海陵境内新通扬运河。而向南经泰州船闸略向西直达（稍许有弯曲）高港口岸至长江。有趣的是，新通扬运河以南这段河道虽不属卤汀河却是隔断通扬运河而连，且也叫南官河。江苏省水利厅编制的《江苏省水利志》之"泰州市河道基本情况表"中记述，南官河长度28.9千米，与卤汀河兴化段基本接近，但河底宽仅15米，1958年临江处建口岸闸。《扬州水利志》记载，南官河又名济川港、济川河，北起新通扬运河，经寺港、刁铺、口岸，从龙窝口入江。1954年建成泰州船闸，沟通隔断了560年之久的上、下河航运。后经3次较大规模的整治，南官河成为里下河地区通往长江的主要河道。在南官河以西约4千米，与之平行的一条干河即是著名的泰州引江河。

历史上卤汀河的主要功能是运盐。随着串东盐场退化乃至退灶兴垦以后，运盐已不是第一要务。卤汀河承担了西洪分泄的重任。陈堡卖水河的整治，使卤汀河与渭水河增加了联通流量，加大了输水能力。随着20世纪60年代江都水利枢纽的兴建，里下河腹部地区形成了排涝时南抽北泄的局面，即南部以江都站抽排入江，北部依靠四港自泄入海，而旱时则经江都水利枢纽自流引江。作为与江都最近、过水能力最大的河流，卤汀河对里下河腹部地区至关重要，发挥了巨大作用。

卤汀河是古代战事及抗击侵略者的见证。《读史方舆纪要》记载："唐大顺初朱全忠将庞师古略淮南，下天长、高邮，引兵深入，与贼将孙儒战，败於陵亭，乃还。"元末，朱元璋手下第一虎将徐达率大军攻张士诚，自柴墟（今高港口岸）袭泰州后，即出陵亭、大兵附近瓠子角，逼降兴化，制通泰，并通据阻江北"十龙"南下援平江（今苏州）。《读史方舆纪要》注明"瓠子角在县东南。明初徐达等攻兴化，太祖曰：'瓠子角兴化要害、寇所必经。'达奉命以兵扼其地，兴化遂下是也"。抗日战争时期，中国军队与日本侵略者多次在卤汀河沿线发生激烈战斗，沿线群众纷纷投入抗战。渡江战役前，卤汀河沿线群众在党和政府的组织下，出船出船工沿河南下。为使大军顺利南下渡江，老阁闸被拆除以利行船。

20世纪末建成的引江河枢纽工程可增加自流引江600米^3/秒，抽引江水300米^3/秒进入里下河地区。排涝时可抽排里下河地区涝水300米^3/秒，而引排主要配套骨干河道之一就是卤汀河。目前二期工程已经开工，引江能力将大大提升。2010年11月25日，国家南水北调工程建设委员会办公室主任鄂竟平，江苏省委常委、副省长黄莉新和省级机关、扬州、泰州以及兴化市负责人在兴化出席南水北调里下河水源调整工程建设动员会，标志着作为南水北调里下河水源调整工程的卤汀河整治工程全面启动。卤汀河工程计划投资14亿元，是泰州市至目前为止投资最大的单项水利工程。工程为南北走向，南起引江河，北至兴化上官河，全长55.9千米，包括11.1千米护岸、6座公路桥、4座生产桥及一批排涝站圩口闸。工程竣工后，卤汀河抗旱排涝标准和通航能力大为提高，河道水质常年维持在Ⅲ类标准，成为名副其实的"清水通道"。据测算，卤汀河疏浚后受益人口达200万。卤汀河与引江河连接段3.6千米，设计河底高程-5.5米（相当于河水深6米），河底宽100米。其中车路河以南段47.7千米，河底高程与南段相同，河底40米，车路河以北段河底-4米（相当于水深4.5米左右），底宽与河南同。拓浚后的卤汀河引水能力从50~60米^3/秒提高到106~490米^3/秒，通航能力由五级提高到三级。

21世纪以来，兴化市的兴化、泰州和江苏省三级人大代表和泰州、兴化政协委员连续多年以联名议案或提案的形式，多次提出解决里下河腹部兴化155万人民群众的饮水安全问题，使他们能直接饮用到安全清洁的长江水。待卤汀河工程竣工后，兴化人民饮用长江水之梦想将变为现实，大江清流将源源不断地送往里下河腹部地区，兴化人民的饮用水无论在数量上还是在质量上均有较大的改善。卤汀河水，一泓清流源大江。

后　记

2015年11月底，时任兴化市水务局局长包振琪商请已退休的水利局刘文凤局长牵头，邀请已退休的水利局秘书王树生和已退休的水利局机关工会主席、中国摄影家协会会员朱春雷加盟，组成编写小组，协助搞好《兴化水利志·续志（1999—2015）》的编纂工作。水务局成立了《兴化水利志·续志（1999—2015）》编纂委员会，加强组织领导。此后接任的水务局赵桂银局长和李华局长，对这项工作都给予了高度重视。水（务）利局党（组）委成员王敏同志（首任纪检书记，后调任副局长、主任科员）自始至终分管这项工作，及时协调解决相关问题，使得《兴化水利志·续志（1999—2015）》初稿于2018年11月底完成并研究落实了书稿送审和召开评审会的相关事宜。由于当时新冠肺炎疫情的影响，直至2020年10月30日评审会议才在兴化召开。

我们接受了编纂任务后，参阅了相关县、市水利志的纲目设置，结合本市实际，初步拟订了志书的编写纲目，并打印分发到各科室，让他们提出修改意见。在各科室对志书纲目设置的反馈意见的基础上，我们又对纲目做了补充和完善。在志书纲目基本确定之后，于2016年4月中旬召开各科室负责人会议，对各科室应负责的资料搜集任务及具体完成时间作了部署和明确。

在资料搜集过程中，有关科室工作人员将资料大部分保存在电脑中，未能及时刻录成光盘或存入U盘。除了本机关发出的文件和向上级机关报送的有关材料可以在本单位档案中查阅外，其他的纸质资料很少。同时，由于电脑出现故障，电脑中保存的资料几乎全部丢失，虽然通过有关技术措施可以恢复，但相关科室、人员因忙于中心工作以及其他方面原因而未能及时处置，这就给资料搜集工作增加了不少难度，也对资料的完整性带来一定的影响。幸好我们几位编写人员都在本单位工作了几十年时间，对情况比较熟悉，主动协助相关科室查找资料，才在一定程度上避免了资料的缺失。

另外，要求乡镇水利（务）站填报的调查统计数据，相当一部分不能在要求的时间内完成上报，直接影响到整个统计资料的汇总。

由于上述两方面因素，尽管编者做了很多努力，但书稿定稿时间和完整性难免受到影响。

根据相关领导和专业人士对志稿提出的修改意见，编者进行了认真修改和完善。在此，谨对江苏省水利信息中心、泰州市水利局、兴化市史志档案办公室的相关领导致以诚挚的谢意，并对兴化市气象局、自然资源和规划局、林业局、民政局及市园林管理等单位同仁的大力支持和配合表示感谢。由于编者水平有限，本志难免存在不足和疏漏之处，恳请各位读者指鲽纠谬，以便将来有机会时进行补正。

编者

2022.12